人工智能
与数字经济

陈晓红 等·著

ARTIFICIAL INTELLIGENCE AND DIGITAL ECONOMY

科学出版社
北 京

内 容 简 介

人工智能是新一轮科技革命和产业变革的重要驱动力，是新质生产力的突出代表。融合了人工智能等新兴技术的数字经济已成为引领经济社会发展的重要力量。本书梳理了陈晓红院士团队近年来在人工智能与数字经济领域的部分学术论文与理论文章，由理论研究、技术创新、经济发展、社会治理四篇组成，包括数字经济理论体系、两型工程管理理论与实践体系、全球变局下的风险管理、数字经济时代下的企业运营与服务创新管理、算力服务体系构建、AI 大模型创新与应用、数字技术赋能中国式创新的机制与路径、现代化产业体系建设、新能源车产业的供应链共建策略、数字技术助推能源行业碳中和目标实现的路径、环境司法智能审判、工业减污降碳协同效应及其影响机制、公共卫生安全应急情报区块链共享体系等内容。

本书适合对人工智能与数字经济感兴趣或从事相关工作的政府决策者、企业高管和高校科研人员阅读。

图书在版编目（CIP）数据

人工智能与数字经济 / 陈晓红等著. --北京：科学出版社，2024. 12. --
ISBN 978-7-03-080305-4

Ⅰ. TP18-53；F49-53

中国国家版本馆 CIP 数据核字第 2024L43R36 号

责任编辑：徐　倩 / 责任校对：贾娜娜
责任印制：张　伟 / 封面设计：有道设计

科学出版社出版
北京东黄城根北街 16 号
邮政编码：100717
http://www.sciencep.com
北京中科印刷有限公司印刷
科学出版社发行　各地新华书店经销
*
2024 年 12 月第　一　版　开本：720 × 1000　1/16
2024 年 12 月第一次印刷　印张：25
字数：500 000

定价：286.00 元

（如有印装质量问题，我社负责调换）

个 人 简 介

陈晓红，中国工程院院士，湖南工商大学、中南大学教授、博士生导师，第十三、十四届全国政协委员，我国管理科学与工程、工程管理及数据智能领域的著名专家。现任湖南工商大学党委书记、湘江实验室主任、中国工程院工程管理学部常委、国务院学位委员会管理科学与工程学科评议组召集人、教育部科技委管理学部副主任、湖南省科学技术协会副主席、湖南省院士咨询与交流促进会副会长。

陈晓红院士长期致力于决策理论与决策支持系统、数字经济与数字技术、生态文明与两型社会、数据智能与智慧社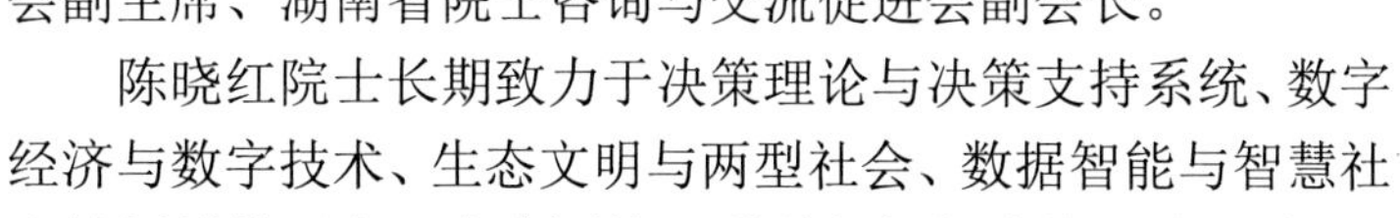会等领域的研究，为我国管理科学与智能决策理论方法创新、两型社会建设、数字经济高质量发展等作出了重要贡献。以第一完成人获得国家科技进步二等奖、国家级教学成果二等奖（3 项）、教育部高等学校科学研究优秀成果奖（人文社会科学）一等奖（2 项）、湖南省科学技术杰出贡献奖、何梁何利基金科学与技术进步奖、复旦管理学杰出贡献奖、湖南光召科技奖、教育部科技进步一等奖、湖南省科技进步一等奖等国家级和省部级科研、教学奖励 23 项；在国内外权威期刊发表高水平论文 400 余篇，其中 ESI 前 1%高被引论文 80 余篇，被引用 3.5 万余次，H 指数为 102，近五年四次入选“全球高被引科学家”；获国家授权发明专利 82 项。1999 年获国家首批“百千万人才工程”第一、二层次跨世纪学术与技术带头人称号，2001 年获国家杰出青年科学基金、全国优秀教师，2007 年获教育部创新团队，2009 年获国家自然科学基金创新研究群体项目，2014 年获国家中组部“万人计划”哲学社会科学领军人才，2017 年当选中国工程院院士，2020 年牵头获国家自然科学基金卓越研究群体项目。

自　序

党的十八大以来，习近平总书记就发展我国数字经济作出一系列重要论述，强调“发展数字经济意义重大，是把握新一轮科技革命和产业变革新机遇的战略选择”[①]，并指出，人工智能是新一轮科技革命和产业变革的重要驱动力量，将对全球经济社会发展和人类文明进步产生深远影响。在这个科技日新月异、信息瞬息万变的时代，人工智能与数字经济以磅礴之势席卷全球，不仅重塑了我们的生活方式，更深刻影响着经济社会的发展格局与未来走向。作为从事相关领域研究的学者，必须站在时代前沿，敏锐感知科技发展趋势和规律，不断深化相关理论研究，及时总结实践经验，以期更好把握住这一推动社会发展和产业变革的重要力量，并为构建中国特色的学术话语体系作出贡献。

人工智能是数字经济时代的核心技术之一。它具有模拟人类智能的能力，能够处理和分析海量的数据，为决策提供支持，实现自动化的任务执行，并不断推动技术和应用的创新。人工智能在制造、交通、资源能源与环境、文化、医疗、教育、娱乐等领域的应用正在改变着这些行业的运作模式和服务质量，为人们带来更加便捷、高效和智能的生活体验。

数字经济作为一种基于数字技术的全新经济形态，正在重塑着我们的生产方式、生活方式和思维方式。它打破了传统经济的边界，让信息、知识和创新成为驱动经济增长的关键要素。从电子商务的蓬勃发展到智能制造的转型升级，从共享经济的兴起再到金融科技的创新，数字经济的触角已经深入我们生产、生活的方方面面，为经济社会创造了巨大的价值。

然而，人工智能与数字经济的发展在带来诸多机遇的同时，也带来了一系列的挑战和问题。例如，数字鸿沟导致了不同地区、不同群体之间在数字技术应用和数字经济发展方面的差距；数据隐私和安全问题引发了人们对个人信息保护的担忧；人工智能的发展可能导致部分传统岗位的消失，引发就业结构的调整；算法偏见和伦理道德问题也需要我们深入思考和解决。

正是基于对这些机遇与挑战的认识、对相关理论和技术的探索，近年来，在牵头建设湖南省首个国家基础科学中心、湖南省委省政府重大科技部署湘江实验

---

① 人民网. 习近平系列重要讲话数据库——不断做强做优做大我国数字经济[EB/OL].（2022-02-07）[2024-11-26]. http://jhsjk.people.cn/article/32346871.

室的过程中，我带领团队成员陆续撰写和发表了相关学术论文和理论文章，统计起来有 30 余篇，从不同维度和角度，对人工智能与数字经济进行了学术研究、学理探索。

研究越深入，对其系统性的认识越强烈，越发感觉到必须从系统的、整体的层面去把握人工智能与数字经济。这促成了我将零散的、各有侧重的论文和文章汇编成这本《人工智能与数字经济》。希望能够通过本书，为读者呈现一个具有前瞻性的知识体系，呈现一幅较为系统、深入的人工智能与数字经济的全景图。我深知，在这个充满变革和机遇的时代，了解并掌握这一核心领域的系统知识，对于每个人都至关重要。

本书共分四篇，分别为理论研究篇、技术创新篇、经济发展篇、社会治理篇，试图从几个重要的维度，和大家一起走进人工智能与数字经济庞大而丰富的体系中，探寻其无穷的奥秘。在汇编这本书的过程中，我更加深刻地感受到知识的浩瀚，感受到人工智能与数字经济的无限活力和可能。当然，这本书所涵盖的内容仍只是冰山一角，还有许多未知的领域等待着我们去探索和发现。真心希望，这本书能够成为读者了解人工智能与数字经济的一个窗口，激发读者的兴趣和思考，能够为推动人工智能与数字经济的健康发展，作出自己的一份贡献。团队成员任剑教授、汪阳洁教授、梁伟教授、谢志远副教授、唐湘博副教授、易国栋副教授、张威威博士、程继鑫博士等对研究成果进行了搜集与整理。

最后，感谢科学出版社、本书文章相关出版社对本书出版的支持，感谢编辑认真细致负责的工作。同时，也感谢每一位读者，希望你们在阅读本书的过程中能够有所收获，共同在人工智能与数字经济的浪潮中砥砺前行。

中国工程院院士 陈晓红

2024 年 11 月 18 日

目　录

理论研究篇

数字经济理论体系与研究展望……3
构建新时代两型工程管理理论与实践体系……36
全球变局下的风险管理研究……59
基于延时敏感患者的按项目支付和按病种支付比较研究……69
环境规制下区域间企业绿色技术转型策略演化稳定性研究……100
数字经济时代下的企业运营与服务创新管理的理论与实证……133

技术创新篇

我国算力服务体系构建及路径研究……147
打造 AI 大模型创新应用高地……165
数字经济时代 AIGC 技术影响教育与就业市场的研究综述
——以 ChatGPT 为例……170
数字技术赋能中国式创新的机制与路径研究……185
数字经济时代的技术融合与应用创新趋势分析……198
破解新业态知识产权保护难题……213
凝聚实现高水平科技自立自强的澎湃力量……214
坚持以创新驱动赋能经济社会高质量发展……219
以新一代信息技术为引擎加快形成新质生产力……226
推动科技成果加快转化为现实生产力……228

经济发展篇

抢占全球先进计算产业制高点……233
拼抢数字经济全球话语权……238
数字化全渠道客户行为：研究热点与知识框架……243
后疫情时代新能源车产业的供应链共建策略研究……260
厚培数字经济“人才底座”……279

推进现代化产业体系建设 …… 282
推进“五链融合” 科学实施“人工智能 +”行动 …… 284

社会治理篇

我国算力发展的需求、电力能耗及绿色低碳转型对策 …… 289
电力企业数字化减污降碳的路径与策略研究 …… 302
数字技术助推我国能源行业碳中和目标实现的路径探析 …… 318
面向环境司法智能审判场景的人工智能大模型应用探讨 …… 331
新冠疫情下我国公共卫生安全应急情报区块链共享体系研究 …… 347
城市空气质量目标约束下冬季污染减排最优控制策略研究 …… 360
中国工业减污降碳协同效应及其影响机制 …… 375
科学打好净土保卫战 …… 391

理论研究篇

数字经济理论体系与研究展望*

摘要： 以新一代信息技术为基础的数字经济日益成为经济发展的重要动力，但相关数字经济理论研究滞后，难以准确解释新经济现象和更有效指导新阶段下经济高质量发展实践。本文聚焦数字技术变革对相关经济学基本理论发展的影响，力图助推中国数字经济理论体系的创建。通过对国内外相关主题文献进行系统梳理，本文首先提炼了数字经济理论发展中的重要科学问题，以此为逻辑起点，基于“内涵特征—现实表现—核心理论—方法体系”学理链，构建了一个数字经济理论体系框架；其次，本文相继阐释了理论体系框架中的数字经济内涵与特征、数字经济核心理论，以及技术变革下的数字经济研究方法体系；最后，本文讨论了数字经济理论体系的拓展及未来研究方向。

关键词： 数字经济；理论体系；未来展望

一、引言

随着大数据、物联网、人工智能、区块链等数字技术的迅猛发展，数字经济已成为国家经济增长的“新引擎”[1, 2]。根据《2019 年数字经济报告》，全球数字经济活动及其创造的财富增长迅速，数字经济规模估计占世界生产总值的4.5%～15.5%，并持续扩大。作为一种新经济形态，数字经济以数字技术为核心驱动力，通过新技术形成新产业、新产业催生新模式、新技术赋能传统产业三条路径，推动全球经济的数字化转型与高质量发展[3, 4]。中国高度重视数字经济发展。如何高效利用信息技术、有效配置数字资源，实现数字经济赋能经济高质量变革，成为当前经济社会可持续发展的重大研究课题[5-7]。

数字经济日益重要，迫切需要对与之相关的一系列经济发展新形态和新模式加以理论阐释和分析，以增强经济理论对支撑和引导新发展阶段下经济数字化转型和高质量发展的能力。实际上，数字经济正在加速变革传统经济模式[8]。与传统经济相比，数字经济是信息技术革命产业化和市场化的表现，在提升信息传输

---

* 陈晓红，李杨扬，宋丽洁，等. 数字经济理论体系与研究展望[J]. 管理世界，2022，38（2）：208-224，13-16.

速度、降低数据处理和交易成本、精确配置资源等方面具有独特优势[9, 10]。由于数字经济与传统经济有着截然不同的特征和演变形式，对其系统性理论与规律认识不足，不仅使得实践应用缺乏可靠依据，而且无法为数字经济健康发展提供逻辑连贯的政策建议[11, 12]。尤其是我国数字经济发展尚面临产业基础能力不强、先进技术与国际差距明显、法律制度环境不完善等不少挑战[3, 13]，亟须明晰数字经济发展规律，增强对数字经济理论基础和演进逻辑的学理性认识，从而有效指导数字经济发展实践。然而，迄今为止，除易宪容等[14]和姜奇平[15]对数字经济理论中的一些重要问题做了相关阐释外，尚未见国内外文献对数字经济理论进行系统论述。

基于此，本文意在总结现有国内外相关数字经济文献及研究进展，探索构建数字经济理论体系框架，提炼关于数字经济理论的具体内容，并阐述未来可能的研究方向，以期引起更多中国学者关注和发展中国情境下的数字经济理论相关研究，为指导和促进数字经济持续健康发展提供学理支撑。本文后续结构安排如下：第二部分简要介绍本文文献研究方法；第三部分总结数字经济理论体系的基本框架；第四、第五和第六部分分别阐释理论体系框架中的数字经济内涵与特征、数字经济核心理论、数字经济研究方法体系；第七部分展望数字经济理论的未来研究方向。

二、研究方法

本文通过对相关文献进行梳理和统计分析，总结了现有数字经济理论的研究进展。具体方法遵循以下四个步骤，实际计量过程在不断重复这些步骤中迭代进行。首先，以 Web of Science 和中国知网（China National Knowledge Infrastructure，CNKI）数据库为依据，分别以“digital economy”“big data”“digital transformation”“blockchain”“artificial intelligence”，以及对应中文“数字经济”“大数据”“数字化转型”“区块链”“人工智能”为关键词和研究主题对国内外刊物及文献进行检索。

其次，根据研究主题进一步筛选文献，去除不符合主题的文章。查阅符合主题文献中引用的文献，补充被遗漏的文献。本文共获得 1999～2020 年发表的 6222 篇文献，其间关注数字经济研究的文献数量明显上升（图 1）。

再次，以检索到的文献关键词作为文本分析对象，采用 VOS Viewer 软件系统地梳理 1999～2020 年关于数字经济研究的关注趋势和热点领域。关键词统计结果显示，国际研究整体呈现从微观企业研究（entrepreneurship、strategy、human capital 等）到宏观产业政策研究（digitization、digital economy、international relations 等）的变化趋势（图 2）。在国内研究中，前期（2016 年）主要着眼于新型互联网经济模式研究，

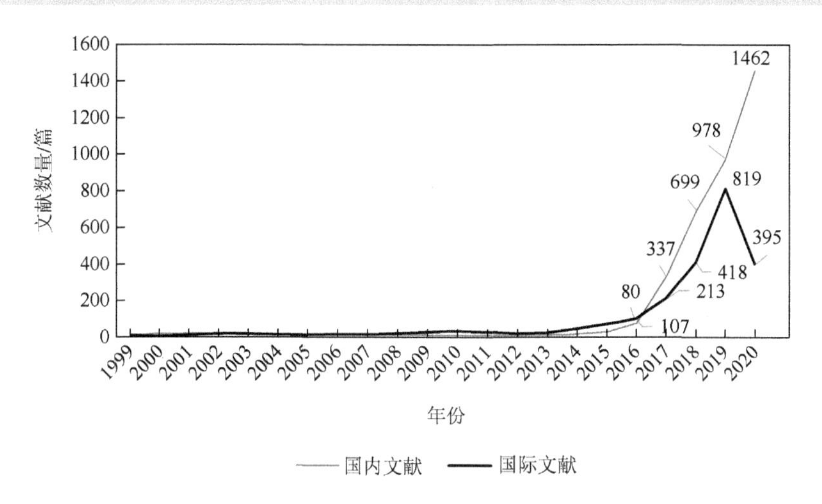

图 1　1999～2020 年数字经济研究文献的发表趋势

如共享经济、网络经济、信息经济；中期（2018 年）多关注数字技术基础上催生的新产业、新业态、新模式，以及与传统实体经济融合的研究；近期（2020 年）则热衷数字化转型和产业结构升级等相关问题（图 3）。

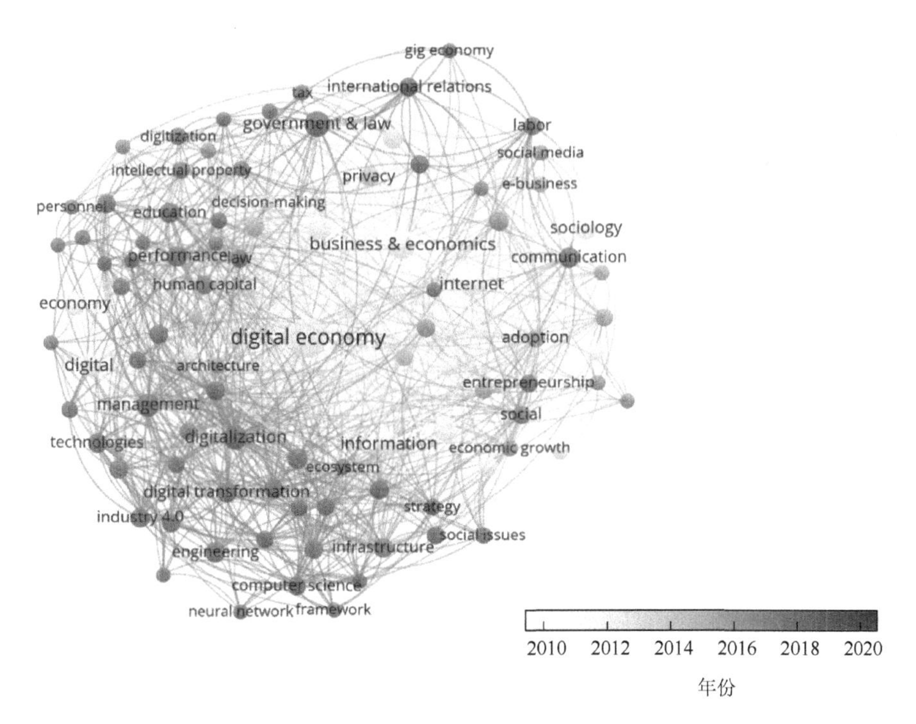

图 2　国际数字经济文献关键词时间节点分布

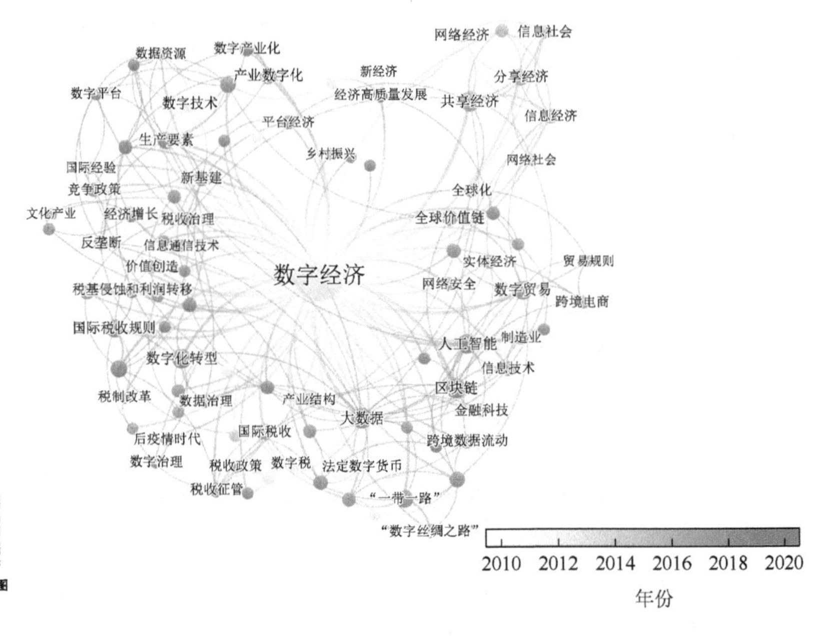

扫一扫，看彩图

图3 国内数字经济文献关键词时间节点分布

最后，在通过文献计量分析了解数字经济研究现状后，本文参考刘洋等[16]研究，进一步挑选其中的重要期刊进行内容整理和编码，梳理其文献类型、研究主题、研究方法、相关模型与理论基础、研究结论等内容。本文筛选的重要期刊除来自一流的经济学领域期刊外，还包括顶级管理学领域期刊、信息通信领域期刊等（表1），一部分整理结果如附表1所示。

表1 文献编码来源

研究文献来源类型	文献具体来源
经济学领域期刊	*Econometrica*，*Journal of Economic Perspectives*，*Journal of Economic Literature*，*American Economic Review*，《经济研究》，《经济学（季刊）》，《中国工业经济》，《世界经济》
管理学领域期刊	*Management Science*，*MIS Quarterly*，*Journal of Operations Management*，*Production and Operations Management*，*Information & Management*，*Operations Research*，*Journal of Management Information Systems*，《管理世界》，《管理科学学报》，《科研管理》
信息通信领域期刊	*Information Systems Research*，*Information Systems Journal*，*Communications of the ACM*，*Journal of Strategic Information Systems*，*IEEE Transactions on Industrial Informatics*
其他综合学科期刊	*Science*，《中国社会科学》，《金融研究》

三、数字经济理论体系的基本框架

在对已有文献梳理的基础上，本文提炼了数字经济理论发展过程中重要的科学问题，并据此作为构建数字经济理论基本框架的出发点。

（一）数字经济理论体系中的科学问题

理论体系中的科学问题是对同一类型现象或问题的基本规律或属性进行凝练，由此推导出能够横向拓展、纵向深入的普适性问题[17]。数字经济是数字技术对现代经济学的变革，经济学研究是提出问题、解决问题的过程[18]，故而经济学研究的两个核心要素是研究思想与研究方法。一方面，从研究思想的角度出发，以往技术革命对经济理论的影响往往伴随着思维和认知的新变化[19]。例如，第二次产业革命中电气技术的出现使人们意识到大规模重工业集中生产带来的规模效应，催生垄断组织出现，引发学者对垄断竞争理论等的思考[20]。数字经济理论体系中的科学问题自然而然地关注数字技术变革带来的观念转变问题，例如，如何以新视角认识数字经济，数字经济是否会借由数字技术变革产生新的经济理论或规则。另一方面，从方法应用的角度来看，以大数据、人工智能等技术为主的数字技术革命正深刻影响着经济学的研究方法[21]，管理科学、数学、计算机科学等多学科研究方法在经济学中的跨领域应用被进一步深化[22]。因此，关注数字经济理论体系必然涉及经济学研究方法体系在数字技术影响下发生的改变。

根据对已有文献整理和编码的结果，本文总结出数字经济理论体系框架需要回答的两个重要科学问题。

第一，数字经济具有哪些新特征与实践做法，这些新的经济现象给传统经济理论带来哪些变革，即现有经济理论的核心逻辑在数字经济引起的一系列变化中是否仍然适用。

第二，作为数字经济核心内涵的数字技术对经济研究方法体系产生哪些影响，如何构建适应数字经济研究的新的方法论体系。

这两个科学问题相辅相成，构成本文数字经济理论体系框架的逻辑基础。数字经济对经济理论的挑战势必需要创新研究方法体系，如扩大研究对象范围、转变研究视角；数字技术对研究方法的改变同样可能产生经济理论没能顾及的新趋势，如对非结构化信息的关注。

（二）数字经济理论体系基本框架构建

围绕数字经济发展所带来的科学问题，本文基于“内涵特征—现实表现—核心理论—方法体系”的学理链，深入阐述各部分具体内容及其内在关联，并据此构建一个数字经济理论体系的基本框架（图4）。如图4所示，该框架由数字经济理论体系纵向整体贯穿，又横向展示具体内容的内在逻辑。

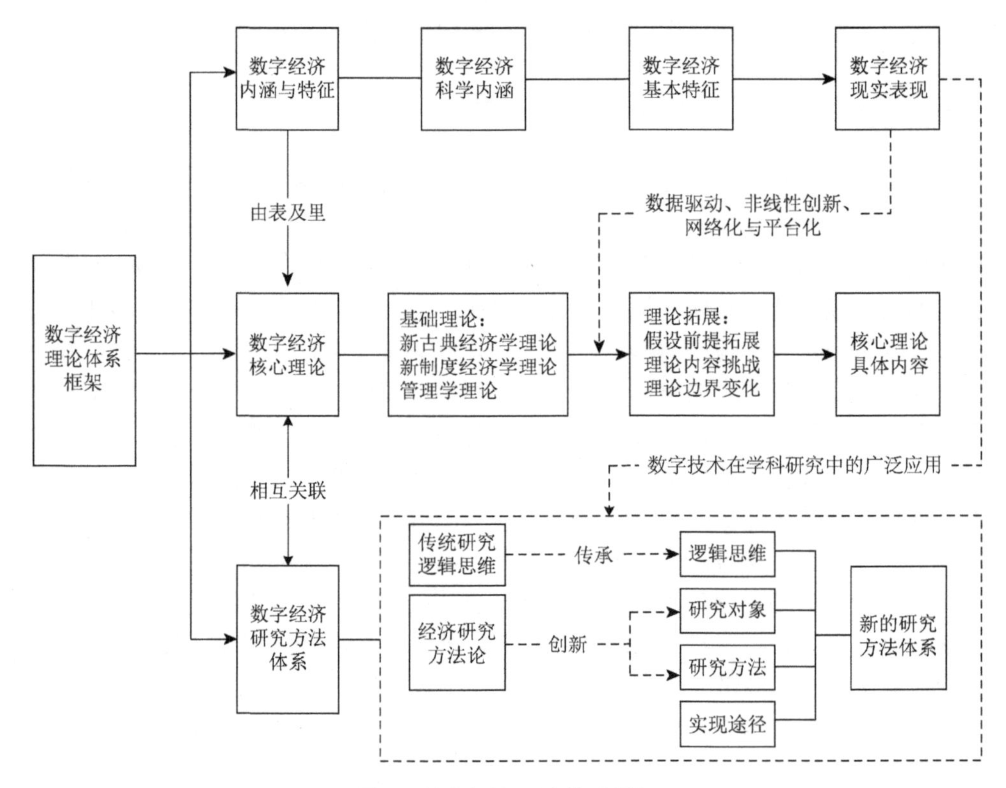

图4　数字经济理论体系框架

首先，在界定数字经济的科学内涵后，本文概括和总结其基本特征并据此描述当今社会诸多经济现象的变化，即数字经济的现实表现。这些现实表现不仅削弱了传统经济理论的解释力，而且随着数字技术的快速迭代和广泛渗透，加剧了数字经济研究方法创新的紧迫性。其次，本文由经济现象进一步挖掘数字经济理论变革的作用机理，即解答数字经济理论体系构建的第一个科学问题。分别从新古典经济学、新制度经济学及管理学等基础理论着眼，阐述理论假设、内容及边界的拓展，以此构成数字经济核心理论。最后，本文讨论与理论内容相关联的研究方法体系，明确解释数字经济理论体系构建的第二个科学问题。在继承传统研究逻辑思维的基础上，研究对象如何改变、研究方法如何优化及实现途径如何创新都是方法层面关注的重点。

新冠疫情的暴发催生了数字经济在中国的迅猛发展，本文在探索数字经济普适性原理的同时，构建后疫情时代数字经济理论话语体系是对我国经济高质量发展更具实践意义的挑战。本文正是以此为价值取向，走出对传统西方经济学理论的学徒状态，做出对数字经济理论的原创性思考与探索，形成数字经济理论的自我学术主张。

四、数字经济内涵与特征

（一）数字经济的科学内涵

自 Tapscott[23]提出“数字经济”这一术语以来，数字经济研究大致经历了信息经济、互联网经济和新经济三个阶段[24, 25]。但是，数字经济的内涵界定在不同历史阶段各有侧重，并没有统一的标准。早期定义侧重涵盖数字技术生产力，强调数字技术产业及其市场化应用，如通信设备制造业、信息技术服务行业、数字内容行业[26, 27]。随着研究的深入，关注点逐渐转移到对数字技术经济功能的解读及数字技术对生产关系的变革。

本文对数字经济进行相对宽泛的界定：数字经济是以数字化信息（包括数据要素）为关键资源，以互联网平台为主要信息载体，以数字技术创新驱动为牵引，以一系列新模式和业态为表现形式的经济活动。根据该定义，数字经济的内涵包含四个核心内容：①数字化信息，指将图像、文字、声音等存储在一定虚拟载体上并可多次使用的信息[28]；②互联网平台，指由互联网形成，搭载市场组织、传递数字化信息的载物，如共享经济平台、电子商务平台[29, 30]；③数字化技术，指能够将数字化信息解析和处理的新一代信息技术，如人工智能、区块链、云计算、大数据[31-33]；④新型经济模式和业态，表现为数字技术与传统实体经济创新融合的产物，如个体新经济、无人经济[34, 35]。此定义综合了技术应用、价值创造、经济业态等多视角，旨在对数字经济进行全面、透彻的分析。

（二）数字经济的基本特征与现实表现

通过对已有文献的梳理和总结，本文将数字经济的基本特征归纳为三个方面，以更直观地展示其给传统经济理论带来的拓展和变革。

第一，数据支撑。数据资本取代实体资本成为支撑价值创造和经济发展的关键生产要素，是数字经济最本质的特征。数据资本是指包含海量信息的流通数据经由分析处理技术衍生出的集成信息资产（如大数据）。利用数据资本挖掘消费者潜在需求是开拓新商业模式、创新产品服务的关键[36, 37]。同时，随着数字技术发展，对数据资本的虚拟存储提高了搜索效率[38]，支持数据资本的低成本复制和搬运，降低了使用数据进行价值创造的成本[9]。

第二，融合创新。新一代信息技术的发展使创新过程脱离了从知识积累、研究到应用的线性链条规律，创新阶段边界逐渐模糊，各阶段相互作用，创新过程逐渐融为一体[39-41]。数字技术使创新主体之间的知识分享和合作更高效；多样化的创新主体主动适应数字化技术以创造新产品和新服务，使得数字创新产品和服务具有快速迭代的特征[42]。此外，数字技术形成了产品与组织的松耦合系统，使产品和服务创新更加灵活，组织协调沟通成本降低，并且突破了时空界限，带来了组织的去中心化。

第三，开放共享。数字经济时代各类数字化平台加速涌现，以开放的生态系统为载体，将生产、流通、服务和消费等各个环节逐步整合到平台，推动线上线下资源有机结合，创造出许多新的商业模式和业态，形成平台经济[43]。作为开放、共享、共生的生态体系，网络平台的出现为传统经济注入新的活力[44]。尤其是平台的强连接能力可以加速产业的跨界融合和协同生产进程[45]，同时形成产业数字化集聚[46]。

数字经济的新特征深刻改变了主体行为，产生新的经济活动和规律。本文进一步将上述新经济活动的变化归纳为数字经济特有的现实表现。首先，数字经济的数据支撑特征表现为海量信息呈现、便捷的信息搜索和获取，以及几乎为零的低复制成本，体现以数据为驱动的经济社会发展模式。其次，数字经济的融合创新特征表现为数字技术下创新的非线性模式、产品的快速迭代及组织的去中心化。最后，数字经济的开放共享特征表现为数字经济的网络化和平台化。互联网、区块链、大数据等技术应用强化产业间的网络效应，打破传统产业内涵的边界。虚拟世界所提供的协作潜力引发了企业积极尝试建立组织方便、经济高效的虚拟全球工作场所[47]。此外，数字技术在研究中的广泛应用为经济分析和预测开辟了新的可能。随着数字经济发展，高频、多维的数据在各领域涌现，大量研究开始涉足机器学习、大数据建模与预测等领域，人工智能算法与数字孪生建模等方法逐渐成为运用大数据开展经济管理研究的主流方法。

五、数字经济核心理论

数字经济的基本特征和现实表现给传统经济理论中的概念界定、假设前提、研究方法等带来了挑战。本文归纳和建立这些特征与数字经济理论之间的关联，以传统经济理论为基础，详细阐释数字经济理论变革的作用机理，从而总结提炼数字经济理论的具体内容。需要特别强调的是，数字经济对理论经济、应用经济乃至所有交叉学科的影响是广泛而深远的。由于篇幅所限，本文基于文献计量分析，聚焦与数字经济特征最紧密相关的若干核心经济理论。图 5 展示了数字经济核心理论衍化脉络，本文对典型相关经济理论进行归纳，由学科领域推及相关科学理论和具体内容，重点从三个领域构建数字经济基础理论。在新古典经济学领域，着重从宏观经济增长理论、中观产业组织理论及微观消费者行为理论和厂商理论探讨其在数字经济下的具体变化。在新制度经济学领域，阐释数字经济理论中交易成本理论和现代产权理论的拓展。在管理学领域，讨论创新管理理论在数字经济下的发展。

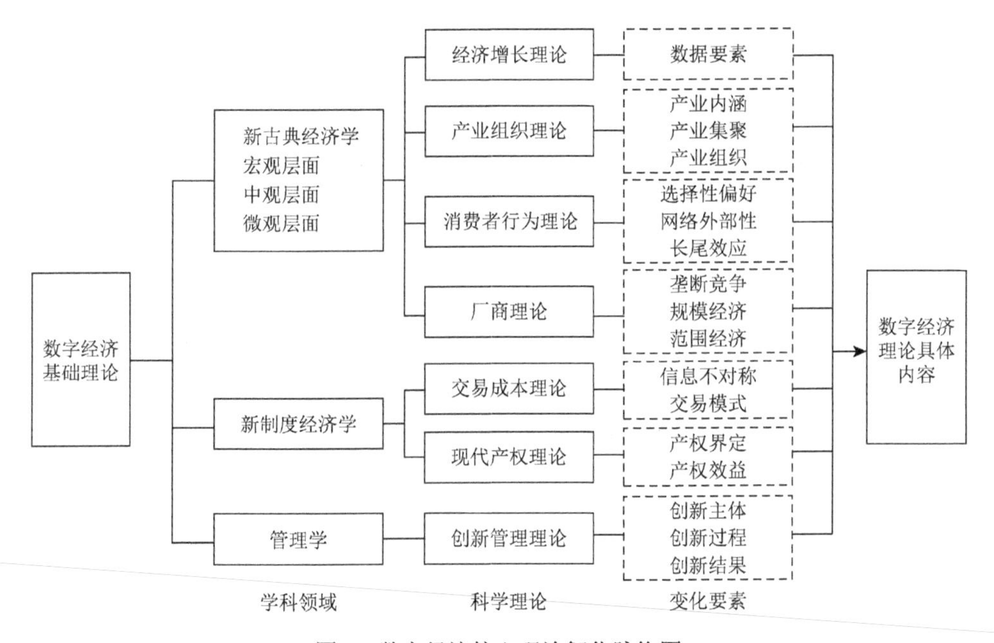

图 5　数字经济核心理论衍化脉络图

（一）数据纳入生产要素：宏观经济增长理论的演进

工业经济时代，宏观经济增长的价值基础来自工业标准化生产，并以此为事实基础诞生了经济增长理论。从经典索洛模型到内生增长理论，经济增长理论演变的核心是将技术进步视作外生向内生转变，前者假定规模报酬不变，用产出、资本、劳动及知识或劳动的有效性四个要素解释经济增长；后者则认为技术进步引起资本和劳动力边际报酬稳定增长，规模报酬不变的假设逐渐放松为规模报酬递增的假设。数字经济时代，价值创造的基础发生了变革；数据作为新的经济增长要素被纳入生产函数，重构了生产要素体系，进一步拓展了经济增长理论中规模报酬递增的假设和传统经济增长理论的边界。

首先，相比于工业经济中标准化生产创造的价值，新一代信息技术通过需求发现和开拓新的商业模式使服务这一非生产性活动创造出更高的附加值，并且这一部分价值在数字经济时代逐渐占据主导。这意味着“生产”的概念得到拓宽，既包含标准化加工的价值，也包含非标准化服务创造的价值。数字经济时代的技术革新使工业经济的加工价值论演进为创新价值论。

其次，从要素结构来看，数据这一全新关键要素的融入重构了生产要素体系，进而拓宽了传统经济增长理论的边界。数据可复制、共享及反复使用的特性突破了传统生产要素的稀缺性和排他性限制，进一步强化了规模报酬递增的前提条件。数据要素与传统生产要素的深入融合使各要素的边际报酬增长速率比内生增长理论中的更高，对经济增长产生放大、叠加和倍增效应，从而改变投入产出关系。例如，数据只有与劳动要素相结合才能成为生产要素；同时，数据有助于改善劳动、知识、管理、资本和技术要素的质量和效率[48, 49]。

（二）突破地理空间界限：中观产业组织理论的拓展

传统产业组织理论将产业定义为生产同类或有密切替代关系产品、服务的企业集合[50]，其研究经历了从结构-行为-绩效（structure-conduct-performance，SCP）分析框架到强调信息不完全下厂商之间博弈策略和行为的博弈论研究范式，研究方法则从静态分析逐渐向推理演绎变革。就产业集聚形态而言，产业内上下游企业在地理空间上集聚而呈现出的产业组织垂直一体化是其核心内容之一。然而，数字经济时代已逐渐形成以数字技术为基础的新一代产业模式，促使传统产业不断开发借助新技术创造新价值的转型路径，从而为传统产业组织理论中产业的界定、产业集聚的形态、理论假设条件及两代产业组织理论的研究方法等提供了新的探索空间。

通过数字技术的深度融合实现传统产业升级已成为经济数字化转型的基本模式，其背后的理论支撑值得深入探讨。第一，互联网、区块链等技术在生产领域的应用改变了各产业的空间范围，打破了传统产业内涵边界。传统产业通过生产要素重组、生产环节重构等实现产业的“跨界经营”，从而实现全新的价值增值和价值创造[51, 52]。第二，数字技术的发展削弱了企业之间以空间关系为联系纽带的作用，以物联网为载体的产业数字化转型加强了产业协同效应，催生产业组织的网络化发展。张永林[53, 54]围绕网络、信息池、时间复制等概念对经济行为和互联网关联的研究可以看作较早开展的数字经济对产业组织变动影响的基础研究。王如玉等[46]在产业集聚理论研究中提出“虚拟集聚”这一空间组织新形态的概念，即在网络虚拟空间系统中，随着信息技术的发展，该空间可以充分扩展，使产业集聚不受地理条件及人文环境的局限。第三，大数据、人工智能和云计算等技术为经济学家提供了获取完全信息的可能，这些信息不仅包含可准确度量的结构化信息，而且包含声音、图像、视频等非结构化信息。信息的准确性、多样性向产业组织理论的不完全信息假设提出了挑战。

从研究范式来看，数字经济结合了传统产业组织理论中静态分析与推理演绎的研究方法。基于SCP分析框架的第一代产业组织理论认为特定的产业结构决定产业的竞争状态，进而对企业行为进行静态截面观察，再与企业绩效进行联系。第二代产业组织理论认为这种实证分析方法缺乏理论依据和分析模型，只适用于短期静态分析，并不能解释这种特定的市场结构是如何形成的及其未来发展趋势。因此，他们将研究重点从市场结构转向企业行为，引入博弈论的研究方法，通过逻辑推理对企业行为做出预测。但是这种推理演绎法在促进理论发展的同时也表现出明显的不足，即数据获取较为困难致使研究结论难以得到有效证实。随着数据挖掘和大数据分析技术的进一步发展，海量信息能够便捷获取，数据精度和跨度大大提升，上述不足将得到有效缓解。此外，消费者和企业行为大数据在实证研究中的应用有效改善了过去抽象运用博弈论讨论定价问题的局限。传统产业组织理论实证分析与推理演绎的研究范式在数字经济时代形成了前所未有的融合。

（三）市场主体行为变化：微观经济理论的挑战

数字经济对微观经济理论发展的影响主要体现在数据支撑、开放共享等数字化特征使传统消费者行为理论和厂商理论面临革新的必要。

1. 大数据思维、网络外部性及长尾效应：消费者行为理论的创新

数字化消费的突出特征是供需之间的交互性大大增强，消费者需求被精准识别和满足，从而颠覆性地改变了消费者行为和预期，拓展了消费者行为理论。具体体现在以下三个方面。

首先，数字经济扩展了现有消费者选择理论中消费者选择行为的分析基础。传统理论认为消费者选择行为的本质是消费者在预算约束内选择一个消费组合来最大化自己的总效用。数字经济时代迅速发展的机器学习方法可以有效挖掘消费者行为数据之间的内在联系，预测消费者的决策行为。消费者的传统决策模式被互联网大数据和算法推荐所代替，并且这种基于分析和预测的决策效率随着人工智能等技术的发展越来越高。因此，大数据思维正逐渐支配消费者原有的主观判断[55]，使消费者基于主观判断的偏好与大数据决策下的偏好呈现“趋同化”[56, 57]。

其次，数字经济发展进一步强化了网络经济形态，使得社会网络呈现出明显的网络外部性。这意味着消费者的购买行为不仅取决于自身偏好，而且受其他消费者购买行为的影响。网络外部性根本上源于网络自身的系统性和内部的交互性，如果数字经济的正网络外部性占支配地位，会以马太效应触发网络系统的正反馈，带来消费规模的自我扩张，产生“需求方的规模经济”。如图6所示，对正网络外部性明显的市场而言，消费规模成为需求曲线的内生变量。在消费者偏好一致且

能够准确预期用户规模的假设下，消费者需求量会随消费规模的增加而增加，当消费规模达到一定程度 C^*后，负网络外部性开始发挥作用，使消费者需求量随消费规模的增加而减少。从消费者效用来看，网络外部性意味着消费者对产品消费越多，获得的效用越高，呈现边际效用递增的趋势，打破了传统经济理论中的边际效用递减规律。

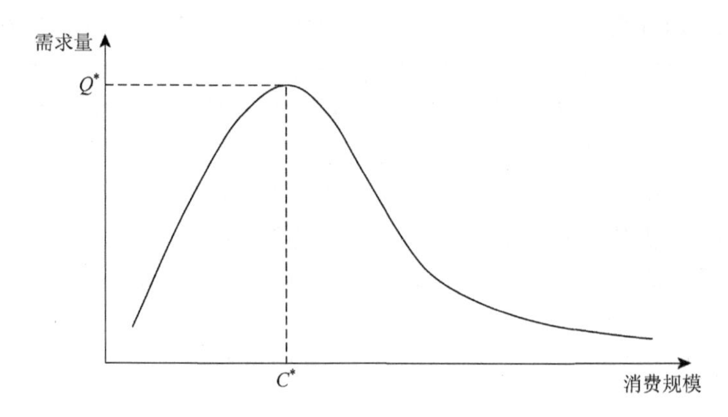

图 6 网络外部性产品的消费规模-需求量曲线

最后，数字经济时代丰富的产品品种和低搜索成本等因素逐渐满足越来越多的小众、个性化需求，从而激发更强的长尾效应。长尾效应发挥作用的前提是有一个坚强有力的头部，且头部与尾部之间形成有效联系。随着数字技术的进一步发展，头部与尾部的联系会发生变化。如图 7 所示，在品种-需求量曲线中，曲线头部表示品种较少的大众市场，品种较多且需求量较低的部位形成了长尾市场。随着技术水平的不断提高，商品市场中消费者的个性化需求被不断满足，使曲线趋于平缓，更多的品种能够进入大众市场，更长的尾部需求得到满足，更加体现"需求方的规模经济"，从而使微观消费者行为理论得到新的发展。

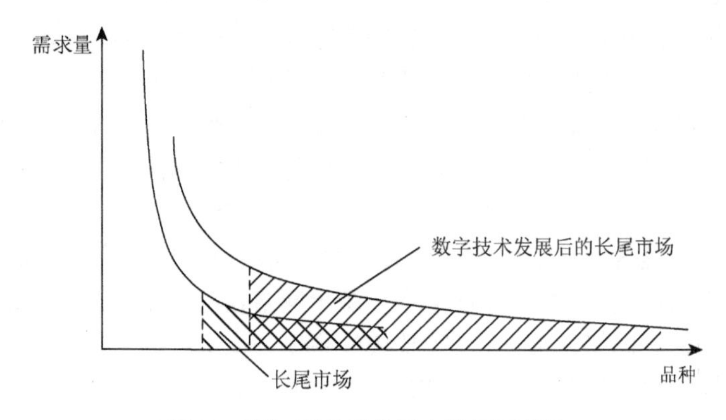

图 7 品种-需求量曲线中的长尾市场

2. 垄断与竞争：厂商理论的拓展

数字经济时代市场垄断与竞争问题已成为厂商理论中学界讨论的焦点。反垄断政策制定所依据的经济学理论基础是完全竞争模型。在完全竞争条件下，企业面临一条水平的需求曲线，在价格与边际成本相等时达到最大利润产量。按照传统经济学的逻辑，完全竞争的市场结构能够实现帕累托最优，任何偏离完全竞争的市场都会形成不同程度的垄断。数字技术引发的新一轮生产力革命给这一结论带来了新的诠释。

信息的便捷获取及分析处理、产品的快速迭代和低成本复制等数字经济的显著特征使经典完全竞争理论受到冲击。首先，数字技术进一步强化了已在不完全竞争市场中明确的产品差异化假设，给数字经济反垄断中市场势力的测度带来了新挑战。企业数字化在提高运营效率的同时，使大规模定制服务成为可能；大数据技术催生出精准敏捷的产品或服务供应生产模式，驱动产品设计迭代更新[58, 59]。

其次，厂商规模问题成为理论变革的关键。产品快速迭代是数字经济的重要表现，产品与服务的更新周期成为企业关键竞争要素。完全竞争市场中所假设的规模较小的生产者因利润空间有限，故难以大力投入资本进行创新产品的市场调研、产品研发及营销推广，规模较大的生产者则在创新上更具优势[60, 61]。另外，数字经济下企业成本呈现出低边际成本特征，产品几乎可以零成本无限复制，企业可以通过不断扩大生产规模来持续降低长期平均成本，实现规模报酬递增，使大企业的效率明显高于小企业，迫使小企业退出市场，完全竞争变为不可能。与此相关，由范围经济所带来的市场界定问题也日益凸显。在传统意义上，企业生产与主营产品相关联的产品时，可共用设备、人力、销售渠道等资源，从而降低产品单位成本，形成范围经济；产品间的关联性越强，范围经济的效果越明显。随着数字经济的发展，企业能够依靠某一主营业务获得的大量用户开展多样化但相关性不强的产品经营，从而拥有由企业规模扩张所附加的范围经济价值。例如，腾讯公司以其社交领域的强大优势积累了大量用户，使其在涉足金融、交通、电商等诸多其他领域时能够以较低的成本迅速占领市场。

最后，迅速发展的数字技术使经济理论需要运用一种动态的分析范式。主流经济学把市场看作静态的，产品以边际成本定价为最优，但其忽略了产品创造的过程，而这一创造过程便是各企业不断创新竞争的结果。正如弗里德里希·冯·哈耶克[62]所指出的，竞争是一种动态过程，竞争之所以有价值，是因为它是一个发现某些事实的方法，如果不利用竞争，这些事实将不为任何人所知，或至少是得不到利用。因此，运用静态均衡理论分析动态市场就会出现问题，在数字技术日新月异的市场环境下尤为严重。陈富良和郭建斌[63]也认为，完全竞争模型在数字经济时代未能反映竞争的过程性和动态性，进而给反垄断规制的理论根基带来挑战。

（四）产权与成本的新探索：新制度经济学理论的变革

1. 平台化与低交易成本：交易成本理论的拓展

交易成本理论的前提是市场运行中存在较高的交易费用[64]，这暗含四个假设条件：①参与者具有有限理性心理，容易产生投机行为；②交易环境的不确定性与复杂性；③信息不对称；④市场角色数目较少，垄断竞争下需要较高的搜寻成本、合同执行成本等[65]。在此基础上，以企业为单位的交易形式展示出其优越性，能够通过内部协调管理替代市场协调并降低个体交易的摩擦成本[66]。因此，传统交易成本理论明确了企业协调替代市场协调并降低交易过程中成本费用是经济运行的必然演变结果。然而，数字化技术的发展极大地克服了市场交易主体之间的信息不对称问题，同时借由个体去中介化交易模式降低信息搜寻成本和交易执行成本，重塑交易成本内涵。

随着区块链等数字新技术的发展，交易成本理论的核心内容逐渐发生变化。一方面，数字技术发展弱化了信息不对称假设。传统理论默认信息不对称影响下的交易成本始终存在；区块链技术通过智能合约重构，使消除交易成本存在可能。区块链技术能够将信息多点记录和共享（即分布式记账），以此确保数据存储和交易过程公开透明、不被篡改[67]。因此，智能合约通过建立信任机制，有效解决了交易双方信用评级、交易风险评估、交易事后执行中的信息不对称问题，例如，企业治理中以分布式记账替代中心记账能有效规避管理者的舞弊行为[68, 69]。

另一方面，以网络平台为基础的个体去中介化交易取代传统交易模式成为最佳方案。传统理论认为企业是降低交易成本的唯一交易模式，但忽略了企业运作所需要的成本。网络平台成为交易个体进行资源分配的虚拟信息集散中心，使供需双方能够以最低成本获取所需信息，节省了为寻找客户或搜索供应商的信息搜寻和处理成本。同时，个体借助网络平台进行去中介化，直接签订数字化合约[70]，点对点的交易形式既简化过程也降低交易执行成本。例如，爱彼迎（Airbnb）平台的数字化信息集成满足了租房需求者的需求，降低了其信息搜寻成本[71, 72]；线上打车平台提供的在线支付功能优化了打车消费者支付金额的执行成本[73]。因此，基于网络数字化平台上的个体交易模式成为降低交易成本的最优解。

2. 公有资源价值：现代产权理论的改变

现代产权理论的前提有两个：①收益权依附于所有权并集成于一体；②市场

经济普遍存在外部性问题[74]。现代产权理论认为，公有产权下对资源的所属和使用界定不明确，因此收益和成本的归属比较模糊，导致个体都想“不劳而获”；私有产权清晰地划定了资源所有者，保证其通过投入成本得到收益并享有剩余利润占有权，形成了有效驱使所有者创造更多效益的激励机制[75]。因此，现代产权理论明确了产权私有制的优势。在数字经济下，数据资源的开放与共享成为突破产权私有制的要因，大数据的集成和公有克服了公共资源外部性问题，并通过提高资源配置效率创造更多价值。

在以数据要素作为关键资源的数字经济体系中，现代产权理论的内容构成有所变化。首先，数字经济冲击了现代产权理论的前提，所有权不再是收益分配的唯一依据，资源的使用权成为关键。尽管数据所有者是单一个体或特定集体，但数据使用者并不限定于所有者[76]。得益于数据在虚拟平台的易搬运和可复制性，数据资源的私有产权被逐渐淡化，数据资源的开放与共享成为数字经济运行的核心。例如，在考虑个人隐私和数据安全的前提下，企业通过对消费者需求的大数据分析，开展自身产品的精准定位。

其次，数字经济改变了产权的运作形式。不同于现代产权理论支持的私有产权能够创造更多效益，大数据集成后形成公有产权的使用有助于实现更大价值①。给定数据使用非竞争性的特征，数据共享几乎不存在外部性问题。同时，由于个体偏差及外部环境因素干扰，对单个数据的处理几乎无法得到任何有效信息，通过大数据的分析能排除诸多干扰因素，得到反映客观现象的规律并应用于实践，例如，将大数据用于疾病潜在来源识别和临床医学的疾病诊断，以及预防犯罪和促进智慧城市治理[77]。

（五）数字创新：创新管理的变革

数字化的兴起使学术界质疑创新管理及其相关理论的解释能力[78]。Nambisan 等[41]总结了创新管理理论的三个关键假设：①创新产品是有界的；②创新主体是集中的；③创新过程和创新结果是两种截然不同的现象，并提出数字创新对传统创新管理理论的新挑战。产品的数字化发展影响创新结果，数字技术的应用淡化了创新主体的边界，使创新过程和结果相互作用并形成非线性创新模式。

具体来说，首先，数字产品改变了以往创新结果的规模和范围。数字产品创新具有三个显著特征：第一，可以在虚拟空间无限更新迭代；第二，较容易重新整合和使用以满足个性化需求；第三，对数字基础设施依赖程度强。这就决定了

---

① 2021 年 2 月 5 日，中国人民银行金融消费权益保护局课题组发布题为《大型互联网平台消费者金融信息保护问题研究》的报告，明确指出互联网平台收集的个人信息不是平台私有财产，而是公共产品。

数字产品的范围、特性、价值有更便捷和广阔的发展空间。即使是已经推出或实施的创新，也可以在较短时间内实现对产品的优化升级，或者通过更多创新主体的参与扩大创新产品的应用范围[79, 80]，例如，微信程序中红包功能的开发使其迅速占领电子支付平台市场。

其次，数字创新的主体更加多元化、复杂化，即主体定义的边界逐渐消失。数字技术通过更低的搜索和分享成本使各创新主体能够有效地获取知识与合作，形成分布式创新机构，更多地强调创新环境的营造而不是以往某一固定群体的创新。例如，Boland 等[81]发现在建筑项目中使用三维（three dimension，3D）技术使多个跨行业公司产生不同创新。此外，去边界化的创新主体具有高度灵活性，当他们的行为与集体目标不一致或需要补充具有新业务能力的主体成员时，可以选择自由进出[82]。

最后，数字创新表现出非线性创新模式，创新过程和结果相互作用，两者的分界点变得越来越不明晰。数字技术增加了创新的不可预测性，除了创新过程产生创新结果这一传统逻辑，越来越多的创新结果反过来促进创新过程的实施[83]，淡化了创新过程的起止时间，使创新过程与创新结果重叠。例如，Dougherty 和 Dunne[40]发现，在药物研发过程中，数字化作为一种创新结果创造了一种新知识形式，为复杂创新提供了必要的补充性见解。

综上所述，本文尝试对数字经济理论的具体内容进行梳理与总结：以数据为核心驱动、以数字技术为关键手段，通过传统产业边界网络化、信息产业化普及化、公共数据资源价值化、创新过程迭代化的发展模式，实现社会资源优化配置，推动经济高质量发展。这些内容并不是对传统理论的重复，而是基于传统理论形成的新思想和内容。

六、数字经济研究方法体系

除数字经济理论拓展之外，随着数据的数量、形式、质量、内容不断涌现和变化，新的数据分析技术与应用逐渐渗透到研究过程，衍生出基于经济研究方法论的创新，并形成新的数字经济研究方法体系。

（一）数字经济的经济研究方法论创新

传统经济研究方法包括逻辑分析、规范分析、定性分析、定量分析等内容；随着研究方法不断演变，以数据统计推断和数理模型推导为主的定量分析方法成为当下主流趋势[84]。不过，受数据和技术制约，这些研究方法在结构分析与控制性预测方面无法像很多自然学科那样精准。洪永淼等[85]曾探讨传统经济研究方法中的计量经济分析和数理模型研究方法的局限性，包括数据质量不高、相关因素难以准确测度、模型模式存在不确定性、经济关系存在时变性等。例如，宏观经济数据大多以年或月为存储时间单位，难以关注日度甚至小时的短期经济变化；数理模型构建的模式选择往往不一定能正确衡量经济关系。这些局限在大数据时代更加凸显：数据容量规模变大、结构更加复杂、变量维度增加、信息噪声更强，传统经济研究方法在数据分析、变量识别和模型关系确立等方面遇到的挑战随之上升，因此需要新的研究方法和方法论。

伴随数字技术出现的新研究方法在一定程度上弥补了传统经济研究方法的局限。例如，数字技术发展下涌现了大数据分析、机器学习和数字孪生建模等方法，其技术优势在于数据挖掘，对文本、图像等非结构化数据、高维数据进行处理[86]，填补了传统经济研究方法中数据质量不高、相关因素难以准确测度的局限。此外，新研究方法的逻辑特征在于注重数据分析，相比传统经济研究方法的模型驱动思路更加偏重数据驱动，通过数据结构估计出模型函数，很大程度上能克服传统经济研究方法模型模式选择不确定的不足。

数字技术的发展推动传统经济研究方法论的创新。首先，数字经济时代的新手段和新工具促使传统经济研究方法优化与改进。高维度、多元化大数据的出现催生了机器学习等数据分析处理方法，对现有计量方法的补充和优化拓展了传统的计量方法体系[87]。传统经济研究方法中的模型参数依赖未知参数，而机器学习方法提供了可计算的函数估计方法，并根据数据特征优化函数，不依赖未知参数。除了模型构建方面，机器学习方法在经济预测、因果推断等领域相对于传统计量方法更加灵活。机器学习方法在经济预测领域的优势是能发现事先未指定的复杂结构，设法使复杂和灵活的函数形式与数据相匹配而非简单拟合[88]。相比传统计量方法，机器学习方法对半参数估计或有大量协变量的因果研究有很大改进[89]。

其次，数字技术引领的经济研究方法创新推动了数字孪生建模这一新研究方法出现。虽然海量数据在不断产生，但对于重视经济周期（如工业产品生命周期、金融股价波动周期）的研究而言，这些数据相对滞后且相互孤立，导致有价值的数据利用率低；同时，仿真方法主要应用于理论与静态模型中，在系统运行阶段却没有得到重视。物联网、机器学习等技术发展推动了数字孪生模型的研究，提供了进一步挖掘数据深度价值的方法。例如，Barykin 等[90]以贸易网络内部物流为研究对象，搭建物流数字孪生模型，用于处理在线物流数据，并在每个时刻反映所考虑的贸易网络活动。

最后，技术驱动研究范式的突破使研究视域在深度和广度上有所延伸，极大地拓展了传统方法无法触及的研究领域。一方面，传统经济研究方法的分析精度被提高。由于传统经济研究方法中经济关系存在时变性，难以识别研究对象的长期规律和突发性变化。大数据时代的海量数据能够涵盖长时间范围，适合研究长期趋势；高精度数据能够被用于识别短期高频变化。另一方面，传统经济研究方法涉及的数据可及范围被扩大。传统经济研究方法中的一个局限性在于难以识别未知或不可观测的因素，只能刻画主要的可观测经济因素之间的关系[91]。数字技术能够将无法观测的非结构化数据转化为结构化数据，并通过新的算法将这些数据转化为新指标，从而将这些难以量化和识别的因素纳入考量范围[92]。

（二）数字经济的研究方法体系框架构建

方法体系研究通常以系统论为指导，对各类研究方法的特征、功能、操作方法等要素进行总体掌握[93]。构建数字经济研究方法体系需要以系统论思想为指导（图 8），从传统经济研究方法体系出发，以数字技术为辅助，明确数字经济研究方法体系的逻辑思维、研究对象、研究方法论及实现途径。

第一，传统经济研究方法论融合了逻辑实证主义、客观规范主义和实用主义这三种哲学思想[94]，数字技术辅助的经济研究方法论仍然继承了这样的逻辑思维。逻辑实证主义强调对经济因素的观测和量化表达，影响经济研究中计量经济学的发展；客观规范主义坚持通过客观的价值评估进行策略判断，这种哲学思想在经济政策研究中彰显了巨大作用（即福利经济学）；实用主义侧重解决问题，体现了经济研究中问题导向原则。数字技术作为研究方法（尤其是计量经济方法）的精准度优化工具，毫无疑问体现着逻辑实证主义思想。同时，人工智能的数据处理新方式分析非结构化信息并通过评估进行决策优化，体现了客观规范主义。另外，数字技术辅助的建模仿真能够更加准确地预测产业经济发展，更符合政策制定者、企业管理者的需要，反映实用主义思想。

第二，根据现有的文献计量分析，数字经济研究对象可以分为以下几类：①微观层面，包含消费者、企业、平台机构与地方政府，例如，影响企业数字创新的因素分析[95]，对平台机构的生态环境治理问题研究；②中观层面，包含产业层面和地区层面，例如，互联网发展对制造业效率的影响分析[96]，工业智能化对城市层级结构影响的分析[97]；③宏观层面，即国家层面，例如，数字经济产业对中国整体发展的贡献测度问题。

第三，数字经济研究方法论表现出三个层次的创新，分别是传统经济研究方法的改进优化、数字技术引领的经济研究方式创新，以及研究范式的深度和广度有所延伸。

第四，经济研究的一般实现途径可以概述为以下步骤：识别研究问题—明确研究对象—提出目标预期（研究假设或预期成果）—进行研究分析—得出结果和结论。在数字技术影响下，在目标预期阶段，可获得精度更高的预期成果（仿真、预测方法）并提出考虑更全面的假设（计量经济方法）；在研究分析阶段，可依靠大数据估计、机器学习或数字孪生模型进行深度分析；在得出结论阶段，可通过数字处理技术进行直观的可视化结果呈现。因此，结合数字技术，经济研究实现途径的各阶段都有不同程度的提升。

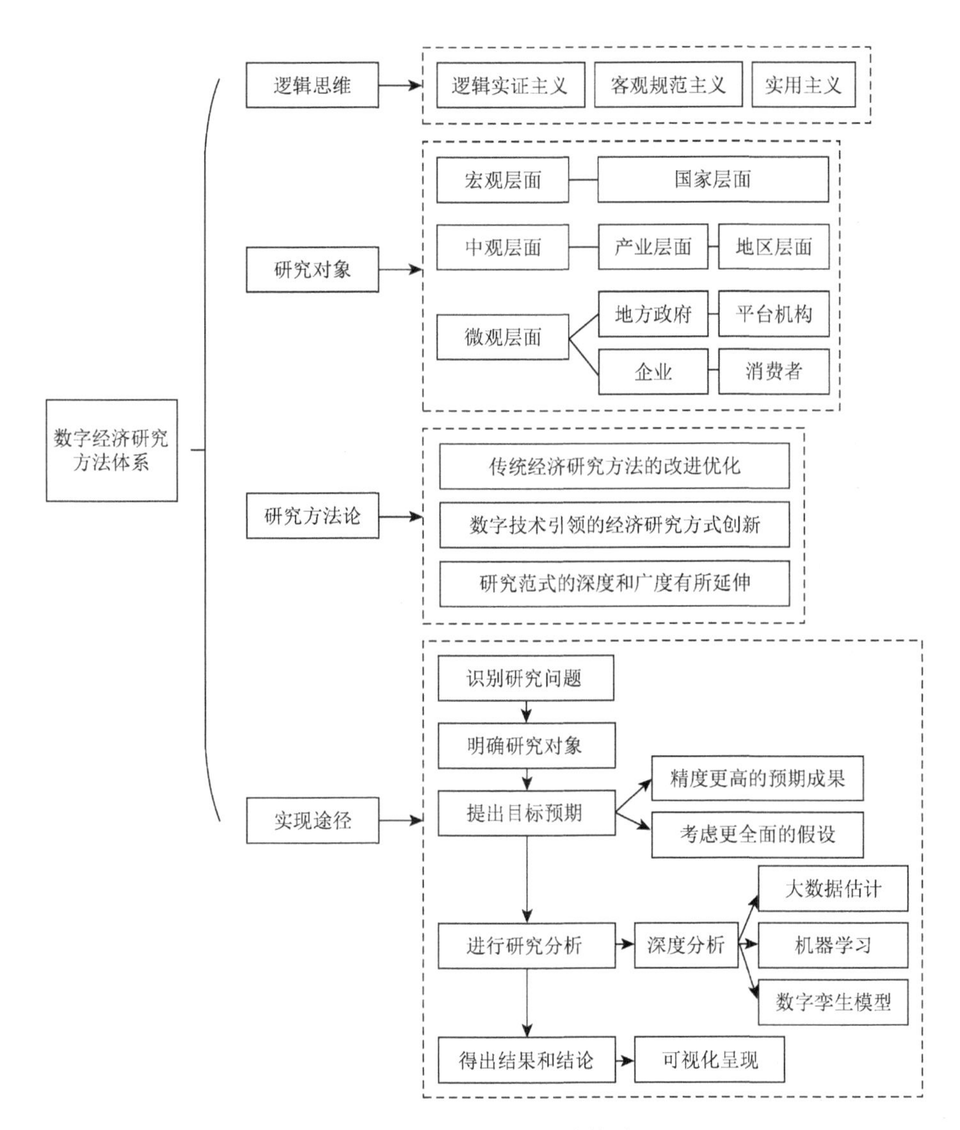

图 8 数字经济研究方法体系

综上所述，数字经济研究方法体系框架是在传统经济研究方法体系基础上的传承与创新。这一综合集成方法体系框架的确立是系统论与方法论在数字经济研究中的应用，从而保证数字经济研究方法更科学、分析解决问题更高效精准。

七、未来研究展望

本文虽提出了数字经济理论体系框架，但数字经济研究的根本落脚点还是要回到中国经济实践上来。随着新一代数字技术的不断升级，这些技术如何对经济理论产生影响，如何依据经济理论更好地解释、支撑、引导产业的数字化转型，如何健全中国情境下的数字经济理论体系以指导经济高质量发展实践，将成为未来数字经济理论和实证研究的重要问题。

（一）新一代数字技术下的经济理论体系深入研究

如前所述，数字经济理论研究在现阶段仍处于摸索阶段。在本文提出的数字经济理论体系基本框架下，至少在如下四方面有待开展进一步深入研究。

第一，数字经济理论的研究框架需要进一步深入拓展。随着区块链、物联网、数字孪生等技术的出现，影响生产效率的要素逐渐增多，各要素与生产效率的关系也逐渐复杂化。例如，人工智能技术促进经济增长的途径包括减少劳动力投入、促进资本积累和提高全要素生产率[98]。然而人工智能技术促进生产效率提升、生产模式创新的机制并不明确。传统经济学理论框架无法解释数字技术和数据要素对经济增长影响的潜在复杂机理，未来的数字经济研究可以通过扩展生产函数范式构造数字技术影响的新理论框架。

第二，数字经济理论的研究范畴需要更加多元化。传统经济理论将经济要素作为分析经济发展的核心投入并以此分析增长路径，然而数字技术带动的经济发展过程包含了非经济要素的贡献。例如，数字孪生技术通过在虚拟世界构建现实世界的“分身”，借助历史信息、实时数据及算法模型等模拟、分析、预测现实事物的生命周期。在该技术应用过程中，历史信息属于非经济要素投入，实时数据除经济要素外通常包括社会要素，在考虑这些非经济要素投入后才能够完善数字孪生技术的应用场景。因此，在数字技术影响下，未来经济理论范式应当不局限于经济要素，关注非经济要素投入。

第三，数字经济理论的应用视角需要更加多维化。一方面，现有研究的切入视角较为单一，主要集中于单一技术对经济的促进作用，缺乏关注多技术叠加融合后的化学反应。另一方面，单一行业的数字化转型可能对其他行业产生溢出效应，当前绝大多数经济学研究仅关注了数字化转型对单一行业的直接经济影响[99]，未来可进一步从社会动力学视角聚焦数字技术对其他行业的溢出效应。

第四，数字经济理论体系有待进一步完善和系统性深化。数字经济正在经历高速增长、快速创新，并广泛应用于其他领域，影响着各行各业。尽管本文提炼出数字经济理论体系的研究框架，但学术界对数字经济的完整理论体系仍然缺少系统认知。例如，有待深入探究数字经济形成资源分配的新路径、数字经济时代的新模式与新管理问题等。

（二）数字经济发展的实践探索

数字经济理论体系的塑造离不开实践层面的紧密结合。基于前述对数字经济相关研究的梳理，未来有待从驱动机制、经济影响、政府治理等方面继续深入开展实践探索并验证和不断完善数字经济理论体系。

首先，在数字经济驱动力方面，有必要进一步探究数字经济的核心驱动机制。现有数字经济驱动因素的研究大多集中在对某一驱动因素的简单概述性描述，对于其如何促进数字经济增长的机制研究较少，驱动数字经济发展的机制路径尚未明晰。因此，呼吁各界学者进行更深入的研究，完善数字经济驱动因素方面的理论分析框架。同时，就驱动因素构成而言，除了数字技术等内部因素，外部驱动因素也值得探究。例如，数字技术在市场推动下才能获得更快发展[100]，未来可从市场角度来探究数字经济的驱动理论。

其次，在数字经济发展影响方面，需要深化宏观测算和微观管理机制研究。一方面，为提升数字经济的实证研究效率、更有针对性地为数字经济发展提供政策依据，未来需要尝试建立及时有效、国际可比的数字经济核算体系，准确测度可比较的数字经济发展规模。另一方面，为进一步推动我国经济社会的高质量发展，未来可进一步探索大数据、人工智能和工业互联网等数字技术如何降低全产业链成本。除此之外，未来还可关注前沿数字技术对企业市场需求预测、产品设计、供应链管理、组织结构优化和管理成本节约等社会经济运行各个环节的影响机制[101]。

再次，在数字经济政策规制研究方面，需要进一步探索防治数据资本无序扩张的政策措施，以及关注相关数字政策规制实施效果的评估。尽管学者逐渐注意到数字资本过度集聚带来的垄断问题[102, 103]，并尝试剖析其内在机理[104]，但在相应的预防和治理方面尚无深入研究。未来需要继续探索政府如何通过政策规制催生平台履行监管义务，以及如何治理行业垄断乱象等问题。同时，当前对数字经济发展政策规制的研究大多停留在定性描述和政策建议层面，未来可就这些政策开展事前、事中和事后定量效果评估。

最后，数字经济对社会经济生活的广泛嵌入促进未来交叉学科的深入发展。数字技术的更新迭代以信息学发展为支撑；数据要素对资源配置的重构已逐渐成为经济学讨论的重点；数字化对企业转型发展的影响给管理学理论带来了新的挑战；数字产业反垄断问题的凸显引起了法学界重视。何瑛等[68]还研究了新经济时代背景下财务管理的跨学科交叉融合与创新发展。可见，数字经济已不仅仅是某一学科领域独有的研究对象，未来多学科交叉的研究范式将成为一种趋势。

（三）结合中国情境构建独创性数字经济理论

2020 年 8 月 24 日，习近平总书记在经济社会领域专家座谈会上强调，“我国将进入新发展阶段”，“我们要着眼长远、把握大势，开门问策、集思广益，研究新情况、作出新规划”①。随着中国进入新时代，以新一代信息技术为代表的“大数据革命”为中国经济社会发展提出了新问题、新要求、新挑战和新机遇，呼唤经济学的理论创新[105, 106]。尽管中国政府不乏政策指引，但理论上的不足导致相关法律法规、创新鼓励政策的滞后，以及监管措施不力等问题相继出现，容易导致数字经济发展更注重量的增长而忽视质的提升。

如何构建中国情境下的数字经济理论体系，让数字经济成为中国经济高质量发展的最大动力，成为完善中国特色社会主义市场经济理论体系的重要命题。首先，得益于中国巨大的人口规模和 40 多年持续高速的经济增长，中国已拥有数字经济的规模优势。海量数据的产生及数字科技的广泛应用为中国学者研究数字经济问题、创新数字经济理论，以及构建数字经济学科体系提供了天然基础。其次，数字经济创新了经济研究的方式和方法，引入西方经济学“实证革命”的思想，使中国经济研究能够基于大数据、人工智能等方法更准确地揭示经济运行规律，从而为中国数字经济理论联系实际提供了重要科学方法。

20 世纪 40 年代，王亚南在阐述中国经济学的内涵时指出：“在理论上，经济学在各国尽管只有一个，而在应用上，经济学对于任何国家，却都不是一样。”数字经济研究亦是如此。提炼挖掘中国情境下的数字经济独创理论，坚定中国特色社会主义道路自信、理论自信、制度自信、文化自信是根本前提。我们需要对数字经济在中国发生的一系列问题进行系统分析，形成中国数字经济理论体系，揭示中国数字经济发展的一般规律。同时，从中国数字经济理论中凝练出本质和共性内容，拓展当代西方经济学研究范畴，构建数字经济一般性理论，泛化中国经验并提升中国数字经济理论在学术界的国际影响力。

总之，“技术—经济范式”正加速从工业化向数字化演进，作为一种新的经济形态，数字经济实践发展已明显超越理论研究，倒逼与数字经济相关经济理论研究的创新发展。科学理论体系的建设是一个源于解决实际问题，经历萌芽、成长

---

① 人民网. 着眼长远把握大势开门问策集思广益 研究新情况作出新规划[EB/OL].（2020-08-25）[2024-10-09]. http://politics.people.com.cn/n1/2020/0825/c1024-31835055.html.

阶段，再应用于实践并不断总结、修正，循环往复持续完善的过程。数字经济领域的学术研究虽最早见于外文文献，但近几年我国数字经济理论成果逐渐丰硕。本文首次在文献梳理的基础上构建了数字经济理论体系基本框架，提出了中国数字经济理论的学术观点，以期能够为中国数字经济持续健康发展提供理论依据，为世界数字经济繁荣发展贡献中国力量。

最后要指出的是，由于经济理论涉及内容非常广泛，本文仅仅基于数字经济发展的一些典型特征，以与这些特征紧密相关的几个核心理论为对象，探索构建了数字经济理论体系基本框架。未来有待就数字经济对更多其他理论体系发展的影响开展深入系统分析，从而构建更加完整的数字经济理论体系。

附　表

附表 1　数字经济代表文献综述

文献领域	作者及年份	来源期刊	研究主题	方法类型	模型或理论基础	研究结论或观点
经济学领域期刊	Manacorda 和 Tesei[107]	*Econometrica*	数字信息通信技术能否促进大众政治动员	实证	网络模型	在经济萧条时期，移动电话在促进政治参与方面发挥的作用如下：第一，使人们更了解经济状况；第二，使人们更能对其他人参与的变化做出反应
	Mullainathan 和 Spiess[108]	*Journal of Economic Perspectives*	机器学习方法的原理和应用	理论	—	在计量工具中提出了机器学习方法，这种方法能够用于大数据的分析、处理与预测，适用于经济学中参数估计的相关问题研究
	Goldfarb 和 Tucker[9]	*Journal of Economic Literature*	数字经济活动的成本分析	理论	—	通过综述梳理了与数字经济活动相关的五种经济成本（搜索成本、复制成本、运输成本、跟踪成本和验证成本）的降低
	Mullainathan 和 Obermeyer[88]	*American Economic Review*	机器学习在医疗保健领域的应用	理论	—	提出机器学习在医疗保健领域应用可能遇到的问题（容易混淆因果检验和预测，数据误测可能带来系统性偏差，产生临床错误），并提出了一些可能的解决途径
	Chalfin 等[109]	*American Economic Review*	通过机器学习进行劳动生产力决策	理论	经济增长理论	使用警察招聘和教师任期决策数据，证明了使用机器学习工具来预测工人生产力可以带来巨大的社会福利收益
	安同良和杨晨[110]	《经济研究》	检验互联网影响企业区位选择的机制，验证网络重塑经济地理格局的宏观效应	实证（IV、空间计量）	新经济地理模型	互联网影响消费者、生产者行为；互联网通过缓解信息不对称传递低房价地区的信号，降低高房价地区企业迁移的机会成本

续表

文献领域	作者及年份	来源期刊	研究主题	方法类型	模型或理论基础	研究结论或观点
经济学领域期刊	沈国兵和袁征宇[111]	《经济研究》	企业数字转型对中国企业创新及其出口的影响	实证	企业技术选择模型、企业创新成本函数	企业进行互联网转型对中国企业创新能力有着显著的提升作用，低生产率企业和中小企业都能从中获益；将企业互联网化界定为企业通过互联网同外界进行双向信息交流，以降低内部沟通和企业同外部沟通的信息交流成本，提升交流效率，促进学习外界知识和经验
	石大千等[112]	《中国工业经济》	智慧城市建设对环境污染的影响	实证（PSM和DID）	熊彼特创新理论、波特创新驱动理论	智慧城市建设显著降低了城市环境污染（9%～24%）；技术效应、配置效应和结构效应三大效应降低了城市环境污染
	李兵和李柔[113]	《世界经济》	互联网与企业出口的关系	实证	—	互联网显著促进了企业出口，且对企业出口的影响大于国内销售，会提高企业出口密集度；固定效应估计的结果表明，企业使用网页主页会使企业出口额提高40%，使用电子邮件会使企业出口额提高37%
管理学领域期刊	Wu等[114]	*Management Science*	探究数据分析能力与创新之间的关系	实证	—	数据分析对开发全新的技术或创建涉及少数知识领域的组合、创新方法的效率似乎较低，在这些领域，数据有限或整合不同知识的价值有限。结果表明，专注于特定类型创新（流程创新和多样化重组创新）的企业会从使用数据分析中获得最大收益
	Brynjolfsson和Collis[115]	*Harvard Business Review*	人工智能应用于翻译系统对国际贸易产生的影响	实证	—	使用数字平台数据，研究人工智能在机器翻译方面的应用。发现新机器翻译系统的引入显著增加了该平台上的国际贸易，使出口增长了10.9%。该结果提供的因果证据表明语言障碍严重阻碍了贸易，人工智能已经在至少一个领域提高了经济效率
	Koh等[116]	*MIS Quarterly*	数字音乐格式与互联网消费对盗版的削弱作用	实证	多代扩散模型	授权数字音乐下载的引入削弱了盗版效应，使盗版对CD需求的影响每年下降15%。分拆已成为行业收入下降的主导因素。流媒体音乐的引入进一步削弱了盗版效应，使盗版对CD需求的影响每年下降约7%

续表

文献领域	作者及年份	来源期刊	研究主题	方法类型	模型或理论基础	研究结论或观点
管理学领域期刊	Svahn 等[117]	*MIS Quarterly*	当前企业在拥抱数字创新时如何解决相互竞争问题	案例	—	现有企业面临四个相互竞争的关注点：能力、焦点（产品还是过程）、协作（内部还是外部）和治理（控制还是灵活性），并且这些关注点是系统相关的。企业必须通过不断平衡新的机会和已建立的实践来管理这些关注
	Karahanna 等[118]	*MIS Quarterly*	识别医院的数字优势：相对于其竞争对手在支持医院各种功能和流程的技术组合方面的技术优势	定性研究	用于识别和组织数字优势的综合概念框架	医院的数字优势作用来源于基于制度安排与基于地理邻近性两种社会资本的互补效应、经济资本和其他形式的资本之间的替代效应（例如，文化资本和两种类型的社会资本减弱了经济资本不足的影响），以及基于制度安排的社会资本和文化资本之间的替代效应（例如，通过制度安排共享的知识减弱了内部高技能培训专家不足的影响）
	Guha 和 Kumar[119]	*Production and Operations Management*	大数据分析在信息系统、运营管理和医疗保健领域的应用	定性研究	—	大数据技术推动信息系统、运营管理、医疗保健领域的发展
	Sanders 和 Ganeshan[120]	*Production and Operations Management*	大数据对供应链的影响	理论	—	探究大数据对供应链的影响并展示了供应链管理的大数据研究趋势
	许恒等[10]	《管理世界》	数字经济凭借技术优势对传统经济的影响，以及政府促进传统经济与数字经济竞合发展的动态路径	理论	数字经济（企业）与传统经济（企业）非对称竞争的博弈模型、福利经济学	传统经济与数字经济自由竞争的市场格局能够更好地保护消费者利益，实现社会福利最大化，因此当数字经济技术冲击的负面效应大幅超过技术溢出的正面效应时，政府应当实施竞合型政策，为传统经济实现自身的数字化转型升级以应对数字经济的强大竞争提供缓冲环境，避免传统经济被数字经济彻底挤出市场
	陈冬梅等[52]	《管理世界》	总结数字化对现有战略管理理论的挑战、讨论数字化拓展战略管理理论的可能，以及展望未来研究的可能方向	理论	战略管理核心理论	既有的战略管理理论因外部环境的变化而呈现此消彼长的成长态势；数字化也带来了拓展、突破甚至创造战略管理理论的可能
	郭凯明[121]	《管理世界》	人工智能发展对产业结构转型升级和要素收入分配格局的影响	理论	多部门动态一般均衡模型	人工智能服务或人工智能扩展型技术提高都会促使生产要素在产业部门间流动，流动方向取决于不同产业部门在人工智能产出弹性和人工智能与传统生产方式的替代弹性上的差别。这一结构转型过程也导致了劳动收入份额变动

续表

文献领域	作者及年份	来源期刊	研究主题	方法类型	模型或理论基础	研究结论或观点
信息通信领域期刊	Hong 和 Pavlou[122]	*Information Systems Research*	国家差异和国家信息技术发展如何影响买家在在线外包平台中选择供应商	实证	—	买家在语言、时区和文化方面受到国家差异的负面影响，更喜欢来自信息技术发展程度较高国家的服务提供商。服务提供商的声誉减弱了语言和文化（但不是时区）差异的负面影响，同时替代了国家信息技术发展的积极影响。文章讨论了该研究对理解在线外包平台的全球动态和更好地设计这些互联网平台的理论和管理意义
	Lyytinen 等[80]	*Information Systems Journal*	数字技术影响组织与组织间能力以促进产品创新	理论	创新网络理论	阐述了数字技术对创新网络的影响，并识别了数字化支持的四类创新网络如何影响数字产品创新
	Kohli 和 Melville[123]	*Information Systems Journal*	数字技术创新过程的文献综述	理论	数字创新理论框架	现有研究缺乏关注在数字技术创新过程中研究过程的互动和新知识的开发。文章结合科学计量和系统文献综述方法来梳理适应数字创新理论框架的 7 个维度：启动，发展，执行，开发，外部竞争环境的作用，内部组织环境的作用，以及产品、服务和过程结果。发现研究的覆盖性和多样性极不平衡，并就每个维度未来研究领域进行探讨
	Tentori 等[124]	*Communications of the ACM*	数字医疗的应用	案例	—	数字医疗使数字技术与神经科学、医学和公共政策融合。文章评估巴西和墨西哥的医疗保健政策，以探究拉丁美洲医疗保健系统面临的挑战；明确了当前数字医疗应用的趋势是使用数字标记量化移动传感器收集到的生理和行为数据
	Vial[125]	*Journal of Strategic Information Systems*	探究数字化转型的影响	理论	数字化转型理论框架	通过归纳构建了数字化转型框架，将数字化转型视为一个过程，在这个过程中，数字技术造成变革，引发组织的战略响应，这些组织寻求改变其价值创造路径，同时管理影响该过程的积极和消极结果的结构性变化和组织障碍
	Chanias 等[126]	*Journal of Strategic Information Systems*	数字化转型战略的制定	案例	数字化转型综合过程模型	以欧洲金融服务提供商为例，研究如何制定数字化转型战略。通过关注底层流程和制定战略活动，发现数字战略制定不仅打破了前期战略信息系统规划的惯例，而且揭示了紧急战略制定的新极端。形成了一个综合过程/活动模型，表征数字化前组织中数字化转型战略的制定和实施。模型表明，数字化转型战略的制定是一个高度动态的过程，涉及在学习和实践之间进行迭代

续表

文献领域	作者及年份	来源期刊	研究主题	方法类型	模型或理论基础	研究结论或观点
信息通信领域期刊	Schluse 等[127]	*IEEE Transactions on Industrial Informatics*	数字孪生概念与应用	理论	—	数字孪生代表了真实物体或主体及其在数字世界中的数据、功能和通信能力。数字孪生与真实资产的联网产生了混合应用场景，从而实现了复杂的控制算法、创新的用户界面或智能系统的心智模型
其他综合学科期刊	Khoury 和 Ioannidis[128]	*Science*	大数据对健康的影响	理论	—	大数据对流行病的追踪和溯源起到重要作用，对公众健康有着潜在影响。要将海量信息有效转化为社会福祉，必须解决从大量噪声数据中分离出真实信号这一挑战
	范如国[129]	《中国社会科学》	大数据与社会计算在公共管理研究领域的方法论革命	理论	—	通过大数据分析和社会计算，可以发现公共管理的新问题，精确刻画复杂公共问题，有效降低公共管理的复杂性和不确定性，充分认识复杂公共问题的本质和规律，提高公共管理的预测与决策能力，优化公共服务水平，实现公共管理的科学化、智慧化和精准化
	马长山[103]	《法律科学（西北政法大学学报）》	“网约车”合法化进程的法理学分析	理论	—	智能互联网新业态开启了前所未有的“众创”式制度变革与创新模式。应当确立“共建共治共享”的治理理念，秉持包容普惠的基本原则，采取同步分享、增量赋权的制度变革策略。政府要基于公益立场，对各种“互联网 +”新业态、智慧经济新模式进行有效规制，从而抑制资本垄断和限制私人偏好，促进多元平衡、保障民生权益和维护社会公平
	王馨[130]	《金融研究》	分析互联网金融解决小微企业融资的可行性	理论	长尾理论	在传统金融市场中，小微企业往往被排斥在正规金融体系之外，金融供给曲线呈现“臂弯”状态。互联网金融的加入从一定程度上改变了“臂弯”曲线的位置，弥补了适量的供给缺口，减轻了信贷配给程度，促进了金融资源的合理配置，这也为解决小微企业融资困境提供了新的视角

注：CD 指紧凑型光盘（compact disc）；IV 指工具变量（instrumental variable）；PSM 指倾向得分匹配（propensity score matching）；DID 指双重差分（difference-in-difference）

参 考 文 献

[1] Singhal K，Feng Q，Ganeshan R，et al. Introduction to the special issue on perspectives on big data[J]. Production and Operations Management，2018，27（9）：1639-1641.

[2] 陈晓红，唐立新，李勇建，等. 数字经济时代下的企业运营与服务创新管理的理论与实证[J]. 中国科学基金，2019，33（3）：301-307.

[3] 李晓华. 数字经济新特征与数字经济新动能的形成机制[J]. 改革，2019（11）：40-51.

[4] 中国信息通信研究院. 中国数字经济发展白皮书（2020 年）[R/OL].（2020-07）[2024-10-16]. http://www.caict.ac.cn/kxyj/qwfb/bps/202007/P020200703318256637020.pdf.

[5] Corbett C J. How sustainable is big data?[J]. Production and Operations Management，2018，27（9）：1685-1695.

[6] 陈晓红，蔡莉，王重鸣，等. 创新驱动的重大创业理论与关键科学问题[J]. 中国科学基金，2020，34（2）：228-236.

[7] 赵涛，张智，梁上坤. 数字经济、创业活跃度与高质量发展：来自中国城市的经验证据[J]. 管理世界，2020，36（10）：65-76.

[8] 陈晓红. 数字经济时代的技术融合与应用创新趋势分析[J]. 中南大学学报（社会科学版），2018，24（5）：1-8.

[9] Goldfarb A，Tucker C. Digital economics[J]. Journal of Economic Literature，2019，57（1）：3-43.

[10] 许恒，张一林，曹雨佳. 数字经济、技术溢出与动态竞合政策[J]. 管理世界，2020，36（11）：63-84.

[11] 刘航，伏霖，李涛，等. 基于中国实践的互联网与数字经济研究：首届互联网与数字经济论坛综述[J]. 经济研究，2019，54（3）：204-208.

[12] 戚聿东，肖旭. 数字经济时代的企业管理变革[J]. 管理世界，2020，36（6）：135-152，250.

[13] 朱紫雯，徐梦雨. 中国经济结构变迁与高质量发展：首届中国发展经济学学者论坛综述[J]. 经济研究，2019，54（3）：194-198.

[14] 易宪容，陈颖颖，位玉双. 数字经济中的几个重大理论问题研究：基于现代经济学的一般性分析[J]. 经济学家，2019（7）：23-31.

[15] 姜奇平. 数字经济学的基本问题与定性、定量两种分析框架[J]. 财经问题研究，2020（11）：13-21.

[16] 刘洋，董久钰，魏江. 数字创新管理：理论框架与未来研究[J]. 管理世界，2020，36（7）：198-217，219.

[17] 盛昭瀚，薛小龙，安实. 构建中国特色重大工程管理理论体系与话语体系[J]. 管理世界，2019，35（4）：2-16，51，195.

[18] 洪永淼，汪寿阳. 大数据革命和经济学研究范式与研究方法[J]. 财经智库，2021，6（1）：5-37，142-143.

[19] 蔡昉. 经济学如何迎接新技术革命？[J]. 劳动经济研究，2019，7（2）：3-20.

[20] 戚聿东，刘健. 第三次工业革命趋势下产业组织转型[J]. 财经问题研究，2014（1）：27-33.

[21] 洪永淼，汪寿阳. 大数据、机器学习与统计学：挑战与机遇[J]. 计量经济学报，2021，1（1）：17-35.

[22] 洪永淼，汪寿阳. 数学、模型与经济思想[J]. 管理世界，2020，36（10）：15-27.

[23] Tapscott D. The digital economy：promise and peril in the age of networked intelligence[J]. Journal of Academic Librarianship，1996，22（5）：397.

[24] Turcan R V，Juho A. What happens to international new ventures beyond start-up：an exploratory study[J]. Journal of International Entrepreneurship，2014，12（2）：129-145.

[25] 张化尧，金波，许航峰. 数字经济的演进：基于文献计量分析的研究[J]. 燕山大学学报（哲学社会科学版），2020，21（3）：107-114，144.

[26] Landefeld J S，Fraumeni B M. Measuring the new economy[J]. Survey of Current Business，2001，81（3）：23-40.

[27] OECD. Measuring the Digital Economy：A New Perspective[R]. Pairs：OECD Publishing，2014.
[28] Berisha-Shaqiri A，Berisha-Namani M. Information technology and the digital economy[J]. Mediterranean Journal of Social Sciences，2015，6（6）：78-83.
[29] 李广乾，陶涛. 电子商务平台生态化与平台治理政策[J]. 管理世界，2018，34（6）：104-109.
[30] 肖红军，李平. 平台型企业社会责任的生态化治理[J]. 管理世界，2019，35（4）：120-144，196.
[31] Bharadwaj A，El Sawy O A，Pavlou P A，et al. Digital business strategy：toward a next generation of insights[J]. MIS Quarterly，2013，37（2）：471-482.
[32] Richter C，Kraus S，Brem A，et al. Digital entrepreneurship：innovative business models for the sharing economy[J]. Creativity and Innovation Management，2017，26（3）：300-310.
[33] Teece D J. Profiting from innovation in the digital economy：enabling technologies，standards，and licensing models in the wireless world[J]. Research Policy，2018，47（8）：1367-1387.
[34] 徐鹏，徐向艺. 人工智能时代企业管理变革的逻辑与分析框架[J]. 管理世界，2020，36（1）：122-129，238.
[35] 杨飞，范从来. 产业智能化是否有利于中国益贫式发展?[J]. 经济研究，2020，55（5）：150-165.
[36] Wu J，Huang L Q，Zhao L，et al. Operationalizing regulatory focus in the digital age：evidence from an E-commerce context[J]. MIS Quarterly，2019，43（3）：745-764.
[37] 丁志帆. 数字经济驱动经济高质量发展的机制研究：一个理论分析框架[J]. 现代经济探讨，2020（1）：85-92.
[38] 王勇，辛凯璇，余瀚. 论交易方式的演进：基于交易费用理论的新框架[J]. 经济学家，2019（4）：49-58.
[39] Bailey D E，Leonardi P M，Barley S R. The lure of the virtual[J]. Organization Science，2012，23（5）：1485-1504.
[40] Dougherty D，Dunne D D. Digital science and knowledge boundaries in complex innovation[J]. Organization Science，2012，23（5）：1467-1484.
[41] Nambisan S，Lyytinen K，Majchrzak A，et al. Digital innovation management：reinventing innovation management research in a digital world[J]. MIS Quarterly，2017，41（1）：223-238.
[42] Lakhani K R，Panetta J A. The principles of distributed innovation[J]. Innovations：Technology，Governance，Globalization，2007，2（3）：97-112.
[43] Hukal P，Henfridsson O，Shaikh M，et al. Platform signaling for generating platform content[J]. MIS Quarterly，2020，44（3）：1177-1205.
[44] Sandberg J，Holmström J，Lyytinen K. Digitization and phase transitions in platform organizing logics：evidence from the process automation industry[J]. MIS Quarterly，2020，44（1）：129-153.
[45] 荆文君，孙宝文. 数字经济促进经济高质量发展：一个理论分析框架[J]. 经济学家，2019（2）：66-73.
[46] 王如玉，梁琦，李广乾. 虚拟集聚：新一代信息技术与实体经济深度融合的空间组织新形态[J]. 管理世界，2018，34（2）：13-21.
[47] Srivastava S C，Chandra S. Social presence in virtual world collaboration：an uncertainty reduction perspective using a mixed methods approach[J]. MIS Quarterly，2018，42（3）：779-803.
[48] 谢康，夏正豪，肖静华. 大数据成为现实生产要素的企业实现机制：产品创新视角[J]. 中国工业经济，2020（5）：42-60.
[49] Ghasemaghaei M，Calic G. Does big data enhance firm innovation competency? The mediating role of data-driven insights[J]. Journal of Business Research，2019，104：69-84.
[50] 杨公仆，夏大慰. 现代产业经济学[M]. 2 版. 上海：上海财经大学出版社，2005.
[51] 赵振，彭毫. “互联网+” 跨界经营：基于价值创造的理论构建[J]. 科研管理，2018，39（9）：121-133.
[52] 陈冬梅，王俐珍，陈安霓. 数字化与战略管理理论：回顾、挑战与展望[J]. 管理世界，2020，36（5）：

220-236，20.

[53] 张永林. 互联网、信息元与屏幕化市场：现代网络经济理论模型和应用[J]. 经济研究，2016，51（9）：147-161.

[54] 张永林. 网络、信息池与时间复制：网络复制经济模型[J]. 经济研究，2014，49（2）：171-182.

[55] Rhue L，Sundararajan A. Playing to the crowd? Digital visibility and the social dynamics of purchase disclosure[J]. MIS Quarterly，2019，43（4）：1127-1141.

[56] 何大安. 大数据革命与经济学创新[J]. 社会科学战线，2020（3）：47-59，282.

[57] 何大安. 互联网应用扩张与微观经济学基础：基于未来“数据与数据对话”的理论解说[J]. 经济研究，2018，53（8）：177-192.

[58] Mak H Y，Max Shen Z J. When triple-a supply chains meet digitalization：the case of JD.com's C2M model[J]. Production and Operations Management，2021，30（3）：656-665.

[59] 刘意，谢康，邓弘林. 数据驱动的产品研发转型：组织惯例适应性变革视角的案例研究[J]. 管理世界，2020，36（3）：164-183.

[60] 刘诗源，林志帆，冷志鹏. 税收激励提高企业创新水平了吗?：基于企业生命周期理论的检验[J]. 经济研究，2020，55（6）：105-121.

[61] 冯根福，郑明波，温军，等. 究竟哪些因素决定了中国企业的技术创新：基于九大中文经济学权威期刊和A股上市公司数据的再实证[J]. 中国工业经济，2021（1）：17-35.

[62] 弗里德里希·冯·哈耶克. 经济、科学与政治：哈耶克思想精粹[M]. 冯克利，译. 南京：江苏人民出版社，2000.

[63] 陈富良，郭建斌. 数字经济反垄断规制变革：理论、实践与反思：经济与法律向度的分析[J]. 理论探讨，2020（6）：5-13.

[64] Coase R H. The nature of the firm[J]. Economica，1937，4（16）：386.

[65] Williamson O E. Markets and Hierarchies：Analysis and Antitrust Implications：A Study in the Economics of Internal Organization[M]. New York：Free Press，1975.

[66] Pérez J B，Pla-Barber J. When are international managers a cost effective solution? The rationale of transaction cost economics applied to staffing decisions in MNCs[J]. Journal of Business Research，2005，58（10）：1320-1329.

[67] Schmidt C G，Wagner S M. Blockchain and supply chain relations：a transaction cost theory perspective[J]. Journal of Purchasing and Supply Management，2019，25（4）：100552.

[68] 何瑛，杨琳，张宇扬. 新经济时代跨学科交叉融合与财务管理理论创新[J]. 会计研究，2020（3）：19-33.

[69] 何瑛，杨孟杰，周慧琴. 数字经济时代区块链技术重塑会计学科体系路径[J]. 会计之友，2020（11）：153-160.

[70] 唐松，伍旭川，祝佳. 数字金融与企业技术创新：结构特征、机制识别与金融监管下的效应差异[J]. 管理世界，2020，36（5）：52-66，9.

[71] 许宪春，任雪，常子豪. 大数据与绿色发展[J]. 中国工业经济，2019（4）：5-22.

[72] 许宪春，张美慧. 中国数字经济规模测算研究：基于国际比较的视角[J]. 中国工业经济，2020（5）：23-41.

[73] 杨学成，涂科. 出行共享中的用户价值共创机理：基于优步的案例研究[J]. 管理世界，2017，33（8）：154-169.

[74] Dahlman C J. The problem of externality[J]. Journal of Law and Economics，1979，22（1）：141-162.

[75] Vickers J. Concepts of competition[J]. Oxford Economic Paper，1996，47（1）：1-3.

[76] Puschmann T，Alt R. Sharing economy[J]. Business & Information Systems Engineering，2016，58（1）：93-99.

[77] 吴俊杰，郑凌方，杜文宇，等. 从风险预测到风险溯源：大数据赋能城市安全管理的行动设计研究[J]. 管理世界，2020，36（8）：189-201.

[78] Benner M J，Tushman M L. Reflections on the 2013 decade award—“exploitation，exploration，and process management：the productivity dilemma revisited” ten years later[J]. Academy of Management Review，2015，40（4）：497-514.

[79] Hanseth O，Lyytinen K. Design theory for dynamic complexity in information infrastructures：the case of building Internet[J]. Journal of Information Technology，2010，25（1）：1-19.

[80] Lyytinen K，Yoo Y，Boland R J Jr. Digital product innovation within four classes of innovation networks[J]. Information Systems Journal，2016，26（1）：47-75.

[81] Boland R J Jr，Lyytinen K，Yoo Y. Wakes of innovation in project networks：the case of digital 3-D representations in architecture，engineering，and construction[J]. Organization Science，2007，18（4）：631-647.

[82] Lusch R F，Nambisan S. Service innovation：a service-dominant logic perspective[J]. MIS Quarterly，2015，39（1）：155-175.

[83] Lee J，Berente N. Digital innovation and the division of innovative labor：digital controls in the automotive industry[J]. Organization Science，2012，23（5）：1428-1447.

[84] 洪永淼. 计量经济学的地位、作用和局限[J]. 经济研究，2007，42（5）：139-153.

[85] 洪永淼，方颖，陈海强，等. 首届中国计量经济学者论坛（2017）暨全国数量经济学博士生论坛综述[J]. 经济研究，2018，53（4）：204-208.

[86] Athey S. The impact of machine learning on economics[M]//Agrawal A，Gans J，Goldfarb A. The Economics of Artificial Intelligence. Chicago：University of Chicago Press，2019：507-552.

[87] 纪园园，谢婼青，李世奇，等. 计量经济学前沿理论与方法：第四届中国计量经济学者论坛（2020）综述[J]. 经济研究，2021，56（4）：201-204.

[88] Mullainathan S，Obermeyer Z. Does machine learning Automate moral hazard and error?[J]. American Economic Review，2017，107（5）：476-480.

[89] Athey S，Imbens G W. The state of applied econometrics：causality and policy evaluation[J]. Journal of Economic Perspectives，2017，31（2）：3-32.

[90] Barykin S Y，Kapustina I V，Sergeev S M，et al. Developing the physical distribution digital twin model within the trade network[J]. Academy of Strategic Management Journal，2021，20（1）：1-18.

[91] Hou B Z，Zhang Y Q，Shang Y，et al. Research on unstructured data processing technology in executing audit based on big data budget[J]. Journal of Physics：Conference Series，2020，1650（3）：032100.

[92] Li J，Xu X B. A study of big data-based employees' public opinion system construction[J]. Journal of Industrial Integration and Management，2020，5（2）：225-233.

[93] 余波，温亮明，张妍妍. 大数据环境下情报研究方法论体系研究[J]. 情报科学，2016，34（9）：7-12.

[94] Ethridge D E. Research Methodology in Applied Economics：Organizing，Planning，and Conducting Economics[M]. 2nd ed. Hoboken：Wiley-Blackwell，2004.

[95] Ferreira J J M，Fernandes C I，Ferreira F A F. To be or not to be digital，that is the question：firm innovation and performance[J]. Journal of Business Research，2019，101：583-590.

[96] 黄群慧，余泳泽，张松林. 互联网发展与制造业生产率提升：内在机制与中国经验[J]. 中国工业经济，2019（8）：5-23.

[97] 王书斌. 工业智能化升级与城市层级结构分化[J]. 世界经济，2020，43（12）：102-125.

[98] 陈彦斌，林晨，陈小亮. 人工智能、老龄化与经济增长[J]. 经济研究，2019，54（7）：47-63.

[99] 荣朝和. 互联网共享出行的物信关系与时空经济分析[J]. 管理世界，2018，34（4）：101-112.

[100] 张辉，石琳. 数字经济：新时代的新动力[J]. 北京交通大学学报（社会科学版），2019，18（2）：10-22.

[101] Lau R Y K，Zhang W P，Xu W. Parallel aspect-oriented sentiment analysis for sales forecasting with big data[J]. Production and Operations Management，2018，27（10）：1775-1794.

[102] 苏治，荆文君，孙宝文. 分层式垄断竞争：互联网行业市场结构特征研究：基于互联网平台类企业的分析[J].

管理世界，2018，34（4）：80-100，187-188.
[103] 马长山. 数字社会的治理逻辑及其法治化展开[J]. 法律科学（西北政法大学学报），2020，38（5）：3-16.
[104] 赵光辉，李玲玲. 大数据时代新型交通服务商业模式的监管：以网约车为例[J]. 管理世界，2019，35（6）：109-118.
[105] 黄少安. 现实需要如何推动经济学在中国的发展[J]. 经济学动态，2021（5）：41-47.
[106] 林毅夫. 林毅夫：中国经济发展与经济学的理论创新[EB/OL].（2021-01-19）[2024-10-16]. http://jer.whu.edu.cn/jjgc/14/2021-01-19/4943.html.
[107] Manacorda M，Tesei A. Liberation technology：mobile phones and political mobilization in Africa[J]. Econometrica，2020，88（2）：533-567.
[108] Mullainathan S，Spiess J. Machine learning：an applied econometric approach[J]. Journal of Economic Perspectives，2017，31（2）：87-106.
[109] Chalfin A，Danieli O，Hillis A，et al. Productivity and selection of human capital with machine learning[J]. American Economic Review，2016，106（5）：124-127.
[110] 安同良，杨晨. 互联网重塑中国经济地理格局：微观机制与宏观效应[J]. 经济研究，2020，55（2）：4-19.
[111] 沈国兵，袁征宇. 企业互联网化对中国企业创新及出口的影响[J]. 经济研究，2020，55（1）：33-48.
[112] 石大千，丁海，卫平，等. 智慧城市建设能否降低环境污染[J]. 中国工业经济，2018（6）：117-135.
[113] 李兵，李柔. 互联网与企业出口：来自中国工业企业的微观经验证据[J]. 世界经济，2017，40（7）：102-125.
[114] Wu L，Lou B W，Hitt L. Data analytics supports decentralized innovation[J]. Management Science，2019，65（10）：4863-4877.
[115] Brynjolfsson E，Collis A. How should we measure the digital economy[J]. Harvard Business Review，2019，97（6）：140-148.
[116] Koh B，Hann I H，Raghunathan S，et al. Digitization of music：consumer adoption amidst piracy，unbundling，and rebundling[J]. MIS Quarterly，2019，43（1）：25-45.
[117] Svahn F，Mathiassen L，Lindgren R，et al. Embracing digital innovation in incumbent firms：how volvo cars managed competing concerns[J]. MIS Quarterly，2017，41（1）：239-253.
[118] Karahanna E，Chen A，Liu Q B，et al. Capitalizing on health information technology to enable advantage in U.S. hospitals[J]. MIS Quarterly，2019，43（1）：113-140.
[119] Guha S，Kumar S. Emergence of big data research in operations management，information systems，and healthcare：past contributions and future roadmap[J]. Production and Operations Management，2018，27（9）：1724-1735.
[120] Sanders N R，Ganeshan R. Big data in supply chain management[J]. Production and Operations Management，2018，27（10）：1745-1748.
[121] 郭凯明. 人工智能发展、产业结构转型升级与劳动收入份额变动[J]. 管理世界，2019，35（7）：60-77，202-203.
[122] Hong Y L，Pavlou P A. On buyer selection of service providers in online outsourcing platforms for IT services[J]. Information Systems Research，2017，28（3）：547-562.
[123] Kohli R，Melville N P. Digital innovation：a review and synthesis[J]. Information Systems Journal，2019，29（1）：200-223.
[124] Tentori M，Ziviani A，Muchaluat-Saade D C，et al. Digital healthcare in Latin America[J]. Communications of the ACM，2020，63（11）：72-77.
[125] Vial G. Understanding digital transformation：a review and a research agenda[J]. Journal of Strategic Information

Systems，2019，28（2）：118-144.

[126] Chanias S，Myers M D，Hess T. Digital transformation strategy making in pre-digital organizations：the case of a financial services provider[J]. Journal of Strategic Information Systems，2019，28（1）：17-33.

[127] Schluse M，Priggemeyer M，Atorf L，et al. Experimentable digital twins—streamlining simulation-based systems engineering for industry 4.0[J]. IEEE Transactions on Industrial Informatics，2018，14（4）：1722-1731.

[128] Khoury M J，Ioannidis J P A. Big data meets public health[J]. Science，2014，346（6213）：1054-1055.

[129] 范如国. 公共管理研究基于大数据与社会计算的方法论革命[J]. 中国社会科学，2018（9）：74-91，205.

[130] 王馨. 互联网金融助解“长尾”小微企业融资难问题研究[J]. 金融研究，2015（9）：128-139.

构建新时代两型工程管理理论与实践体系*

摘要：随着我国经济发展与资源环境的冲突不断加剧，两型工程（资源节约型和环境友好型）已成为增强国家核心竞争力和实现生态绿色可持续发展的一类重要工程。本文以两型工程管理为核心，基于“核心概念—基本原理—科学问题—应答方法”学理链，提出了新时代背景下两型工程管理理论体系的创新构架，并以长株潭城市群国家两型社会建设工程为典型案例，结合两型工程管理新模式，系统论述了长株潭城市群在两型社会建设中的工程管理实践，率先在两型工程管理的理论与实践体系构建上进行学术创新。

关键词：两型工程；两型工程管理；理论体系；四维精控

一、引言

工程作为支撑人类经济社会发展的重要活动，在人类造物和用物的实践中发挥重要作用。随着工业革命后经济社会前所未有的高速发展，人类文明与自然资源、生态环境间的矛盾加剧，原有的工程理论已经无法满足人类生存发展的现实需求。新时代推进生态文明建设，必须坚持好以下原则：一是坚持人与自然和谐共生，二是绿水青山就是金山银山，三是良好生态环境是最普惠的民生福祉，四是山水林田湖草是生命共同体，五是用最严格制度最严密法治保护生态环境，六是共谋全球生态文明建设①。因此，在新时代背景下，工程也被赋予了提高资源集约利用水平、创造推广新型能源、改善修复生态环境的重任。

面对日益严峻的资源环境挑战，全球在协调环境治理与社会发展方面经历了一系列复杂深刻的改革，对传统工程管理创新亦提出了新的要求。1987 年世界环境与发展委员会首次提出“可持续发展”概念，可持续发展成为现代生态经济和环境政策

---

* 陈晓红，唐湘博，李大元，等. 构建新时代两型工程管理理论与实践体系[J]. 管理世界，2020，36（5）：189-203，18.

① 习近平. 论坚持人与自然和谐共生[M/OL].（2022-05-19）[2024-11-07]. https://ebook.dswxyjy.org.cn/dswxbooks/storage/files/20220519/3db346af198527c239a349c3196e95d268851/mobile/index.html.

分析的核心理念[1,2]。2015 年联合国通过了《2030 年可持续发展议程》，提出 17 个可持续发展目标，意在解决社会、经济和环境的发展问题。在可持续发展理念下，传统工程管理模式逐渐革新，向节约、低碳和可循环方向发展。太阳能、地热能等可再生能源的开发，新能源汽车、碳储存和碳捕获等技术的运用，以及温室气体排放权交易、两控区等环保政策的实施为人类工程活动的可持续发展提供了可能[3-5]。

作为经济总量排名世界第二的最大发展中国家，中国在工程建设和资源节约与环境保护上占据着举足轻重的地位。随着我国经济发展与资源环境的冲突加剧，加快转变经济发展方式是建设“两型社会”、推动生态文明建设的紧迫任务①。党的十六届五中全会首次提出建设资源节约型、环境友好型社会。习近平在中共中央政治局第六次集体学习时强调，坚持节约资源和保护环境基本国策，努力走向社会主义生态文明新时代②。党的十八大报告将生态文明建设纳入中国特色社会主义事业“五位一体”总体布局。党的十九大报告强调必须树立和践行绿水青山就是金山银山的理念。党的十九届四中全会进一步将生态文明制度建设作为中国特色社会主义制度建设的重要内容，强调要坚持和完善生态文明制度体系。在国家重大战略需求和现实困境背景下，两型工程应运而生，成为增强国家核心竞争力和实现生态绿色可持续发展的一类重要工程。因此，两型工程建设成为我国生态文明建设的重要内容和有效途径[6]，深化两型工程管理理论与实践体系对加快推进我国生态文明建设具有重大意义。

近年来，面对纷繁复杂的两型工程活动，国内学者积极凝练科学问题、开展相关理论研究，并将理论成果广泛应用于两型工程管理实践中[7-10]。在新时代推进生态文明建设的背景下，工程活动对环境的友好程度和对资源的节约程度越来越重要，专门保护和修复生态环境的工程类型也日益增多[11]，迫切需要根据工程活动的新特点探讨两型工程管理的内涵及理论与实践体系。此外，虽然一系列两型工程在学者和社会的推动下取得了巨大成效，但是其背后的两型工程管理理论支撑尚显不足，实践中所形成的经验与方法也缺乏系统总结。目前对两型工程管理理论与实践体系的构建十分迫切。

本文的目的就是以两型工程管理为核心，构建可推广可检验的新时代两型工程管理理论与实践体系。本文基于“核心概念—基本原理—科学问题—应答方法”学理链，提出了新时代背景下两型工程管理理论体系的创新构架，并以长株潭城市群国家两型社会建设工程为典型案例，结合两型工程管理新模式，系统论述了长株潭城市群在两型社会建设中的工程管理实践。本文不仅丰富了现有的工程管

① 人民网. 以“两型社会”建设推动生态文明建设[EB/OL].（2012-11-20）[2024-11-10]. http://theory.people.com.cn/n/2012/1120/c40531-19630157.html.

② 共产党员网. 习近平在中共中央政治局第六次集体学习时强调 坚持节约资源和保护环境基本国策 努力走向社会主义生态文明新时代[EB/OL].（2013-05-24）[2024-11-10]. https://news.12371.cn/2013/05/24/VIDE1369397046727817.shtml.

理理论，为解决我国生态文明建设重大需求、推进国家生态环境治理体系和治理能力现代化提供重要的理论和实践价值，而且为全球两型工程管理专业化、规范化、现代化程度提升贡献中国智慧、中国方案。

本文后续结构安排如下：第二部分在界定两型工程核心概念、明晰基本原理及科学问题的基础上，阐述两型工程管理新模式，构建新时代两型工程管理理论体系；第三部分以长株潭城市群国家两型社会建设工程为典型案例，对两型工程管理实践探索的先进经验进行系统论述；第四部分总结全文，并讨论未来两型工程管理理论与实践的发展方向。

二、新时代两型工程管理理论体系

当前，我国两型工程管理实践十分活跃，实践面临的问题需要理论的指导，所创造的经验也需要理论的升华。在新形势下，吐故纳新、吸收优秀的管理理论和管理经验，结合我国两型工程管理的特点和环境，形成我国两型工程管理理论体系，使之更好地指导两型工程管理实践，是影响我国两型工程管理发展的关键。本文将根据“核心概念—基本原理—科学问题—应答方法”学理链[12]，构建两型工程管理理论体系的基本架构。

（一）核心概念

概念是理论体系的基础[13]，两型工程管理理论体系的核心概念如下。

1. 两型工程

两型工程是指人类社会为追求自身的可持续发展，根据整体、协调、循环、再生的控制论原理，采用资源高效开发与集约节约利用、环境保护、生态修复等技术的系统开发与组装，系统设计、规划、调控经济社会和环境生态系统的结构要素、工艺流程、反馈机制、控制机构，在系统范围内获取高经济和生态效益的工程活动的总称，包括两型区域发展工程、两型产业发展工程、两型项目建设工程、两型产品开发工程等。

2. 两型工程管理

根据美国项目管理学会的定义，工程管理是指整合各种人员、方法和系统，对组织资源进行计划、组织、引导和控制，以实现规定的预算、时间和质量目标。本文认为两型工程管理是指由投资者、建设者、运营者和其他利益相关者共同参与，创新、发展现有工程管理科学理论和方法，并用其对两型工程活动及资源进行规划、组织、协调、控制，以实现包括经济、社会、资源、环境等多方面协调发展综合目标的管理体系。

3. 两型工程管理理论体系

两型工程管理理论体系在“核心概念—基本原理—科学问题—应答方法”学理链的基础上，包含知识、过程、要素三大维度，融合管理科学、工程科学、环境科学及资源科学等多学科知识，对两型工程规划决策、设计实施、控制评价、运营维护等一系列过程进行管理，并涉及融资管理、风险管理、资源环境管理和公共关系管理等要素[14]。

（二）基本原理

原理是在概念及实践的基础上形成的带有普遍性、最基本、可以作为其他规律基础的规律，是在对两型工程管理实践活动现象的关联、因果等逻辑关系解释和提炼的基础上形成的，是人们对两型工程管理活动实践经验的固化，以及对核心概念逻辑推理而形成的科学知识表述。两型工程管理遵循以下基本原理。

1. 系统复杂性原理

两型工程不仅面临复杂多变的外部环境、多层次的目标需求，具备多个功能子系统，而且在同一层次上涉及多个目标，且目标之间有兼容或冲突关系。两型工程往往规模大、范围广、现场分散，有的工程甚至跨行政区域、跨自然地域。因此，两型工程具备更为突出的环境敏感性、系统复杂性、形态多样性、过程动态性、结构异质性等特性；两型工程管理不仅要求众多机构共同协作，而且要求在设计、建设、运营后能够实现多层次、多属性的目标。基于上述特点，两型工程在管理实践中需要运用多学科、跨学科、交叉学科知识和创新来解决问题，同时要求工程在精细化的质量、成本、进度约束条件下实现既定的复杂多元目标，这使得两型工程管理的复杂、艰巨程度普遍超越了一般工程管理。因此，两型工程的成败更取决于科学适用的工程管理理论及方法体系的创新和应用，而不只是传统工程管理人员的经验和粗放式管理。

2. 功能多重性原理

与一般工程相比，两型工程的核心内容体现在以绿色发展理念为指导，在经济效益的基础上积极实现工程的资源能源、环境生态功能，表现出强烈的功能多重性[15]。例如，工业废气综合利用工程既是一类具有工业废气收集与处理功能的环保工程，也是一类具备余温、余压发电等功能的能源利用工程，具有鲜明的多重功能属性。两型工程由于肩负特殊使命，其目标属性构成更为复杂，多目标间进行的取舍和决策更为困难。因此，两型工程管理必须充分考虑其功能多重性和目标多属性特征，最大限度地平衡经济利益与社会环境效益的关系。

3. 评价多元性原理

两型工程的根本目的在于维护和改善生态环境、实现可持续发展。两型工程目的的特殊性决定了对其项目的评价维度将更为多元化，生态效益和社会效益将在其中占有重要地位。因此，传统的以经济产出作为主要目标的工程项目评价理论和方法应用于两型工程产出效益评价时并不完全适用，需要根据两型工程的特点和目的，对传统的工程评价指标体系进行创新和完善，增加反映两型工程的社会效益和环境效益指标，如生态资源贡献量、单位环境容量经济产出。

（三）科学问题

科学问题是一定时期的认识主体在当时的实践水平及知识背景下提出的关于科学认识和实践中需要解决而又未能解决的矛盾，包含事实基础、理论背景、求解目标、求解范围等要素。基于前面的核心概念和基本原理，以及与工程界、学术界、政府主管部门专业人士的研讨，本文初步提出两型工程管理的科学问题。

1. 两型工程管理的标准体系

两型工程建设涉及经济、社会、资源、环境等诸多方面，需要科学设定相应的建设标准，以界定两型工程是否达到两型要求，从而为工程决策提供方向指引，为工程管理提供监测、评估技术和管理决策支撑[11]。

标准是对工程活动提出某种约束性要求的文件。标准既是工程建设自然规律、实践经验和科学知识相结合的产物，又是标准化活动的成果。通过在工程建设中制定、实施与水、土壤、大气、森林、矿产、海洋等环境保护及资源节约相关的标准，能够规范、促进和引导资源科学利用与环境高效保护，限制高能耗、高污染、低资源利用率的建设技术、工艺、设备和方式，最大限度地减少废弃物的产生，通过循环经济模式，实现自然资源的合理利用与再生利用，使可持续发展战略真正落到实处。

为此，需根据两型工程的理论内涵，以及两型工程建设实践的具体要求，从经济效益、资源节约、环境友好、创新能力等方面系统构建两型工程建设标准体系。其中，经济和创新指标主要对工程的经济效益及创新驱动发展能力进行评价；资源和环境指标反映资源节约和环境友好状况，旨在通过提高资源的有效利用率和降低消耗水平，改善生态环境质量。同时，需针对两型区域发展工程、两型产业发展工程、两型项目建设工程、两型产品开发工程等专项工程研制相应的标准体系。

科学构建两型工程建设标准体系包括以下方面内容：理清两型工程标准建设相关理论；提出两型工程建设评价指标体系与标准；以标准引领两型工程示范创建等。

2. 两型工程管理的过程机制

虽然工程建设的结果是衡量工程建设成败的关键，但是由于工程建设的不可逆性，两型工程管理的过程亦不容忽视。两型工程管理的核心理念就是从工程建设初期贯彻绿色发展思想，对工程建设的每个环节进行评价和改进。只有将工程建设的评价体系贯穿整个工程建设的各个环节，把绿色发展落实到工程建设的各相关方，才能通过建设过程的有效控制最终实现工程项目的可持续建设。因此，实现两型工程规划决策科学化、工程设计实施控制运营规范化是我国两型工程管理所面临的核心问题之一。

两型工程规划决策是两型工程成败的起点和关键，是两型工程过程管理的首要步骤。纵观全球，既有诸多两型工程科学规划决策的成功经验，也不乏决策失误的失败教训。需在总结经验教训、应用先进理念技术的基础上，构建科学有效的规划决策体系。在工程决策的原有基础上，融入两型理念，在工程规划决策的各个领域、各个环节采用资源高效开发与集约节约利用、生态环境保护与治理等技术，以最少的资源消耗获得最大的经济和社会效益，并以最小的环境投入和环境影响带来最大的综合效益。

在两型工程设计实施控制运营的过程中，虽然国家制定了一系列工程管理法律法规，但是由于过于强调经济利益、缺乏完善的管理技术和标准体系、过多强调计划而非执行，部分两型工程设计实施控制运营效果不佳，甚至产生与预期规划决策相背离的结果。因此，需强化以执行力为核心的规范化管理，将工程规划和决策细化到设计实施控制运营的每个环节，建立科学有效的两型工程设计实施控制运营体系并全面贯彻落实，以确保最终实现两型工程管理目标。

3. 两型工程管理的技术支撑

两型工程管理需要两型工程技术和其他相关技术的支撑。两型工程技术是人类根据两型工程实践和科学原理总结积累的服务于资源节约和环境友好的，由相关知识、能力和物质手段构成的动态系统。两型工程技术涉及清洁生产技术、污染治理技术、环境监测技术及预防污染的工艺技术等。两型工程技术具有经济性、生态性、外部性特征。由于具有外部性，工程主体一般情况下可能不愿意开发和采用两型工程技术，造成两型工程技术研发与推广动力不足的问题，需要各方协同推进科学高效的技术管理，以激励相应工程主体的研发投入和推广应用。

此外，两型工程管理还需要相关软硬技术尤其是新技术及技术创新体系的支撑。数字新技术正推动技术变革和经济社会发展，大数据、人工智能、区块链等新技术不断融合，引领着新一轮工程管理的技术创新和管理创新，在思维方式、资源、工具三个层面对两型工程管理起到颠覆性促进作用[16]。

夯实两型工程管理的技术支撑不仅要关注两型工程的单项技术，而且要关注相关的技术群、技术体系；不仅要关注工程硬技术，而且要关注管理软技术；不仅要关注技术本身，而且要关注技术创新管理机制；不仅要关注传统技术，而且要主动拥抱新技术变革。

4. 两型工程管理的协作机制

两型工程建设还面临着参与主体之间在管理模式与管理目标上存在割裂、脱节的问题，以及实时信息不能及时、准确、高效交互与融合共享等问题，亟须包括信息协同和多主体协作在内的协同推进机制。信息协同的目的是实现实时信息的获取和集成，包含两个层次：第一，实现信息流和物流的同步；第二，实现信息的共享和互补。多主体协作的目的是实现两型工程管理敏捷性与有效性的统一，从过程来看，表现为协同一致的规划、决策、施工、控制和运营等。需从协同战略、协同运作和协同保障三个层次制定多主体协同运作规划与实施方案，以保证两型工程建设的顺利实施。

两型工程协作管理的实施机制包括动力机制、信息集成机制、决策机制、控制机制等。动力机制是协作管理的动力所在，在综合内外部动力因素的基础上，针对信息集成机制、决策机制、控制机制的特点，分别以不同的理论为基础，对协作管理的实现进行研究。协作管理是各个机制共同作用的过程，如何落实机制、实现两型工程管理具体功能是重要的研究议题。

上述四个科学问题揭示了两型工程管理的理论内涵，提升和拓展了传统工程管理问题体系。当然，上述科学问题仅仅表达了我们对两型工程管理理论架构的初步思考，一个学科领域的科学问题是随着实践的不断丰富和成熟而持续更新和完善的。

（四）两型工程管理新模式

针对前述两型工程管理的科学问题，需寻找应答方法，以推动两型工程管理模式创新。根据两型工程管理实践，借助理论思考与逻辑演绎，通过对现象本质和深层次机制的探索，本文认为两型工程管理的新模式包括树立以科学标准为引领的两型工程管理新理念，强化以规控并重/四维精控为核心的两型工程管理全过程，夯实以智能技术为支撑的两型工程管理新基础，构建以协同推进为保障的两型工程管理新机制等方面。

1. 以科学标准为引领的两型工程管理新理念

针对两型工程日渐增多，建设、管理中不断呈现出新特点、新趋势、新需求，却又缺乏科学规范的指引问题，需要推行以标准引领两型工程建设的新理念。通过构建两型工程评价的框架体系、理论依据、主要原则、指标设置、评价方法、操作流程等规范，形成两型工程建设系列标准体系和认证体系，解决两型工程建设中独具特色的资源节约、环境友好、生态安全等评价维度的理论支撑、方法创新、工具研发的问题。

需以充分贯彻两型理念、全面体现建设目标、系统描绘发展愿景、具体阐述两型路径为要求，构建规范、科学、适用的两型工程建设标准体系。根据建设对象，将建设的主要内容、关键环节与目标进行量化、细化和类别化，有利于对比分析指标现状值和标准值，清晰认识两型工程建设的现状；有利于分析标准体系内的相互关系，研究变迁模式，探索新路径；有利于为两型工程建设节约资金、成本，提高质量，带来显著的社会、环境和经济效益。

在此基础上，针对不同的建设对象，研究构建两型产业、企业、园区、技术与产品、学校、医院、建筑等两型工程建设标准，以实现对不同类型的两型工程建设进行分类指导。这些标准涵盖控制性指标和引导性指标，既划定两型工程建设中必须坚持的底线，又提出要努力达到的发展方向。需在充分展开试点应用的基础上，探索出全国范围内可量化、可考核、可复制、可推广的两型工程建设规范和技术指南。

2. 以规控并重/四维精控为核心的两型工程管理全过程

针对我国很多工程因管理过程粗放和科学方法欠缺而造成严重资源浪费和环境污染的问题，需要通过规控并重和四维精控来实现以资源高效绿色开发与环境保护为目标的两型工程建设。

在两型工程建设中，只有把两型和绿色发展的理念贯穿规划、设计、施工的全过程，才能使工程设计规划符合两型标准的要求。规控并重是指强调工程规划和实施控制的同等重要性，实现建设前规划和建设运营中控制的无缝对接，做到以两型为目标的宏微并举、多规合一、过程监控、制度保障。

四维精控是指两型工程建设中问题特征精细分析、管理要素精确量化、决策资源精密集成、管理方案精准决策，其核心是通过全要素精细化和全过程智能化管理来实现两型工程管理目标。问题特征精细分析指从技术、经济、社会、资源、环境等多维度精细智能分析工程问题特征，管理要素精确量化指从目标、约束、情景、规则等多元素精确量化工程管理要素，决策资源精密集成指全工程链多方位精密集成模型、算法、数据、知识等工程决策资源，管理方案精准决策指分析制订决策方案，全程监控执行效果，及时修正决策参数，动态优化工程决策。

在两型工程管理理论与实践中，从问题分析，到工程规划设计、工程实施和过程管理，再到效果评估和方案优化，都需要贯彻规控并重和四维精控理念，从而取得显著的经济、社会与生态效益。

3. 以智能技术为支撑的两型工程管理新基础

在数字经济时代，大数据、人工智能、区块链、物联网、虚拟现实等智能新技术与其他领域的紧密融合将颠覆传统领域的发展模式，为两型工程管理提供了全新的机遇。

上述新兴智能技术可以全方位应用于两型工程建设的各个方面[17]。例如，在两型工程数据采集方面，可应用基于物联网的智能自动监测技术；在两型工程数据处理方面，可应用资源环境多源异构大数据融合和分类处理技术等；在两型工程决策方面，可应用基于大数据和人工智能的智能决策与综合评价技术；在两型工程合同、过程与供应链管理方面，可应用区块链技术等。此外，可以研发基于这些技术的两型工程智能管理与决策支持平台，以推进新兴信息技术在两型工程中的应用，从而实现更全面准确的工程数据采集，更精准的资源能源消耗、污染成因和变化规律分析，更有效的节能减排与治污效果评估，以及更科学的两型工程决策支持。

4. 以协同推进为保障的两型工程管理新机制

两型工程涉及范围广、部门多、协调难度大，需形成工程流程协同、管理要素协同、地域边界协同、监管部门协同、企业社区协同的“五协同”推进模式，将这五个方面各组成部分之间利用一套有效的机制进行协调。协同保障机制以绿色工程标准为指引，以决策支持平台为依托，以大数据、物联网与互联网为手段，以管理协调机构和制度为保障，以此推进两型工程的顺利开展。

两型工程管理的工程流程协同指工程的规划决策及设计、施工、控制、运营、监管等开发过程协同；管理要素协同指业务、技术、人员、市场、资源、信息等要素协同；地域边界协同指跨地域的工程中，地域边界内外部协同；监管部门协同指规划、环保、科技、财税、国土、农林、水利等多部门协同；企业社区协同指施工企业与项目周边社区的和谐共生。

两型工程“五协同”推进模式为复杂性问题提供了有效的方法和保障，并为协同管理新模式在两型工程管理中的进一步推广提供了重要的理论支持。

三、案例：长株潭试验区国家两型社会建设工程实践

2007年12月14日，经报请国务院同意，国家发展和改革委员会（简称国家发展改革委）批准长株潭城市群为全国资源节约型和环境友好型社会建设综合配套改革试验区，由此展开了两型社会建设实践的先行先试、开拓创新，在两型工程管理领域积累了重要经验。通过两型工程管理体制机制创新、两型标准体系构建、湘江流域污染治理、大气污染联防联控、生态绿心保护等重点工程的建设实践，长株潭试验区社会发展、产业结构、生态环境、民生福利发生了一系列深刻变化：自然资源循环利用和环境综合治理效率明显提升，环境质量与民生改善成效显著。2007～2017年，长株潭试验区生产总值增长了4.04倍，年均增长11.8%，相应的湖南省单位生产总值能耗下降了42.7%；森林覆盖率由2007年的56.1%提高到2018年的59.8%，超过世界和全国平均水平。长株潭试验区两型工程建设形成的经验与做法不仅对湖南省，而且对中部地区乃至全国都有重要的引领示范作用。本文结合两型工程管理新模式，以长株潭试验区为典型案例分析国家两型社会建设工程管理实践。

（一）两型工程管理的体制机制创新

长株潭城市群以建设国家两型社会试验区为契机，率先在顶层规划、推进机制、共建共享机制、价费机制、政策法规等方面进行了两型工程管理体制机制创新，尤其是推进了资源节约利用、生态保护治理、产业结构优化、土地管理等领域的十大体制机制创新。

1. 创新规划体制机制，用科学规划引领两型社会探索实践

第一，建立高层谋划、多层细化、全方位覆盖的规划体系，从长株潭试验区两型综改总体方案和主体区域规划入手，2009～2013年，制定出台了10个专项改革方案、14个专项规划、18个示范片区规划、87个市域规划，将两型社会建设的前瞻布局贯彻到经济社会发展的各个方面。第二，将两型工程管理体制机制创新理念与各类规划编制相融合，进而因地制宜地形成了符合国家和地方实际的具体实施办法；以改革为重要抓手建立了“多规合一”的规划编制方法，同时强化规划权威，通过规划协调统一各市的改革试验。第三，主体功能区规划凸显两型特色，以两型标杆定位规划的长沙大河西先导区（湘江新区的前称）于2015年获批为中部地区第一个国家级新区。第四，通过地方法规的形式保障规划的编制与实

施，湖南省人大出台“一条例一决定”，《湖南省长株潭城市群生态绿心地区保护条例》《湖南省湘江保护条例》先后出台，通过区域规划和强化监管等手段构建了长株潭试验区空间规划的动态管理系统，为两型社会规划实施提供法治和技术保障。

2. 创新领导体制和推进机制，全面统筹协调推进两型社会建设

第一，建立了以长株潭试验区工委和管委会为领导机构的高规格领导机制，遵循“省统筹、市为主、市场化”原则，形成了部省合作、全民参与的工作机制，构建了包括政策支撑体系、考核评价体系及标准体系的工作保障体系，2009～2013 年，实施原创性改革 106 项，统筹引领两型社会改革建设。第二，强化了部省共建合作机制，搭建了长株潭试验区改革发展的重要平台。先后与 39 个国家部委和 75 家央企进行合作联合实施了 50 余项改革创新试点，并在此基础上获批了全国新型工业化产业示范基地、“两化”融合试验区和综合性高技术产业基地等平台。第三，建立了全民共建共享机制，实行了基础设施建设统筹机制，实现了城乡、部门、行业、地区间基础设施的共建共享。其中可营利的经营性基础设施以市场化运作，较难市场化的非经营性基础设施采取分建分管和共建共管的多元化机制，科教文卫领域的资源型基础设施则建立规划、建设和社会化相统一的使用制度和利益共享机制。

3. 创新资源节约体制机制，率先以价格杠杆为突破口推进两型社会建设

首先，创新性地提出了资源性商品的定价与杠杆机制，实行了有差别的递阶电价，进一步改革完善了上网电价的定价机制，探索尝试了分质供水制度，建立了工业、服务业用水定额及超计划用水累进加价制度，实行了居民生活用天然气阶梯气价管理。湖南省是我国最早全面推行居民用水电气阶梯价格改革的省份。2005～2012 年，湖南省单位生产总值能耗从 1.40tec/万元降至 0.84tec/万元，累计下降了 40%。其次，全面实行国有建设用地有偿使用制度，限定和规范划拨用地，严格把控经营性用地和工业用地的招拍挂及协议出让。2013 年湖南省出让土地实现土地价款 980 亿元。

长株潭试验区的两型工程管理体制机制创新获得了社会各界的高度关注。2012 年新华社《国内动态清样》连续 12 期刊发长株潭试验区改革建设的做法和经验，5 位党和国家领导人分别作出重要批示。2014 年新华社内参第 21 期专题报道了长株潭一体化推动产业互补与协同创新。2014 年初，《新闻联播》《人民日报》头版头条纷纷对湖南省两型社会建设的改革成效进行专题报道，并予以高度评价。在 2014 年国家发展改革委组织的改革试点工作和第三方评估中，居民用水电气阶梯价格改革、企业用水电气差别价格改革等 10 项经验得到高度肯定，被国家发展改革委总结为两型社会建设的“长株潭模式”。

长株潭试验区在体制机制改革创新中始终遵循两型工程管理的系统复杂性原理与功能多重性原理。两型社会建设体制机制具有较强的系统性，面临复杂多变的外部环境、多层次的目标需求，具备多个功能子系统，在政府、产业、科技、资源和环境等子系统之间及其内部存在因果反馈联系。两型工程管理中面临的分散跨域性、复杂多样性、过程动态性、结构异质性等问题可以通过系统性体制机制创新得到较好的解决，其中，以政府为创新主体，以居民和企业为响应主体，围绕体制改革、机制创新两个方面在产业与产品、资源与环境两个维度上进行创新，创新主体、创新内容和创新层次三要素之间有机作用并形成一个三维系统，有效地指导了长株潭试验区两型工程管理与实践。

（二）两型标准体系构建

长株潭试验区以构建两型的空间结构、产业结构、生产方式、生活方式为目标，应用两型工程管理理论，率先在全国建立了两型标准体系，并基于所提出的标准开展了两型认证与示范创建工作。该两型工程管理中逐步形成了两型导向突出、两型目标明确、覆盖范围全面、评价措施到位、考核机制健全、监管机制有力的两型社会建设规范和引领机制，为加快湖南省乃至全国的绿色发展和生态文明建设发挥了重要的保障、促进和示范作用。主要做法与成效体现在以下方面。

1. 以标准体系建设践行两型工程管理新理念

长株潭试验区围绕两型经济发展、两型城乡建设、两型公共服务三个关键领域，自 2009 年，在全国率先制定了 16 项两型标准和 18 项节能减排标准，并由湖南省人民政府发布实施，部分标准已成为国家标准。第一，先后制定和实施了两型产业、企业、园区等经济领域的两型标准，其中，两型企业建设标准涵盖资源节约、环境友好、企业绩效、创新能力等 4 个一级指标和资源消耗、资源综合利用等 18 个二级指标，如图 1 所示。第二，实施了多层级的城乡两型建设标准，如按照县、乡（镇）、村三级辖区划分的建筑、交通建设标准，进而明确了不同层级辖区满足标准应具备的要素条件。第三，制定和试行公共服务领域两型标准。制定了两型机关、学校、医院、社区、家庭、旅游景区等分类细则和公共机关能耗标准。例如，制定了包括 12 个定量指标和 8 个核心约束性指标的两型社区标准，使居民的社会意识和低碳生活方式得到普及。

2. 以两型示范创建工程推进两型标准实施

长株潭试验区在系统构建两型标准体系的基础上，大力推进产业升级，促进节能减排与技术研发，积极开展示范创建工程实践，取得了显著的经济、社会和

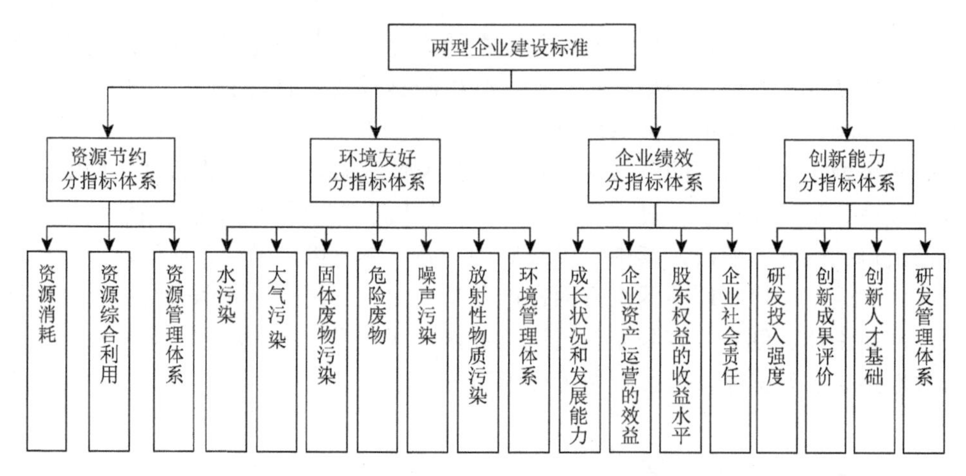

图 1 两型企业建设标准体系

标准制定过程如下：①提取企业两型工程建设中的共性指标、形成指标体系；②采集冶金、建材、化工等行业 331 家企业数据；③依托群决策支持平台，进行各指标标准值设置模拟、情景预测；④科学确定各项指标标准值

生态效益。严格限制了“两高一资”和投资过热的行业进入；开发了全国首个综合性节能减排监管平台，实现了机关、商场、医院、学校等公共机构每年减少综合能耗 4.6 万 tec[①]、节约用电 2.4 亿 kW·h 以上；培育并建设了两型社会与生态文明协同创新中心、亚欧水资源研究和利用中心、国家重金属污染防治工程技术研究中心等重大创新平台，有效带动了新能源、节能环保等战略性新兴产业的加快发展。以标准体系为依托，积极开展两型示范创建工作，推进两型进机关、学校、企业、园区、小城镇、村庄、社区、农村合作社、市场门店、旅游景区、家庭等，促进了两型标准体系的具体化。截至 2018 年底，湖南省建立了 70 多项两型标准、规范、指南；认定了 171 家企业的 793 个产品为两型产品；培育了两型机关、学校、村庄、企业等示范创建单位（项目）1000 多个，两型生活、消费方式不断深入人心。

3. 将两型社会建设纳入考核评价体系

长株潭试验区在考核评价方面也开展了一系列卓有成效的工作：第一，联合研发两型社会建设综合评价指标体系；第二，创新两型社会建设评价考核制度，积极探索建立领导干部自然资源资产离任审计、企业两型审计制度；第三，推进绿色国内生产总值（gross domestic product，GDP）核算研究与试点，积极探索将生态、资源效益纳入 GDP 核算机制。

① tec 指吨标准煤（ton equivalent coal）。

4. 两型标准体系构建引起了社会巨大反响

第一，多次受到中央领导高度肯定。第二，获得国家发展改革委等部委的高度评价，并将两型标准体系指定为 2012 年全国综合配套改革试点工作座谈会、2013 年全国经济体制改革工作会议的交流主题之一。第三，新华社、《人民日报》、《光明日报》和《大公报》等主流媒体对两型标准体系的探索和实践积极跟踪报道。2011 年，《人民日报》头版头条刊出长篇报道"'两型'巨轮出湘江"，高度评价湖南省构建起以两型标准为核心的绿色制度体系，护航绿色发展。2011～2012 年，《人民日报》理论版连续刊发了陈晓红的署名文章"科学构建'两型社会'标准体系"和"以体制机制改革创新推进'两型社会'建设"。

两型标准体系构建中充分体现了两型工程管理的评价多元性原理，围绕两型工程管理的标准体系的科学问题，在标准和评价指标设定中凸显两型工程生态效益和社会效益，尊重两型工程的客观特点与科学规律，对传统的工程评价指标体系进行创新和完善，增加了反映两型工程社会效益和环境效益的指标，如生态资源贡献量、单位环境容量经济产出等。根据两型工程的理论内涵，形成了"理论基础—评价指标体系—示范创建"的两型工程建设标准体系，为长株潭试验区的两型工程建设的标准化与管理实践提供了重要的科学依据与理论支撑，辐射和引领了全国范围的两型社会建设评价与两型工程示范创建工作。

（三）湘江流域治理工程管理实践

作为湖南省内最大的河流，湘江流经六个城市，其流域聚集了全省近 60%的人口和全省 75%以上的生产总值，同时也产生了全省超过 60%的污染[①]。湘江流域生态环境综合治理是关系湖南省乃至长江经济带长远可持续发展的重大战略决策，也是一项复杂的系统工程，只有充分运用两型工程管理思维，才能切实有效地开展湘江流域生态环境综合治理。湖南省已经在这方面做了许多有益的尝试并取得了初步成效。

1. 湘江流域环境大数据智能分析平台构建

借助智能水质自动监测和处理技术，研究团队采集分析了包括水质监测与污染源排放数据、地理与气候数据、水文数据、经济社会统计数据、环境相关舆情数据等 10 余年的近 10 亿条湘江流域相关大数据。针对传统单因素水质评

① 人民网. 湖南：一江碧水汇湖海[EB/OL].（2020-09-15）[2024-10-09]. http://hn.people.com.cn/n2/2020/0915/c195194-34293526.html.

价方法的不足[18]，提出了基于证据推理方法的区域综合水质评价方法[19]；针对流域重金属污染成因复杂的特性，提出了基于数据挖掘聚类和主成分分析的重金属污染分析方法；针对流域内不同城市污染相互影响的问题，利用空间面板回归模型进行了水质对经济社会影响的综合分析。在此基础上，研发了基于 Hadoop 平台的湘江流域环境大数据智能分析平台，实现了对已采集的环境大数据的管理、维护、标准化和可视化，进而分析了湘江流域水质动态变化规律，聚类分析出了湘江流域主要污染源及重金属污染状况，探讨了湘江流域经济发展对水质环境的影响，进一步预测了湘江流域水质未来的变化趋势，研究成果为湘江流域环境治理与湖南省“十三五”期间环境监测的工作思路提供了数据支撑。

2. 湘江流域生态补偿与生态修复工程实践

依照水源地补偿、奖惩分明、限时治理的原则，湖南省建立了流域水质目标考核生态补偿机制。实施生态效益补偿范围为湘江干流及春陵水、蒸水、渌水、耒水、洣水、涟水等流域面积超过 1000km^2 一级支流流经的市县，涉及永州、衡阳、株洲、湘潭、长沙、郴州、邵阳、娄底八市相关区域。对湘江流域所有市、县实施水质优质奖励及改善奖励，以及水质超标处罚及恶化处罚。以Ⅲ类水质为基准目标，达到基准目标水质的地区不奖也不罚，达到Ⅱ类或Ⅰ类水质的地区分别给予一般及重点奖励，分月计算；水质在Ⅳ类、Ⅴ类、劣Ⅴ类时，按考核因子超标倍数累加处罚，分月计算。以入境断面水质为基准标准，出境水质较入境断面水质改善的地区，每提高一个等级，奖励一定资金；每下降一个等级，处罚一定资金。通过上述奖罚措施，进一步调动流域各级政府保护水环境的积极性，不断改善湘江水环境质量。

生态补偿资金的使用充分遵循两型工程协作管理中的多主体协作理念，按月核算，按季通报，按年支付。湖南省财政厅设立湘江流域生态补偿资金，包括水质目标考核奖励资金及水质目标考核处罚资金（即水环境保护资金）两部分，其中，水质目标考核奖励资金以一般性转移的方式对相关市、县（市、区）进行资金奖励，用于本地区湘江流域水污染防治、水土保持、生态保护、城乡垃圾污水处理设施及运营、安全饮水工程等项目；水质目标考核处罚资金以抵顶一般性转移的方式对相关市、县（市、区）进行资金处罚，以专项转移支付方式下达。因处罚留存的生态补偿资金将按照地区污染程度、土地面积、流域长度等因素测算分配，重点用于受罚地区湘江流域水环境治理等方面。

湖南省对湘江流域生态修复工程进行了总体布局，主要包括水生生态修复工程、湿地生态修复工程和陆生生态修复工程三大类。第一，水生生态修复工程主要实施流域重金属底泥污染治理和河道综合整治，消除城市河段黑臭现象；恢复流域内渔业资源，健全渔业生态环境监测手段。第二，湿地生态修复工程在充分掌握湿地现状的基础上，实施了湘江洲岛居民搬迁、退耕还林还草、湿地功能恢复等政策，并将重要的动植物栖息地划定为保护区。第三，陆生生态修复工程重点推进水源涵养林、生态林及沿江风光带的建设，强化工矿企业污染土地修复与城市生态林建设并考虑与城市防洪工程的衔接；根据各重点工矿区土壤受重金属污染程度轻重情况，研发分级分域的土壤修复集成技术，并通过示范工程建立相应的效率评价方法和技术规范。

3. 湘江流域重金属污染治理工程管理实践

第一，以重点区域治理为典型案例，持续推进流域重金属污染治理。湖南省连续三年推进湘江保护与治理省“一号重点工程”，在全国率先产生重金属污染治理的示范效应，制定出台了《湘江流域重金属污染治理实施方案》，以重金属监测超标断面、湘西地区尾矿污染等突出问题为突破口，建立了环境风险隐患管理台账，实行“整改销号”制度。与此同时，按照“一区一策”的原则，逐步推进株洲清水塘、湘潭竹埠港、衡阳水口山等重点污染源地区的集中整治，2013～2017年，湘江流域累计实施重点治理项目2768个，关闭淘汰涉重金属污染企业1182家，治理水土流失面积755km^2，新增造林面积500多万亩（1亩≈666.7m^2）。

第二，以“重金属土壤修复+土地流转”的模式进行污染土壤修复。在污染企业退出后，地方政府与企业采取公私合作（public-private partnership，PPP）模式共同组建重金属污染治理公司，引入第三方治理企业，利用企业资金和技术治理污染土壤，并让参与各方从土地增值收益中获得回报。此外，研究团队联合实施湘江流域重金属冶炼废物减排关键技术攻关，开发了深度净化不同种类重金属冶炼废水的生物制剂产业化技术，攻克了污酸治理的世界性难题。一些矿区实施生物修复法，采用种植桑树的方式修复镉、硫、锰污染耕地，逐步恢复地表植被，提高耕地质量。

第三，以超常规的严格举措集中开展长江沿线整治。湖南省按照“高位协调、属地负责，专项整治、边整边改，推进整合、限期完成”的总体方针，以“壮士断腕”的决心和超密集举措集中开展长江沿线的环境专项整治。截至2018年，累计取缔长江岸线湖南段39个砂石码头，严格控制长江岸线岳阳段8个规模以上排污口达标排放，并整治销号41处排渍（涝）口。此外，通过铺设草地和引入植被进一步美化、绿化岸堤，使得长江沿岸与洞庭湖周边的自然生态呈现靓丽原貌。同时，加强对河湖沿线的日常巡查力度，组织开展水域岸线环境卫生大整治行动，清理河道水面漂浮物及河湖沿岸垃圾，清掏河道内污泥杂物，清理湖边菜地、白色垃圾、生活垃圾等。

4. 推行河（湖）长制和总河长令管理实践

第一，出台河长会议等相关制度，湖南省河长制责任体系、制度体系、工作体系基本建成，省、市、县、乡、村五级河长体系基本建立，共明确河长3.57万余人。第二，全国首创总河长令，实施河长制、实现河长治。2017～2018年，先后下发了5道省总河长令，五级河长累计巡河达146万人次，清理了超过3000艘的“僵尸船”，完成了干流沿线27处固体废物点位的清理等工作，切实改善了湘江流域水生态的面貌。第三，全面开展河长巡河行动与环保督察工作，加快落实“一湖四水”重点排污源、黑臭水体等突出环境问题整治工作。截至2019年4月，关停非法码头814处，洞庭湖保护区范围内202艘采砂船只集中停靠、84处砂石码头全面关停。湖南省县级饮用水水源地254个重点问题整治工作全部完成，完成数量和比例均远超全国平均水平。

湘江流域治理工程取得了显著的治理效果。“十二五”以来，中央和省级财政累计投入重金属治理资金近97.12亿元，湘江流域生态补偿累计奖罚资金达到1.27亿元。相较于获批试验区之前，2016年湘江流域重金属污染排放削减量、淘汰关闭涉重金属企业数量均下降50%，汞、铅、砷、镉与六价铬下降幅度分别为39.3%、52.2%、45.1%、61.3%和46.8%，国控重点断面重金属污染物达标率已达到100%，湘江干流18个省控断面水质连续达到或优于Ⅲ类标准，解决了株洲清水塘、湘潭竹埠港、衡阳水口山、娄底锡矿山、郴州三十六湾等地一批历史遗留重金属污染问题，使得湘江流域水质在2017年整体评价为优，Ⅰ类和Ⅱ类水质断面占比高达97.2%。湘江流域污染综合治理的先进经验被新华社誉为“中国流域综合治理样本”。

湘江流域治理工程管理实践充分体现了两型工程管理的协作机制，其构建的湘江流域环境大数据智能分析平台以新兴信息技术支持的信息集成为基础，突出全流域的信息共享和信息互补；湘江流域生态补偿与生态修复工程实践从政府间纵向、横向相结合治理的角度，建立了一套由上往下、由下往上、横向协调的生态补偿机制；湘江流域重金属污染治理工程管理实践从湘江重金属污染研究现状出发，分析重金属污染综合治理市级政府协作机制在信息互通、利益协调、责任追究机制方面存在的主要问题，继而提出了两型工程协作管理的实施机制，保障了湘江流域治理工程的顺利实施。

（四）长株潭城市群大气联防联控工程管理实践

近年来，以$PM_{2.5}$为首要污染物的大气污染影响了我国25个省市100多个大中型城市[①]，尤其是京津冀、长三角、珠三角、长江中游城市群等快速发展的城市

① $PM_{2.5}$指细颗粒物（particulate matter 2.5），即环境空气中空气动力学直径小于等于2.5μm、大于0.1μm的颗粒物。

群区域，频频遭受严重雾霾污染困扰。长株潭城市群是国家两型社会建设综合配套改革试验区，也是国家首批大气污染防治重点区域“三区十群”之一。然而，长株潭城市群的 $PM_{2.5}$ 污染较为严重且具有较为明显的区域性特征，亟须通过科学有效的防控手段与技术方法开展区域空气污染的联防联控。基于 2013～2018 年长株潭城市群 23 个国控监测点多项空气污染物（$PM_{2.5}$、PM_{10}①、SO_2、NO_x、CO、O_3、VOC②等）总共约 1000 万条实时监测数据和 $PM_{2.5}$ 化学组分分析数据，结合同期地面气象观测数据、城市建筑和交通流量数据等数据，利用智能监测与环境大数据分析技术，研究团队以长株潭城市群辖区为典型案例系统开展了跨域两型工程实践。

1. 大气污染实时预报预警平台构建

在长株潭区域 $PM_{2.5}$ 污染的时空特征分析的基础上，研究团队深入分析长株潭区域 $PM_{2.5}$ 浓度随时间的变化规律，基于湖南省环境监测中心站的自动监测数据，采用地理信息系统（geographic information system，GIS）和可视化数据分析软件，可视化展示长株潭区域 $PM_{2.5}$ 时空分布与变化趋势。充分挖掘和分析长株潭区域 $PM_{2.5}$ 监测数据，结合城市地形、天气情况、人口密度、交通路况、宏观经济等数据，追踪解析长株潭区域 $PM_{2.5}$ 污染源，为实现大气污染精准防控提供科学依据。依据 $PM_{2.5}$ 实时监测数据、气象监测数据、宏观经济数据等多尺度海量数据，按三种时间窗口（24h 应急窗口、每周预报窗口、特护期窗口）进行长株潭区域大气污染实时预警（平台架构如图 2 所示）。

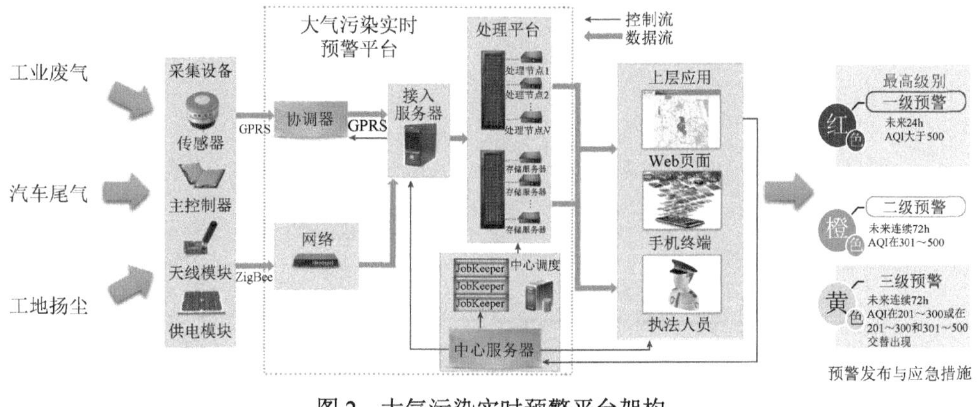

扫一扫，看彩图

图 2　大气污染实时预警平台架构

ZigBee 指蜂舞协议；GPRS 指通用分组无线服务（general packet radio service）；JobKeeper 指分布式调度引擎；AQI 指空气质量指数（air quality index）

---

① PM_{10} 指可吸入颗粒物（particulate matter 10），即环境空气中空气动力学直径小于等于 10μm、大于 2.5μm 的颗粒物。

② VOC 指挥发性有机物（volatile organic compound）。

2. 区域大气污染物治理效果模拟平台构建

在环境管理政策注重质量改善和大数据精准治理的双重迫切约束下，以 2014 年为基准年，研究团队构建了“本地化”区域空气质量模拟平台，在对区域空气污染监测数据、气象观测数据、$PM_{2.5}$化学组分分析数据、地理信息数据等多源异构数据进行分析的基础上，运用系统理论、决策理论、运筹学和现代控制论、环境经济学等多学科交叉理论与方法，实现了以环境质量为导向的区域大气污染物精准排放控制[20]。首先，利用环境大数据搭建“本地化”的区域多尺度空气质量（community multiscale air quality，CMAQ）模拟实验平台；其次，采用拉丁超立方抽样（Latin hypercube sampling，LHS）方法和高维克里金插值算法对模拟仿真结果进行二次建模，建立区域空气质量与减排控制情景（多地区-多污染源-多污染物-控制措施的组合）下区域空气质量之间的量化响应关系；最后，构建区域大气污染减排控制情景的组合优化模型，并基于遗传算法的仿真优化方法对模型进行求解，得出区域空气质量达标约束下减排成本最小的优化控制方案，从而提出复合型大气污染系统精准减排控制策略。

根据长株潭区域的实际情况，具体描述多地区、多污染源、多污染物协同减排对区域空气质量改善的耦合效应关系（图 3），并对其进行量化分析，建立环境空气质量目标函数关系式，结合大数据分析、计算机模拟仿真和遗传算法等机器

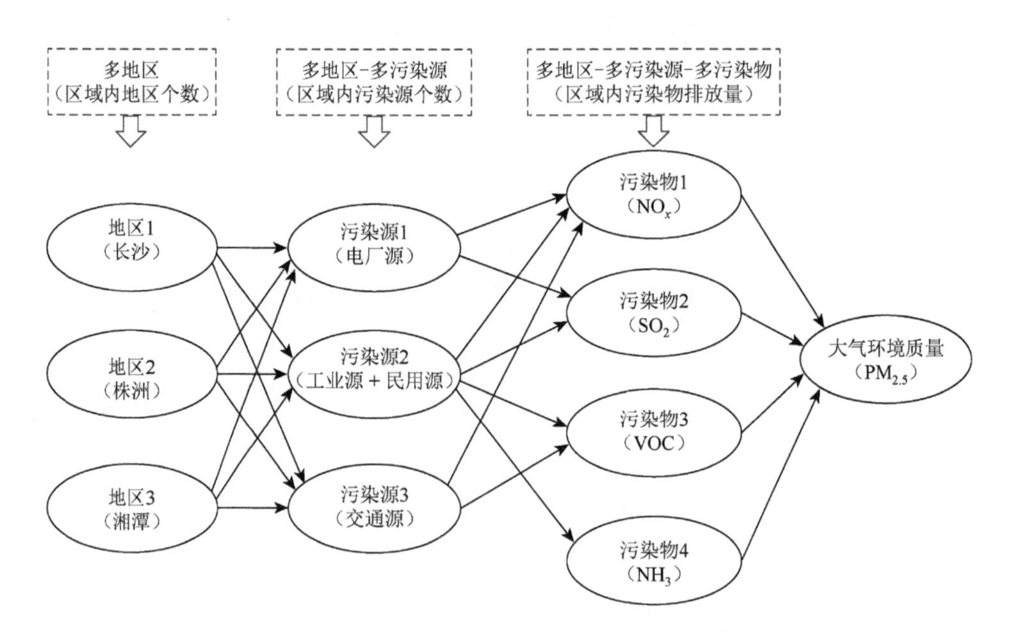

图 3　区域大气污染物治理效果模拟系统结构

学习方法求解出环境空气质量达标约束下减排成本最小化的最优控制情景（即区域内某地区-某污染源-某污染物-某控制措施的最优组合），污染控制情景下基准年与目标年 $PM_{2.5}$ 浓度对比分析结果为区域大气污染物减排路径提供科学依据。在此基础上，建立了城市群空气质量整体达标约束下的大气污染物协同减排机制，实现了长株潭区域大气污染控制的跨部门、跨行业、跨辖区的多污染物协同控制，为区域大气污染智慧协同治理和空气质量精准管理提供了决策支持。

长株潭城市群大气联防联控工程系统分析了长株潭城市群大气污染的现状特征，深入剖析了区域复杂大气污染的主要来源，进而提出了科学精准的空气质量改善策略与方案，取得了实质性的环境质量改善成效。2018 年长株潭城市群 $PM_{2.5}$ 和 PM_{10} 的平均浓度较 2015 年分别下降了 17.9%和 20.3%，空气质量优良的天数相应地上升了 3%。

自两型工程实施以来，围绕两型工程管理技术支撑的科学问题，协同推进跨领域跨学科的技术融合，不仅关注两型工程的单项技术，而且关注相关的技术群、技术体系对两型工程管理中复杂性问题的解决方案，同时激励相应工程主体的研发投入和推广应用，其成果有效转化成为区域大气污染联防联控的重要决策支撑。

（五）生态红线与生态绿心保护工程实践

长株潭城市群生态绿心地处长沙、株洲和湘潭三市接合部，面积为 522km^2，植被茂盛、郁郁葱葱，是长株潭城市群重要的生态屏障。随着城市边界不断扩张，生态绿心一度被侵蚀蚕食。近年来，湖南省将生态绿心保护作为两型社会建设的重要任务，从规划编制、立法保障、追责整改等方面入手，实施严格的空间管制，限时全面清退生态绿心区域内的工业企业，坚守生态底线，像保护眼睛一样保护城市生态绿心，努力将其打造成湖南省绿色发展的标杆和样板。湖南省在生态红线与生态绿心保护方面的主要创新性探索如下。

1. 强化顶层设计，把好“规划关”

湖南省颁布实施了《长株潭城市群生态绿心地区总体规划》，生态绿心空间上被划分为禁止开发区、限制开发区和控制建设区三种属性，同时推进了总体规划、城镇规划、土地利用规划、产业发展规划“四规合一”的机制，坚持总体规划的原则不动摇，坚持法律法规对规划的保障，有效解决了生态绿心地区各层次规划主体间和专项规划间的统一和衔接问题。

2. 出台生态绿心保护条例，把好“责任关”

湖南省出台了《湖南省长株潭城市群生态绿心地区保护条例》，界定了生态绿心地区保护工作的责任主体、项目审批主体和审批权限。将生态绿心地区保护工作纳入政府绩效评估考核的范畴，对有关乡镇人民政府制定专门的考核评价指标体系。建立生态绿心地区保护目标责任制，市、县、乡三级人民政府逐年逐级签订保护目标责任状。建立省人民政府和长沙、株洲和湘潭三市定期向本级人民代表大会常务委员会报告制度。

3. 严格落实生态功能分区，把好“准入关”

禁止、限制开发区面积占到生态绿心地区总面积的89%。长株潭城市群坚守生态底线，禁踩生态红线，严格功能分区定位，实施保护性发展。在长沙、株洲和湘潭三市试行生态绿心地区项目准入管理程序及项目准入意见书制度，省直部门对生态绿心地区项目建设立项、审批实行严格审查，市级部门建立联合审查机制，坚决叫停不符合《长株潭城市群生态绿心地区总体规划》的项目，严禁污染、劳动和土地密集型、高耗能产业项目进入，使生态绿心功能分区真正成为刚性约束。

4. 实施“天眼”动态监测，把好“执法关”

湖南省开发了“天眼”卫星监控系统，利用卫星遥感影像及新一代信息技术，每季度对生态绿心地区新增建设用地行为进行全面监测，并将监测信息反馈给相关部门，通过资料比对和实地踏勘，核实每宗地块动土的详细情况，形成“天上看、地上查、网上管”的监控模式。同时，长沙、株洲和湘潭三市组建生态绿心地区联合执法队伍，实行定期巡查、重点督查、集中整治，并设立举报电话，建立违法违规线索举报者奖励制度，逐步形成政府统筹、部门协同、区县联动的执法合力。

生态红线与生态绿心保护工程的实施强化了城市重要生态功能区优化布局及空间动态监管，使生态绿心地区环境持续改善，成为长株潭城市群之间的重要生态屏障。截至2018年，生态绿心地区240个违法违规项目已完成整改203个，完成近85%，551个工业企业退出了522个，完成近95%。2018年，长沙市生态绿心地区违法违规用地数量同比下降了90%；2015～2018年，株洲市在生态绿心地区安排火毁林复绿和荒山新造林6300亩，林相改造6100亩；2015～2018年，湘潭市生态绿心地区各水系资源普遍达到Ⅱ类标准，饮用水源水质达标率达97%以上，森林覆盖率从41.12%提升至43.34%。

生态红线与生态绿心保护工程主要解决了两型工程管理的过程机制问题，构建了科学有效的两型工程规划决策体系，从顶层规划初期就贯彻绿色发展思想，并把绿色发展落实到工程建设的各相关方；在绿心保护工程实施控制运营的过程中，通过一系列法律法规形成了法律保障，强化以执行力为核心的规范化管理，将工程规划和决策细化到实施控制的每个环节，并建立科学有效的监管和反馈机制，确保生态红线与生态绿心保护工程管理目标的最终实现。

四、总结与展望

面对全球可持续发展的重大需求，紧密结合工程管理实践中的资源环境治理难题，深入研究两型工程管理理论与方法，为两型工程管理提供科学依据与应用指导，已成为当今国际工程管理界具有深远意义与显著影响的原创性、前瞻性学术议题。本文在探讨相关概念、明晰两型工程管理原理的基础上，重点阐释了两型工程管理的核心科学问题和新模式，并以长株潭城市群国家两型社会建设工程为典型案例，对两型工程管理实践探索的先进经验与做法进行了系统论述。新时代两型工程管理理论体系由概念、原理、问题、方案组成，涵盖以科学标准为引领的两型工程管理新理念、以规控并重/四维精控为核心的两型工程管理全过程、以智能技术为支撑的两型工程管理新基础、以协同推进为保障的两型工程管理新机制等工程管理新模式，是对“绿水青山就是金山银山”理念在工程管理领域的理论阐释。面对我国工程建设与生态环境保护协调发展的重大战略需求，新时代两型工程管理理论与实践体系的构建对于指导我国工程科技绿色创新发展、推动国家生态文明建设和维护国家生态安全具有重要价值。

未来，伴随着新一代信息技术的革命性发展，互联网与传统产业的联合使得中国社会经济发展呈现出前所未有的态势。根据中国工程院发布的《全球工程前沿（2019）》，“工业 4.0 下的可持续发展研究”作为工程管理领域全球工程研究前沿的重点，代表了新一代信息通信技术与工业生产制造技术的结合，是全新的“智能 + 制造业”的智能生产模式。可以预见，以技术为支撑的两型工程管理也将在“智能 + ”时代潮流中发生重大变革。在新工科、新商科时代背景下，移动互联网、物联网、人工智能、大数据等技术的发展为两型工程管理提供了更为高效，甚至革命性的工具，新技术与管理的结合为两型工程管理的信息化、智能化、智慧化发展提供了新的、更大的发展空间。

参 考 文 献

[1] 陈晓红. 两型工程管理概论[M]. 北京：科学出版社，2016.

[2] Becker P. Sustainability Science：Managing Risk and Resilience for Sustainable Development[M]. Amsterdam：Elsevier，2014.

[3] Tanaka S. Environmental regulations on air pollution in China and their impact on infant mortality[J]. Journal of Health Economics，2015，42：90-103.

[4] 宋弘，孙雅洁，陈登科. 政府空气污染治理效应评估：来自中国“低碳城市”建设的经验研究[J]. 管理世界，2019，35（6）：95-108，195.

[5] Ren S G，Liu D H，Li B，et al. Does emissions trading affect labor demand? Evidence from the mining and manufacturing industries in China[J]. Journal of Environmental Management，2020，254：109789.

[6] 陈晓红. 科学构建“两型社会”标准体系[N]. 人民日报，2011-09-01（07）.

[7] 洪亮平，程望杰. “两型社会”城乡规划指标体系整体框架研究[J]. 城市规划学刊，2012（1）：71-75.

[8] 李飞，段西. “两型社会”视角下的“以农带旅”型新农村规划研究：以北京市大兴区庞各庄镇赵村村庄规划为例[J]. 中国人口•资源与环境，2014，24（S1）：305-308.

[9] 周国华，陈炉，唐承丽，等. 长株潭城市群研究进展与展望[J]. 经济地理，2018，38（6）：52-61.

[10] 李卫兵，李翠. “两型社会”综改区能促进绿色发展吗?[J]. 财经研究，2018，44（10）：24-37.

[11] 陈晓红. 以体制机制改革创新推进“两型社会”建设[N]. 人民日报，2012-11-01（23）.

[12] 盛昭瀚，薛小龙，安实. 构建中国特色重大工程管理理论体系与话语体系[J]. 管理世界，2019，35（4）：2-16，51，195.

[13] Sheng Z H. Fundamental Theories of Mega Infrastructure Construction Management[M]. Berlin：Springer，2018.

[14] 陈晓红，李大元，游达明，等. “两型社会”建设评价理论与实践[M]. 北京：经济科学出版社，2012.

[15] Furuta N，Shimatani Y. Integrating ecological perspectives into engineering practices－Perspectives and lessons from Japan[J]. International Journal of Disaster Risk Reduction，2018，32：87-94.

[16] 陈晓红. 数字经济时代的技术融合与应用创新趋势分析[J]. 社会科学家，2018（8）：8-23.

[17] Kostecka J. Ecological engineering-A view on tasks and challenges[J]. Journal of Ecological Engineering，2019，20（10）：217-224.

[18] 徐祖信. 我国河流单因子水质标识指数评价方法研究[J]. 同济大学学报（自然科学版），2005，33（3）：321-325.

[19] 胡东滨，蔡洪鹏，陈晓红，等. 基于证据推理的流域水质综合评价法：以湘江水质评价为例[J]. 资源科学，2019，41（11）：2020-2031.

[20] 陈晓红，唐湘博，田耘. 基于PCA-MLR模型的城市区域 $PM_{2.5}$ 污染来源解析实证研究：以长株潭城市群为例[J]. 中国软科学，2015（1）：139-149.

全球变局下的风险管理研究*

摘要：当前世界经济格局正发生深刻变化，对宏观国家经济安全、中观产业格局和微观企业的供应链与创新等均构成了巨大挑战，产生了探索风险管理规律的新需求。本文提出了全球变局下风险管理的基本概念、科学意义与国家战略需求，并梳理了该领域的国际发展态势及我国面临的挑战和机遇，据此分析和凝练了该领域近期主要研究方向和典型科学问题。主要研究方向包括：全球变局下的经济安全与关键风险识别，数字时代的全球供应链安全风险与管理，非合作全球竞争下产业关键技术创新发展变革与管理，金融安全、风险解析和系统控制，全球战略资源贸易网络的演化规律，不确定国际环境下国家科技安全与信息安全管理，全球变局下的生态环境和能源资源的风险管理。

关键词：全球变局；风险管理；研究方向；科学问题

一、基本概念、科学意义与国家战略需求

风险管理是指通过对风险的认识、衡量和分析，选择最有效的方式，主动地、有目的地、有计划地处理风险，以最小成本争取获得最大安全保证的管理方法，进入 21 世纪（特别是第二个十年），全球政治经济格局发生了巨变，中美脱钩、英国脱欧、全球新冠疫情蔓延、石油输出国组织（Organization of the Petroleum Exporting Countries，OPEC）谈判破裂、国际贸易保护主义和政治孤立主义抬头等正在改变 30 年来的经济全球化趋势[1, 2]。与此同时，全球气候变化、资源枯竭、各类环境及安全问题频发，给全球治理带来众多挑战[3]。这种巨变无论对宏观的国家经济安全、中观的产业格局，还是对微观企业的供应链和创新，都构成了巨大的风险和挑战，产生了探索风险管理规律的新需求。全球变局下的风险管理是一项复杂的系统工程，包括风险识别、监测预警、预测控制、协同联动等各个环节，涉及该领域诸多理论和方法。要做到科学防范和应对，不仅要求专业处置能力，而且需要系统的风险管理理论方法作为保障。因此，识别复杂条件下的风险管理规律与机理，构建全球变局下完善、系统、规范的风险管

---

* 陈晓红，唐立新，余玉刚，等. 全球变局下的风险管理研究[J]. 管理科学学报，2021，24（8）：115-124.

理理论方法，对健全现代化风险管理体系具有重要科学意义。

我国正处于工业化、城市化、现代化快速发展和社会经济转型的关键时期，国家发展的内部条件和外部环境也在发生深刻复杂变化[4, 5]。在 2019 年省部级主要领导干部坚持底线思维着力防范化解重大风险专题研讨班开班式上，习近平总书记就指出了当前和今后一个时期我国面临的安全形势，阐明了需要着力防范化解的重大风险，明确提出“既要有防范风险的先手，也要有应对和化解风险挑战的高招；既要打好防范和抵御风险的有准备之战，也要打好化险为夷、转危为机的战略主动战”①。因此，面向国家有效应对全球变局风险的重大战略需求，亟须在政府机构、社会经济、技术革新乃至文化领域尽快构建符合新时代特征的、能够有效应对全球变局的风险管理新理论，将风险管理提升到国家战略高度，保障资源环境安全和经济社会可持续发展。

为实现该目标，风险管理需要在考虑全球变局的基础上开展深入研究，包括重点识别全球变局下的经济安全与关键风险，确定数字时代下影响全球供应链安全风险的关键要素，建立非合作全球竞争下的企业创新战略，阐明金融安全的风险演化机制并提出系统控制策略，厘清全球战略资源贸易网络的演化规律，明晰全球变局下生态环境变化的格局和管控能源资源的可持续供应及消费，并最终形成全面对外开放的国家经济安全理论。在此过程中，迫切需要将大数据、人工智能和区块链等新技术与风险管理相结合，丰富风险管理理论与方法，提高整体风险管理效率，为政府优化资源配置和开展精细化管理提供科学的决策依据。这不仅能促进我国经济高质量发展，增强我国在国际经济合作和竞争中的优势，而且对指导国家产业结构调整、宏观经济政策制定等重大决策具有重要现实意义。

二、国际发展态势与我国的挑战和机遇

（一）国际发展态势分析

随着世界多极化、经济全球化、社会信息化的深入发展，各种因素之间相互影响，使世界的不稳定性大大增加，并赋予“变局”以宏大的历史主题。全球变局下的政治经济发展态势具有以下特征。

（1）国际力量对比发生重大变化，全球治理体系亟待重建[6]。国际政治格局之变是“全球变局”之“变”的核心内容，其变化的根源来自国际力量对比的此消彼长[7]。随着国际力量对比的变化，新兴国家参与全球治理的呼声越来越强

① 中国政府网. 习近平在省部级主要领导干部坚持底线思维着力防范化解重大风险专题研讨班开班式上发表重要讲话[EB/OL].（2019-01-21）[2024-11-07]. https://www.gov.cn/xinwen/2019-01/21/content_5359898.htm.

烈，以期在全球治理中占据更加主动有利的地位，全球治理体系正面临新一轮大调整。

（2）全球贸易与价值链变革[8]。麦肯锡全球研究院2019年发布的《变革中的全球化：贸易与价值链的未来图景》（*Globalization in Transition: The Future of Trade and Value Chains*）明确指出，当前全球化正在经历根本性变革，通过对全球43个国家和地区23个行业价值链的分析，全球价值链正经历六大结构性改变：①跨境商品贸易占总产出的比例减少；②服务贸易增长快于商品贸易；③劳动成本套利型贸易逐年减少；④全球价值链的知识密集度不断提高；⑤商品贸易的区域化属性增强，远距离贸易减弱；⑥新技术正在改变全球价值链的成本[9]。

（3）科技创新和竞争更趋激烈[10]。埃森哲技术研究院[11]在《埃森哲技术展望2019——软件与平台行业》中指出，新一轮科技革命和产业革命正加快重塑世界：在一项面向6600多名企业和信息技术界高管的调查中，94%的受访者表示，其组织的技术创新步伐显著加速，正在推动数字经济向更高层次发展。世界科技格局进入加速重塑期，各种科技力量的较量将更趋激烈[12]。

（4）影响人类安全的因素明显增多[9]。近些年来，人类社会过去没有遇见或者很少见到的安全威胁（如生态安全、网络安全、生物安全、病毒蔓延）逐渐凸显，并对国家安全和社会稳定构成重大威胁。例如，新冠疫情的暴发不仅沉重打击了世界各主要经济体，引发世界经济衰退，而且造成世界各国在意识形态、社会制度、发展模式、价值观念等方面的严重对立和冲突，破坏了国家间的信任关系和制度性合作。

（二）我国面临的挑战与机遇

置身于全球大变局之中，我国也面临越来越多的风险与挑战，例如，中美贸易摩擦不断升级，新贸易保护主义进一步加剧，信息技术给我国安全与发展带来挑战，以及新冠疫情给我国供应链带来影响等[13]。我国采取了相应的策略，并迎来了全新的发展机遇。首先，以数字化为代表的新技术对产业链的驱动作用日益增强。我国物联网、大数据、区块链、人工智能等新兴数字技术的不断融合创新为经济社会发展提供了全新的机遇[14, 15]。其次，我国在产业链上呈现明显的高技术制造业比例上升、中技术制造业比例下降、低技术制造业比例基本保持不变的情况。中国经济发展进入新常态，为产业链由要素驱动向创新驱动转变提供了强劲动力。最后，随着新冠疫情暴露出的关键战略资源准备不足、全球供应链断裂、应急资源调配不及时等一系列重大问题，党和政府推动国家治理体系和治理能力现代化的步伐进一步加快，包括经济、政治、文化、社会、生态文明和党的建设等各领域的体制机制、法律法规和政策部署进一步推进。

（三）国内外研究进展分析

在全球变革的大趋势下，国家层面的各种战略考虑对国家科技安全与信息安全管理、生态环境和能源资源的风险管理等诸多管理问题提出了新的要求，并提供了更好的研究契机。目前国内外学者在风险管理相关领域进行了多方面的探索和研究，如经济安全与关键风险识别[16-19]、全球供应链安全风险与管理[20-23]、全球生产体系的冲击及产业链加速发展[24-26]、生态环境和能源资源的风险管理[27-30]，也有不少国内学者针对我国微观产品、中观市场及宏观货币体系在内的金融系统展开研究[31-35]。但是目前以全球变局作为背景的风险管理研究相对较少，多集中于全球变局下风险管理中的国际合作与关系治理[36, 37]、产业变局[38]、文化重建[39]等。从全球变革的背景和研究现状可以看出，全球变革和风险管理的研究价值和意义已被学者认同。但是将风险管理置于全球变革的框架下来阐释国家如何更好地应对风险挑战是一个崭新的话题，且尚未建立成熟的理论框架，急需理论与方法上的指导。

三、主要研究方向和典型科学问题

综合以上分析，全球政治经济格局的大变革在经济贸易领域反映出三个主要特征：第一，政治因素对全球化经济行为的直接干预不断增强，“看得见的手”在全球经济、贸易竞争中的作用进一步凸显；第二，基于政治孤立主义与贸易保护主义巩固地缘传统经济优势与打压新兴经济增长热点成为逆全球化经济竞争的主要方式；第三，第三次科技革命与产业变革下的数字主权争夺成为全球化经济合作的主要矛盾与聚焦点。为应对全球变局下的风险挑战，首先，要辨识关键风险点，把握可能引起全球经济动荡、影响国家经济安全和贸易安全的主要因素及其作用机理与危害范围；其次，要深刻认识数字主权在全球化经济中的作用与影响，对全球化作用本质进行分析并提出风险控制策略；最后，要对解决核心技术“卡脖子”难题的创新发展思路和基于环境、资源、能源的风险管理方法进行探讨，尤其是强化新技术和新方法对风险管理与决策的科技支撑[40]。因此，针对全球变局下的风险特征，有必要从关键风险辨别、风险控制策略、风险管理方法等三方面加以应对，并具体从七个方面着手研究：①全球变局下的经济安全与关键风险识别；②数字时代的全球供应链安全风险与管理；③非合作全球竞争下产业关键技术创新发展变革与管理；④金融安全、风险解析和系统控制；⑤全球战略资源贸易网络的演化规律；⑥不确定国际环境下国家科技安全与信息安全管理；⑦全球变局下的生态环境和能源资源的风险管理。图 1 展示了全球变局下的风险管理研究框架。

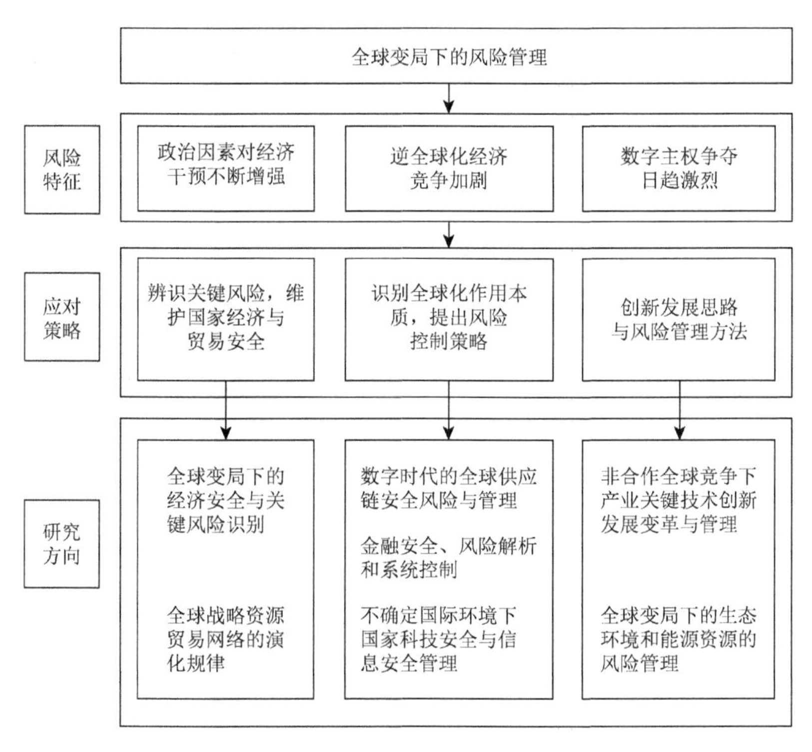

图1 全球变局下的风险管理研究框架

（一）全球变局下的经济安全与关键风险识别

全球政治经济格局的深刻变化将对国家经济安全形成新的挑战，将广泛地波及全球产业格局、供应链与金融市场，从而带来不可忽视的经济风险。全球变局极可能引发新一轮全球金融危机甚至经济衰退，从而加速地缘政治动荡，严重损害社会整体经济福利，经济体系的独立稳定运行也会随之动摇，危及国家经济安全。因此，探索全球变局下的经济安全与关键风险识别，是有效应对我国经济风险及进一步推进经济全球化的必要课题。

典型科学问题举例：全球变局经济特征及趋势规律；全球变局下经济风险识别方法及演变规律；关键经济领域的风险效应评估；经济风险的驱动力及影响规律；宏微观交互影响视角下的经济风险应对机制；全球产业链风险及安全管理；经济安全理论及测度方法；经济演化规律及应对方法；等等。

（二）数字时代的全球供应链安全风险与管理

在新一轮科技革命与产业变革中，各行各业迎来了数字化、网络化、智能化的“数字蝶变”。数字技术和创新正在推动供应链的巨大变革与完善提升。数字化技术发展和经济全球化正将客户服务的期望推向顶峰，但随之而来的全球供应链安全问题日益突出。一方面，在国际贸易摩擦加剧、不确定因素增加、国内经济面临转型升级、各产业面向高质量发展的关键时期，关键技术薄弱带来的供应链风险问题也逐渐暴露，尤其体现在数字化的高端技术行业。从根源上来说，我国关键技术“卡脖子”问题来自关键产业链布局不完善，与之相关的学术研究也比较少。在逆全球化、发达国家供应链主动脱钩等趋势下，如何确保我国高技术行业的供应链安全成为日益紧迫的问题。另一方面，数字经济虽然有效地推动了供应链透明化、智慧化发展，但是数据集成带来的信息泄露问题频发，各行业都将面临数据安全威胁问题，国家间的数字鸿沟正在加大，数字主权争夺趋于白热化，影响了全球智慧供应链的快速发展。

典型科学问题举例：数字化时代下供应链韧性的基础理论与方法；中美贸易摩擦对全球供应链的影响规律和仿真模拟；中国关键产业的供应链安全评估与预警机制；全球供应链断链风险、系统预测与安全治理体系；智慧供应链创新和政府产业布局对全球供应链风险的影响与解决机制；等等。

（三）非合作全球竞争下产业关键技术创新发展变革与管理

新冠疫情、逆全球化等因素的变化和演进将使全球产业链、价值链、供应链和创新链体系面临巨大风险。我国是世界制造业大国，但在工业基础与关键零部件发展、产业链协调发展、产业关键技术研发，以及科技经济融合等方面还存在许多突出问题，关键核心技术仍受制于人。在非合作全球竞争背景下，非合作代表局部和领域的合作，而非不合作。因此，构建科学合作国际循环和技术合作国内循环双循环发展格局是“断链”风险的应对之举，其中，保障当前畅通的国内循环是关键，着力点在于以产业关键技术创新为支撑的产业链再造和创新链提升。

典型科学问题举例：非合作竞争环境下产业关键技术创新资源配置方式变革及机理；产业关键技术突破与组织模式；战略产业关键技术的识别、竞争态势、演化路径与预测；颠覆性技术的早期识别与社会经济影响评估；产业关键技术创新国内国际双循环的链接及融合机理；产业链与创新链的协同与政策；重大工程关键支撑技术的全生命周期管理与迭代风险评估；等等。

（四）金融安全、风险解析和系统控制

我国金融风险挑战已明显上升为复杂的格局，包括微观金融产品及宏观货币市场、资本市场在内的金融系统的动荡源和风险点增多，外生性冲击与内生性影

响相伴等。金融市场是典型的开放性复杂系统，需要通过构建跨金融市场、跨风险类别的复杂金融网络，关注微观主体的风险识别、风险传染特征和微观风险的宏观涌现；深入融合多源、异构、跨模态的动态金融大数据，实现多风险联合感知与预警；以多风险识别与评价作为控制基础，提出风险控制核心关键方法；从复杂系统的角度对内部结构、外部环境和政策进行模拟仿真，实现全面、精准的金融市场系统控制，确保金融安全。人工智能与大数据技术为解析海量金融数据中影响金融安全的宏微观风险因素和挖掘超大规模复杂金融网络中风险传染路径提供了技术支撑，为研究国家安全的风险演化带来了新机遇。

典型科学问题举例：复杂金融体系的网络结构与系统演化规律；数据智能驱动的风险解析、风险因子分解与风险融合机制；金融机构安全管理与金融产品创新；货币金融体系的网络特性、动态演化与阻断机制；金融产品创新与风险传染；金融市场系统智能控制技术与方法；金融市场的系统演化特征；复杂金融系统的稳定性监测、预警与政策模拟；“一带一路”建设中的金融安全与系统控制；复杂金融体系与实体经济、社会系统的协同安全；等等。

（五）全球战略资源贸易网络的演化规律

全球经济一体化下快速发展的国际贸易使得各个国家的生产与经济活动紧密联系起来。全球化生产与消费对战略资源需求的急剧增加导致了大量的贸易纠纷和环境问题的产生。新冠疫情更是暴露出多国关键战略资源准备不足、全球供应链断裂、应急资源调配不及时等一系列重大问题。我国在快速经济发展过程中遇到的这类挑战尤其显著，主要体现在多种战略资源严重依赖进口、国内“资源—产品—再生资源”路径不畅。这些问题严重制约了战略资源的循环利用和效率提升，粗放的发展模式和路径仍未得到根本改变。

典型科学问题举例：全球战略资源的分布特征及对我国经济发展的影响；全球战略资源贸易网络的演化轨迹及驱动力；战略资源长期配置下供需的时空演变规律与时序特征；基础性、典型战略性资源贸易的物质代谢规律；我国战略性资源循环利用潜力测评；全球贸易格局重组下典型战略资源的需求趋势；我国基础性、典型战略性资源中长期可持续供给路径及政策；我国玉米、大豆等大宗商品粮生产的自主安全供给政策与路径保障；等等。

（六）不确定国际环境下国家科技安全与信息安全管理

科技和信息是国家竞争力和战略安全的关键要素，是促进社会经济发展和保障国家安全的重要支撑。我国科技环境正面临着诸多风险，如国际合作环境变化、核心产业与技术被“卡脖子”等，迫切要求进一步提升对科技安全新使命的认识，聚焦国家战略产业重大需求，突破关键核心技术，加强基础和前沿领域前瞻布局，探索国际科技合作的模式与路径，使得国家在全球科技竞争中获得和保持领先优势。与此同时，数字化技术和相关数据产业的快速发展带来了产业数据环境、网络信息空间、公众社会交流等方面复杂深刻的变化，也带来了数据泄露、隐私暴露、网络社会运动等威胁社会公共安全和经济安全的风险因素。因此，需进一步加强国家安全管理，将关键领域的战略性数据纳入信息资源管理范畴，提升信息组织与分析能力，加强大数据治理和网络空间治理，防范信息网络中的风险、泄露与缺失，筑牢信息安全防线。

典型科学问题举例：科学技术突破性成果的形成机理和演化机制；国际科技合作模式、演化规律与效果评估；高端科技人才识别与人才流动规律分析；关键科技领域技术优劣势分析；面向科技领先的关键科技领域知识发现；国家数据资源规划方法；关键领域数据安全管理模型与方法；面向国家安全的多源数据集成与融合方法；网络信息传播的时空规律；面向安全感知的公开数据计算；网络空间主权保障体系；等等。

（七）全球变局下的生态环境和能源资源的风险管理

在全球产业转型和转移过程中，生态环境破坏和能源资源供给日益紧张，威胁到人类社会的可持续发展。在全球突发公共卫生事件背景下，能源价格巨变、关键资源准备不足、应急资源调配不及时、病毒环境治理不到位等一系列重大问题严重威胁人类健康和生命安全及各国经济的健康发展。在全球大变局中，作为“世界工厂”的中国由承接发达国家高耗能重污染行业的角色逐步转变为通过“一带一路”倡议帮助欠发达国家参与经济全球化进程的重要力量；这种转变促进了欠发达国家的经济发展，帮助欠发达国家节能减排、积极应对气候变化成为体现中国大国担当、缓解乃至避免全球生态环境污染和能源资源风险的重要内容。

典型科学问题举例：全球视角下的能源资源支撑经济发展机理及其对利益相关者影响；生态环境风险、能源资源保障安全评价方法；资源环境大数据综合分析与智能风险决策方法；产业链转移过程中的能源与矿产结构和生态环境变化规律及风险特征；重大公共安全事件中的生态环境和能源资源全球治理理论和方法；等等。

四、结束语

世界大变局还在不断发展演化，存在诸多风险和不确定性，给我国经济社会发展带来了前所未有的挑战。特别是肆虐全球的新冠疫情给世界经济造成了严重冲击，对全球治理产生了深远影响，使得我国发展的外部因素更加复杂。当前我国应对外部复杂环境和巨大风险的管理与决策支撑还比较薄弱，对全球变局下风险演变规律认识不足，顶层设计和发展规划缺乏科学依据。阐明全球变局下风险管理的机理和规律，提升运用大数据、人工智能和区块链等新技术应对风险的能力，具有重大理论和实践意义。管理科学、信息科学、经济科学、资源环境科学等多学科交叉融合是解决这些问题的必要途径。今后需进一步强化跨学科交叉研究，针对全球变局下我国经济社会发展面临的风险管理与决策的重大挑战，凝练和提出未来亟须关注和解决的重大技术科学问题，探索重大科学问题的解决途径，为保障我国经济社会发展安全提供坚实的科学依据。

参考文献

[1] 周琪，付随鑫. 美国的反全球化及其对国际秩序的影响[J]. 太平洋学报，2017，25（4）：1-13.

[2] 李策划，李臻. 美国金融垄断资本全球积累逻辑下贸易战的本质：兼论经济全球化转向[J]. 当代经济研究，2020（5）：66-76.

[3] 孙博文. 环境经济地理学研究进展[J]. 经济学动态，2020（3）：131-146.

[4] 袁富华，张平. 经济现代化的制度供给及其对高质量发展的适应性[J]. 中国特色社会主义研究，2019（1）：39-47.

[5] 魏后凯，王颂吉. 中国“过度去工业化”现象剖析与理论反思[J]. 中国工业经济，2019（1）：5-22.

[6] 张蕴岭. 张蕴岭：在大变局中把握发展趋势[J]. 理论导报，2019（3）：19-21.

[7] 刘建飞. 世界政治变局下的全球治理与中国作为[J]. 探索与争鸣，2019（9）：140-148，199.

[8] 刘景卿，车维汉，夏方杰. 全球价值链贸易网络分析与国际风险传导应对[J]. 管理科学学报，2021，24（3）：1-17.

[9] Lund S，Manyika J，Woetzel J，et al. Globalization in Transition：The Future of Trade and Value Chains[R]. New York：McKinsey Global Institute，2019.

[10] 张亚勇，王永志. 大变局下的世界趋势与中国作为[J]. 中国党政干部论坛，2020（8）：59-62.

[11] 埃森哲技术研究院. 埃森哲技术展望 2019——软件与平台行业[R]. 深圳：埃森哲技术研究院，2019.

[12] 陈淑梅. 科技革命呼唤技术全球主义[N]. 环球时报，2020-07-29（14）.

[13] 田开兰，杨翠红，祝坤福，等. 两败俱伤：美中贸易关税战对经济和就业的冲击[J]. 管理科学学报，2021，24（2）：14-27.

[14] 陈晓红. 新技术融合下的智慧城市发展趋势与实践创新[J]. 商学研究，2019，26（1）：5-17.

[15] 陈晓红. 新技术融合必将带来管理变革[J]. 清华管理评论，2018（11）：6-9.

[16] Bordo M D，Duca J V，Koch C. Economic policy uncertainty and the credit channel：aggregate and bank level U.S. evidence over several decades[J]. Journal of Financial Stability，2016，26：90-106.

[17] Dell'Ariccia G，Rabanal P，Sandri D. Unconventional monetary policies in the Euro area，Japan，and the United Kingdom[J]. Journal of Economic Perspectives，2018，32（4）：147-172.

[18] Holston K，Laubach T，Williams J C. Measuring the natural rate of interest：international trends and determinants[J]. Journal of International Economics，2017，108：S59-S75.

[19] 陈雨露. 当前全球中央银行研究的若干重点问题[J]. 金融研究，2020（2）：1-14.

[20] 陈静，魏航，谢磊. 商业保险在供应链质量风险管理中的应用研究[J]. 管理科学学报，2019，22（1）：80-93.

[21] Boyens J M，Paulsen C，Moorthy R，et al. Supply Chain Risk Management Practices for Federal Information Systems and Organizations [R]. Gaithersburg：National Institute of Standards and Technology，2015.

[22] 李璐，汪坤. ICT 供应链安全管理综述[J]. 中国信息安全，2019（3）：100-103.

[23] 陶丽雯，赵改侠，谢宗晓. ICT 供应链安全风险管理政策标准化综述及分析[J]. 网络空间安全，2019，10（4）：1-8.

[24] 祝坤福，高翔，杨翠红，等. 新冠肺炎疫情对全球生产体系的冲击和我国产业链加速外移的风险分析[J]. 中国科学院院刊，2020，35（3）：283-288.

[25] Antràs P，Chor D. On the measurement of upstreamness and downstreamness in global value chains[M]//World Trade Evolution. London：Routledge，2018：126-194.

[26] Los B，Timmer M P，de Vries G J. Tracing value-added and double counting in gross exports：comment[J]. American Economic Review，2016，106（7）：1958-1966.

[27] 康鹏，陈卫平，王美娥. 基于生态系统服务的生态风险评价研究进展[J]. 生态学报，2016，36（5）：1192-1203.

[28] 梁海峰，李颖. 美国石油崛起推动世界石油格局重大变化下中国能源安全的风险及对策[J]. 中国矿业，2019，28（7）：7-12.

[29] 何建坤. 全球气候治理新形势及我国对策[J]. 环境经济研究，2019，4（3）：1-9.

[30] Dafermos Y，Nikolaidi M，Galanis G. Climate change，financial stability and monetary policy[J]. Ecological Economics，2018，152：219-234.

[31] 王宇，肖欣荣，刘健，等. 金融网络结构与风险传染理论述评[J]. 金融监管研究，2019（2）：79-96.

[32] Liu A Q，Paddrik M，Yang S Y，et al. Interbank contagion：an agent-based model approach to endogenously formed networks[J]. Journal of Banking & Finance，2020，112：105191.

[33] 张金林，孙凌芸. 复杂网络理论下跨市场金融风险传染机制与路径研究[J]. 中南财经政法大学学报，2020（2）：110-121.

[34] Aldasoro I，Alves I. Multiplex interbank networks and systemic importance：an application to European data[J]. Journal of Financial Stability，2018，35：17-37.

[35] Stolbova V，Monasterolo I，Battiston S. A financial macro-network approach to climate policy evaluation[J]. Ecological Economics，2018，149：239-253.

[36] 马玉荣. 全球变局下中国—东盟加强经贸合作[J]. 中国发展观察，2020（S6）：120-121.

[37] 张茉楠. 中美产业链重构背后的全球变局[J]. 金融与经济，2020（5）：1.

[38] 周建军. 积极应对疫情影响下的全球产业链变局[J]. 国资报告，2020（2）：128-131.

[39] 秦亚青. 百年变局与新型文化间关系[J]. 世界知识，2020（1）：25-27.

[40] Chen X H. The development trend and practical innovation of smart cities under the integration of new technologies[J]. Frontiers of Engineering Management，2019，6（4）：485-502.

基于延时敏感患者的按项目支付和按病种支付比较研究*

摘要：针对我国公立医疗服务系统当前正从按项目支付（fee for service，FFS）模式向按病种支付（diagnosis related groups，DRGs）模式转变但缺乏科学依据和运营经验的情况，本文研究了按项目支付和按病种支付两种模式下公立医院的最优运营决策及两种支付模式的社会福利比较问题。通过应用三阶段斯塔克尔伯格（Stackelberg）模型，在考虑患者对等待时间和服务质量敏感的情况下，分析了患者、公立医院及政策制定者三方的均衡性质和系统性能。研究结果发现，当患者延时敏感度、服务质量敏感度和自付比例（或服务质量单位成本）较高（较低）时，政策制定者选择按病种支付模式可以获得更高的社会福利；否则，反之。当患者延时敏感度中等时，公立医院的服务能力是最大的。此外，研究结果还表明，在按病种支付模式下，政策制定者选择适中的医疗服务价格和患者自付比例可以使得社会福利最大化。

关键词：支付模式；延时敏感；按项目支付；按病种支付；Stackelberg 模型

一、引言

近年来，随着人口老龄化的加速、医疗技术水平的提高和医疗保障制度的完善，我国医保支出呈现快速增长的趋势。根据国家医疗保障局发布的统计数据，2018 年我国基本医疗保险总支出为 1.7822 万亿元，比上年增长 23.6%；2020 年我国基本医疗保险总支出则达到 2.0949 万亿元。因此，我国医保支出的过快增长正成为社会各界日益关注的热点问题。一个可能的原因是按项目支付模式仍是我国医疗市场中目前使用最广泛的支付模式。按项目支付是指支付方根据患者获得的医疗服务项目、单价和数量来支付医疗费用的一种支付模式；医院为患者提供的每次服务都可获得政府定价调控下的合理收益或自主定价的收益。然而，医院在费用支出方面很

---

* 陈晓红，曾阳艳，陈武华. 基于延时敏感患者的按项目支付和按病种支付比较研究[J]. 管理科学学报，2022，25（8）：1-21.

难受到支付方的制约，医院可能会通过提供较低质量的医疗服务以产生较高的患者复诊率，来实现自身收益增长，形成供给诱导需求现象。现有研究表明，在按项目支付模式下，考虑医院收入与服务质量的密切相关性，医院可能会诱导患者接受过量服务，从而导致医疗资源的浪费和医疗费用的过度增长[1-4]。

针对按项目支付存在的供给诱导需求现象导致医疗资源浪费和医疗费用过度增长问题，按病种支付被认为是一种可能的解决方法。按病种支付是指根据患者年龄、疾病严重程度等因素分为若干诊断组，对每一组分别制定不同的价格，并按该价格向医院一次性支付[5]。在按病种支付模式下，如果医院未能在给定的价格内治好患者的疾病，超出的费用需要医院自理，从而激励医院提供高质量的医疗服务、减少供给诱导需求现象。近年来，我国出台了与按病种支付相关的一系列措施和办法，推动了按病种支付的发展及落地。2017 年，国家发展改革委等多部委联合发布的《关于推进按病种收费工作的通知》指出各地要进一步扩大按病种收费的病种数量，国务院办公厅发布的《关于进一步深化基本医疗保险支付方式改革的指导意见》重点推行按病种付费。2018 年，人力资源和社会保障部要求全面推行以按病种支付为主的多元复合式医保支付模式，至此，按病种支付模式在全国范围内开始推行。2019 年，全国已经有 86.3%的统筹区实行了按病种支付模式。

然而，现有研究指出，与按项目支付模式相比，按病种支付模式的拓展模式（捆绑支付模式）增加了患者等待时间[6]；Siciliani 和 Hurst[7]对 12 个经济合作与发展组织（Organisation for Economic Co-operation and Development，OECD）成员国的患者等待时间进行比较分析指出，与按项目支付模式相比，按病种支付模式的应用与患者等待时间可能是正相关的。这说明按病种支付模式虽然可能激励医院提高服务质量，但是可能会延长患者平均等待时间。从医院运营的角度来看，在给定医院投入的情况下，如果医院提高服务质量，则服务能力通常是减少的，从而使得患者等待时间变长。2017 年上海市公立医疗机构病人满意度调查指出，等待时间过长已成为患者对公立医院服务评价最不满意之处。随着工作、生活节奏的加快，患者对等待时间也越来越敏感。因此，研究考虑患者等待时间敏感下的两种支付模式比较问题是具有重要意义的。此外，在我国当前的实践中，按病种支付模式主要应用于需手术治疗的病种（通常诊疗价值较高或患者服务质量敏感度较高），门诊常见疾病（通常诊疗价值较低或患者服务质量敏感度较低）则较少涉及，这说明病种的诊疗价值或患者服务质量敏感度也可能会影响支付模式的选择。因此，综合考虑患者等待时间敏感和服务质量敏感，研究按病种支付模式与按项目支付模式的比较问题具有重要的研究意义。

综上，结合应用排队理论方法，本文通过构建一个由患者、医院和政策制定者三方构成的三阶段 Stackelberg 模型，研究考虑患者对等待时间和服务质量敏感时两种支付模式下公立医院的最优决策及其性质。在此基础上，进一步比较分析两种支付模式下患者等待时间、医保支出和社会福利方面的差异，探讨两种支付模式的适用条件。本文的研究成果可为政策制定者选择合适的医保支付模式及为医院管理者更好地进行管理提供有益的启示，具有重要的社会和经济意义。

二、文献回顾

（一）不同医疗支付模式对医疗运作管理的影响研究

目前一些学者分析了不同医疗支付模式对患者健康及医疗运作管理的影响。McClellan[8]针对按项目支付和按病种支付两种模式开展了实证分析，研究表明后者对患者选择有帮助，而前者在某些条件下有助于医院增加对患者的护理力度；考虑存在可以选择医治对象、医治强度的风险厌恶型医疗服务情形，Adida 等[9]在 McClellan[8]实证分析的基础上，研究了保险公司在按项目支付和捆绑支付两种模式下的最优赔偿问题，指出在按项目支付模式下医院会提供过量医疗服务，而在捆绑支付模式下医院可以选择住院患者的类型，并决定每个住院患者的治疗强度；Andritsos 和 Tang[10]在考虑患者的护理可以由医院和患者共同管理的背景下，研究发现在患者福利方面，捆绑支付模式优于按项目支付模式；在 Adida 等[9]、Andritsos 和 Tang[10]的基础上，Guo 等[6]考虑患者延时敏感性，研究了按项目支付和捆绑支付模式下医疗费用出资方的最优赔偿问题，并从患者福利、再入院率和等待时间等三个维度开展了对比分析，通过考虑服务率和服务质量之间的关系，研究发现当患者数量较多时，捆绑支付模式在患者福利、再入院率方面优于按项目支付模式，在患者等待时间方面劣于按项目支付模式；当患者数量较少时，捆绑支付模式在患者福利、再入院率和等待时间方面均优于按项目支付模式。此外，Adida 和 Bravo[11]、Arifoğlu 等[12]均进行了相关研究。

综上分析，现有关于两种支付模式的比较研究主要以以利润最大化为运营目标的医疗服务商为研究对象，其研究背景契合营利性私立医院。相比之下，我国医疗卫生体系以公立医院（受政府资助）为核心的医疗服务系统为基础。由于研究对象存在差异，上述研究成果在我国医疗卫生体系中的应用存在偏差。因此，面向我国医疗环境现实需求，本文以公立医院为研究对象，深入探究两种支付模式下最优运营决策性质，这具有重要的现实意义。

（二）患者延时敏感性的研究

在医疗服务运作管理领域，越来越多的学者考虑到患者的延时敏感性。目前学者主要从医院资源配置和患者预约调度两个方面研究医疗服务效率优化问题。在医院资源配置方面，Gorunescu 等[13]采用 M/PH/c 排队模型①刻画患者使用病床的情况，提出了一种求解最优病床数量的方法；Zhang 等[14]研究了预防性医疗服务设施网络的优化设计问题；Yankovic 和 Green[15]采用一个可变有限源排队模型研究了护士安排对急诊室过度拥堵状况的影响；在相似的背景下，Allon 等[16]、Chan 等[17]均进行了相关的研究。在患者预约调度方面，Hassin 和 Mendel[18]研究了考虑患者未到率的医院预约调度问题；在此基础上，Luo 等[19]建立了一个考虑患者未到和就诊过程会被急诊患者插队情况的预约模型，并提出了两种求解该模型的方法；此外，Robinson 和 Chen[20]、Ahmadi-Javid 等[21]均进行了预约调度的相关研究。随着我国经济社会的发展水平不断提升，患者的延时敏感性问题逐渐引起社会各界的关注，在医院资源配置方面[22-27]及患者预约调度方面[28, 29]均进行了研究。此外，陈妍等[30]研究了面向延时敏感患者的转诊系统服务能力设计问题，发现政府补贴是医疗转诊体系优化中有效的协调机制。

综上分析，目前鲜有文献在考虑患者延时敏感下探讨针对公立医疗服务系统的按项目支付和按病种支付模式比较问题。但是在现实场景中，等待时间将极大地影响患者行为，从而影响医院运营决策。本文将围绕该问题开展研究。

本文主要基于患者的延时敏感性，通过应用三阶段 Stackelberg 模型，在考虑患者对等待时间和服务质量敏感的情况下，分析了患者、公立医院及政策制定者三方博弈达到均衡时的系统性能，以及公立医院的最优运营决策性质，并从社会福利角度对两种支付模式进行比较研究。本文的主要创新点和贡献可以归纳如下：①本文首次从理论角度研究和比较了按项目支付和按病种支付模式下公立医疗服务系统的性能和社会福利；②在现有研究通过建立服务能力与复诊率的函数关系来揭示复诊率与服务质量的影响机理[6]的基础上，为了更加直观地得到医院最优运营决策性质，本文直接为复诊率和服务质量之间建立函数关系；③相比现有研究中的免费医疗制度，我国医疗报销制度的不同主要体现在医保基金和患者共同支付医疗费用，这些差异将直接影响患者剩余效用的建模，需着重考虑医疗费用共同分担的情形，并在此基础上比较分析患者、公立医院及政策制定者三方博弈达到均衡时的系统性能，以及公立医院的最优运营决策性质，本文研究了按项目支付和按病种支付模式下公立医院的最优服务能力和服务质量决策及其性质。本文的研究结果将对政府选择支付模式以调控医疗服务市场及医院管理者制定运营决策以提高运营效率具有重要的借鉴意义。

---

① 该 M/PH/c 排队模型中，M 表示泊松到达，PH 表示相位型（phase-type）分布，用于描述到达或服务时间，c 表示病床数量。

三、模型

为方便理解，符号及含义如表 1 所示。

表 1　符号及含义

符号	含义
ξ_i	医院的服务质量分数，按项目支付模式（$i=f$）、按病种支付模式（$i=d$）
λ	患者的总到达率
λ_i	患者的有效到达率，按项目支付模式（$i=f$）、按病种支付模式（$i=d$）
μ_i	医院的服务率，按项目支付模式（$i=f$）、按病种支付模式（$i=d$）
h	患者的等待成本参数
U	患者的基本服务效用
γ	患者的服务质量效用系数
S	患者自付比例
r	政府对患者的补贴比例
p_i	医疗服务价格，按项目支付模式（$i=f$）、按病种支付模式（$i=d$）
B	政府给医院直接投入的财政预算
c_1	医院的服务能力单位成本
c_2	医院的服务质量单位成本
c	单位服务成本
λ_i'	实际就诊患者的到达率，按项目支付模式（$i=f$）、按病种支付模式（$i=d$）
λ_i''	复诊患者的到达率，按项目支付模式（$i=f$）、按病种支付模式（$i=d$）
ξ_0	医院的最低服务质量

（一）患者的选择行为

假设患者以到达率为λ的泊松分布到达，λ_i（$i=f,d$）为患者的有效到达率，医院对患者的服务时间是以医院的服务率（即医院的服务能力）为μ_i的随机独立同分布指数变量。因此，患者的期望等待时间（包括服务时间）遵循$M/M/1$排队模型，该模型适用并常见于研究医疗服务系统的相关文献中[31-33]，表示为$W(\lambda_i,\mu_i)=1/(\mu_i-\lambda_i)$，这表明患者的期望服务时间随着医院的服务能力的增加而减少。一些研究支持该假设。例如，Hauck 和 Hollingsworth[34]发现随着医院规模的扩大，患者的平均住院时间减少，一个可能的原因是医院的服务能力提高，更有可能加深专业化和分工，从而产生规模效应，缩短患者的服务时间。为了确保排队系统是稳定的，必须保证$\lambda_i < \mu_i$。假设患者在延迟敏感性和服务效用上是同质的，定义患者的等待成本参数为h，患者期望等待成本表示为$hW(\lambda_i, \mu_i)$。该假设借鉴了Chen等[35]、Hua等[32]、Siciliani[36]、Edelson和Hilderbrand[37]的研究。

患者接受服务获得的价值通过患者的基本服务效用U（表示医院由设施和医护人员提供的除治疗效果外的服务价值）和医院的服务质量分数ξ_i（表示患者在接受诊疗服务过程中满足治疗需求的期望效果）。因此，这里的ξ_i可以视为一种特殊的服务质量衡量指标。对于患者，服务质量会对服务效用存在一个增加的作用。定义医院的服务质量分数$0 < \xi_i < 1$，患者的服务质量效用系数$\gamma > 0$，因此患者期望服务效用表示为$U + \gamma\xi_i$。

假定政府对患者的补贴比例为常数r，则患者自付比例为$S = 1 - r$，患者的剩余效用为$U - p_i S - hW(\lambda_i, \mu_i) + \gamma\xi_i$，其中，$p_i$为医疗服务价格。只有当患者的剩余效用$U - p_i S - hW(\lambda_i, \mu_i) + \gamma\xi_i \geqslant 0$时，患者才会选择进入医院。当患者的选择行为达到均衡时，患者的剩余效用等于 0[38]。根据$U - p_i S - hW(\lambda_i, \mu_i) + \gamma\xi_i = 0$，可以获得患者的有效到达率$\lambda_i = \mu_i - \dfrac{h}{U - p_i S + \gamma\xi_i}$。

定义$\delta(\xi_i)$为患者的复诊率，$\delta(\xi_i)$为关于服务质量分数ξ_i单调递减的函数。为了简化分析，假定$\delta(\xi_i) = 1 - \xi_i$。因为患者总数不能超过初始市场需求和复诊患者需求之和，所以有$\lambda_i \leqslant \lambda(1 + \delta(\xi_i))$。在患者的有效到达率$\lambda_i$中，$\lambda_i' = \lambda_i / (1 + \delta(\xi_i))$和$\lambda_i'' = \delta(\xi_i)\lambda_i / (1 + \delta(\xi_i))$分别为实际就诊患者的到达率和复诊患者的到达率。

需要说明的是，在一个发展较健康的医疗服务市场中，复诊患者的效用通常应该低于初诊患者。假定复诊患者具有更低的效用，可以分析出患者选择行为均衡时会出现三种情形，使得后续分析更加烦琐。为了简化分析，假定复诊患者是具有相同效用的。这种做法的实质是在一定程度上强化考虑了患者复诊需求的情况。按病种支付模式的主要优势是可以减少患者复诊需求；对应地，按项目支付模式的主要劣势在于增加了患者复诊需求。因此，本文后续的研究结论实际上可以分别视为按病种支付和按项目支付模式的上限和下限效果。

（二）按项目支付模式下医院的最优决策问题

在我国，公立医院通常受到政府的资助并且被要求是非营利性的。Horwitz 和Nichols[39]的实证研究发现非营利性医院通常会最大化其产出水平。一些已有研究也通常假定公立医院的运营目标为最大化服务的患者数量[40]。此外，在公立医院管理实践中，医护人员的绩效通常与其工作量和工作价值是密切相关的[41]。因此，在按项目支付模式下，假定公立医院的最优决策问题为通过设定服务能力 μ_f 和服务质量分数 ξ_f 及制定最优的医疗服务价格 p_f ，以最大化服务的患者数量 λ_f（按项目支付模式下，公立医院每提供一次诊疗服务，其医护人员都可以得到合规的收益）。其中，按项目支付模式下医院的自主定价是指医院或医生通过选择服务项目组合从而制定医疗服务价格 p_f 。假定医院的服务能力单位成本为 c_1 ，服务质量单位成本为 c_2 。在我国现行的医疗体系中，公立医院会从各级政府部门[如国家卫生健康委员会（简称国家卫生健康委）、省卫生厅、市（县）卫生健康局）]获得一定的直接财政投入，该项收入与医保报销部分（来源于医疗保障局）是无关的。例如，2018 年我国各级政府对公立医院的直接投入为 2705 亿元。因此，假定政府对公立医院直接投入的财政预算为 B 。在按项目支付模式下，患者复诊时通常需要重新挂号排队（在我国医疗市场中，非当天或当班次的医生复诊通常是需要重新挂号的），并且挂号费是相同的，尽管医疗服务费用中包含的检查费和药品费可能有差异，但是为了简化分析，假定患者在按项目支付模式下初次就诊和复诊的医疗服务费用是相同的（即 p_f ）。该假定与 Guo 等[6]的研究是相似的。另外，医院的总运营成本要小于政府预算和医疗收入之和，于是有 $c_1\mu_f + c_2\xi_f^{\,2}/2 \leqslant B + \left(p_f - c\right)\lambda_f$ ，其中，c_1 、c_2 和 c 分别为服务能力单位成本、服务质量单位成本和单位服务成本，并且服务质量单位成本根据现有的研究[42-44]设置为二次型。因此，按项目支付模式下医院最优决策问题如下：

$$
\begin{aligned}
&\max_{\mu_f,\xi_f,p_f \geqslant 0} \quad \lambda_f \\
&\text{s.t.} \quad \lambda_f \leqslant \lambda\left(1+\delta\left(\xi_f\right)\right) \\
&c_1\mu_f + c_2\xi_f^{\,2}/2 \leqslant B + \left(p_f - c\right)\lambda_f \\
&\mu_f > \lambda_f,\ p_f \geqslant 0, 0 \leqslant \xi_f \leqslant 1
\end{aligned}
\tag{1}
$$

（三）按病种支付模式下医院的最优决策问题

按病种支付模式下，政府将确定服务项目组合，从而确定医疗服务价格 p_d ，同时要求医院的服务质量不小于 ξ_0 。例如，扬州市医疗保障局发布的《关于在扬州市区实施基本医疗保险按病种付费的通知》中指出，“定点医疗机构要严格按照标准化诊疗方案收治患者，规范服务行为与收费行为，保证医疗安全和医疗质量，主动接受监管”。这说明在按病种支付模式的执行过程中对公立医院是有一个服务质量下限要求的。医院的服务质量达到 ξ_0 表示绝大部分患者可以治愈并出院。按病种支付模式下，医院实际收入为 $B + p_d\lambda_d' - c\lambda_d$ ，即复诊患者不收取任何费用。例如，银川市人力资源和社会保障局发布的《银川市基本医疗保险按病种包干付费试点实施方案》指出，“凡首诊定点医疗机构在未达到临床治愈或好转标准，诱导或督促患者出院，出院后在 15 天之内以同一种疾病二次入院或到其他定点医疗机构治疗的，所发生的费用全部由首诊医院承担”。这说明按病种支付模式下若患者未治愈或达到好转标准，则在一定时间范围内患者复诊发生的费用是由该医院承担的。因为按病种支付模式下复诊患者没有给医院带来收益，所以与按项目支付模式有所不同，假定公立医院的目标为最大化服务的初诊人数，可以得到按病种支付模式下医院的最优决策问题如下：

$$\max_{\mu_d,\xi_d\geqslant 0} \quad \lambda_d/\left(1+\delta\left(\xi_d\right)\right)$$
$$\text{s.t.} \quad \lambda_d \leqslant \lambda\left(1+\delta\left(\xi_d\right)\right)$$
$$c_1\mu_d + c_2\xi_d^{\,2}/2 \leqslant B + \left(p_d - c\left(1+\delta\left(\xi_d\right)\right)\right)\lambda_d/\left(1+\delta\left(\xi_d\right)\right) \tag{2}$$
$$\mu_d > \lambda_d, \xi_0 \leqslant \xi_d \leqslant 1$$

四、按项目支付模式下医院的最优策略分析

本节将分析按项目支付模式下医院的最优策略及其性质。我们首先可以得到医院的最优服务决策有如下性质。

命题 1 按项目支付模式下，公立医院一定会把所有资金用到服务能力和服务质量决策上，即有

$$c_1\mu_f^{\,*} + c_2\xi_f^{\,*2}/2 = B + \left(p_f^{\,*} - c\right)\lambda_f^{\,*}$$

命题 1 指出了按项目支付模式下，公立医院会将所有资金投资到运营上，以最大化服务人数，公立医院也可以相应地获得最大的合理收益。该结论与 Hua 等[32]的结论是相似的，并且与 Horwitz 和 Nichols[39]的实证研究结论是相符的。根据命题 1 及 $\lambda_f = \mu_f - \dfrac{h}{U - p_f S + \gamma\xi_f}$，当 $p_f \neq c_1$ 时，可以得到

$$\mu_f^{\,*} = \left(B - \frac{\left(p_f - c\right)h}{U - p_f S + \gamma\xi_f} - c_2\xi_f^{\,2}/2\right)\Bigg/\left(c_1 + c - p_f\right)$$

因为在我国当前情形下，公立医院获得政府直接财政资助较小，并且为了保持排队系统稳定，要求 $\mu_f^* > \lambda_f$，所以我们后面只讨论 $p_f > c_1 + c$ 的情形。因此，公立医院的最优决策问题重写为

$$\max_{\xi_f,p_f} \lambda_f = \left(c_2\xi_f^{\,2}/2 + \frac{c_1 h}{U - p_f S + \gamma\xi_f} - B\right)\Bigg/\left(p_f - c_1 - c\right)$$
$$\text{s.t.} \quad \left(c_2\xi_f^{\,2}/2 + \frac{c_1 h}{U - p_f S + \gamma\xi_f} - B\right)\Bigg/\left(p_f - c_1 - c\right) \leqslant \lambda\left(2 - \xi_f\right) \tag{3}$$
$$p_f \geqslant 0, 0 \leqslant \xi_f \leqslant 1$$

针对上述最优决策问题，我们可以得到一个关于公立医院最优服务质量决策的性质。

命题 2 按项目支付模式下，对给定的医疗服务价格 p_f，公立医院的最优服务质量决策为如下三种情况之一：0、1 或满足 $\left(c_2\xi_f^{*2}/2+\frac{c_1h}{U-p_fS+\gamma\xi_f^{\ *}}-B\right)\div\left(p_f-c_1-c\right)=\lambda\left(2-\xi_f^{\ *}\right)$。

命题 2 给出了按项目支付模式下公立医院最优服务质量决策满足的必要条件，即公立医院最优服务质量决策只可能在最优决策问题的定义域端点上取得。其中，公立医院最优服务质量决策为 0 或 1 是两个理论上存在的极端情况，在现实中通常不会成立。后面主要分析第三种情形，即在给定的医疗服务价格 p_f 下，公立医院最优服务质量决策必定会使得医院能够服务市场中所有患者（包括需要复诊的患者）。在数学上，这是因为患者到达率是关于医院服务质量的凸函数（convex）。进一步地，命题 3 给出了一个命题 2 中第三种情形必定会满足的充分条件。

命题 3 按项目支付模式下，若 $\frac{c_1h}{U-c_1S+\gamma\xi_f}>B$，公立医院的最优服务质量决策一定会使得其服务的患者数量为市场中患者数量的上限 $\lambda\left(2-\xi_f^{\ *}\right)$。

命题 3 给出了医院服务市场中所有患者的一个充分条件 $\left(\frac{c_1h}{U-c_1S+\gamma\xi_f}>B\right)$。该条件表明当患者延时敏感度或医院的服务能力单位成本（该病种的基本服务价值或政府对公立医院的财政投入）较大（较小）时，医院会服务市场中所有患者。在我国当前的公立医疗服务系统中，政府对公立医院的直接财政投入相对较小，该条件通常是可以满足的。需要指出，尽管我们无法从理论上给出命题 3 结论更宽松的条件，但大量数值实验表明，该结论在大范围的参数变化下仍然成立。

根据命题 3，若 $\frac{c_1h}{U-c_1S+\gamma\xi_f}>B$，医院的最优医疗服务价格 p_f^* 和服务质量决策 $\xi_f^{\ *}$ 满足 $\left(c_2\xi_f^{*2}/2+\frac{c_1h}{U-p_f^*S+\gamma\xi_f^*}-B\right)\Big/\left(p_f^*-c_1-c\right)=\lambda\left(2-\xi_f^*\right)$。因为该方程是分别关于 p_f^* 和 ξ_f^* 的一元二次和三次方程，所以我们很难从理论上得到其解析解。但是根据公立医院最优服务质量决策需要满足的必要条件，我们仍然可以从理论上得到一些关于公立医院最优服务质量决策的性质。

命题 4 按项目支付模式下，若 $\frac{hc_1}{U-c_1S+\gamma\xi_f^{\ *}}>B$，则公立医院的最优服务质

量决策存在如下性质：当$\xi_f^* < \dfrac{2\lambda + S\lambda\left(p_f^* - c_1 - c\right)}{\lambda + Sc_2}$时，$\xi_f^*$关于$h$、$c_1$、$c_2$和$S$单调递增，而关于$\lambda$、$B$、$\gamma$和$U$单调递减；否则，反之。

命题4给出了按项目支付模式下公立医院最优服务质量决策关于市场参数的单调性。在满足基本条件下，命题4指出当公立医院的最优服务质量低于一个阈值时，公立医院的最优服务质量随着成本参数（h、c_1、c_2和S）单调递增，而随着初始市场需求、公立医院财政投入、患者服务质量敏感度和基本服务效用单调递减。这是因为在公立医院服务质量相对较低的情况下，当服务系统中的成本参数提高时，公立医院服务患者的综合潜力变小，所以会提高服务质量以服务更少的患者（根据命题3，有$\lambda_f^* = \lambda(2 - \xi_f^*)$）；当服务系统中的初始市场需求、公立医院财政投入、患者服务质量敏感度和基本服务效用增加时，公立医院服务患者的综合潜力变大，所以会降低服务质量以服务更多的患者。命题4后半部分的结论似乎是违背直觉的，一个可能的解释是在公立医院的服务质量已经较高的情况下，当服务系统中的成本参数继续提高时，由于公立医院的非营利性（$c_1\mu_f^* + c_2\xi_f^* = B + p_f^*\lambda_f^*$），公立医院会降低服务质量以减少运营成本；当服务系统中的初始市场需求、公立医院财政投入、患者服务质量敏感度和基本服务效用继续增加时，公立医院可以获得更高的收益以提高服务质量。需要指出，在大量数值实验中，命题4后半部分的结论在大范围的参数变化下通常是不成立的，因此可以视为理论上存在的一种特殊情形。

基于问题的复杂性，我们无法从理论分析出按项目支付模式下公立医院最优服务能力和定价策略的单调性。因此，后面将采用数值模拟的方法观察公立医院最优策略的一些单调性。

图1演示了按项目支付模式下患者延时敏感度对医院运营的影响。在包括本文后面数值实验的参数设置中，除特别说明外，部分参数默认为$U = 3$，$\lambda = 1$，$c_1 = 3$，$c_2 = 10$，$c = 0.5$，$S = 0.3$，$h = 10$，$\gamma = 10$，$B = 1$。由图1（c）可以看到，医院的服务能力随着患者延时敏感度先递增再递减，这是因为当患者延时敏感度小于一个阈值（$h = 26$）时，随着患者延时敏感度的增加，医疗服务价格的增幅大于医院患者数量的减幅，所以医院的服务能力随着患者延时敏感度先递增；当患者延时敏感度大于该阈值时，随着患者延时敏感度的增加，医院患者数量下降得更快，从而使得医院患者数量的减幅大于医疗服务价格的增幅，最终导致医院的服务能力随着患者延时敏感度递减。图1（c）的管理启示是按项目支付模式下在患者延时敏感度中等时医院的服务能力最大。

按项目支付模式下医院运营决策和服务系统性能关于其他市场参数的单调性相对比较直观，为了节省篇幅，本文没有提供这些内容。下面将重点分析按病种支付模式下医院的运营决策性质和服务系统性能。

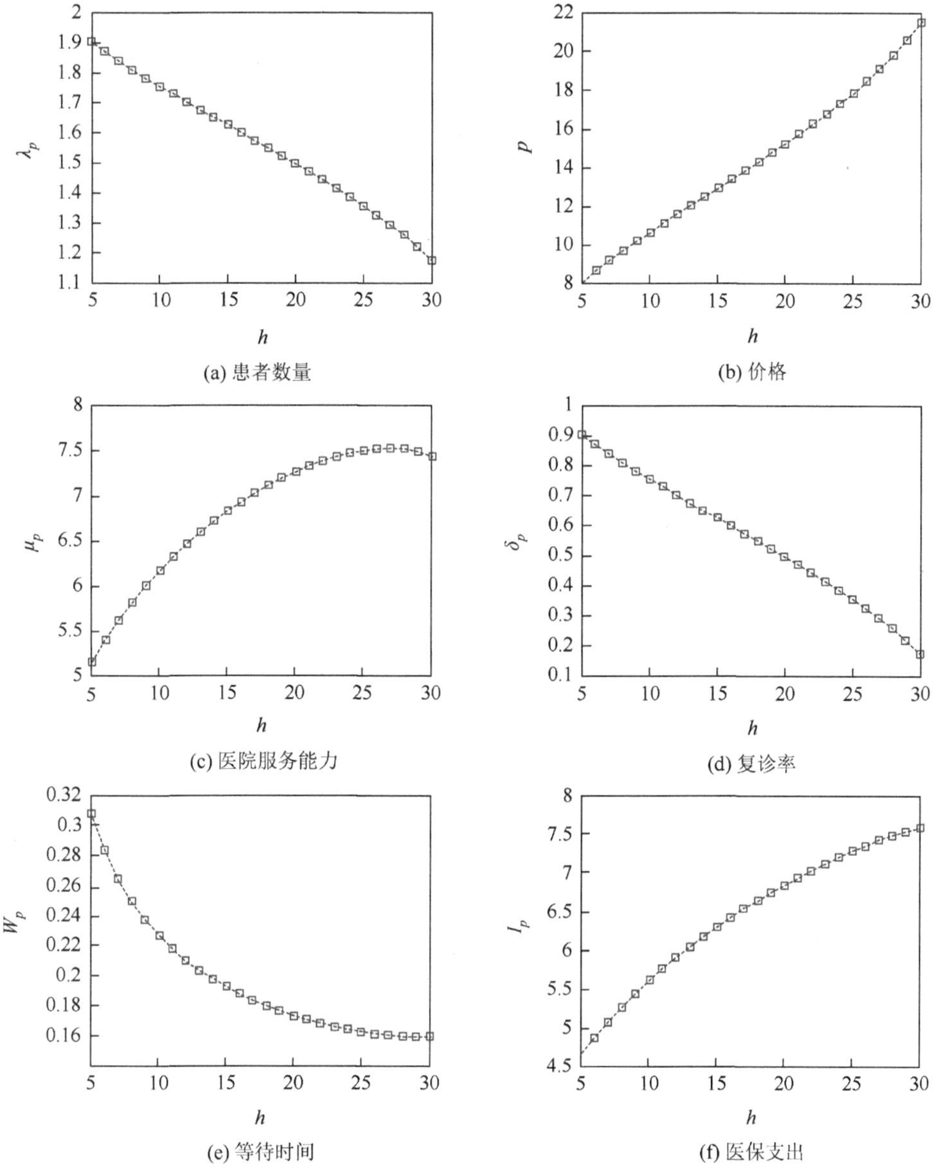

λ_p
h
(a) 患者数量
p
h
(b) 价格
μ_p
h
(c) 医院服务能力
δ_p
h
(d) 复诊率
W_p
h
(e) 等待时间
I_p
h
(f) 医保支出

图 1　按项目支付模式下患者延时敏感度对医院运营的影响

五、按病种支付模式下医院的最优策略分析

本节将分析按病种支付模式下医院的最优策略及其性质。与按项目支付模式类似，我们首先可以得到医院的最优服务决策有如下性质。

命题 5 按病种支付模式下，公立医院一定会把所有资金用到服务能力和服务质量决策上，即有

$$c_1\mu_d^* + c_2\xi_d^{*2}/2 = B + \left(p_d - c\left(2-\xi_d^*\right)\right)\lambda_d^*/\left(2-\xi_d^*\right)$$

与按项目支付模式类似，根据命题 5 及 $\lambda_d = \mu_d - \dfrac{h}{U - p_d S + \gamma\xi_d}$，当 $p_d \neq (c_1 + c)(2-\xi_d)$ 时，可以得到

$$\lambda_d = \left(B - \frac{hc_1}{U - p_d S + \gamma\xi_d} - c_2\xi_d^2/2\right)(2-\xi_d)\Big/\left((c_1+c)(2-\xi_d) - p_d\right)$$

因此，公立医院的最优决策问题重写为

$$\begin{aligned}
\max_{\xi_d} \quad & \lambda_d' = \left(B - \frac{hc_1}{U - p_d S + \gamma\xi_d} - c_2\xi_d^2/2\right)\Big/\left((c_1+c)(2-\xi_d) - p_d\right) \\
\text{s.t.} \quad & \left(B - \frac{hc_1}{U - p_d S + \gamma\xi_d} - c_2\xi_d^2/2\right)\Big/\left((c_1+c)(2-\xi_d) - p_d\right) \leqslant \lambda \qquad (4) \\
& \xi_0 \leqslant \xi_d \leqslant 1
\end{aligned}$$

当政府确定医疗服务价格后，可以得到按病种支付模式下公立医院的最优服务质量决策满足的必要条件。

命题 6 按病种支付模式下，对给定的医疗服务价格 p_d，公立医院的最优服务质量决策

$$\mu_d^* = \left(B + \frac{hc}{U - p_d S + \gamma\xi_d^*} - \frac{p_d h}{\left(U - p_d S + \gamma\xi_d^*\right)(2-\xi_d)} - c_2\xi_d^*\right)\left(2-\xi_d^*\right)\Big/\left((c_1+c)\left(2-\xi_d^*\right) - p_d\right)$$

的必要条件为如下三种情形之一：

（1）$\left(B - \dfrac{hc_1}{U - p_d S + \gamma\xi_d^*} - c_2\xi_d^{*2}/2\right)\Big/\left((c_1+c)\left(2-\xi_d^*\right) - p_d\right) = \lambda$；

（2）$p_d h\dfrac{\gamma\left(2(c_1+c)(1-\xi_d) - p_d\right) - (c_1+c)(U - p_d S)}{\left(U - p_d S + \gamma\xi_d\right)^2}$
$= c_2\xi_d\left((c_1+c)(2-\xi_d/2) - p_d\right) - B(c_1+c)$；

（3）$\xi_d^* = \xi_0$、1 或 $2 - p_d/(c_1+c)$。

命题 6 给出了按病种支付模式下公立医院的最优服务质量决策在边界、极值点和端点上取到的三种情况。尽管很难从理论上得到其解析解，但是根据公立医院最优服务质量决策需要满足的必要条件，我们仍然可以从理论上得到一些关于公立医院最优服务质量决策的性质。

命题 7 按病种支付模式下，若公立医院的最优服务质量决策满足

$$\left(B-\frac{hc_1}{U-p_dS+\gamma\xi_d^*}-c_2\xi_d^{*2}/2\right)\Big/\left(\left(c_1+c\right)\left(2-\xi_d^*\right)-p_d\right)=\lambda$$

则当 $\dfrac{c_1h\gamma}{\left(U-p_dS+\gamma\xi_d^*\right)^2}>c_2\xi_d^*-\lambda\left(c_1+c\right)$ 时，ξ_d^* 关于 h、c_1、c_2、c 和 S 单调递增，而关于 B、γ 和 U 单调递减；否则，反之。

命题 7 给出了按病种支付模式下公立医院将服务市场中所有患者时的最优服务质量决策的单调性。对于阈值条件 $\dfrac{c_1h\gamma}{\left(U-p_dS+\gamma\xi_d^*\right)^2}>c_2\xi_d^*-\lambda\left(c_1+c\right)$，当 $c_2\xi_d^*-\lambda\left(c_1+c\right)\leqslant 0$（即 $\xi_d^*\leqslant\lambda\left(c_1+c\right)/c_2$）时，该条件必然成立；否则，该条件等价于关于 ξ_d^* 的一元三次不等式

$$g\left(\xi_d^*\right)=\left(c_2\xi_d^*-\lambda\left(c_1+c\right)\right)\left(U-p_dS+\gamma\xi_d^*\right)^2-c_1h\gamma<0$$

并且容易验证有 $g'(\xi_d^*)>0$，即该情形下至多存在一个阈值 ξ_d^{**}（其为 $g(\xi_d^*)=0$ 的唯一解）使得原不等式等价于 $\xi_d^*<\xi_d^{**}$。因此，命题 7 的结论与命题 4 按项目支付模式下的性质是相似的。按病种支付模式下，我们还将进一步分析公立医院只服务市场中部分患者时最优服务质量决策的性质。

命题 8 按病种支付模式下，若公立医院的最优服务质量决策满足

$$\begin{aligned}&p_dh\frac{\gamma\left(2\left(c_1+c\right)\left(1-\xi_d\right)-p_d\right)-\left(c_1+c\right)\left(U-p_dS\right)}{\left(U-p_dS+\gamma\xi_d\right)^2}\\&=c_2\xi_d\left(\left(c_1+c\right)\left(2-\xi_d/2\right)-p_d\right)-B\left(c_1+c\right)\end{aligned}$$

则具有如下性质：

（1）ξ_d^* 关于 B 单调递增；

（2）若 $\xi_d^*<\dfrac{2\gamma\left(c_1+c\right)-\gamma p_d-\left(c_1+c\right)\left(U-p_dS\right)}{2\gamma\left(c_1+c\right)}$，$\xi_d^*$ 关于 h 单调递增，否则，ξ_d^* 关于 h 单调递减；

（3）若 $\xi_d^*>\dfrac{4c_1+4c-2p_d}{c_1+c}$，$\xi_d^*$ 关于 c_2 单调递增，否则，ξ_d^* 关于 c_2 单调递减。

命题 8 给出了按病种支付模式下当公立医院的最优服务质量决策在极大值点上取到时的最优服务质量决策的单调性。性质（1）的结论是比较直观的。性质（2）指出当医院的最优服务质量较小（$\xi_d^*<\dfrac{2\gamma\left(c_1+c\right)-\gamma p_d-\left(c_1+c\right)\left(U-p_dS\right)}{2\gamma\left(c_1+c\right)}$）时，

医院的最优服务质量随患者延时敏感度递增；反之，医院的最优服务质量随患者延时敏感度递减。其与命题 4 按项目支付模式的情形是相似的。性质（3）中一个违背直觉的性质是当医院的最优服务质量较大（$\xi_d^* > \dfrac{4c_1 + 4c - 2p_d}{c_1 + c}$）时，医院的最优服务质量随服务质量单位成本递增。一个可能的解释是在该情形下公立医院不需要服务市场中所有患者，随着服务质量单位成本的增加，可以预见公立医院的输出（即服务的患者数量）会减少；在医院的最优服务质量比较大的情况下，医院主要采用服务质量吸引患者并且患者的复诊率较低，因此，提高服务质量可以将患者复诊率进一步降低并更好地利用医院的服务质量优势。

由于按病种支付模式下解的情况更加复杂，我们无法从理论分析出该支付模式下公立医院最优服务能力决策和服务系统主要性能指标的性质。因此，后面将采用数值模拟的方法来观察一些有益的性质。

图 2 演示了按病种支付模式下患者延时敏感度对医院运营的影响。在基本参数与图 1 相同的基础上，设定按病种支付模式下公立医院的最低服务质量为 $\xi_0 = 0.6$，医疗服务价格为 $p_d = 20$（后面的数值实验也相同）。由图 2（a）可知，医院的有效患者数量随着患者延时敏感度先递增直到达到最大值，然后不变。这是因为当患者延时敏感度小于一个阈值（$h = 9$）时，医院会通过提高服务能力以降低患者等待时间，以及通过保持服务质量不变（仅满足按病种支付政策的最低要求，$\xi_d^* = \xi_0$）以扩大潜在的市场需求，吸引更多的患者（此时医院获得的收入也在增加）来就诊。当患者延时敏感度大于该阈值时，患者对等待时间已经非常敏感而且医院的等待时间已经没有降低的空间，所以医院又会通过降低服务能力但提升服务质量（同时减少复诊患者数量）来保持服务的有效患者数量不变。此外，图 2（d）指出，患者等待时间随着患者延时敏感度先递减再递增。图 2 主要的管理启示是按病种支付模式下在患者延时敏感度中等时医院的服务能力最大而患者等待时间最低，并且医院的服务质量通常随着患者延时敏感度递增。

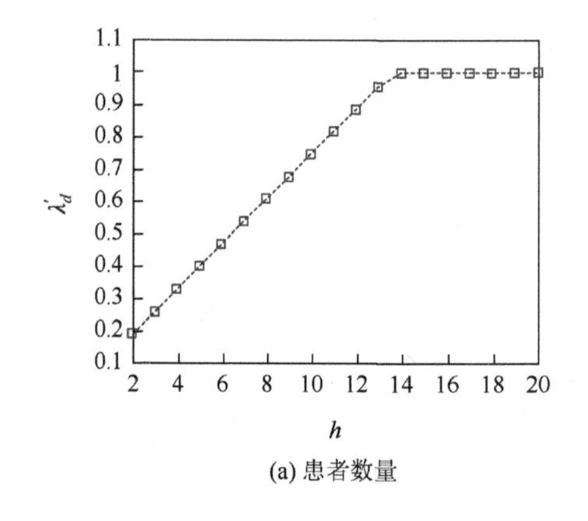

(a) 患者数量

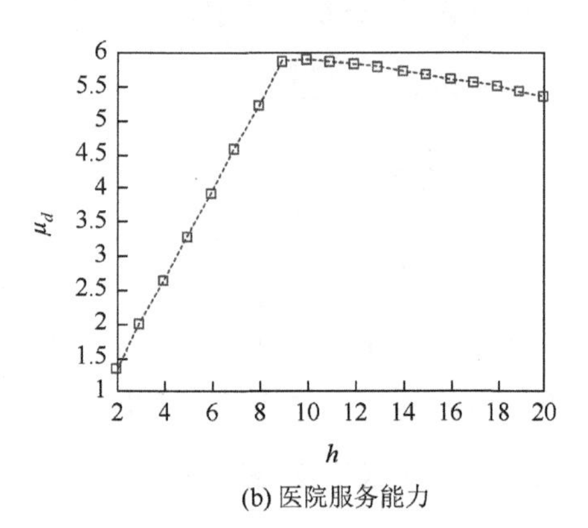

(b) 医院服务能力

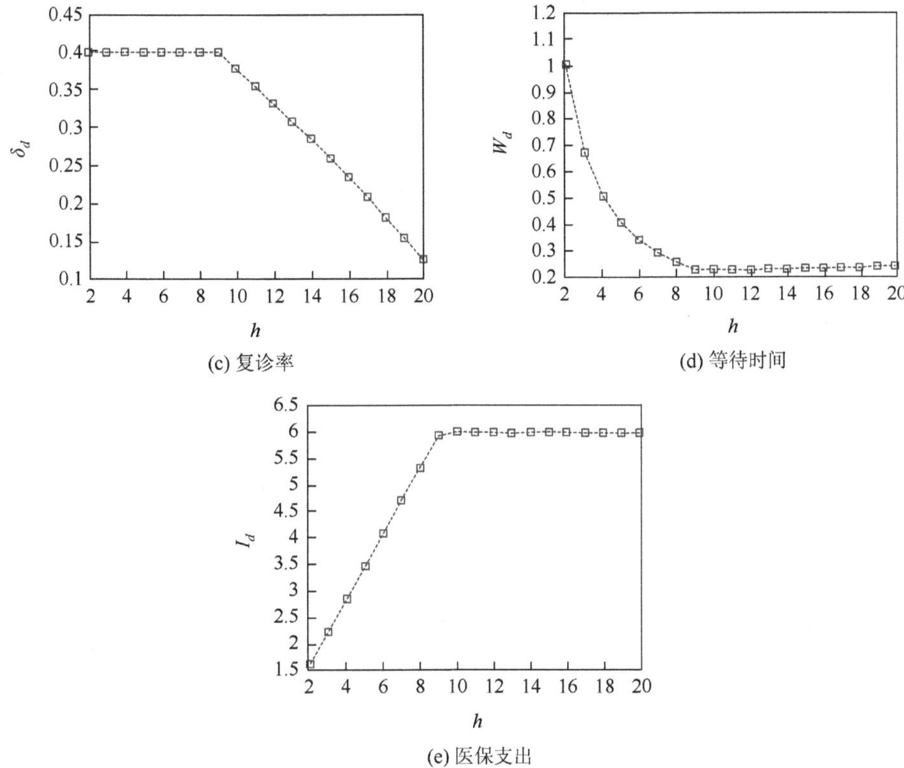

(c) 复诊率

(d) 等待时间

(e) 医保支出

图 2　按病种支付模式下患者延时敏感度对医院运营的影响

图 3 演示了按病种支付模式下患者服务质量敏感度对医院运营的影响。由图 3（a）可知，医院的有效患者数量随着患者服务质量敏感度先保持不变后递减。这是因为当患者服务质量敏感度小于一个阈值（$\gamma=7$）时，医院通过降低服务质量同时通过提高服务能力以降低患者等待时间，来消化增加的复诊患者，保持服务的有效患者数量不变。当患者服务质量敏感度大于该阈值时，医院通过降低患者等待时间来吸引患者就诊的相对效果减弱，医院的有效患者数量也在降低。图 3 的管理启示是按病种支付模式下在患者服务质量敏感度中等时，医院的服务能力最大而患者等待时间最少，并且医院的服务质量通常随着患者服务质量敏感度递减。

图 4 演示了按病种支付模式下患者自付比例对医院运营的影响。图 4 中一个有意义的现象是，图 4（d）和（e）分别指出患者等待时间和医保支出在患者自付比例中等（约为 0.3）时分别达到最小和最大。因为医保政策制定者通常需要综合考虑患者福利和医保支出，所以图 4 也说明了在按病种支付模式下政府可以选择一个适度的患者自付比例，使得患者福利和医保支出达到适当的平衡。

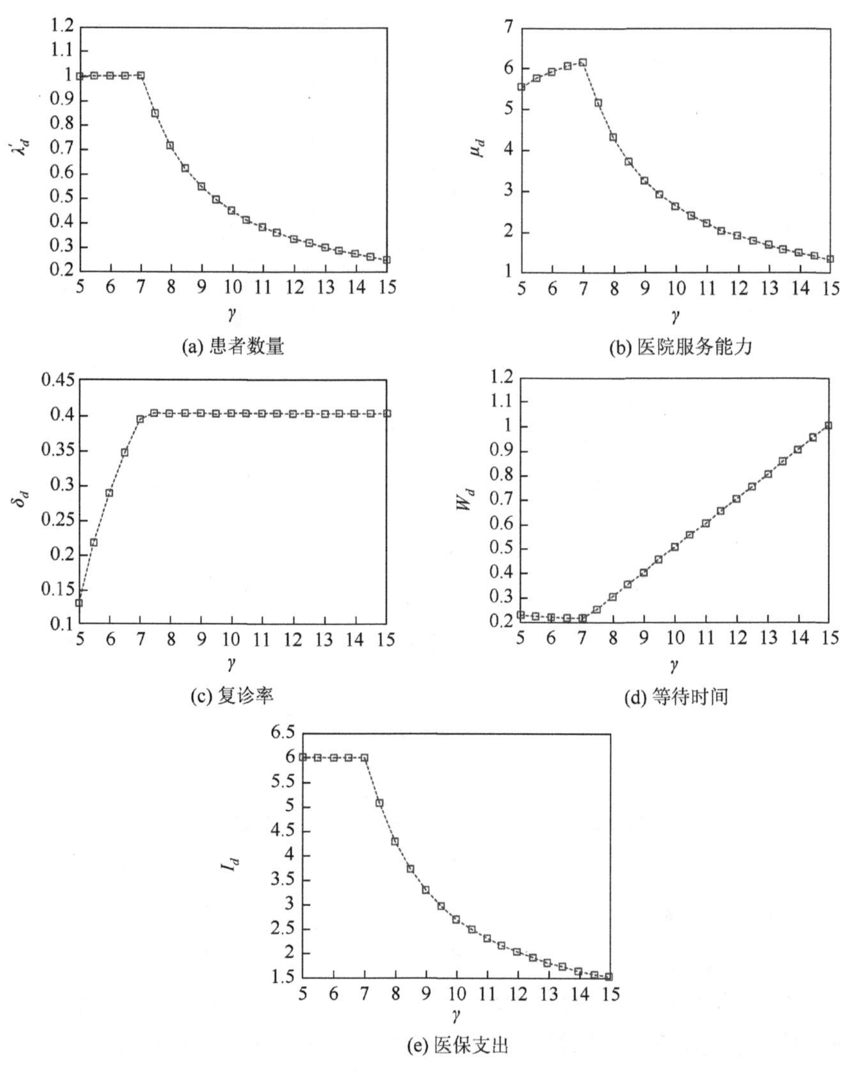

(a) 患者数量　(b) 医院服务能力

(c) 复诊率　(d) 等待时间

(e) 医保支出

图 3　按病种支付模式下患者服务质量敏感度对医院运营的影响

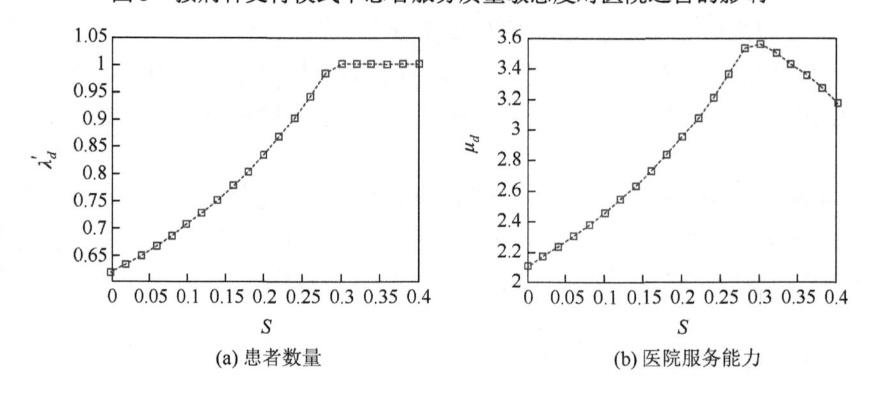

(a) 患者数量　(b) 医院服务能力

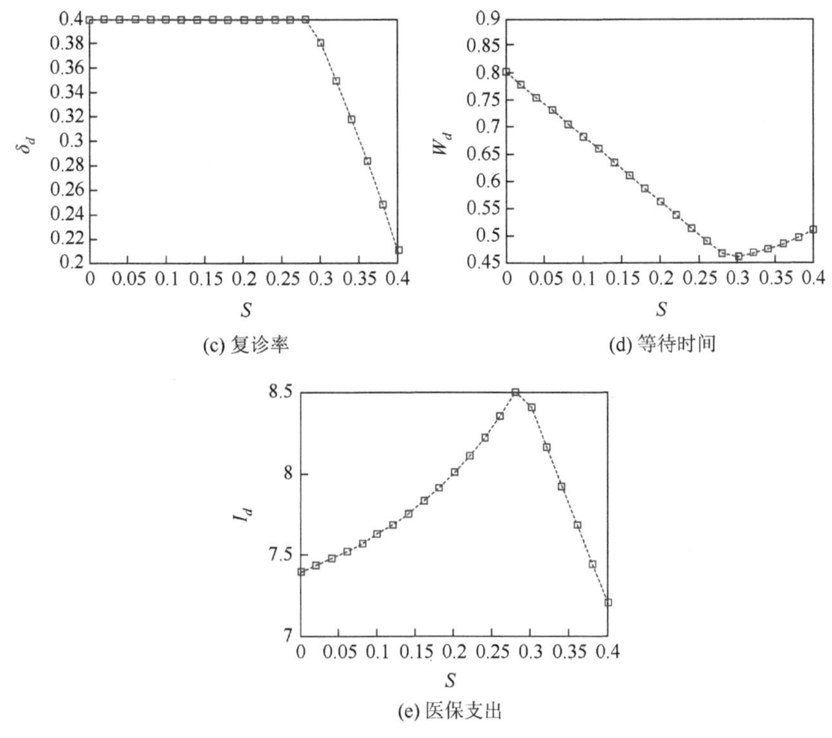

图 4 按病种支付模式下患者自付比例对医院运营的影响（$h=8$）

图 5 演示了按病种支付模式下医疗服务价格对医院运营的影响。从图 5（e）中可知，医保支出随着医疗服务价格先递减再递增。这是因为根据图 5（a），当医疗服务价格小于一个阈值（$p_d=17$）时，有效患者数量随着医疗服务价格递减，又因为此时医疗服务价格还相对较低，医保支出在 $p_d=13$ 时达到最小值。需要指出，尽管患者数量在医疗服务价格更高（$p_d=17$）时达到最小值，但因为此时医疗服务价格较高，所以医保支出并非最小值。图 5 的管理启示是按病种支付模式下在医疗服务价格中等时医保支出是最低的。

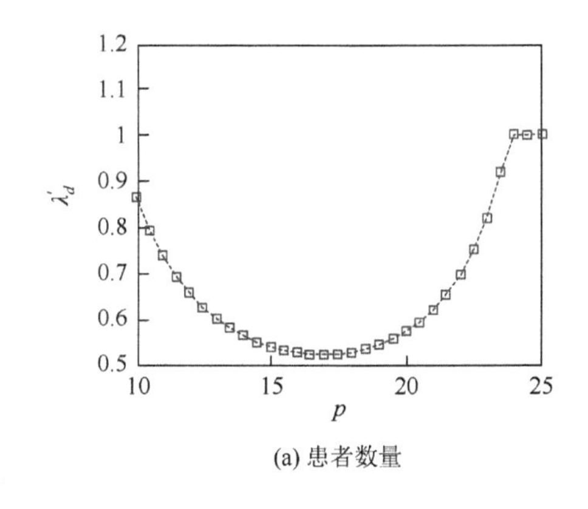

(a) 患者数量

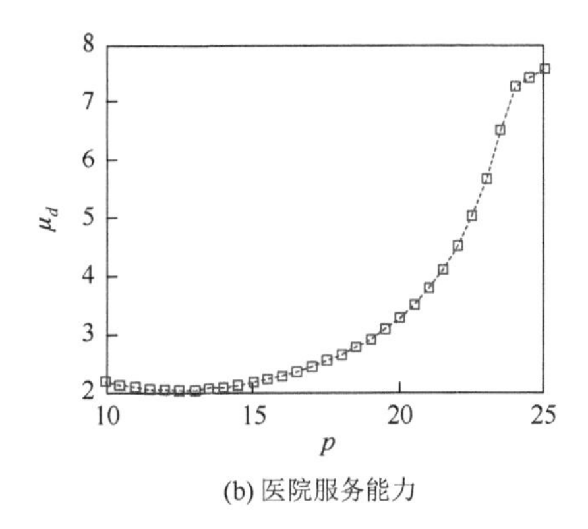

(b) 医院服务能力

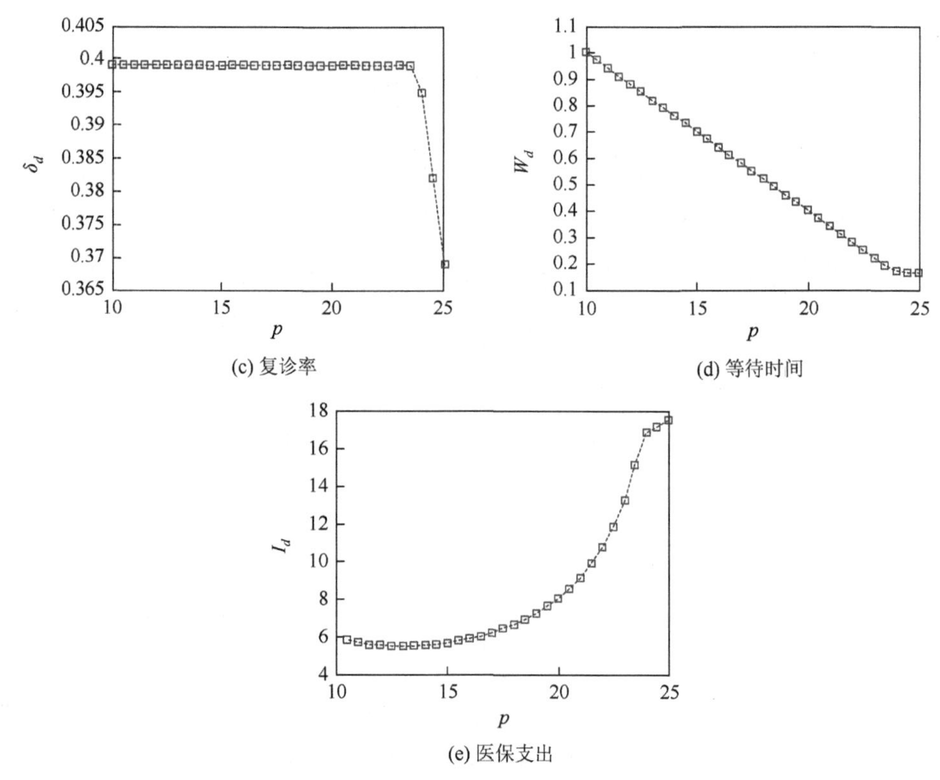

图 5　按病种支付模式下医疗服务价格对医院运营的影响（$h=5$）

六、两种支付模式的比较研究

政府决策部门通常会感兴趣的一个问题是在社会福利目标下两种支付模式该如何进行选择。本节将先定义社会福利函数，再分析按病种支付模式下政府部门的最优定价决策问题。在此基础上，以社会福利为目标分析两种支付模式的比较问题。

（一）社会福利函数定义

为了对两种支付模式进行比较，定义社会福利为患者剩余与医院剩余之和。在按项目支付模式下患者剩余为$U\left(\lambda_f,\mu_f\right)\cdot\lambda_f$。在医院剩余中，公立医院的利润为 0，政府（社保）的支出为$-\left(p_f r\lambda_f+B\right)$。因为政府对公立医院的财政预算 B 是常数，所以可以定义按项目支付模式下的社会福利函数为$\mathrm{SW}_f=U\left(\lambda_f,\mu_f\right)\cdot\lambda_f-p_f r\lambda_f$。类似地，可以定义按病种支付模式下的社会福利函数为$\mathrm{SW}_d=U\left(\lambda_d,\mu_d\right)\cdot\lambda_d'-p_d r\lambda_d'$。

（二）按病种支付模式下政府部门的最优定价决策

按病种支付模式下，政府部门会选择最优的医疗服务价格实现社会福利最大化。因此，政府部门和公立医院构成了一个政府部门主导的 Stackelberg 模型，并且政府部门的最优决策问题如下：

$$\max\ \mathrm{SW}_d = U\left(\lambda_d^*, \mu_d^*\right)\cdot \lambda_d'^* - p_d r \lambda_d'^*$$

$$\text{s.t.}\ \ p_d \geqslant 0 \tag{5}$$

其中，$\left(\lambda_d^*, \mu_d^*\right)$ 和 $\lambda_d'^*$ 为公立医院最优决策问题（4）的最优解。

基于政府部门最优决策问题（5）的复杂性，我们无法得到其解析解。因此，我们对 p_d 进行一维搜索（步长为 0.01）来求得其最优数值解。需要指出，在理论部分分析中，为了简化参数，假定患者的剩余效用只需大于 0，从而患者选择行为均衡会满足 $U\left(\lambda_d, \mu_d\right)=0$。这会导致社会福利函数中患者剩余效用部分恒为 0。而在现实中，患者去医院就诊的剩余效用需要大于一个正数 z，即不去医院就诊的效用。因此，在本节所有数值模拟中，z 非零并且统一设置为 10，对应设置基本效用 $U=13$，其他参数默认与图 1 的设置相同。

图 6 演示了按病种支付模式下患者延时敏感度对 Stackelberg 博弈均衡的影响。与短期情形（p_d 固定）时的图 2 相比，我们可以观察到长期情形（p_d 最优化）下服务系统的主要性能指标关于患者延时敏感度的变化趋势是相似的，除了长期情形下政府部门为了社会福利最大化会设置最优的医疗服务价格使得所有患者能被就诊。此外，从图 6（d）中还可以观察到，按病种支付模式下最优的医疗服务价格是随着患者延时敏感度单调递增的。

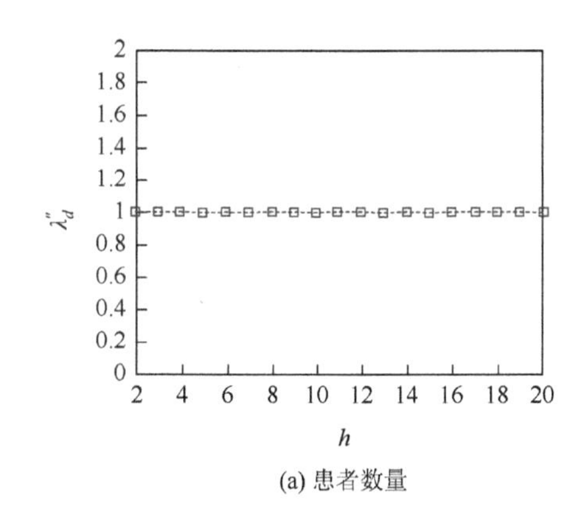

(a) 患者数量

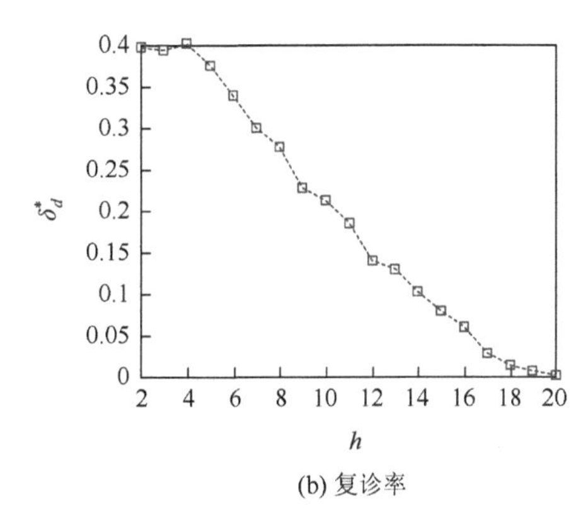

(b) 复诊率

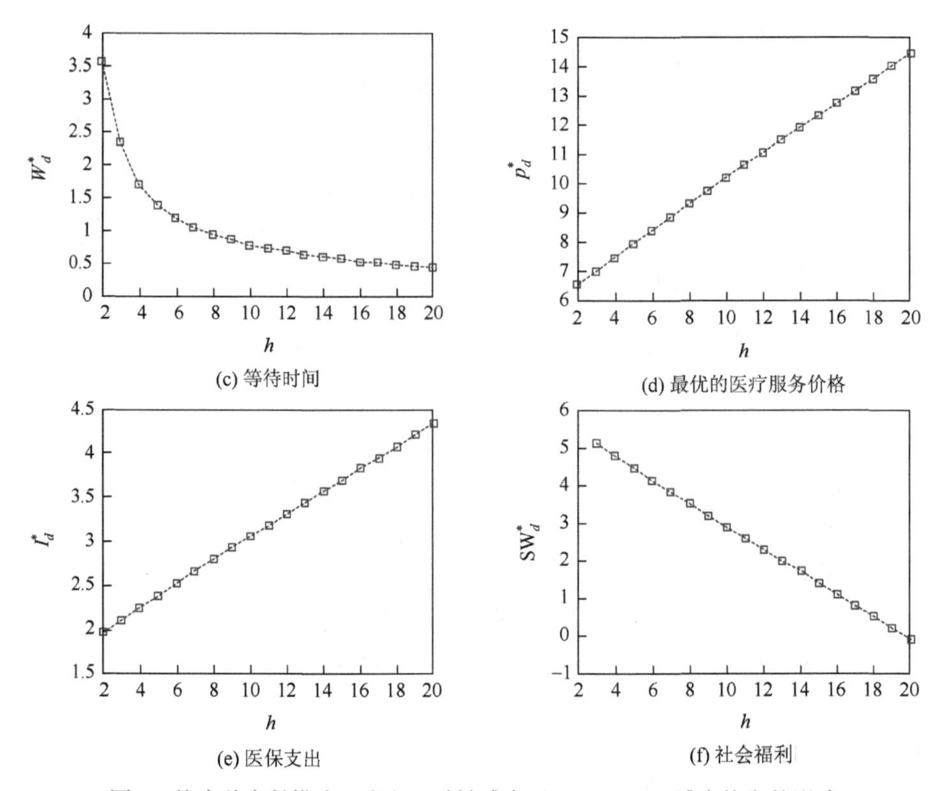

(c) 等待时间

(d) 最优的医疗服务价格

(e) 医保支出

(f) 社会福利

图 6　按病种支付模式下患者延时敏感度对 Stackelberg 博弈均衡的影响

因为 Stackelberg 博弈均衡下服务系统的主要性能指标关于患者服务质量敏感度和自付比例的总体变化趋势也是相似的，为节省篇幅，本文只提供其对均衡社会福利的影响，如图 7 所示。特别地，从图 7（b）中可以发现，均衡社会福利随着患者自付比例先递增再递减。图 7（b）的管理启示是政府部门可以设置一个中等的患者自付比例以使得社会福利最大化。

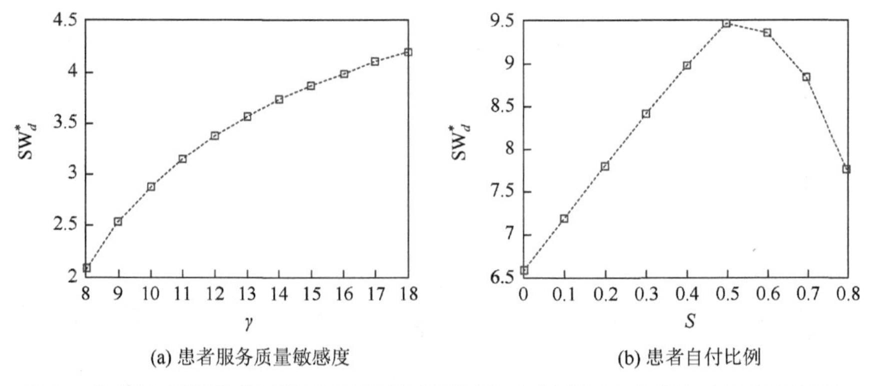

(a) 患者服务质量敏感度

(b) 患者自付比例

图 7　按病种支付模式下患者服务质量敏感度与自付比例对均衡社会福利的影响

（三）两种支付模式的比较分析

本节将对两种支付模式的社会福利、医保支出和患者等待时间等系统性能进行比较分析。

图 8 演示了患者延时敏感度对两种支付模式下患者等待时间、医保支出和社会福利的影响，设置$\gamma=15$，其他参数设置与图 2 相同。由图 8（c）可知，当患者延时敏感度小于一个阈值（$h\approx13.8$）时，按项目支付模式具有更高的社会福利；当患者延时敏感度大于该阈值时，按病种支付模式具有更高的社会福利。这是因为由图 8（a）可知，按病种支付模式下的患者等待时间比按项目支付模式下的长，但随着患者延时敏感度增加而逐渐接近；由图 8（b）可知，按病种支付模式下的医保支出比按项目支付模式下的低，并且差距基本保持不变，所以当患者延时敏感度达到一定大小时，按病种支付模式下的医保支出优势在社会福利中得以体现。图 8 的管理启示是政策制定者在患者延时敏感度低时应选择按项目支付模式；反之，应选择按病种支付模式。

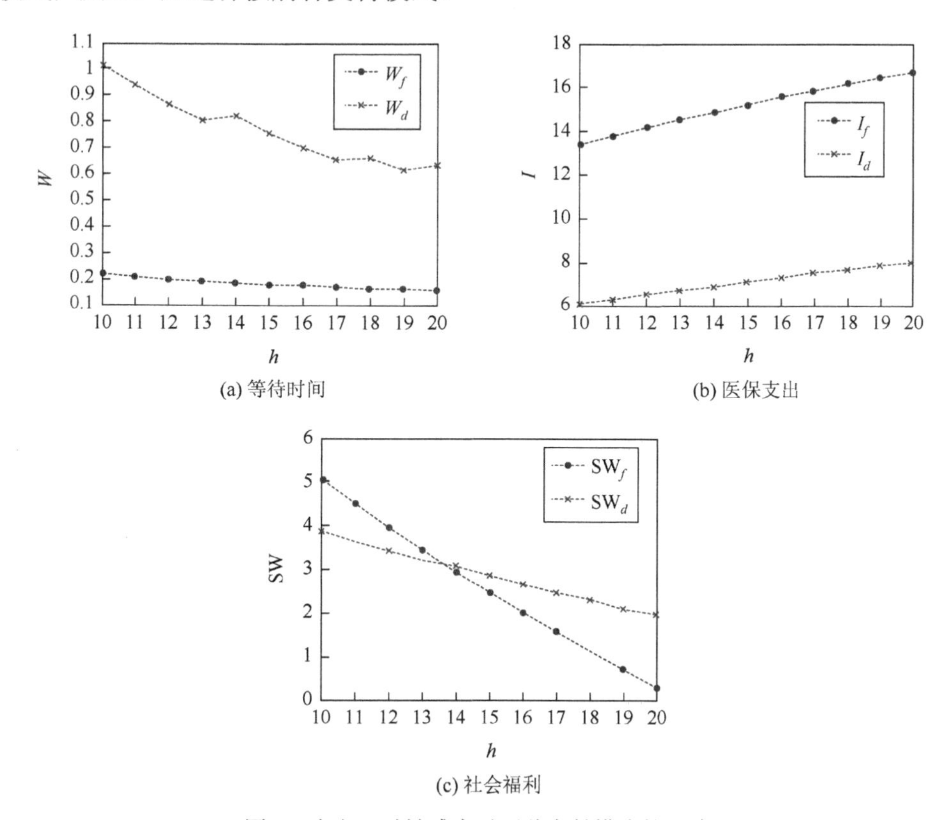

图 8 患者延时敏感度对两种支付模式的影响

类似地，图 9（a）～（c）分别演示了患者服务质量敏感度、医院服务质量单位成本及患者自付比例对两种支付模式下社会福利的影响。由图 9（a）和（c）可知，当患者服务质量敏感度和患者自付比例小于一个阈值（$\gamma \approx 11.5$、$S \approx 0.3$）时，按项目支付模式具有更高的社会福利；当患者服务质量敏感度和患者自付比例大于该阈值时，按病种支付模式具有更高的社会福利。由图 9（b）可知，医院服务质量单位成本在两种支付模式下的结果则大致相反。图 9 的管理启示是当患者服务质量敏感度和患者自付比例低，或医院服务质量单位成本高时，政策制定者应选择按项目支付模式；否则，应选择按病种支付模式。

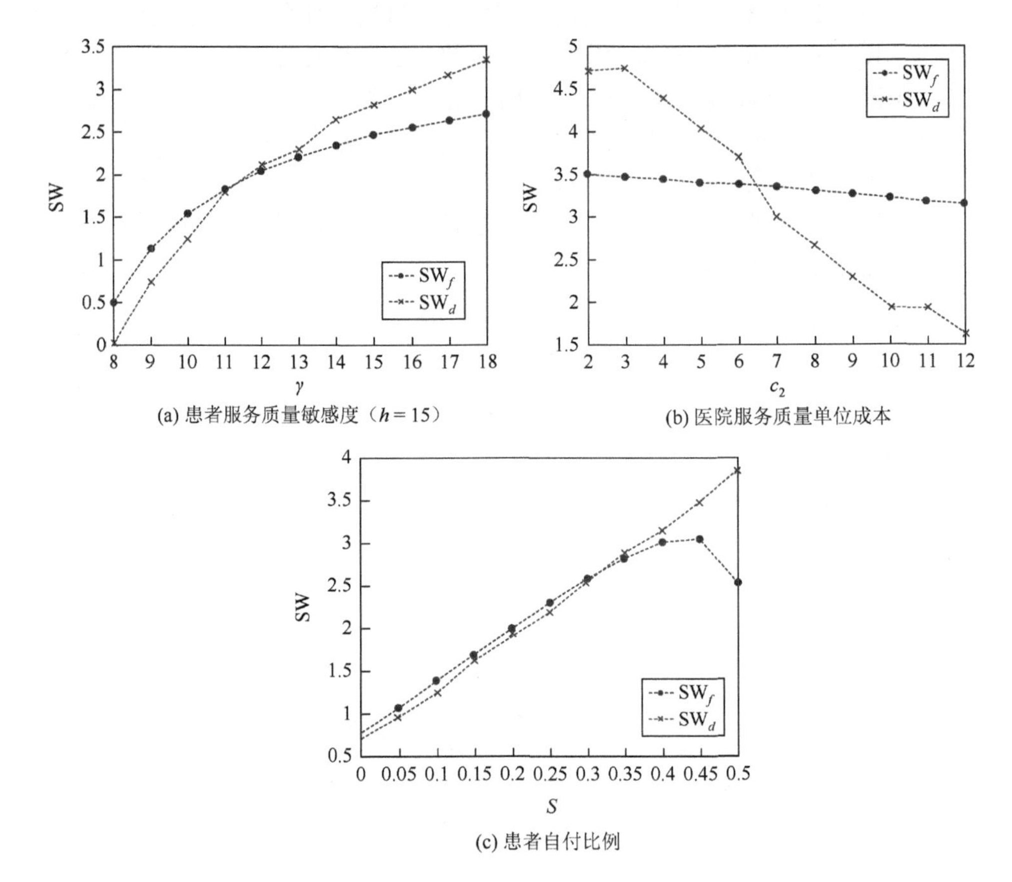

(a) 患者服务质量敏感度（$h=15$）

(b) 医院服务质量单位成本

(c) 患者自付比例

图 9　患者服务质量敏感度、医院服务质量单位成本、患者自付比例对两种支付模式下社会福利的影响

本文从宏观角度研究了医疗服务系统的支付模式选择问题，其模型已经很复杂。在两种支付模式比较方面，本文主要采用数值模拟的方法研究了两种支付模式的比较问题。在医疗服务系统的设计与控制领域，需要结合医院的运营决策与

患者的选择行为，从宏观角度研究政策制定者的决策模型通常较复杂，可以采用数值模拟的方法得到一些有益的管理启示[30-32]。此外，大量的数值实验表明该部分结论在大的参数变化范围内仍然是成立的，具有较强的稳健性。

七、总结

在同时考虑患者对等待时间和服务质量敏感的情况下，本文应用三阶段Stackelberg模型刻画了患者、公立医院及政策制定者间的均衡行为，从理论上分析了按项目支付和按病种支付两种模式下公立医院的最优决策及其性质，并对两种模式下的社会福利进行了比较研究。本文的研究结果表明，按病种支付模式并不总是优于按项目支付模式，特别是当患者延时敏感度（或患者服务质量敏感度、患者自付比例）较低，或服务质量单位成本较高时，政策制定者应该选择按项目支付模式。此外，本文还得到了一些关于两种支付模式下公立医院的运营决策性质。例如，在按项目支付和按病种支付模式下当患者延时敏感度中等时公立医院的服务能力通常是最大的。在按病种支付模式下，当患者服务质量敏感度中等时，医院的服务能力是最大的，而患者等待时间是最低的。在按病种支付模式下，政策制定者选择一个适中的医疗服务价格和患者自付比例可以使得医保支出最少。这些性质将对政策制定者为医疗服务市场确定合适的医疗服务支付模式和对公立医院选择最优的运营决策提供有益的参考。

由于医保支付模式比较的研究需要考虑患者复诊行为等情况，本文的模型已经较复杂，未将公立医院的服务质量与服务能力决策建立直接的负相关关系（尽管命题 1 的结论确保了公立医院的最优服务质量与服务能力决策实际存在着联动变化的关系）。未来，在将公立医院的服务质量与服务能力决策建立直接的负相关关系基础上分析比较两种支付模式是值得研究的问题。此外，在本文的基础上，进一步研究考虑患者复诊在收费上的差异、患者复诊与初诊的效用差异、医院间的博弈行为，以及综合考虑不同病种和病情下的医疗服务价格和医保支付方式联合控制决策将具有重要的理论与实践意义。

附　　录

1. 命题 1 证明

对 $\lambda_f = \mu_f - \dfrac{h}{U - p_f S + \gamma\xi_f}$ 分别关于 μ_f 和 ξ_f 求偏导可得

$$\frac{\partial \lambda_f}{\partial \mu_f}=1$$

$$\frac{\partial \lambda_f}{\partial \xi_f}=\frac{h\gamma}{\left(U-p_f S+\gamma\xi_f\right)^2}$$

易知λ_f关于μ_f和ξ_f都是单调递增函数。因此，若公立医院的最优决策满足$c_1\mu_f^*+c_2\xi_f^{*2}/2<B+\left(p_f^*-c\right)\lambda_f^*$，公立医院一定会提高$\mu_f$和$\xi_f$以获得更高的服务率，即其不是最优解。因此，公立医院的最优决策必定满足$c_1\mu_f^*+c_2\xi_f^{*2}/2=B+\left(p_f^*-c\right)\lambda_f^*$。证毕。

2. 命题2证明

对λ_f关于ξ_f分别求一次和二次偏导，可得

$$\frac{\partial \lambda_f}{\partial \xi_f}=\left(c_2\xi_f-\frac{c_1 h\gamma}{\left(U-p_f S+\gamma\xi_f\right)^2}\right)\Big/\left(p_f-c_1-c\right)$$

$$\frac{\partial^2 \lambda_f}{\partial^2 \xi_f}=c_2+\frac{2c_1 h\gamma^2}{\left(U-p_f S+\gamma\xi_f\right)^3\left(p_f-c_1-c\right)}>0$$

易知λ_f关于ξ_f是向下凸的函数。因此，公立医院的最优服务质量决策必定在定义域的端点上取得，即满足如下三种情形之一：0、1或

$$\left(c_2\xi_f^{\ 2}/2+\frac{c_1 h}{U-p_f S+\gamma\xi_f^*}-B\right)\Big/\left(p_f-c_1-c\right)=\lambda\left(2-\xi_f^*\right)$$

证毕。

3. 命题3证明

定义函数$g\left(p_f\right)=\left(c_2\xi_f^{\ 2}/2+\dfrac{c_1 h}{U-p_f S+\gamma\xi_f}-B\right)\Big/\left(p_f-c_1-c\right)-\lambda\left(2-\xi_f\right)$。若$\dfrac{hc_1}{U-c_1 S+\gamma\xi_f}>B$，容易验证，对所有$p_f>c_1$，有$\dfrac{p_f h}{U-p_f S+\gamma\xi_f}>B$。令$p_f\to c_1^{\ +}$，有$g(p_f)>0$。令$p_f\to\left(\dfrac{U+\gamma\xi_f}{S}\right)^-$，有$g(p_f)<0$。根据$g(p_f)$在$p_f>c_1$上的连续性，存在$p_f'$使得$g(p_f')=0$，即公立医院的最优定价策略必定满足

$$\left(c_2\xi_f^{\ 2}/2+\frac{c_1 h}{U-p_f^* S+\gamma\xi_f}-B\right)\Big/\left(p_f^*-c_1-c\right)=\lambda\left(2-\xi_f\right)$$

证毕。

4. 命题 4 证明

如果公立医院的最优定价策略在边界的极值点上取到，则对

$$\left(c_2\xi_f^{*2}/2+\frac{c_1h}{U-p_f^*S+\gamma\xi_f^*}-B\right)\Big/\left(p_f^*-c_1-c\right)=\lambda\left(2-\xi_f^*\right)$$

两边分别关于 p_f 求导，可得

$$\frac{c_1h}{\left(U-p_fS+\gamma\xi_f^*\right)^2}\left(-S+\gamma\frac{\partial\xi_f^*}{\partial p_f}\right)-c_2\xi_f^*\frac{\partial\xi_f^*}{\partial p_f}+\lambda\left(c_1+c-p_f\right)\frac{\partial\xi_f^*}{\partial p_f}+\lambda\left(2-\xi_f^*\right)=0$$

由上式可得

$$\left(\frac{c_1h\gamma}{\left(U-p_fS+\gamma\xi_f^*\right)^2}-c_2\xi_f^*+\lambda\left(c_1+c-p_f\right)\right)\frac{\partial\xi_f^*}{\partial p_f}=\frac{Sc_1h}{\left(U-p_fS+\gamma\xi_f^*\right)^2}-\lambda\left(2-\xi_f^*\right)。$$

因为极值点时要求 $\frac{\partial\xi_f^*}{\partial p_f}=0$，所以有 $\frac{Sc_1h}{\left(U-p_f^*S+\gamma\xi_f^*\right)^2}-\lambda\left(2-\xi_f^*\right)=0$。

对

$$\left(c_2\xi_f^{*2}/2+\frac{c_1h}{U-p_f^*S+\gamma\xi_f^*}-B\right)\Big/\left(p_f^*-c_1-c\right)=\lambda\left(2-\xi_f^*\right)$$

两边分别关于 h 求导，可得

$$-\frac{c_1}{U-p_f^*S+\gamma\xi_f^*}+\frac{c_1h}{\left(U-p_f^*S+\gamma\xi_f^*\right)^2}\left(-S\frac{\partial p_f^*}{\partial h}+\gamma\frac{\partial\xi_f^*}{\partial h}\right)-c_2\xi_f^*\frac{\partial\xi_f^*}{\partial h}$$
$$+\lambda\left(c_1+c-p_f^*\right)\frac{\partial\xi_f^*}{\partial h}+\lambda\left(2-\xi_f^*\right)\frac{\partial p_f^*}{\partial h}=0$$

将 $\frac{Sc_1h}{\left(U-p_f^*S+\gamma\xi_f^*\right)^2}-\lambda\left(2-\xi_f^*\right)=0$ 代入上式，可得

$$\left(\frac{c_1h\gamma}{\left(U-p_f^*S+\gamma\xi_f^*\right)^2}-c_2\xi_f^*+\lambda\left(c_1+c-p_f^*\right)\right)\frac{\partial\xi_f^*}{\partial h}=\frac{c_1}{U-p_f^*S+\gamma\xi_f^*}$$

若 $\frac{c_1h\gamma}{\left(U-p_f^*S+\gamma\xi_f^*\right)^2}-c_2\xi_f^*+\lambda\left(c_1+c-p_f^*\right)>0$，即 $\xi_f^*<\frac{2\lambda+S\lambda\left(p_f^*-c_1-c\right)}{\lambda+Sc_2}$，可得 $\frac{\partial\xi_f^*}{\partial h}>0$；否则，$\frac{\partial\xi_f^*}{\partial h}\leqslant 0$。

采用相同的方法，可以得到

$$\left(\frac{c_1h\gamma}{\left(U-p_f^{\ *}S+\gamma\xi_f^{\ *}\right)^2}-c_2\xi_f^{\ *}+\lambda\left(c_1+c-p_f^{\ *}\right)\right)\frac{\partial\xi_f^{\ *}}{\partial B}=-1$$

$$\left(\frac{c_1h\gamma}{\left(U-p_f^{\ *}S+\gamma\xi_f^{\ *}\right)^2}-c_2\xi_f^{\ *}+\lambda\left(c_1+c-p_f^{\ *}\right)\right)\frac{\partial\xi_f^{\ *}}{\partial\lambda}=-\left(2-\xi_f^{\ *}\right)\left(p_f^{\ *}-c_1-c\right)$$

$$\left(\frac{c_1h\gamma}{\left(U-p_f^{\ *}S+\gamma\xi_f^{\ *}\right)^2}-c_2\xi_f^{\ *}+\lambda\left(c_1+c-p_f^{\ *}\right)\right)\frac{\partial\xi_f^{\ *}}{\partial c_1}=\lambda\left(2-\xi_f^{\ *}\right)+\frac{h}{U-p_f^{\ *}S+\gamma\xi_f^{\ *}}$$

$$\left(\frac{c_1h\gamma}{\left(U-p_f^{\ *}S+\gamma\xi_f^{\ *}\right)^2}-c_2\xi_f^{\ *}+\lambda\left(c_1+c-p_f^{\ *}\right)\right)\frac{\partial\xi_f^{\ *}}{\partial U}=-\frac{c_1h}{\left(U-p_f^{\ *}S+\gamma\xi_f^{\ *}\right)^2}$$

$$\left(\frac{c_1h\gamma}{\left(U-p_f^{\ *}S+\gamma\xi_f^{\ *}\right)^2}-c_2\xi_f^{\ *}+\lambda\left(c_1+c-p_f^{\ *}\right)\right)\frac{\partial\xi_f^{\ *}}{\partial S}=\frac{c_1hp_f^{\ *}}{\left(U-p_f^{\ *}S+\gamma\xi_f^{\ *}\right)^2}$$

$$\left(\frac{c_1h\gamma}{\left(U-p_f^{\ *}S+\gamma\xi_f^{\ *}\right)^2}-c_2\xi_f^{\ *}+\lambda\left(c_1+c-p_f^{\ *}\right)\right)\frac{\partial\xi_f^{\ *}}{\partial\gamma}=-\frac{c_1h\xi_f^{\ *}}{\left(U-p_f^{\ *}S+\gamma\xi_f^{\ *}\right)^2}$$

$$\left(\frac{c_1h\gamma}{\left(U-p_f^{\ *}S+\gamma\xi_f^{\ *}\right)^2}-c_2\xi_f^{\ *}+\lambda\left(c_1+c-p_f^{\ *}\right)\right)\frac{\partial\xi_f^{\ *}}{\partial c_2}=\xi_f^{\ *}$$

从而可知，若 $\xi_f^{\ *}<\dfrac{2\lambda+S\lambda\left(p_f^{\ *}-c_1-c\right)}{\lambda+Sc_2}$，$\xi_f^{\ *}$ 关于 h、c_1、c_2、S 单调递增；反之，单调递减。$\xi_f^{\ *}$ 关于 λ、B、γ、U 的单调性则与 c_1 相反。

证毕。

5. 命题 6 证明

易知该最优决策问题的解在极值点上取到，或在边界及端点上取到。下面先分析极值点的情况。

已知 $\lambda_d'=\left(B-\dfrac{hc_1}{U-p_dS+\gamma\xi_d}-c_2\xi_d^{\ 2}/2\right)\Big/\left(\left(c_1+c\right)\left(2-\xi_d\right)-p_d\right)$，将其关于 ξ_d 求导，可得

$$\begin{aligned}\frac{\mathrm{d}\lambda_d'}{\mathrm{d}\xi_d}=&\left(\frac{p_dh\gamma}{\left(U-p_dS+\gamma\xi_d\right)^2}-c_2\xi_d\right)\Big/\left(\left(c_1+c\right)\left(2-\xi_d\right)-p_d\right)\\&+\left(c_1+c\right)\left(B-\frac{p_dh}{U-p_dS+\gamma\xi_d}-\frac{c_2\xi_d^{\ 2}}{2}\right)\Big/\left(\left(c_1+c\right)\left(2-\xi_d\right)-p_d\right)^2\end{aligned}$$

$$=\left(\left(\frac{p_d h\gamma}{\left(U-p_d S+\gamma\xi_d\right)^2}-c_2\xi_d\right)\left(\left(c_1+c\right)\left(2-\xi_d\right)-p_d\right)+\left(c_1+c\right)\left(B-\frac{p_d h}{U-p_d S+\gamma\xi_d}-c_2\xi_d^{\ 2}/2\right)\right)$$

$$\div\left(\left(c_1+c\right)\left(2-\xi_d\right)-p_d\right)^2$$

$$=\left(p_d h\frac{\gamma\left(2\left(c_1+c\right)\left(1-\xi_d\right)-p_d\right)-\left(c_1+c\right)\left(U-p_d S\right)}{\left(U-p_d S+\gamma\xi_d\right)^2}+B\left(c_1+c\right)-c_2\xi_d\left(\left(c_1+c\right)\left(2-\xi_d/2\right)-p_d\right)\right)$$

$$\div\left(\left(c_1+c\right)\left(2-\xi_d\right)-p_d\right)^2$$

易知极值点只会出现在$\frac{\mathrm{d}\lambda_d'}{\mathrm{d}\xi_d}=0$上，即

$$p_d h\frac{\gamma\left(2\left(c_1+c\right)\left(1-\xi_d\right)-p_d\right)-\left(c_1+c\right)\left(U-p_d S\right)}{\left(U-p_d S+\gamma\xi_d\right)^2}+B\left(c_1+c\right)$$
$$-c_2\xi_d\left(\left(c_1+c\right)\left(2-\xi_d/2\right)-p_d\right)=0$$

从而可知，对给定的医疗服务价格 p_d，按病种支付模式下公立医院的最优服务质量决策 ξ_d^* 的必要条件为如下三种情形之一：

（1）$\left(B-\frac{hc_1}{U-p_d S+\gamma\xi_d^*}-c_2\xi_d^{*2}/2\right)\Big/\left(\left(c_1+c\right)\left(2-\xi_d^*\right)-p_d\right)=\lambda$；

（2）$p_d h\frac{\gamma\left(2\left(c_1+c\right)\left(1-\xi_d\right)-p_d\right)-\left(c_1+c\right)\left(U-p_d S\right)}{\left(U-p_d S+\gamma\xi_d\right)^2}=c_2\xi_d\left(\left(c_1+c\right)\left(2-\xi_d/2\right)-p_d\right)-$
$B\left(c_1+c\right)$；

（3）$\xi_d^*=\xi_0$、1 或$2-p_d/\left(c_1+c\right)$。

并且易知

$$\mu_d^*=\left(B+\frac{hc}{U-p_d S+\gamma\xi_d^*}-\frac{p_d h}{\left(U-p_d S+\gamma\xi_d^*\right)\left(2-\xi_d\right)}-c_2\xi_d^*\right)\left(2-\xi_d^*\right)\Big/\left(\left(c_1+c\right)\left(2-\xi_d^*\right)-p_d\right)$$

证毕。

6. 命题 7 证明

当 ξ_d^* 满足$\left(B-\frac{hc_1}{U-p_d S+\gamma\xi_d^*}-c_2\xi_d^{*2}/2\right)\Big/\left(\left(c_1+c\right)\left(2-\xi_d^*\right)-p_d\right)=\lambda$时，对该方程两边分别关于 h 求导，可得

$$-\frac{c_1}{U-p_d S+\gamma\xi_d^*}+\frac{c_1 h\gamma}{\left(U-p_d S+\gamma\xi_d^*\right)^2}\frac{\partial\xi_d^*}{\partial h}-c_2\xi_d^*\frac{\partial\xi_d^*}{\partial h}+\lambda\left(c_1+c\right)\frac{\partial\xi_d^*}{\partial h}=0$$

进而可得

$$\left(\frac{c_1 h\gamma}{\left(U-p_d S+\gamma\xi_d^*\right)^2}-c_2\xi_d^*+\lambda\left(c_1+c\right)\right)\frac{\partial\xi_d^*}{\partial h}=\frac{c_1}{U-p_d S+\gamma\xi_d^*}$$

若$\frac{c_1 h\gamma}{\left(U-p_d S+\gamma\xi_d^*\right)^2}>c_2\xi_d^*-\lambda\left(c_1+c\right)$，可得$\frac{\partial\xi_d^*}{\partial h}>0$；否则，$\frac{\partial\xi_d^*}{\partial h}\leqslant 0$。

采用相同的方法，可以得到

$$\left(\frac{c_1 h\gamma}{\left(U-p_d S+\gamma\xi_d^*\right)^2}-c_2\xi_d^*+\lambda\left(c_1+c\right)\right)\frac{\partial\xi_d^*}{\partial B}=-1$$

$$\left(\frac{c_1 h\gamma}{\left(U-p_d S+\gamma\xi_d^*\right)^2}-c_2\xi_d^*+\lambda\left(c_1+c\right)\right)\frac{\partial\xi_d^*}{\partial c_1}=\lambda\left(2-\xi_d^*\right)+\frac{h}{U-p_d S+\gamma\xi_d^*}$$

$$\left(\frac{c_1 h\gamma}{\left(U-p_d S+\gamma\xi_d^*\right)^2}-c_2\xi_d^*+\lambda\left(c_1+c\right)\right)\frac{\partial\xi_d^*}{\partial U}=-\frac{c_1 h}{\left(U-p_d S+\gamma\xi_d^*\right)^2}$$

$$\left(\frac{c_1 h\gamma}{\left(U-p_d S+\gamma\xi_d^*\right)^2}-c_2\xi_d^*+\lambda\left(c_1+c\right)\right)\frac{\partial\xi_d^*}{\partial S}=\frac{c_1 h p_d}{\left(U-p_d S+\gamma\xi_d^*\right)^2}$$

$$\left(\frac{c_1 h\gamma}{\left(U-p_d S+\gamma\xi_d^*\right)^2}-c_2\xi_d^*+\lambda\left(c_1+c\right)\right)\frac{\partial\xi_d^*}{\partial c_2}=\xi_d^{*2}/2$$

$$\left(\frac{c_1 h\gamma}{\left(U-p_d S+\gamma\xi_d^*\right)^2}-c_2\xi_d^*+\lambda\left(c_1+c\right)\right)\frac{\partial\xi_d^*}{\partial\gamma}=-\frac{c_1 h\xi_d^*}{\left(U-p_d S+\gamma\xi_d^*\right)^2}$$

$$\left(\frac{c_1 h\gamma}{\left(U-p_d S+\gamma\xi_d^*\right)^2}-c_2\xi_d^*+\lambda\left(c_1+c\right)\right)\frac{\partial\xi_d^*}{\partial c}=\lambda\left(2-\xi_d^*\right)$$

从而可知，当$\frac{c_1 h\gamma}{\left(U-p_d S+\gamma\xi_d^*\right)^2}>c_2\xi_d^*-\lambda\left(c_1+c\right)$时，$\xi_d^*$关于$h$、$S$、$c_1$、$c_2$和$c$单调递增，而关于$\gamma$、$B$和$U$单调递减；否则，反之。

证毕。

7. 命题 8 证明

当ξ_d^*满足

$$p_d h\frac{\gamma\left(2\left(c_1+c\right)\left(1-\xi_d\right)-p_d\right)-\left(c_1+c\right)\left(U-p_dS\right)}{\left(U-p_dS+\gamma\xi_d\right)^2}$$
$$=c_2\xi_d\left(\left(c_1+c\right)\left(2-\xi_d/2\right)-p_d\right)-B\left(c_1+c\right)$$

时，对该方程两边分别关于h求导，可得

$$p_d\frac{\gamma\left(2\left(c_1+c\right)\left(1-\xi_d\right)-p_d\right)-\left(c_1+c\right)\left(U-p_dS\right)}{\left(U-p_dS+\gamma\xi_d\right)^2}-2hp_d\gamma^2\frac{\left(\left(c_1+c\right)\left(2-\xi_d^*\right)-p_d\right)}{\left(U-p_dS+\gamma\xi_d^*\right)^3}\frac{\partial\xi_d^*}{\partial h}$$
$$-c_2\left(\left(c_1+c\right)\left(2-\xi_d\right)-p_d\right)\frac{\partial\xi_d^*}{\partial h}=0$$

因为极大值点时必有

$$\frac{\mathrm{d}\lambda_d'^2}{\mathrm{d}\xi_d^2}=-2hp\gamma^2\frac{\left(\left(c_1+c\right)\left(2-\xi_d^*\right)-p_d\right)}{\left(U-p_dS+\gamma\xi_d^*\right)^3}-c_2\left(\left(c_1+c\right)\left(2-\xi_d^*\right)-p_d\right)<0$$

所以当$\gamma\left(2\left(c_1+c\right)\left(1-\xi_d\right)-p_d\right)>\left(c_1+c\right)\left(U-p_dS\right)$，即

$$\xi_d^*<\frac{2\gamma\left(c_1+c\right)-\gamma p_d-\left(c_1+c\right)\left(U-p_dS\right)}{2\gamma\left(c_1+c\right)}$$

时，有$\frac{\partial\xi_d^*}{\partial h}>0$；否则，$\frac{\partial\xi_d^*}{\partial h}\leqslant 0$。

类似地，可以得到

$$\left(-2hp_d\gamma^2\frac{\left(\left(c_1+c\right)\left(2-\xi_d^*\right)-p_d\right)}{\left(U-p_dS+\gamma\xi_d^*\right)^3}-c_2\left(\left(c_1+c\right)\left(2-\xi_d^*\right)-p_d\right)\right)\frac{\partial\xi_d^*}{\partial B}=-c_1-c$$

$$\left(-2hp_d\gamma^2\frac{\left(\left(c_1+c\right)\left(2-\xi_d^*\right)-p_d\right)}{\left(U-p_dS+\gamma\xi_d^*\right)^3}-c_2\left(\left(c_1+c\right)\left(2-\xi_d^*\right)-p_d\right)\right)\frac{\partial\xi_d^*}{\partial c_2}$$
$$=\xi_d^*\left(\left(c_1+c\right)\left(2-\xi_d^*/2\right)-p_d\right)$$

从而可知，ξ_d^*关于B单调递增。若$\xi_d^*>\frac{4c_1+4c-2p_d}{c_1+c}$，$\xi_d^*$关于$c_2$单调递增；反之，单调递减。

证毕。

参考文献

[1] Rabin R C. 15-minute visits take a toll on the doctor-patient relationship[EB/OL].（2014-04-21）[2024-10-16]. https://kffhealthnews.org/news/15-minute-doctor-visits/.

[2] Blomqvist A，Busby C. Paying hospital-based doctors：fee for whose service?[J]. CD Howe Institute Commentary，2013，111-119：392.

[3] Kociol R D，Lopes R D，Clare R，et al. International variation in and factors associated with hospital readmission after myocardial infarction[J]. JAMA，2012，307（1）：66-74.

[4] 王文娟，王季冬. 过度医疗与转诊制：一个排队论下的博弈模型[J]. 管理科学学报，2019，22（2）：63-76.

[5] 卢祖洵. 社会医疗保险学[M]. 3 版. 北京：人民卫生出版社，2012.

[6] Guo P F，Tang C S，Wang Y L，et al. The impact of reimbursement policy on social welfare，revisit rate，and waiting time in a public healthcare system：fee-for-service versus bundled payment[J]. Manufacturing & Service Operations Management，2019，21（1）：154-170.

[7] Siciliani L，Hurst J. Explaining Waiting Times Variations for Elective Surgery Across OECD Countries[R]. Paris：OECD，2003.

[8] McClellan M. Hospital reimbursement incentives：an empirical analysis[J]. Journal of Economics & Management Strategy，1997，6（1）：91-128.

[9] Adida E，Mamani H，Nassiri S. Bundled payment vs. fee-for-service：impact of payment scheme on performance[J]. Management Science，2017，63（5）：1606-1624.

[10] Andritsos D A，Tang C S. Introducing competition in healthcare services：the role of private care and increased patient mobility[J]. European Journal of Operational Research，2014，234（3）：898-909.

[11] Adida E，Bravo F. Contracts for healthcare referral services：coordination via outcome-based penalty contracts[J]. Management Science，2019，65（3）：1322-1341.

[12] Arifoğlu K，Ren H，Tezcan T. Hospital readmissions reduction program does not provide the right incentives：issues and remedies[J]. Management Science，2021，67（4）：2191-2210.

[13] Gorunescu F，McClean S I，Millard P H. A queueing model for bed-occupancy management and planning of hospitals[J]. Journal of the Operational Research Society，2002，53（1）：19-24.

[14] Zhang Y，Berman O，Verter V. Incorporating congestion in preventive healthcare facility network design[J]. European Journal of Operational Research，2009，198（3）：922-935.

[15] Yankovic N，Green L V. Identifying good nursing levels：a queuing approach[J]. Operations Research，2011，59（4）：942-955.

[16] Allon G，Deo S，Lin W Q. The impact of size and occupancy of hospital on the extent of ambulance diversion：theory and evidence[J]. Operations Research，2013，61（3）：544-562.

[17] Chan C W，Farias V F，Escobar G J. The impact of delays on service times in the intensive care unit[J]. Management Science，2017，63（7）：2049-2072.

[18] Hassin R，Mendel S. Scheduling arrivals to queues：a single-server model with No-shows[J]. Management Science，2008，54（3）：565-572.

[19] Luo J Z，Kulkarni V G，Ziya S. Appointment scheduling under patient No-shows and service interruptions[J]. Manufacturing & Service Operations Management，2012，14（4）：670-684.

[20] Robinson L W，Chen R R. A comparison of traditional and open-access policies for appointment scheduling[J]. Manufacturing & Service Operations Management，2010，12（2）：330-346.

[21] Ahmadi-Javid A，Jalali Z，Klassen K J. Outpatient appointment systems in healthcare：a review of optimization studies[J]. European Journal of Operational Research，2017，258（1）：3-34.

[22] 张会会，南京辉，邸金平. 门诊患者等待时间及其影响因素探析[J]. 中国卫生事业管理，2014，31（8）：581-583.

[23] 何跃，邓唯茹，刘司寰. 基于组合决策树的急诊等待时间预测[J]. 统计与决策，2016，32（6）：72-74.

[24] 刘强，谢晓岚，刘冉，等. 面向动态时变需求的急诊科医生排班研究[J]. 工业工程与管理，2015，20（6）：122-129.

[25] 朱明珠，齐二石，杨甫勤. 基于开排队网络的医院门诊服务台优化配置[J]. 工业工程与管理，2016，21（5）：129-133，140.

[26] 杜少甫，谢金贵，刘作仪. 医疗运作管理：新兴研究热点及其进展[J]. 管理科学学报，2013，16（8）：1-19.

[27] 余玉刚，王耀刚，江志斌，等. 智慧健康医疗管理研究热点分析[J]. 管理科学学报，2021，24（8）：58-66.

[28] 秦岚，徐寅峰. 基于满意度的预约门诊排队策略研究[J]. 运筹与管理，2013，22（2）：135-142.

[29] 阎崇钧，唐加福，姜博文，等. 考虑患者选择和公平性的序列预约调度方法[J]. 系统工程学报，2014，29（1）：104-112.

[30] 陈妍，周文慧，华中生，等. 面向延时敏感患者的转诊系统定价与能力规划[J]. 管理科学学报，2015，18（4）：73-83.

[31] Guo P F，Lindsey R，Zhang Z G. On the Downs－Thomson paradox in a self-financing two-tier queuing system[J]. Manufacturing & Service Operations Management，2014，16（2）：315-322.

[32] Hua Z S，Chen W H，Zhang Z G. Competition and coordination in two-tier public service systems under government fiscal policy[J]. Production and Operations Management，2016，25（8）：1430-1448.

[33] Andritsos D A，Aflaki S. Competition and the operational performance of hospitals：the role of hospital objectives[J]. Production and Operations Management，2015，24（11）：1812-1832.

[34] Hauck K，Hollingsworth B. Do Obese Patients Stay Longer in Hospital?：Estimating the Health Care Costs of Obesity[R]. Melbourne：Monash University，2008.

[35] Chen W H，Zhang Z G，Hua Z S. Analysis of two-tier public service systems under a government subsidy policy[J]. Computers & Industrial Engineering，2015，90：146-157.

[36] Siciliani L. Does more choice reduce waiting times?[J]. Health Economics，2005，14（1）：17-23.

[37] Edelson N M，Hilderbrand D K. Congestion tolls for Poisson queuing processes[J]. Econometrica，1975，43（1）：81.

[38] Hassin R，Haviv M. To Queue or Not to Queue：Equilibrium Behavior in Queueing Systems[M]. Boston：Springer，2003.

[39] Horwitz J R，Nichols A. Hospital ownership and medical services：market mix，spillover effects，and nonprofit objectives[J]. Journal of Health Economics，2009，28（5）：924-937.

[40] Ahmed M A，Alkhamis T M. Simulation optimization for an emergency department healthcare unit in Kuwait[J]. European Journal of Operational Research，2009，198（3）：936-942.

[41] 许健，黄宇飞，杨永福，等. 基于数据分析的医生绩效奖金分配方案[J]. 中国医院，2020，24（3）：51-53.

[42] 许明辉，于刚，张汉勤. 具备提供服务的供应链博弈分析[J]. 管理科学学报，2006，9（2）：18-27.

[43] Li G，Li L，Sun J S. Pricing and service effort strategy in a dual-channel supply chain with showrooming effect[J]. Transportation Research Part E：Logistics and Transportation Review，2019，126：32-48.

[44] 吕茹霞，张翠华. 新零售下考虑需求迁移的双线服务质量控制及协调研究[J]. 软科学，2021，35（6）：116-124.

环境规制下区域间企业绿色技术转型策略演化稳定性研究*

摘要：在我国环境规制政策的执行背景下，本文借助演化博弈理论探讨了区域间政府监督决策和政府对企业的绿色技术转型监督决策的演化过程，建立了区域间政府和地方政府与企业的演化博弈模型，并对各主体的利益关系进行仿真分析。研究结果表明：①地方政府可以通过增加绿色技术成本补贴来减少企业因技术转换而付出的额外成本，以达到激励企业进行绿色技术转换的目的；②区域间政府加大减排力度会促使企业向绿色技术转型，但当减排力度太大导致严格监督成本太大时，严格监督的博弈最终向着一方政府严格监督另一方政府不严格监督策略演化；③地方政府同时加大监督力度和进行绿色技术成本补贴会促使企业向绿色技术转型，但当绿色技术成本很高时，即使地方政府加大减排力度，企业也不会全部进行绿色技术转型选择，出现一部分企业选择绿色技术转型、另一部分企业选择保留原有的污染技术的情况。因此严格的环境规制政策和严格的监督机制在一定程度上会推动企业绿色技术转型，对推动经济绿色发展具有重要意义。

关键词：环境规制；绿色技术转型；减排；区域间政府；演化博弈

一、引言

我国经济飞速发展并在各个领域取得卓越成就，生态环境的状况却不容乐观。为了实现经济的良好发展，需坚持绿色发展之路。绿色发展的关键是实现绿色技术转型、降低碳排放强度，构建市场导向的绿色技术体系，建立系统完备、科学规范的绿色质量标准体系，强力推进能源绿色革命和气水土污染治理，促进绿色技术、绿色资本、绿色产业有效对接[1]。一直以来，我国在推动绿色发展转型的进程中面临的一个重要瓶颈在于如何在平衡多方利益的同时实现绿色技术转型和降低碳排放强度[2]。中央政策规划者在规划和设计（中央制定，下层实行）可行的绿色技术

* 陈晓红，王钰，李喜华. 环境规制下区域间企业绿色技术转型策略演化稳定性研究[J]. 系统工程理论与实践，2021，41（7）：1732-1749.

转型的环境规制政策时，往往因区域间多方主体利益冲突而不能顺利进行。因此，如何在多方博弈中积极引导企业绿色技术转型是一个亟待解决的管理问题。在某个区域内，地方政府环境规制政策不是禁止某些非绿色技术的使用，而是试图使用间接手段，对企业采取适当的激励和惩罚措施，让企业做出“正确的”绿色技术转型选择[3]。在区域之间，中央政府对区域间政府的环境规制政策可以在一定程度上刺激区域间进行合作减排，实行基于市场机制的动态横向补偿模式，协调在集聚空间内的各方主体相关利益，这对于降低碳排放的外部性影响有着积极影响[4-6]。

企业绿色技术转型需要加快建立涵盖环境规制、节能减排机制和开放式绿色转型机制的创新体系，并在技术、纵向横向转移资金等方面不断丰富绿色转型的政策措施[7]。从已有的文献来看，关于绿色技术转型的研究大多数集中于绿色技术转型效应和绩效测算、绿色技术创新发展及绿色技术发展的相关政策影响等方面。在绿色技术转型效应和绩效测算方面，侯建和陈恒[8]针对现阶段对高专利密集度制造业的技术创新绿色生态转型问题的忽视，运用改进的松弛测度方向距离函数（slack-based measure direction distance function，SBM-DDF）测算了中国 13 个高专利密集度制造业的技术创新绿色转型绩效。申晨等[9]探索了不同类型的环境规制方式对工业环境效率和绿色转型的作用效应和影响机制。Du 等[10]利用共享投入的两阶段网络数据包络分析（data envelopment analysis，DEA）测度区域企业绿色技术创新效率，探讨了企业绿色技术研发效率和绿色技术成果转化效率的区域差异。Hou 等[11]利用 2010～2015 年中国产业省级面板数据，系统分析了产业绿色转型的区域结构和发展趋势，并实证研究了不同环境规制程度下产业绿色转型对碳排放强度的动态阈值效应。在绿色技术创新发展方面，周远祺等[12]利用实物期权法对经济的发展状况及技术进行了情景分析，得到了企业绿色转型技术的最优投资规律和选择路线。何小钢和张耀辉[13]在考虑能源与排放因素的基础上，测算并分解了中国 36 个工业行业基于绿色增长的技术进步，分析了工业节能减排的转型特征，以此为基础，采用面板技术实证分析了技术进步对节能减排的非对称影响。在绿色技术发展的相关政策影响方面，Williams 和 Rolfe[14]使用标记替代方案用于评估减少净排放的管理方案（绿色电力、节能技术等），并且该方案对理解减少排放的偏好具有重要意义。Bi 等[15]提出了一项关于政府使用补贴政策促进绿色发展的研究，以激励企业在消费者具有环境敏感性的情况下采用绿色减排技术。Stucki 和 Woerter[16]研究了不同类型的政策如何直接和联合影响一家企业采用的不同绿色能源技术的数量。从以往的研究中得知，企业绿色技术转型方面的研究对我国经济的绿色发展至关重要，但在绿色技术选择方面的研究仍有不足。

区域间的碳排放主要来源于企业生产中的能源燃烧，区域间政府进行严格减排就要严格监督企业生产的碳排放，其中，企业的绿色技术转型是关键环节，因此地方政府对企业绿色技术选择的监督是区域间减排工作的重要内容。对区域间碳排放和减排的研究主要涉及碳排放差异[17, 18]、影响因素[3, 19]。在对区域间减排路径的研究方面，钟章奇等[20]深入探讨了区域间贸易对省区市碳排放核算及其减排责任划分的影响，以及中国各省区市开展区域合作以共同应对减排的问题。Yue 等[21]研究了江苏省 2005～2020 年碳排放强度降低 40%～45%的最优减排路径。还有一些学者从博弈的角度研究减排路径的问题，潘峰等[22]建立了地方政府间的演化博弈模型，分别研究了未引入约束机制和约束机制下的地方政府环境规制策略及其影响因素，并得到了演化规律和演化稳定策略（evolutionary stable strategy，ESS）。李明全和王奇[23]基于博弈论分析方法，针对地方政府任期对区域环境合作的稳定性影响进行了理论分析。科学合理的区域间减排分工方案能够持续地促进集聚空间内区域主体各司其职，防止“搭便车”现象发生，提高区域间政府严格监督的积极性，并有效降低碳排放负外部性影响[24]。

环境规制的作用效应是国内外政府工作者和学术研究者的研究热点，其内容围绕环境污染状况、经济绩效、技术创新、产业结构、出口贸易、资本流动、企业选址、劳动力就业、公共健康等视角展开[9]。环境规制可分为显性环境规制和非显性环境规制，显性环境规制又分为命令-控制型规制、市场激励型规制和自愿性环境规制[25]。对于环境税工具的研究，学者主要从环境税的“双重红利”假说[26, 27]、环境税征收对社会经济影响[28]及社会个体影响[29]等方面展开。国内外学者对政府补贴工具的研究主要从对绿色技术创新的影响效应角度入手，包括积极作用[30-32]、消极作用[33-35]和适度补贴[36]三个类型。潘峰等[37]研究得出降低中央政府的监察成本、加强中央政府对地方政府的监察力度和违规处罚力度，降低环境规制成本、提高环境规制收益，将有利于促使地方政府执行环境规制。对于市场激励工具的研究，现阶段对市场碳交易机制对企业减排的规制研究较多，许光[38]认为碳交易能够加强初始碳排放权分配的有效性，维持既定碳排放总量。张华和魏晓平[39]认为环境规制不仅会对碳排放产生直接影响，而且会通过能源消费结构、产业结构、技术创新和外国直接投资（foreign direct investment，FDI）传导渠道间接影响碳排放。通过对上面的文献梳理，无论对于企业还是对于地方政府，一定程度上的环境规制对我国经济的绿色发展及减排工作的开展是必不可少的。

综上所述，企业的绿色技术转型决策问题是我国经济向绿色经济转型中的关键环节。基于碳排放空间的公共性，区域间政府严格监督绿色技术选择同样至关重要。在环境规制的各种工具约束下，平衡各减排主体的利益并促进各方进行积极减排合作仍待深入研究。根据上述已有研究的梳理，国内外研究者基于不同的实证、理论及模型对绿色技术转型效应和绩效测算、绿色技术创新发展和绿色技术发展的相关政策影响作出了研究，为后续研究提供了借鉴。同时，学者在环境规制工具与减排领域的研究对区域间减排路径的深入研究具有参考意义。但是已有研究中尚存不足，学者很少聚焦对绿色技术转型选择的研究；对环境规制工具作用效应的研究主要围绕环境污染状况、经济绩效、技术创新、产业结构等视角展开，少有学者研究环境规制对区域间企业技术转型的影响及各利益主体的演化过程。本文基于有限理性假设和演化博弈理论，模拟了在环境规制下地方政府对企业绿色技术选择监管、区域间政府对企业绿色技术选择监管决策演化博弈过程，最后对各利益主体相关演化关系进行仿真分析和总结。

二、模型基本假设与参数设置

（一）基本假设

在我国的环境规制体制下，统一实行地方政府环境负责制，地方政府对本辖区内的环境污染程度进行负责，中央政府对地方政府的执法情况进行监督管理[40]。地方政府管辖区域碳排放未达到减排目标，政府的纵向转移支付会减少。由于碳排放跨区域性的特点对外部政府产生了环境影响，地方政府需要对外部政府进行补偿。在地方政府和企业的关系中，以碳排放交易制度为例，我国对碳排放总量进行控制，因此要求企业将碳排放控制在一定水平，《京都议定书》中规定了企业的减排额度以承诺的减排和限排承诺计算的配额为基础。当企业碳排放超过政府发放的免费碳排放配额时，超出部分需要在碳交易市场上购买碳排放权，同时承担更多的环境税。当企业碳排放未达到政府发放的免费碳排放配额时，企业可以将多余的碳排放配额在市场上出售并获得收益，同时承担较少的环境税。

本文以碳排放交易中的区域间政府监管策略、地方政府和企业绿色技术转型策略为研究对象。假设企业的减排率由其技术选择决定，在特定技术减排率下降一定的情况下，企业可以选择清洁技术（即高成本投入的技术）来达到较优的减排水平，也可以选择污染技术（即传统且成本投入较低的技术）达到较差的减排水平，其策略集为{清洁技术，污染技术}。地方政府贸然强制企业进行技术转型，短时间内企业可能未进行技术转化就退出市场，因此地方政府对企业的监督程度有一定的考量[41]，而且严格的监督需要付出很高的监督成本，如碳排放的定量定期检测和税费、补贴等所消耗的成本，其策略集为{严格监督，不严格监督}。假设地方政府积极开展监督减排工作是有效的，碳排放量可以得到控制，并可以保证碳交易市场的顺利运转；地方政府辖区内的企业进行生产活动对当地经济发展有着极大的促进作用；地方政府辖区内的碳排放主要来源于企业的碳排放；经济分权给了地方政府决策和行动的空间[42]。

碳排放具有跨区域性的特点，国家在确定分配碳排放权、制定生态补偿标准、划分减排责任等政策时，应充分考虑碳排放区域差异性[4]。当本区域内的地方政府不严格进行企业技术选择监督时，会受到碳排放过多所导致的环境危害造成的损失。当一方地方政府严格监督企业技术选择、另一方地方政府不严格监督企业技术选择时，严格监督的政府会得到中央政府更多的纵向转移支付、因另一方政府不严格监督而导致企业超标碳排放带来的不良外部效应。假设地方政府间的外部效应影响程度相同，横向转移补偿的额度由负外部效应大小决定。

（二）参数设置

（1）区域内地方政府i免费发放给辖区内的企业j的碳排放额为e[43]，企业的碳排放量为Q，其中，企业选择污染技术时的碳排放量为Q_d（$Q_d > e$），选择清洁技术时的碳排放量为Q_c（$Q_c < e$）。当企业的碳排放量$Q \geqslant e$时，企业需要在碳交易市场上购买$Q-e$的碳排放量，单位碳排放量交易权价格p由市场决定，碳交易额为E_d（$E_d = Q_d - e$），企业需要支付$E_d p$；当企业的碳排放量$Q < e$时，企业能够把多余的碳排放交易权在市场上出售，出售碳交易额为E_c（$E_c = e - Q_c$），企业获得额外收益$E_c p$。企业技术转化的减排量为$\Delta e = Q_c - Q_d$[44]，减排产生的环境效益为$B = a\Delta e$，其中，a为减排效率。

（2）企业选择污染技术需付出较低成本C_d，选择清洁技术需付出更高的成本C_c（$C_c = C_d + \varphi\Delta e^2$，其中，$\varphi$为减排量影响清洁技术成本系数）。地方政府向选择清洁技术的企业征收较低的环境税T_c（$T_c = t_i Q_c$），向选择污染技术的企业征收较高的环境税T_d（$T_d = t_i Q_d$），地方政府对选择清洁技术的企业进行一定的成本补贴$\mathrm{TC} = b\varphi\Delta e^2$，其中，$b$为成本补贴系数，选择污染技术的企业不会得到地方政府的成本补贴。

（3）地方政府环境规制中严格监督的成本为C_i（涉及环境税征收成本、碳排放成本、咨询科研机构成本等）。如果企业选择清洁技术，地方政府需对企业支付成本补贴TC和征收较低的环境税T_c，并享受企业减排带来的环境效益B。如果企业选择污染技术，地方政府不会对企业进行成本补贴并征收较高的环境税T_d。

（4）地方政府i认真监督企业技术选择的成本为C_i（$i = 1,2$）。地方政府可以独立随机选择严格监督和不严格监督，设减排力度为λ（$0 < \lambda \leqslant 1$），λ越小，对企业技术转型监督程度越轻，本文表现在地方政府投入的监督成本下降和征收环境税率下降[5]。中央政府对地方政府的纵向转移支付主要根据地方政府的治污绩效和治污资金投入，地方政府管辖区域治污资金投入越多，在一定范围内减排成效越好，中央政府对地方政府的纵向转移支付额度越大。假设TR表示中央政府对地方政府纵向转移支付（$\mathrm{TR}_i = \xi C_i$，其中，ξ为纵向转移支付系数）[41]，中

央政府有维持全局环境公平的职责并遵从“谁污染，谁负责；谁开发，谁保护”原则。

（5）地方政府i管辖区域的碳排放量为Q_i（$i=1,2$）（各区域企业的碳排放量不同，假设$Q_1<Q_2$；若假设$Q_1>Q_2$，命题和结论分析仍成立），因碳排放给当地政府带来的损失为$L_i=kQ_i$，其中，k为碳排放造成的损失系数[6]。假设碳排放负外部效应系数为α，若地方政府排放对其他外部效应辖区产生负效应，则“搭便车”的政府需对外部政府进行横向转移补偿F_i（$F_i=\mu\alpha L_i$，其中，μ为环境损失补偿系数）。

三、地方政府对企业绿色技术选择监管演化博弈分析

（一）演化博弈的均衡点

以地方政府为例，当地方政府选择严格监督和企业选择清洁技术时，地方政府需支付较高的监督成本，征收较高的环境税，获得较高的纵向转移支付和企业选择清洁技术带来的碳交易收益，因碳排放造成的经济损失较低并且对企业选择清洁技术进行成本补贴；当地方政府选择不严格监督和企业选择污染技术时，地方政府需支付较低的监督成本，征收较低的环境税，获得较低的纵向转移支付，因碳排放造成的经济损失较高并且无须对企业技术选择进行成本补贴；当地方政府选择不严格监督和企业选择清洁技术时，地方政府对企业选择清洁技术进行较低的补偿；当地方政府选择严格监督和企业选择污染技术时，地方政府承受因企业污染排放造成的经济损失。以此确定地方政府和企业技术选择的支付矩阵如表 1 所示。

表 1　地方政府和企业技术选择的支付矩阵

策略		地方政府	
		严格监督 S	不严格监督 L
企业	清洁技术 C	（$-C_c+E_cp-t_iQ_c+b\varphi\Delta e^2$， $-C_i+t_iQ_c+\xi_iC_i+a\Delta e-kQ_c-b\varphi\Delta e^2$）	（$-C_c+E_cp-\lambda_it_iQ_c+\lambda_ib\varphi\Delta e^2$， $-\lambda_iC_i+\lambda_it_iQ_c+\lambda_i\xi_iC_i+a\Delta e-kQ_c-\lambda_ib\varphi\Delta e^2$）
	污染技术 D	（$-C_d+E_dp-t_iQ_d$， $-C_i+t_iQ_d+\xi_iC_i-kQ_d$）	（$-C_d+E_dp-\lambda_it_iQ_d$， $-\lambda_iC_i+\lambda_it_iQ_d+\lambda_i\xi_iC_i-kQ_d$）

假设在企业群体中，采取清洁技术策略的比例为x（$0\leqslant x\leqslant 1$），则采取污染技术策略的比例为$1-x$；同时，假设在地方政府群体中，采取严格监督策略的比例为y（$0\leqslant y\leqslant 1$），则采取不严格监督策略的比例为$1-y$。从博弈支付矩阵中，

计算出企业选择清洁技术策略的期望收益U_{1c}、选择污染技术策略的期望收益U_{1d}及企业平均收益$\bar{U}_1$，即

$$U_{1c}=y\left(-C_c+E_c p-t_i Q_c+b\varphi\Delta e^2\right)+\left(1-y\right)\left(-C_c+E_c p-\lambda_i t_i Q_c+\lambda_i b\varphi\Delta e^2\right) \quad (1)$$

$$U_{1d}=y\left(-C_d+E_d p-t_i Q_d\right)+\left(1-y\right)\left(-C_d+E_d p-\lambda_i t_i Q_d\right) \quad (2)$$

$$\bar{U}_1=xU_{1c}+\left(1-x\right)U_{1d} \quad (3)$$

根据动态复制方程，设企业选择清洁技术占总体比例的增长率为$\dot{x}/x$，那么马尔萨斯（Malthusian）方程为

$$\begin{aligned}\dot{x}=\frac{\mathrm{d}x}{\mathrm{d}t}&=x\left(U_{1c}-\bar{U}_1\right)=x\left(1-x\right)\left\{y\left[-C_c+C_d+\Delta e\left(p-t_i\right)+b\varphi\Delta e^2\right]\right.\\&\left.+\left(1-y\right)\left[-C_c+C_d+\Delta e\left(p-\lambda_i t_i\right)+\lambda_i b\varphi\Delta e^2\right]\right\}\end{aligned} \quad (4)$$

对于地方政府来说，地方政府选择严格监督策略的期望收益U_{2s}，选择污染技术的期望收益U_{2l}及地方政府平均收益$\bar{U}_2$，即

$$\begin{aligned}U_{2s}=&x\left(-C_i+t_i Q_c+\xi C_i+a\Delta e-kQ_c-b\varphi\Delta e^2\right)\\&+\left(1-x\right)\left(-C_i+t_i Q_d+\xi_i C_i-kQ_d\right)\end{aligned} \quad (5)$$

$$\begin{aligned}U_{2l}=&x\left(-\lambda_i C_i+\lambda_i t_i Q_c+\lambda_i\xi_i C_i+a\Delta e-kQ_c-\lambda_i b\varphi\Delta e^2\right)\\&+\left(1-x\right)\left(-\lambda_i C_i+\lambda_i t_i Q_d+\lambda_i\xi_i C_i-kQ_d\right)\end{aligned} \quad (6)$$

$$\bar{U}_2=yU_{2s}+\left(1-y\right)U_{2l} \quad (7)$$

根据动态复制方程，设地方政府选择严格监督占总体比例的增长率为$\dot{y}/y$，那么 Malthusian 方程为

$$\begin{aligned}\dot{y}=\frac{\mathrm{d}y}{\mathrm{d}t}&=y\left(U_{2s}-\bar{U}_2\right)\\&=y\left(1-y\right)\left(1-\lambda_i\right)\\&\times\left[x\left(-C_i+t_i Q_c+\xi C_i-b\varphi\Delta e^2\right)+\left(1-x\right)\left(-C_i+t_i Q_d+\xi C_i\right)\right]\end{aligned} \quad (8)$$

由微分方程（4）和微分方程（8）可以得到一个二维动力系统 I：

$$\begin{cases}\dfrac{\mathrm{d}x}{\mathrm{d}t}=x\left(1-x\right)\left\{y\left[-C_c+C_d+\Delta e\left(p-t_i\right)+b\varphi\Delta e^2\right]\right.\\\qquad\left.+\left(1-y\right)\left[-C_c+C_d+\Delta e\left(p-\lambda_i t_i\right)+\lambda_i b\varphi\Delta e^2\right]\right\}\\\dfrac{\mathrm{d}y}{\mathrm{d}t}=y\left(1-y\right)\left(1-\lambda_i\right)\left[x\left(-C_i+t_i Q_c+\xi C_i-b\varphi\Delta e^2\right)+\left(1-x\right)\left(-C_i+t_i Q_d+\xi C_i\right)\right]\end{cases} \quad (9)$$

令$\dot{x}=0$，可以得出$x=0$，$x=1$，$y=\dfrac{C_d-C_c+\Delta e\left(p-\lambda_i t_i\right)+\lambda_i b\varphi\Delta e^2}{\left(1-\lambda_i\right)\left(\Delta e t_i-b\varphi\Delta e^2\right)}$；同理，

令 $\dot{y}=0$，可以得出 $y=0$， $y=1$， $x=\dfrac{(1-\xi)C_i-t_iQ_d}{b\varphi\Delta e^2-\Delta et_i}$。为了方便分析问题，令 $x_D=\dfrac{(1-\xi)C_i-t_iQ_d}{b\varphi\Delta e^2-\Delta et_i}$， $y_D=\dfrac{C_d-C_c+\Delta e(p-\lambda_it_i)+\lambda_ib\varphi\Delta e^2}{(1-\lambda_i)(\Delta et_i-b\varphi\Delta e^2)}$。

引理 1　系统 I 的均衡点为(0, 0)、(0, 1)、(1, 0)、(1, 1)。当 $C_d+\Delta e(p-t_i)+b\varphi\Delta e^2 < C_c < C_d+\Delta e(p-\lambda_it_i)+\lambda_ib\varphi\Delta e^2$，$\dfrac{t_iQ_c-b\varphi\Delta e^2}{1-\xi_i} < C_i < \dfrac{t_iQ_d}{1-\xi_i}$ 时，(x_D, y_D) 也是系统 I 的均衡点。

从引理 1 中推导出系统 I 的五个均衡点，系统 I 雅可比（Jacobian）行列式分析见表 2。后续将说明这些均衡点的稳定性（证明见附录）。

表 2　系统 I 雅可比行列式分析

局部均衡点	det$J$	tr$J$
（0，0）	$\left[-C_c+C_d+\Delta e(p-\lambda_it_i)+\lambda_ib\varphi\Delta e^2\right]$ $\times(-C_i+t_iQ_d+\xi_iC_i)$	$-C_c+C_d+\Delta e(p-\lambda_it_i)+\lambda_ib\varphi\Delta e^2$ $-C_i+t_iQ_d+\xi_iC_i$
（0，1）	$\left[-C_c+C_d+\Delta e(p-t_i)+b\varphi\Delta e^2\right]$ $\times(-C_i+t_iQ_d+\xi_iC_i)$	$-C_c+C_d+\Delta e(p-t_i)+b\varphi\Delta e^2$ $-C_i+t_iQ_d+\xi_iC_i$
（1，0）	$(-1)\times\left[-C_c+C_d+\Delta e(p-\lambda_it_i)\right.$ $\left.+\lambda_ib\varphi\Delta e^2\right]\times(-C_i+t_iQ_c+\xi_iC_i)$	$(-1)\times\left[-C_c+C_d+\Delta e(p-\lambda_it_i)\right.$ $\left.+\lambda_ib\varphi\Delta e^2\right]-C_i+t_iQ_c+\xi_iC_i$
（1，1）	$(-1)\times\left[-C_c+C_d+\Delta e(p-t_i)\right.$ $\left.+b\varphi\Delta e^2\right]\times(-1)\times(-C_i+t_iQ_c+\xi_iC_i-b\varphi\Delta e^2)$	$(-1)\times\left[-C_c+C_d+\Delta e(p-t_i)\right.$ $\left.+b\varphi\Delta e^2\right]+(-1)\times(-C_i+t_iQ_c+\xi_iC_i-b\varphi\Delta e^2)$
(x_D, y_D)	$\dfrac{(C_d-C_c+\Delta ep-\lambda_i\Delta et_i+\lambda_ib\varphi\Delta e^2)}{(1-\lambda_i)(\Delta et_i-b\varphi\Delta e^2)^2}$ $\times(-C_d+C_c-\Delta ep+\Delta et_i-b\varphi\Delta e^2)$ $\times\left[(1-\xi_i)C_i-t_iQ_d\right](1-\lambda_i)\left[b\varphi\Delta e^2\right.$ $\left.-\Delta et_i-(1-\xi_i)C_i+t_iQ_d\right]$	0

（二）均衡点的稳定性分析

根据 Friedman[45]提出的方法，其均衡点的稳定性分析可以通过构建该系统的雅可比矩阵来判断演化博弈均衡点局部稳定性得到。对微分方程（9）依次求关于 x 和 y 的偏导数，可以得出地方政府对企业技术选择监管演化博弈雅可比矩阵：

$$J=\begin{bmatrix}\dfrac{\delta\dot{x}}{\delta x} & \dfrac{\delta\dot{x}}{\delta y}\\ \dfrac{\delta\dot{y}}{\delta x} & \dfrac{\delta\dot{y}}{\delta y}\end{bmatrix}$$

其中，

$$\begin{cases}\dfrac{\delta\dot{x}}{\delta x}=(1-2x)\left\{y\left[-C_c+C_d+\Delta e\left(p-t_i\right)+b\varphi\Delta e^2\right]\right.\\ \qquad\left.+\left(1-y\right)\left[-C_c+C_d+\Delta e\left(p-\lambda_i t_i\right)+\lambda_i b\varphi\Delta e^2\right]\right\}\\ \dfrac{\delta\dot{x}}{\delta y}=x\left(1-x\right)\left(1-\lambda_i\right)\Delta e\left(b\varphi\Delta e-t_i\right)\\ \dfrac{\delta\dot{y}}{\delta x}=y\left(1-y\right)\left(1-\lambda_i\right)\Delta e\left(t_i-b\varphi\Delta e\right)\\ \dfrac{\delta\dot{y}}{\delta y}=\left(1-2y\right)\left[x\left(-C_i+t_iQ_c+\xi C_i-b\varphi\Delta e^2\right)+\left(1-x\right)\left(-C_i+t_iQ_d+\xi C_i\right)\right]\end{cases}$$

满足雅可比矩阵的迹条件（雅可比矩阵对角线上元素之和小于 0）和雅可比行列式条件（行列式大于 0）分别记作 tr$J$ 和 det$J$ 。复制动态方程的均衡点就是（渐近）局部稳定点，该均衡点为演化博弈稳定策略。

命题 1 当企业选择清洁技术成本 C_c 和地方政府选择严格监督成本 C_i 所处区间发生变化时，双方博弈的 ESS 也随之发生改变。

（1）若 $0<C_c<C_d+\Delta e\left(p-t_i\right)+b\varphi\Delta e^2$， $0<C_i<\dfrac{t_iQ_c-b\varphi\Delta e^2}{1-\xi_i}$， 系统 I 的 ESS 为 (C,S)。

（2）若 $0<C_c<C_d+\Delta e\left(p-t_i\right)+b\varphi\Delta e^2$， $\dfrac{t_iQ_c-b\varphi\Delta e^2}{1-\xi_i}<C_i<\dfrac{t_iQ_d}{1-\xi_i}$， 系统 I 的 ESS 为 (C,L)。

（3）若 $C_d+\Delta e\left(p-t_i\right)+b\varphi\Delta e^2<C_c<C_d+\Delta e\left(p-\lambda_i t_i\right)+\lambda_i b\varphi\Delta e^2$， $\dfrac{t_iQ_c-b\varphi\Delta e^2}{1-\xi_i}<C_i<\dfrac{t_iQ_d}{1-\xi_i}$， 系统 I 的 ESS 为 (C,L) 或 (D,S)。

（4）若 $C_d+\Delta e\left(p-t_i\right)+b\varphi\Delta e^2<C_c<C_d+\Delta e\left(p-\lambda_i t_i\right)+\lambda_i b\varphi\Delta e^2$， $0<C_i<\dfrac{t_iQ_c-b\varphi\Delta e^2}{1-\xi_i}$， 系统 I 的 ESS 为 (D,S)。

（5）若 $C_c>C_d+\Delta e\left(p-\lambda_i t_i\right)+\lambda_i b\varphi\Delta e^2$， $C_i>\dfrac{t_iQ_d}{1-\xi_i}$，系统 I 的 ESS 为 (D,L)（证明见附录）。

命题 1 表明，在企业绿色技术转型和地方政府监管行为的博弈中，博弈的 ESS 主要受到博弈双方的初始状态和相关参数的影响，不同的状态和参数会驱使企业和地方政府的博弈结果向不同的方向演化。由命题 1 得知，通过对企业碳排放量、碳交易价格、环境税率、成本补贴系数和政府环境规制执行力度进行适当的调整，可以实现博弈双方以更高的概率实施环境保护策略，并使得这种策略保持在演化稳定状态。

当政府在制定相关激励企业进行绿色技术转型的政策时，无论是优化相应税收政策、调节碳交易价格，还是加大对绿色技术补贴的力度，都有利于降低企业绿色技术转型成本，从而提高企业绿色技术转型概率，促进企业积极进行技术改革，进而加快我国绿色经济转型的进程；同时，由于地方政府的激励措施导致地方政府的严格监督成本增加，地方政府的总体收益减少，此时，若中央政府出台规范化的、横纵向结合的补偿机制，明确企业和地方政府双方减排责任，制定相应的政策法规，则可以改善双方主体利益冲突问题，减少地方政府严格监督的支付成本，鼓励其选择严格监督策略，进而提升企业绿色技术转型概率和转型后的潜在收益，达到推动我国绿色发展转型的目的。

（三）演化结果分析

由命题 1 得到的企业与地方政府在上述五种情况下的演化博弈分析，可得到如下分析结果。

（1）当企业选择清洁技术成本和地方政府选择严格监督成本都比较小（$0 < C_c < C_d + \Delta e(p - t_i) + b\varphi\Delta e^2$，$0 < C_i < \dfrac{t_i Q_c - b\varphi\Delta e^2}{1-\xi_i}$）时，企业得到通过出售剩余的碳排放配额、缴纳较少的环境税和获得采用清洁技术的成本补贴等收益，地方政府可以获得因企业选择清洁技术而带来环境改善的经济效益和中央政府较大额度的纵向转移支付等收益。此时，（1，1）是 ESS，（1，0）（0，1）是鞍点，（0，0）是不稳定点，因此演化博弈结果是企业和地方政府经过长期反复的博弈趋向选择清洁技术和严格监督策略。该情况的系统演化相位图如图 1 中情况（1）所示。

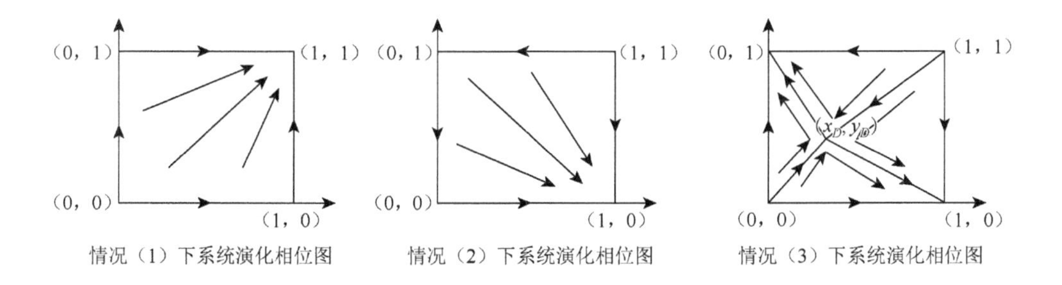

情况（1）下系统演化相位图　　情况（2）下系统演化相位图　　情况（3）下系统演化相位图

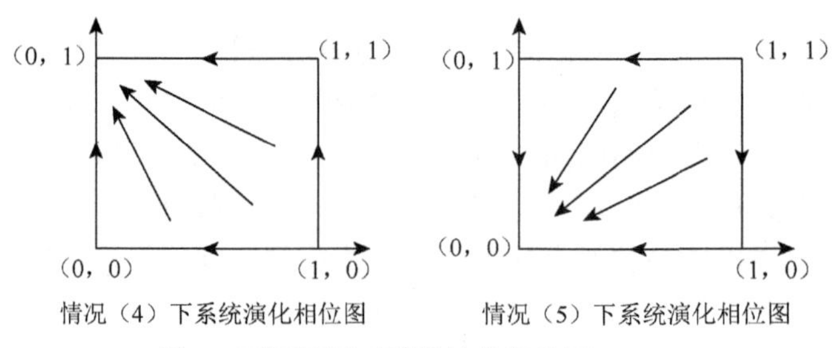

情况（4）下系统演化相位图　　情况（5）下系统演化相位图

图 1　不同情况下系统演化相位图（一）

（2）当地方政府选择严格监督成本增加到 $\frac{t_i Q_c - b\varphi\Delta e^2}{1-\xi_i} < C_i < \frac{t_i Q_d}{1-\xi_i}$ 时，地方政府获得的纵向转移支付、征收的环境税和从企业选择清洁技术中获得的环境经济效益不足以使地方政府付出更大的成本来进行严格监督，地方政府因支付成本增加而选择不严格监督，监督力度减小，表现在投入监督成本、征收环境税、对企业选择清洁技术成本补贴的减少，从而纵向转移支付也会减少。企业选择清洁技术所支付的成本不变（$0 < C_c < C_d + \Delta e(p - t_i) + b\varphi\Delta e^2$），但由于地方政府不严格监督，企业所缴纳的环境税减小和成本补贴变小使企业选择维持清洁技术策略。此时，（1，0）是 ESS，（0，1）和（1，1）是鞍点，（0，0）是不稳定点，即地方政府和企业经过反复的博弈后趋向选择不严格监督和清洁技术。该情况的系统演化相位图如图 1 中情况（2）所示。

（3）当企业选择清洁技术成本增加到 $C_d + \Delta e(p - t_i) + b\varphi\Delta e^2 < C_c < C_d + \Delta e(p - \lambda_i t_i) + \lambda_i b\varphi\Delta e^2$ 时，企业出售剩余的碳排放配额、缴纳较少的环境税、因地方政府不严格监督获得较少的成本补贴等收益使企业有选择清洁技术的意愿，但因企业选择清洁技术的成本升高，企业也有选择污染技术的意愿，但其需要在碳交易市场上购买碳排放配额并缴纳较高的环境税。地方政府选择严格监督成本增加到 $\frac{t_i Q_c - b\varphi\Delta e^2}{1-\xi_i} < C_i < \frac{t_i Q_d}{1-\xi_i}$ 时，地方政府有选择不严格监督的意愿。在地方政府选择不严格监督的情况下，其获得的纵向转移支付和征收的环境税均减少，还需承担因企业排污所造成的全部环境损失，使得地方政府的总收益减少，从而产生选择严格监督的意愿。因此在该种情况下，双方的博弈结果受系统 I 初始条件影响。此时，（0，1）、（1，0）是 ESS，（0，0）、（1，1）是不稳定点，系统 I 具有渐进稳定性，且 (x_D, y_D) 是鞍点，系统 I 的演化轨迹趋向稳定的均衡点 (x_D, y_D)，即地方政府和企业经过反复的博弈后趋向选择清洁技术、不严格监督或者选择污染技术、严格监督。该情况的系统演化相位图如图 1 中情况（3）所示。

（4）当地方政府选择严格监督成本不变（$0 < C_i < \dfrac{t_i Q_c - b\varphi\Delta e^2}{1-\xi_i}$）时，地方政府可以获得因企业选择清洁技术而带来环境改善的经济效益和中央政府较大额度的纵向转移支付等收益，使地方政府对企业绿色技术选择进行严格监督。企业选择清洁技术成本增加到$C_d + \Delta e(p - t_i) + b\varphi\Delta e^2 < C_c < C_d + \Delta e(p - \lambda_i t_i) + \lambda_i b\varphi\Delta e^2$，企业出售剩余的碳排放配额、缴纳较少的环境税和获得采用清洁技术的成本补贴等收益不足以使企业选择清洁技术策略。此时，（0，1）是ESS，（1，0）（0，1）是鞍点，（0，0）是不稳定点，即地方政府和企业经过反复的博弈后趋向选择严格监督和污染技术。该情况的系统演化相位图如图1中情况（4）所示。

（5）当地方政府选择严格监督成本和企业选择清洁技术成本都比较大，分别为$C_i > \dfrac{t_i Q_d}{1-\xi_i}$和$C_c > C_d + \Delta e(p - \lambda_i t_i) + \lambda_i b\varphi\Delta e^2$时，地方政府获得的收益不能促使其付出更大的成本来进行严格监督，并且企业获得的收益不足以抵消企业付出很大的成本来选择清洁技术。此时，（0，0）是ESS，（0，1）、（1，0）是鞍点，（1，1）是不稳定点，即地方政府和企业经过反复的博弈后趋向选择不严格监督和污染技术。该情况的系统演化相位图如图1中情况（5）所示。

四、区域间政府对企业绿色技术选择监管演化博弈分析

（一）演化博弈的均衡点

以本地政府为例，当外部政府与本地政府均选择严格监督时，本地政府需要付出较大的严格监督成本、征收全部的环境税、承担因企业排放所造成的环境损失和获得较大额度的中央政府纵向转移支付；当本地政府和外部政府均不严格监督时，本地政府投入监督成本、征收的环境税和获得的纵向转移支付减少，还需承担因企业污染排放所造成的环境损失和因外部政府不严格监督对本地政府环境产生的负外部效应；当本地政府选择严格监督而外部政府选择不严格监督时，本地政府需承担因外部政府不严格监督对本地政府环境产生的负外部效应并获得因负外部效应外部政府对本地政府的横向转移补偿；当本地政府选择不严格监督而外部政府选择严格监督时，本地政府需要付出较小的严格监督成本、承担因企业排放所造成的环境损失和对外部政府的横向转移补偿，本地政府征收部分的环境税和获得较小额度的中央政府纵向转移支付。以此确定地方政府间监督企业技术选择支付矩阵如表3所示。

表 3 地方政府间监督企业技术选择支付矩阵

策略		外部政府	
		严格监督 S_2	不严格监督 L_2
本地政府	严格监督 S_1	$(-C_1+t_1Q_1-kQ_1+\xi_1C_1+\alpha kQ_2,$ $-C_2+t_2Q_2+\xi_2C_2-kQ_2+\alpha kQ_1)$	$(-C_1+t_1Q_1+\xi_1C_1-kQ_1-\alpha kQ_2+\mu\alpha kQ_2,$ $-\lambda_2C_2+\lambda_2t_2Q_2+\lambda_2\xi_2C_2-kQ_2-\mu\alpha kQ_2)$
	不严格监督 L_1	$(-\lambda_1C_1+\lambda_1t_1Q_1-kQ_1+\lambda_1\xi_1C_1-\mu\alpha kQ_1,$ $-C_2+t_2Q_2+\xi_2C_2-kQ_2-\alpha kQ_1+\mu\alpha kQ_1)$	$(-\lambda_1C_1+\lambda_1t_1Q_1-kQ_1+\lambda_1\xi_1C_1-\alpha kQ_2-\mu\alpha kQ_1,$ $-\lambda_2C_2+\lambda_2t_2Q_2+\lambda_2\xi_2C_2-kQ_2-\alpha kQ_1-\mu\alpha kQ_2)$

假设在本地政府群体中，采取严格监督策略的比例为w（$0\leqslant w\leqslant 1$），则采取不严格监督策略的比例为$1-w$；同时，假设在外部政府群体中，采取严格监督策略的比例为z（$0\leqslant z\leqslant 1$），则采取不严格监督策略的比例为$1-z$。

从博弈支付矩阵中，计算出本地政府选择严格监督策略的期望收益U_{1S}、选择不严格监督策略的期望收益U_{1L}及本地政府平均收益$\bar{U}_1'$，即

$$U_{1S}=z\left(-C_1+t_1Q_1-kQ_1+\xi_1C_1+\alpha kQ_2\right)+(1-z)\left(-C_1+t_1Q_1+\xi_1C_1-kQ_1-\alpha kQ_2+\mu\alpha kQ_2\right) \tag{10}$$

$$U_{1L}=z\left(-\lambda_1C_1+\lambda_1t_1Q_1-kQ_1+\lambda_1\xi_1C_1-\mu\alpha kQ_1\right)+(1-z)\left(-\lambda_1C_1+\lambda_1t_1Q_1-kQ_1+\lambda_1\xi_1C_1-\alpha kQ_2-\mu\alpha kQ_1\right) \tag{11}$$

$$\bar{U}_1'=wU_{1S}+(1-w)U_{1L} \tag{12}$$

根据动态复制方程，设企业选择清洁技术占总体比例的增长率为$\dot{w}/w$，那么Malthusian 方程为

$$\dot{w}=\frac{\mathrm{d}w}{\mathrm{d}t}=w\left(U_{1S}-\bar{U}_1'\right)=w(1-w)\left\{z\left[(1-\lambda_1)\left(-C_1+t_1Q_1+\xi_1C_1\right)+\alpha kQ_2+\mu\alpha kQ_1\right]+(1-z)\left[(1-\lambda_1)\left(-C_1+t_1Q_1+\xi_1C_1\right)+\mu\alpha k\left(Q_1+Q_2\right)\right]\right\} \tag{13}$$

对于外部政府来说，外部政府选择严格监督策略的期望收益U_{2S}、选择不严格监督策略的期望收益U_{2L}及外部政府平均收益$\bar{U}_2'$，即

$$U_{2S}=w\left(-C_2+t_2Q_2+\xi_2C_2-kQ_2+\alpha kQ_1\right)+(1-w)\left(-C_2+t_2Q_2+\xi_2C_2-kQ_2-\alpha kQ_1+\mu\alpha kQ_1\right) \tag{14}$$

$$U_{2L}=w\left(-\lambda_2C_2+\lambda_2t_2Q_2+\lambda_2\xi_2C_2-kQ_2-\mu\alpha kQ_2\right)+(1-w)\left(-\lambda_2C_2+\lambda_2t_2Q_2+\lambda_2\xi_2C_2-kQ_2-\alpha kQ_1-\mu\alpha kQ_2\right) \tag{15}$$

$$\bar{U}_2'=zU_{2S}+(1-z)U_{2L} \tag{16}$$

根据动态复制方程，设外部政府选择严格监督占总体比例的增长率为$\dot{z}/z$，那么 Malthusian 方程为

$$\dot{z}=\frac{\mathrm{d}z}{\mathrm{d}t}=z\left(U_{2S}-\bar{U}_2'\right)=z(1-z)\left\{w\left[(1-\lambda_2)(-C_2+t_2Q_2+\xi_2C_2)+\alpha kQ_1+\mu\alpha kQ_2\right]\right.$$
$$\left.+(1-w)\left[(1-\lambda_2)(-C_2+t_2Q_2+\xi_2C_2)+\mu\alpha k(Q_1+Q_2)\right]\right\} \tag{17}$$

由微分方程（13）和微分方程（17）可以得到一个二维动力系统Ⅱ：

$$\begin{cases}\dfrac{\mathrm{d}w}{\mathrm{d}t}=w\left(U_{1S}-\bar{U}_1'\right)=w(1-w)\left\{z\left[(1-\lambda_1)(-C_1+t_1Q_1+\xi_1C_1)+\alpha kQ_2+\mu\alpha kQ_1\right]\right.\\ \qquad\left.+(1-z)\left[(1-\lambda_1)(-C_1+t_1Q_1+\xi_1C_1)+\mu\alpha k(Q_1+Q_2)\right]\right\}\\ \dfrac{\mathrm{d}z}{\mathrm{d}t}=z\left(U_{2S}-\bar{U}_2'\right)=z(1-z)\left\{w\left[(1-\lambda_2)(-C_2+t_2Q_2+\xi_2C_2)+\alpha kQ_1+\mu\alpha kQ_2\right]\right.\\ \qquad\left.+(1-w)\left[(1-\lambda_2)(-C_2+t_2Q_2+\xi_2C_2)+\mu\alpha k(Q_1+Q_2)\right]\right\}\end{cases} \tag{18}$$

令 $\dot{w}=0$，可得出 $w=0$，$w=1$，$z=\dfrac{(1-\lambda_1)\left[(1-\xi_1)C_1-t_1Q_1\right]-\mu\alpha k(Q_1+Q_2)}{(1-\mu)\alpha kQ_2}$；

同理，令 $\dot{z}=0$，可得出 $z=0$，$z=1$，$w=\dfrac{(1-\lambda_2)\left[(1-\xi_2)C_2-t_2Q_2\right]-\mu\alpha k(Q_1+Q_2)}{(1-\mu)\alpha kQ_1}$。

为了方便分析问题，令 $w_D=\dfrac{\mu\alpha k(Q_1+Q_2)-(1-\lambda_2)\left[(1-\xi_2)C_2-t_2Q_2\right]}{(1-\mu)\alpha kQ_1}$，

$z_D=\dfrac{\mu\alpha k(Q_1+Q_2)-(1-\lambda_1)\left[(1-\xi_1)C_1-t_1Q_1\right]}{(1-\mu)\alpha kQ_2}$。

引理 2 系统Ⅱ的均衡点为（0，0）、（0，1）、（1，0）、（1，1）。当 $1-\dfrac{\alpha kQ_2+\mu k\alpha Q_1}{(\xi_1-1)+t_1Q_1}<\lambda_1<1-\dfrac{\mu k\alpha(Q_1+Q_2)}{(\xi_1-1)+t_1Q_1}$，$1-\dfrac{\alpha kQ_1+\mu k\alpha Q_2}{(1-\xi_2)-t_2Q_2}<\lambda_2<1-\dfrac{\mu k\alpha(Q_1+Q_2)}{(1-\xi_2)-t_2Q_2}$ 时，(w_D,z_D) 也是系统Ⅱ的均衡点。

从引理 2 中推导出系统Ⅱ的五个均衡点，系统Ⅱ雅可比行列式分析见表 4。后续将说明这些均衡点的稳定性（证明见附录）。

表 4 系统Ⅱ雅可比行列式分析

局部均衡点	det$J$	tr$J$
（0，0）	$\left[(1-\lambda_1)(-C_1+t_1Q_1+\xi_1C_1)+\mu\alpha k(Q_1+Q_2)\right]\times\left[(1-\lambda_2)(-C_2+t_2Q_2+\xi_2C_2)+\mu\alpha k(Q_1+Q_2)\right]$	$\left[(1-\lambda_1)(-C_1+t_1Q_1+\xi_1C_1)+\mu\alpha k(Q_1+Q_2)\right]+\left[(1-\lambda_2)(-C_2+t_2Q_2+\xi_2C_2)+\mu\alpha k(Q_1+Q_2)\right]$

续表

局部均衡点	det$J$	tr$J$
(0，1)	$[(1-\lambda_1)(-C_1+t_1Q_1+\xi_1C_1)+\alpha kQ_2+\mu\alpha kQ_1]\times(-1)[(1-\lambda_2)(-C_2+t_2Q_2+\xi_2C_2)+\mu\alpha k(Q_1+Q_2)]$	$[(1-\lambda_1)(-C_1+t_1Q_1+\xi_1C_1)+\alpha kQ_2+\mu\alpha kQ_1]-[(1-\lambda_2)(-C_2+t_2Q_2+\xi_2C_2)+\mu\alpha k(Q_1+Q_2)]$
(1，0)	$(-1)[(1-\lambda_1)(-C_1+t_1Q_1+\xi_1C_1)+\mu\alpha k(Q_1+Q_2)]\times[(1-\lambda_2)(-C_2+t_2Q_2+\xi_2C_2)+\mu\alpha kQ_2+\alpha kQ_1]$	$(-1)[(1-\lambda_1)(-C_1+t_1Q_1+\xi_1C_1)+\mu\alpha k(Q_1+Q_2)]+[(1-\lambda_2)(-C_2+t_2Q_2+\xi_2C_2)+\mu\alpha kQ_2+\alpha kQ_1]$
(1，1)	$(-1)[(1-\lambda_1)(-C_1+t_1Q_1+\xi_1C_1)+\mu\alpha kQ_1+\alpha kQ_2]\times(-1)[(1-\lambda_2)(-C_2+t_2Q_2+\xi_2C_2)+\mu\alpha kQ_2+\alpha kQ_1]$	$(-1)[(1-\lambda_1)(-C_1+t_1Q_1+\xi_1C_1)+\mu\alpha kQ_1+\alpha kQ_2]+(-1)[(1-\lambda_2)(-C_2+t_2Q_2+\xi_2C_2)+\mu\alpha kQ_2+\alpha kQ_1]$
(w_D,z_D)	$-[(1-\lambda_1)(-C_1+t_1Q_1+\xi_1C_1)+\mu\alpha kQ_2+\alpha kQ_1]\times[(1-\lambda_2)(-C_2+t_2Q_2+\xi_2C_2)+\mu\alpha kQ_1+\alpha kQ_2]\times[(1-\lambda_1)(-C_1+t_1Q_1+\xi_1C_1)+\mu\alpha k(Q_2+Q_1)]\times[(1-\lambda_2)(-C_2+t_2Q_2+\xi_2C_2)+\mu\alpha k(Q_2+Q_1)]\div(1-\mu)^2\alpha^2k^2Q_2Q_1$	0

（二）均衡点的稳定性分析

根据 Friedman[45]提出的方法，其均衡点的稳定性分析可以通过构建该系统的雅可比矩阵来判断演化博弈均衡点局部稳定性得到。对微分方程（18）依次求关于 w 和 z 的偏导数，可以得出区域间政府对企业监管演化博弈雅可比矩阵：

$$J=\begin{bmatrix}\dfrac{\delta\dot{w}}{\delta w} & \dfrac{\delta\dot{w}}{\delta z}\\ \dfrac{\delta\dot{z}}{\delta w} & \dfrac{\delta\dot{z}}{\delta z}\end{bmatrix}$$

其中，

$$\begin{cases}\dfrac{\delta\dot{w}}{\delta w}=(1-2w)\{z[(1-\lambda_1)(-C_1+t_1Q_1+\xi_1C_1)+\alpha kQ_2+\mu\alpha kQ_1]\\ \qquad +(1-z)[(1-\lambda_1)(-C_1+t_1Q_1+\xi_1C_1)+\mu\alpha k(Q_1+Q_2)]\}\\ \dfrac{\delta\dot{w}}{\delta z}=-w(1-w)\mu k\alpha Q_2\\ \dfrac{\delta\dot{z}}{\delta w}=-z(1-z)\mu k\alpha Q_1\\ \dfrac{\delta\dot{z}}{\delta z}=(1-2z)\{w[(1-\lambda_2)(-C_2+t_2Q_2+\xi_2C_2)+\alpha kQ_1+\mu\alpha kQ_2]\\ \qquad +(1-w)[(1-\lambda_2)(-C_2+t_2Q_2+\xi_2C_2)+\mu\alpha k(Q_1+Q_2)]\}\end{cases}\tag{19}$$

满足雅可比矩阵的迹条件（雅可比矩阵对角线上元素之和小于 0）和雅可比行列式条件（行列式大于 0）分别记作 tr$J$ 和 det$J$ 。复制动态方程的均衡点就是（渐近）局部稳定点，该均衡点为演化博弈稳定策略。

命题 2 当区域间政府的减排力度 λ_i 所处区间发生变化时，双方政府博弈的 ESS 也随之发生改变。

（1）若 $0<\lambda_1<1-\dfrac{\alpha kQ_2+\mu k\alpha Q_1}{(\xi_1-1)+t_1Q_1}$，$0<\lambda_2<1-\dfrac{\alpha kQ_1+\mu k\alpha Q_2}{(1-\xi_2)-t_2Q_2}$，系统Ⅱ的 ESS 为 (S_1,S_2)。

（2）若 $0<\lambda_1<1-\dfrac{\alpha kQ_2+\mu k\alpha Q_1}{(\xi_1-1)+t_1Q_1}$，

$1-\dfrac{\alpha kQ_1+\mu k\alpha Q_2}{(1-\xi_2)-t_2Q_2}<\lambda_2<1-\dfrac{\mu k\alpha(Q_1+Q_2)}{(1-\xi_2)-t_2Q_2}$，系统Ⅱ的 ESS 为 (S_1,L_2)。

（3）若 $1-\dfrac{\alpha kQ_2+\mu k\alpha Q_1}{(\xi_1-1)+t_1Q_1}<\lambda_1<1-\dfrac{\mu k\alpha(Q_1+Q_2)_1}{(\xi_1-1)+t_1Q_1}$，$1-\dfrac{\alpha kQ_1+\mu k\alpha Q_2}{(1-\xi_2)-t_2Q_2}<\lambda_2<1-\dfrac{\mu k\alpha(Q_1+Q_2)}{(1-\xi_2)-t_2Q_2}$，系统Ⅱ的 ESS 为 (L_1,S_2) 或者 (S_1,L_2)。

（4）若 $1-\dfrac{\alpha kQ_2+\mu k\alpha Q_1}{(\xi_1-1)+t_1Q_1}<\lambda_1<1-\dfrac{\mu k\alpha(Q_1+Q_2)}{(\xi_1-1)+t_1Q_1}$，

$0<\lambda_2<1-\dfrac{\alpha kQ_1+\mu k\alpha Q_2}{(1-\xi_2)-t_2Q_2}$，系统Ⅱ的 ESS 为 (L_1,S_2)。

（5）若 $\lambda_1>1-\dfrac{\alpha kQ_2+\mu k\alpha Q_1}{(\xi_1-1)+t_1Q_1}$，$\lambda_2>1-\dfrac{\mu k\alpha(Q_1+Q_2)}{(1-\xi_2)-t_2Q_2}$，系统Ⅱ的 ESS 为 (L_1,L_2)（证明见附录）。

命题 2 表明，在区域间政府监管行为的博弈中，不同的初始状态和参数会驱使区域间政府的监管博弈结果向不同的方向演化。由命题 2 得知，通过对区域内整体企业碳排放量、环境税率和中央政府纵向转移支付系数进行适当的调整，可以实现博弈双方以更高的概率实施严格监管策略，并使得这种策略保持在演化稳定状态。由此可知，区域间政府的监管策略是可协调且优化的，通过适当的措施可以实现区域间政府在环境保护中各尽其责，为经济的绿色发展及减排工作开展作出更多贡献。

依据五种情景演化稳定结果，对于区域间政府而言，当区域间政府减排力度差别较大时，双方政府为严格监督企业绿色技术转型的支付成本也有较大的差别，导致双方区域的碳排放量逐渐拉开差距，但碳排放具有区域扩散性，公共环境是一种公共资源且具有排他性，区域间政府可能会出现“搭便车”现象，对积极减排的区域造成一定的利益损失且影响该政府严格监督的积极性。此时，中央政府若明确划分区域间政府减排责任的边界，并制定区域间政府合理的横向转移补偿系数，降低减排力度较大一方的支付成本，对不积极进行减排的政府进行一定的惩罚，将会改善“搭便车”现象引起的区域间政府的利益冲突问题。此外，中央政府根据减排力度进行纵向转移支付在一定程度上也可以鼓励区域间政府积极向严格监督策略转化。

（三）演化结果分析

由命题 2 中得到的区域间政府在上述五种情况下的演化博弈分析，可得到如下分析结果。

（1）当本地政府和外部政府选择严格监督成本均比较小时，减排力度为 $0<\lambda_1<1-\dfrac{\alpha kQ_2+\mu k\alpha Q_1}{(\xi_1-1)+t_1Q_1}$，$0<\lambda_2<1-\dfrac{\alpha kQ_1+\mu k\alpha Q_2}{(1-\xi_2)-t_2Q_2}$，本地政府和外部政府均进行严格监督，均需要付出较大的严格监督成本、征收全部的环境税、承担因企业排放所造成的环境损失和较大额度的中央政府纵向转移支付。此时，（1，1）是 ESS，（1，0）（0，1）是鞍点，（0，0）是不稳定点，因此演化博弈结果是本地政府和外部政府经过长期反复的博弈趋向均选择严格监督策略。该情况的系统演化相位图如图 2 的情况（1）所示。

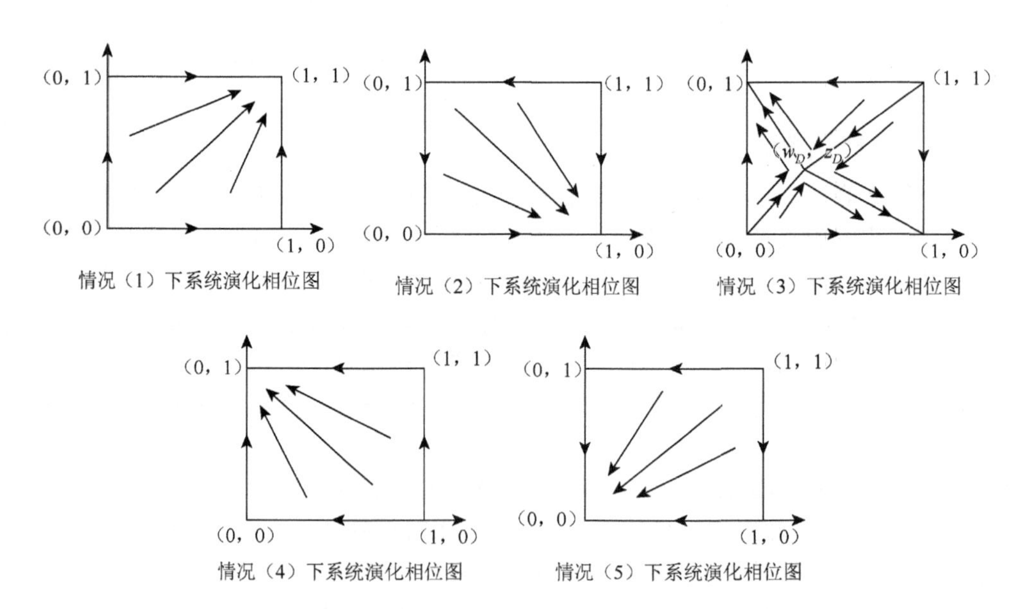

图 2　不同情况下系统演化相位图（二）

（2）当本地政府选择严格监督成本不变时，减排力度为$0<\lambda_1<1-\dfrac{\alpha kQ_2+\mu k\alpha Q_1}{(\xi_1-1)+t_1Q_1}$，本地政府可以获得环境税收和中央政府较大额度的纵向转移支付等收益，使本地政府对企业技术选择进行严格监督。外部政府选择严格监督成本增加，减排力度增加到$1-\dfrac{\alpha kQ_1+\mu k\alpha Q_2}{(1-\xi_2)-t_2Q_2}<\lambda_2<1-\dfrac{\mu k\alpha(Q_1+Q_2)}{(1-\xi_2)-t_2Q_2}$，外部政府的严格监督成本增加，所以外部政府选择不严格监督，表现在外部政府管辖区域投入监督成本、征收环境税较少，从而导致纵向转移支付减少，为其产生的负外部效应对本地政府进行横向转移补偿。此时，（1，0）是ESS，（0，1）（1，1）是鞍点，（0，0）是不稳定点，即本地政府和外部政府经过反复的博弈后趋向分别选择严格监督策略、不严格监督策略。该情况的系统演化相位图如图 2 的情况（2）所示。

（3）当外部政府选择严格监督成本增加时，减排力度增加到$1-\dfrac{\alpha kQ_1+\mu k\alpha Q_2}{(1-\xi_2)-t_2Q_2}<\lambda_2<1-\dfrac{\mu k\alpha(Q_1+Q_2)}{(1-\xi_2)-t_2Q_2}$，外部政府有选择不严格监督的意愿，但如果外部政府选择不严格监督，则需要对本地政府进行横向转移补偿，纵向转移支付也会减小，外部政府征收的环境税和中央政府纵向转移支付等收益均减少使外部政府有选择严格监督的意愿。当本地政府选择监督成本增加时，减排力度增加到$1-\dfrac{\alpha kQ_2+\mu k\alpha Q_1}{(\xi_1-1)+t_1Q_1}<\lambda_1<1-\dfrac{\mu k\alpha(Q_1+Q_2)}{(\xi_1-1)+t_1Q_1}$，本地政府有选择不严格监督的意愿。但因外部政府有选择严格监督的意愿，如果本地政府选择不严格监督，其征收的环境税、获得的纵向转移支付减少，还需承担因本地政府不严格监督所造成的环境污染带来的经济损失，所以本地政府倾向选择严格监督。此时，（0，1）、（1，0）是ESS，（0，0）、（1，1）是不稳定点，系统Ⅱ具有渐进稳定性，且(w_D,z_D)是鞍点，系统Ⅱ的演化轨迹趋向稳定的均衡点(w_D,z_D)，即本地政府和外部政府经过反复的博弈后趋向选择严格监督、不严格监督或者不严格监督、严格监督。该情况的系统演化相位图如图 2 的情况（3）所示。

（4）当本地政府选择严格监督成本增加时，减排力度增加到$1-\dfrac{\alpha kQ_2+\mu k\alpha Q_1}{(\xi_1-1)+t_1Q_1}<\lambda_1<1-\dfrac{\mu k\alpha(Q_1+Q_2)}{(\xi_1-1)+t_1Q_1}$，本地政府因支付成本增加而选择不严格监督（监督力度减小），表现在投入监督成本、征收环境税较少，从而导致纵向转移支付减少，为

其产生的负外部效应而对外部政府进行横向转移补偿。外部政府选择严格监督成本不变，减排力度保持在$0<\lambda_2<1-\dfrac{\alpha kQ_1+\mu k\alpha Q_2}{(1-\xi_2)-t_2Q_2}$，但由于本地政府不严格监督，对外部政府产生负环境效益，需要对外部政府进行横向转移补偿，使外部政府继续保持严格监督的积极性。此时，（0，1）是 ESS，（1，0）和（1，1）是鞍点，（0，0）是不稳定点，即演化博弈结果是本地政府和外部政府经过长期反复的博弈趋向选择不严格监督和严格监督策略。该情况的系统演化相位图如图 2 的情况（4）所示。

（5）当本地政府和外部政府选择严格监督成本都比较大时，减排力度分别为$\lambda_1>1-\dfrac{\alpha kQ_2+\mu k\alpha Q_1}{(\xi_1-1)+t_1Q_1}$，$\lambda_2>1-\dfrac{\mu k\alpha(Q_1+Q_2)}{(1-\xi_2)-t_2Q_2}$，本地政府和外部政府获得的收益均不能促使其付出更大的成本来进行严格监督。此时，（0，0）是 ESS，（0，1）、（1，0）是鞍点，（1，1）是不稳定点，即本地政府和外部政府经过反复的博弈后均趋向选择不严格监督策略。该情况的系统演化相位图如图 2 的情况（5）所示。

五、仿真分析

为了验证上文模型的正确性和结论的合理性，我们使用 Vensim 软件来模拟演化博弈模型，建立了演化博弈的系统动力学模型。该模型描述了区域间不同政府和企业清洁技术选择之间的较长时期系统动力学行为。考虑两个场景：场景一讨论了企业和地方政府在应对不同的支付成本时如何进行技术选择和严格监督程度选择；场景二讨论了区域间政府在不同的减排力度时如何进行严格监督程度选择。

（一）系统动力学模型

区域间不同政府和企业清洁技术选择之间的系统动力学模型简化图如图 3 所示。该系统动力学模型包含 4 个流位变量、4 个流率变量、8 个辅助变量和若干外部变量。流位变量用来表示企业选择清洁技术的概率和地方政府选择严格监督的概率，其对应的变化率用流率变量来表示，流率变量的大小决定着流位变量的变化，辅助变量表示不同利益主体在不同决策下的收益，辅助变量与若干外部变量的关系表示不同利益主体在不同决策下的收益函数，辅助变量与流率变量的关系由不同主体的复制动态方程决定。

系统动力学模型的初始参数主要来源于国家统计局、国家发展改革委、中国家用电器协会和文献[46]进行的估算。自中国在北京启动总量管制与交易制度以

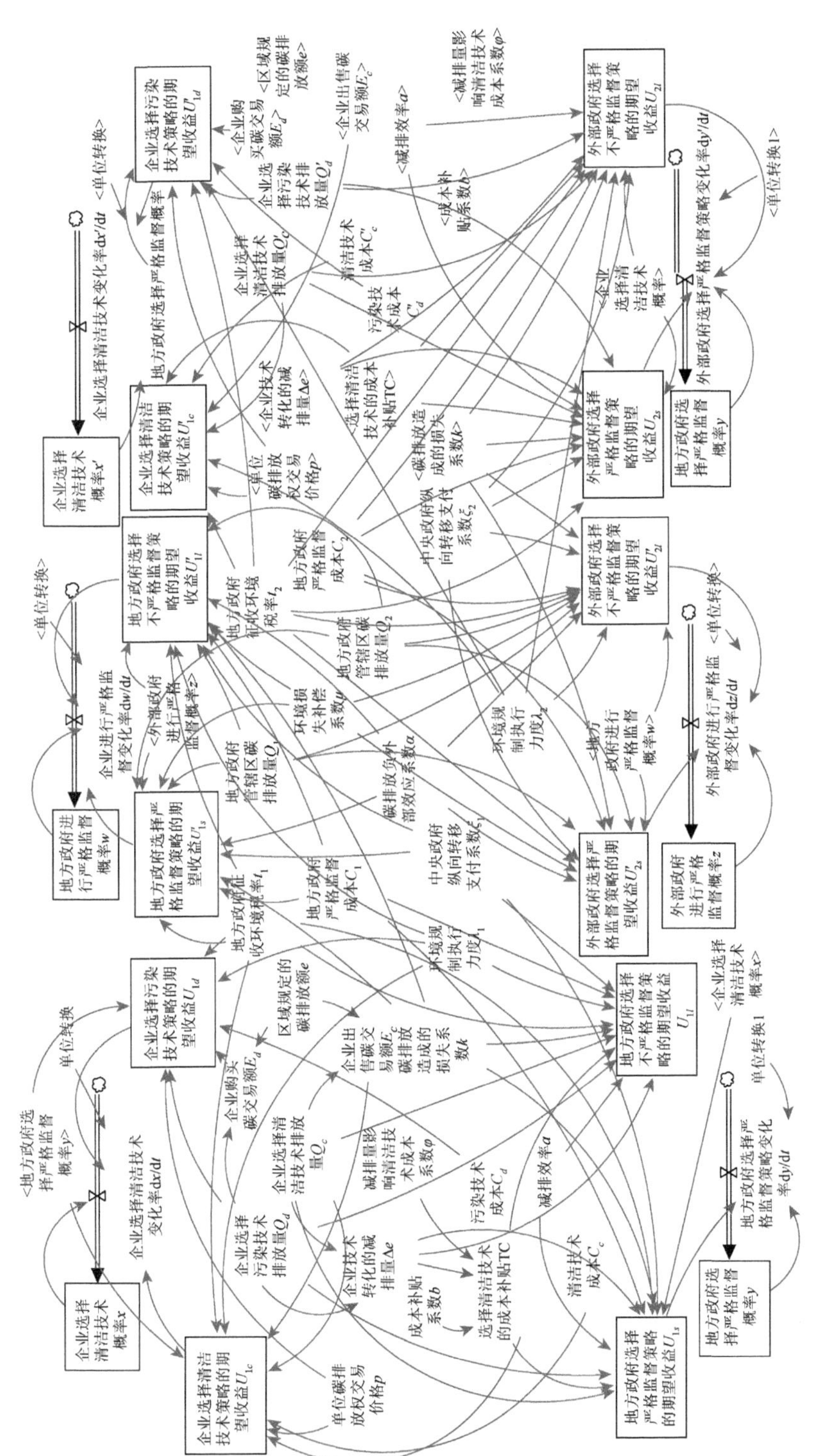

图3 区域间不同政府和企业清洁技术选择之间的系统动力学模型简化图

来，北京环境交易所碳交易中心碳信用额度的单位市场价格为 50 元/t[47]。企业选择污染技术和清洁技术的碳排放量、污染技术成本根据文献[48]中雪花公司的数据进行估计，碳排放量分别取 22 万 t 和 17 万 t，污染技术成本取 80 万元。根据文献[6]的仿真分析，减排率取 0.2，碳排放造成的损失系数为 1.5，碳排放负外部效应系数为 0.7。中央政府成本补贴系数估计为 0.6，横向转移的环境损失补偿系数为 0.8。碳排放上限采用基线法计算[49]，本文估计每一家受政府监管的企业的碳排放上限为 200 万 t[46]。中央政府纵向转移支付系数分别设置为{0.4，0.5}。环保税按照从量计征的方法选取，没有固定税率，大气污染物的税额幅度为每污染当量 1.2～12 元，水污染物的税额幅度为每污染当量 1.4～14 元，根据此标准，地方政府和外部政府的环境税率分别取每污染当量 1.2 元和 1.4 元。

（二）地方政府和企业不同支付成本时决策

企业和地方政府在应对不同的支付成本时进行技术选择和严格监督程度选择情形如下：①当取 $C_c = 2.5$，$C_1 = 0.25$ 时，满足 $0 < C_c < C_d + \Delta e(p - t_i) + b\varphi\Delta e^2$，$0 < C_1 < \dfrac{t_i Q_c - b\varphi\Delta e^2}{1 - \xi_i}$ 条件，企业和地方政府演化博弈稳定策略为{清洁技术，严格监督}，仿真分析结果如图 4 和图 5 情形 1 所示；②当取 $C_c = 2.5$，$C_1 = 0.38$ 时，满足 $0 < C_c < C_d + \Delta e(p - t_i) + b\varphi\Delta e^2$，$\dfrac{t_i Q_c - b\varphi\Delta e^2}{1 - \xi_i} < C_1 < \dfrac{t_i Q_d}{1 - \xi_i}$ 条件，企业和地方政府演化博弈稳定策略为{清洁技术，不严格监督}，仿真分析结果如图 4 和图 5 情形 2 所示；③由仿真数值可知，企业选择清洁技术成本 $3.24 \leqslant C_c \leqslant 3.26$，地方政府选择严格监督成本 $0.34 \leqslant C_1 \leqslant 0.44$ 时，如取 $C_c = 3.26$，$C_1 = 0.41$ 或 $C_c = 3.242$，$C_1 = 0.43$ 时，满足 $C_d + \Delta e(p - t_i) + b\varphi\Delta e^2 < C_c < C_d + \Delta e(p - \lambda_i t_i) + \lambda_i b\varphi\Delta e^2$，$\dfrac{t_i Q_c - b\varphi\Delta e^2}{1 - \xi_i} < C_1 < \dfrac{t_i Q_d}{1 - \xi_i}$ 条件，企业和地方政府演化博弈稳定策略为一定比例{清洁技术，不严格监督}、{污染技术，严格监督}，仿真分析结果如图 4 和图 5 情形 3、情形 4 所示；④当取 $C_c = 3.25$，$C_1 = 0.25$ 时，满足 $C_d + \Delta e(p - t_i) + b\varphi\Delta e^2 < C_c < C_d + \Delta e(p - \lambda_i t_i) + \lambda_i b\varphi\Delta e^2$，$0 < C_1 < \dfrac{t_i Q_c - b\varphi\Delta e^2}{1 - \xi_i}$ 条件，企业和地方政府演化博弈稳定策略为{污染技术，严格监督}，仿真分析结果如图 4 和图 5 情形 5 所示；⑤当取 $C_c = 4$，$C_1 = 0.5$ 时，满足 $C_c > C_d + \Delta e(p - \lambda_i t_i) + \lambda_i b\varphi\Delta e^2$，$C_1 > \dfrac{t_i Q_d}{1 - \xi_i}$ 条件，企业和地方政府演化博弈稳定策略为{污染技术，不严格监督}，仿真分析结果如图 4 和图 5 情形 6 所示。

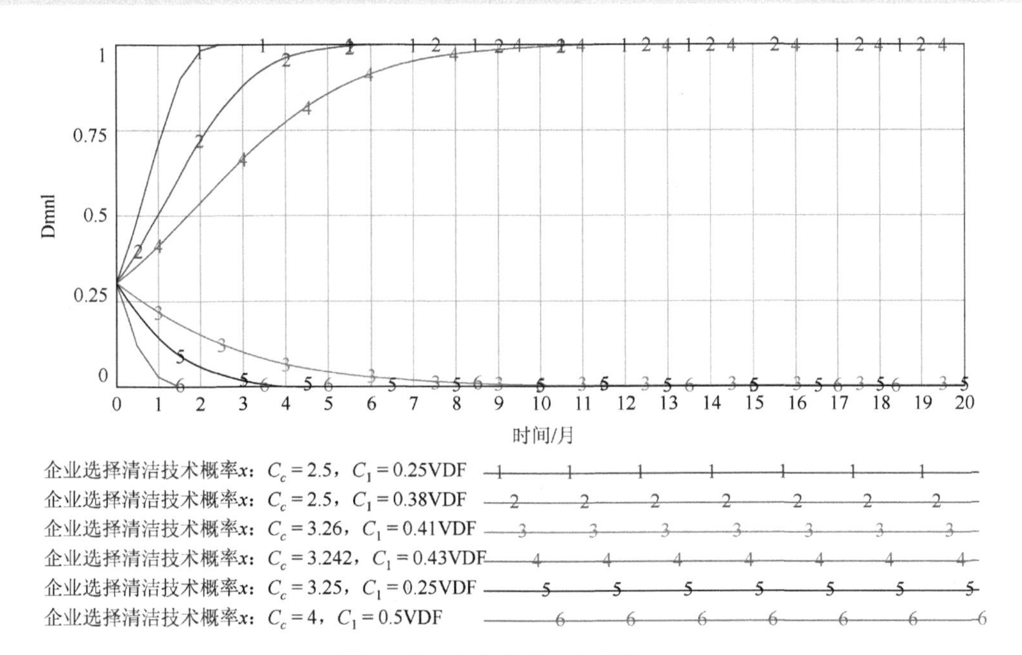

图 4　企业绿色技术选择系统 ESS

Dmnl 指无量纲；VDF 指可验证延迟函数（verifiable delay function）

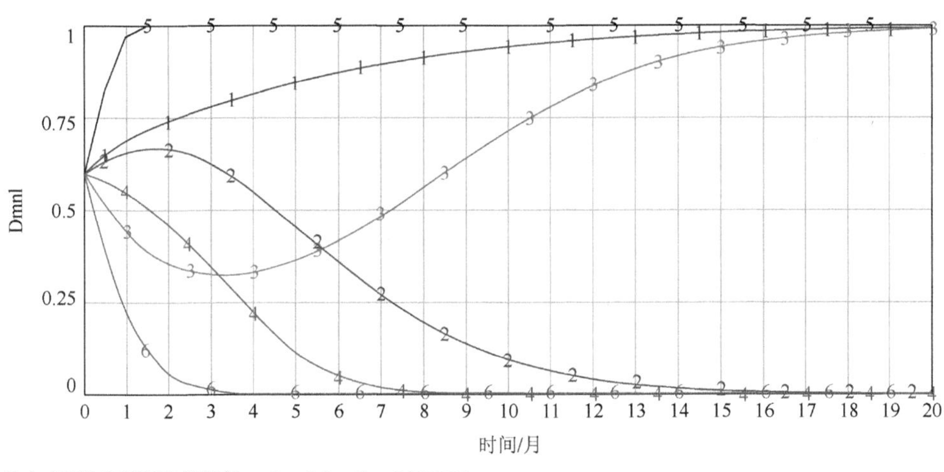

地方政府选择严格监督概率y：$C_c=2.5$，$C_1=0.25$VDF

地方政府选择严格监督概率y：$C_c=2.5$，$C_1=0.38$VDF

地方政府选择严格监督概率y：$C_c=3.26$，$C_1=0.41$VDF

地方政府选择严格监督概率y：$C_c=3.242$，$C_1=0.43$VDF

地方政府选择严格监督概率y：$C_c=3.25$，$C_1=0.25$VDF

地方政府选择严格监督概率y：$C_c=4$，$C_1=0.5$VDF

图 5　地方政府严格监督企业绿色技术选择系统 ESS

综上所述，企业绿色技术选择行为策略的关键在于其清洁技术成本相较于污染技术成本、技术转化所产生的碳交易收益与政府采取不同减排力度产生的环境税、政府对清洁技术成本补贴之和的高低。若企业的清洁技术成本小于政府完全减排（$\lambda_i=1$）时污染技术成本、减排量单位的碳交易收益与环境税、成本补贴之和，企业会积极进行绿色技术的转化；若企业的清洁技术成本大于政府完全减排且小于政府不完全减排（$0<\lambda_i<1$）时的污染技术成本、减排量单位的碳交易收益与环境税、成本补贴之和，企业会根据地方政府的环境规制政策选择绿色技术的转化或仍然保持污染技术；若企业的清洁技术成本大于政府不完全减排时的污染技术成本、减排量单位的碳交易收益与环境税、成本补贴之和，企业仍会选择保持污染技术。

地方政府进行严格监督行为策略在于经中央政府纵向转移支付后严格监督的实际支付成本（$C_i-\xi_i C_i$）与企业选择清洁技术时所征收的环境税和成本补贴之和与企业选择污染技术时所征收的环境税相比情况。若地方政府严格监督的实际支付成本小于企业选择清洁技术时所征收的环境税与成本补贴之和，地方政府会积极进行严格监督；若地方政府严格监督的实际支付成本大于企业选择清洁技术时所征收的环境税与成本补贴之和且小于企业选择污染技术时所征收的环境税，地方政府会根据中央政府的纵向转移支付系数进行严格监督；若地方政府严格监督的实际支付成本大于企业选择污染技术时所征收的环境税补贴总额，地方政府不会进行完全的严格监督。

因此，基于仿真分析得出的管理启示如下：清洁技术成本越低，企业选择绿色转型的概率达到 1 所需的时间越短，因此地方政府可以通过加大绿色技术补贴力度来减少企业转型压力，也可以通过提高单位碳交易价格，刺激企业积极进行减排行为，使其意识到绿色技术转型的未来潜在收益。同时，企业应积极顺应时代绿色需求，高瞻远瞩，及早认识到与政府合作在未来将会蕴藏巨大的公共收益潜力，谋求绿色技术创新，降低绿色技术成本。地方政府严格监督实际支付成本越低，地方政府选择严格监督的概率达到 1 所需的时间越短，因此地方政府可以通过考虑当地企业和环保部门的排污与征收标准，制定合理的环境税率等措施来减少部分严格监督的实际支付成本，使地方政府更快地选择严格监督策略。

（三）区域间政府不同减排力度时决策

区域间政府在应对不同减排力度时进行严格监督程度选择情形如下：①当取 $\lambda_1=0.3$，$\lambda_2=0.4$ 时，满足 $0<\lambda_1<1-\frac{\alpha kQ_2+\mu k\alpha Q_1}{(\xi_1-1)+t_1Q_1}$，$0<\lambda_2<1-\frac{\alpha kQ_1+\mu k\alpha Q_2}{(1-\xi_2)-t_2Q_2}$ 条件，区域间政府演化博弈稳定策略为{严格监督，严格监督}，仿真分析结果如图 6 和图 7 情形 1 所示；②当取 $\lambda_1=0.3$，$\lambda_2=0.62$ 时，满足 $0<\lambda_1<1-\frac{\alpha kQ_2+\mu k\alpha Q_1}{(\xi_1-1)+t_1Q_1}$，$1-\frac{\alpha kQ_1+\mu k\alpha Q_2}{(1-\xi_2)-t_2Q_2}<\lambda_2<1-\frac{\mu k\alpha(Q_1+Q_2)}{(1-\xi_2)-t_2Q_2}$ 条件，区域间政府

演化博弈稳定策略为{严格监督，不严格监督}，仿真分析结果如图 6 和图 7 情形 2 所示；③由仿真数值可知，区域间政府减排力度为$0.58 \leqslant \lambda_1 \leqslant 0.63$，$0.61 \leqslant \lambda_2 \leqslant 0.65$ 时，如取 $\lambda_1 = 0.6$，$\lambda_2 = 0.62$ 或 $\lambda_1 = 0.58$，$\lambda_2 = 0.64$，满足 $1-\frac{\alpha k Q_2+\mu k \alpha Q_1}{(\xi_1-1)+t_1 Q_1} < \lambda_1 < 1-\frac{\mu k \alpha(Q_1+Q_2)}{(\xi_1-1)+t_1 Q_1}$，$1-\frac{\alpha k Q_1+\mu k \alpha Q_2}{(1-\xi_2)-t_2 Q_2} < \lambda_2 < 1-\frac{\mu k \alpha(Q_1+Q_2)}{(1-\xi_2)-t_2 Q_2}$条件，区域间政府演化博弈稳定策略为一定比例{严格监督，不严格监督}、{不严格监督，严格监督}，仿真分析结果如图 6 和图 7 情形 3、情形 4 所示；④当取 $\lambda_1 = 0.6$，$\lambda_2 = 0.5$ 时，满足 $1-\frac{\alpha k Q_2+\mu k \alpha Q_1}{(\xi_1-1)+t_1 Q_1} < \lambda_1 < 1-\frac{\mu k \alpha(Q_1+Q_2)}{(\xi_1-1)+t_1 Q_1}$，$0 < \lambda_2 < 1-\frac{\alpha k Q_1+\mu k \alpha Q_2}{(1-\xi_2)-t_2 Q_2}$条件，区域间政府演化博弈稳定策略为{不严格监督，严格监督}，仿真分析结果如图 6 和图 7 情形 5 所示；⑤当取 $\lambda_1 = 0.7$，$\lambda_2 = 0.8$ 时，满足$\lambda_1 > 1-\frac{\alpha k Q_2+\mu k \alpha Q_1}{(\xi_1-1)+t_1 Q_1}$，$\lambda_2 > 1-\frac{\mu k \alpha(Q_1+Q_2)}{(1-\xi_2)-t_2 Q_2}$条件，区域间政府演化博弈稳定策略为{不严格监督，不严格监督}，仿真分析结果如图 6 和图 7 情形 6 所示。

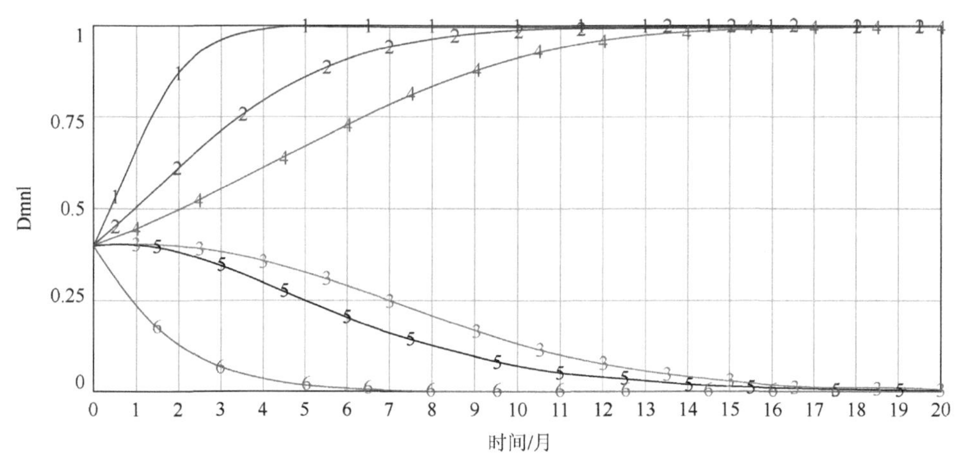

图 6　本地政府严格监督企业技术选择系统 ESS

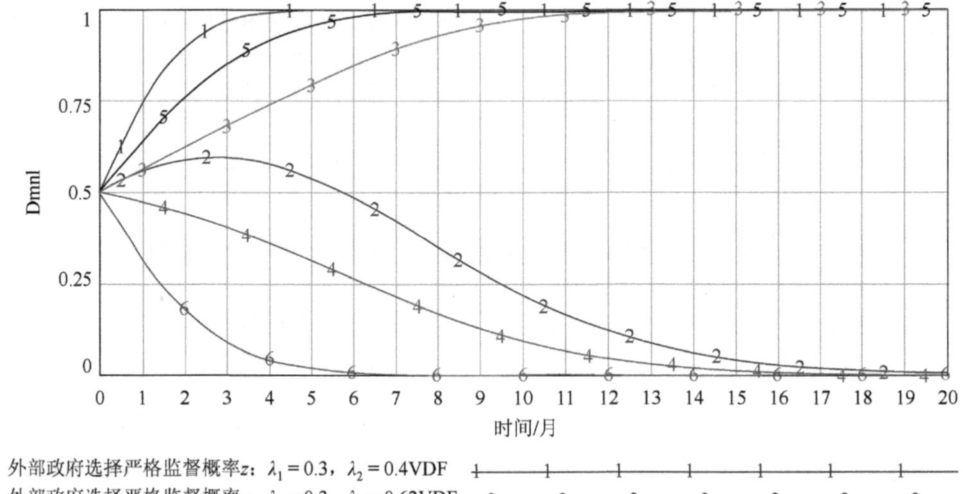

外部政府选择严格监督概率z：$\lambda_1=0.3$，$\lambda_2=0.4$VDF
外部政府选择严格监督概率z：$\lambda_1=0.3$，$\lambda_2=0.62$VDF
外部政府选择严格监督概率z：$\lambda_1=0.6$，$\lambda_2=0.62$VDF
外部政府选择严格监督概率z：$\lambda_1=0.58$，$\lambda_2=0.64$VDF
外部政府选择严格监督概率z：$\lambda_1=0.6$，$\lambda_2=0.5$VDF
外部政府选择严格监督概率z：$\lambda_1=0.7$，$\lambda_2=0.8$VDF

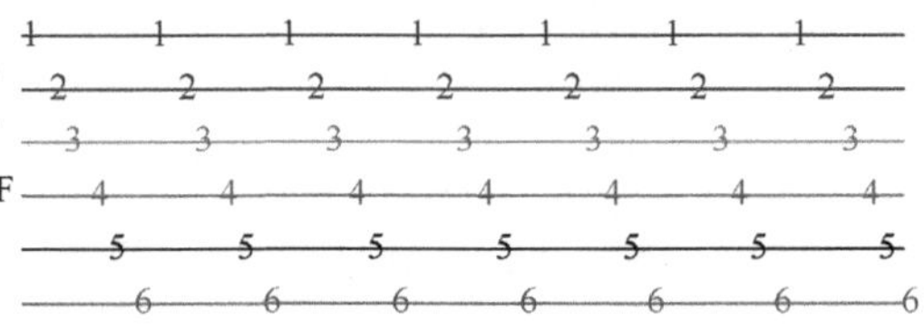

图 7　外部政府严格监督企业技术选择系统 ESS

区域间政府严格监督行为策略的关键在于区域间政府的减排力度。减排力度比较小时，对企业技术选择的监督所付出的成本和征收的环境税比较小，中央政府的纵向转移支付也会减少，此时区域间政府无法进行“搭便车”行为，需要对其他区域政府进行横向转移补偿来降低碳排放的负外部性，所以区域间政府会积极进行严格监督；减排力度达到较高水平时，随着区域间政府的减排力度差距拉开，减排力度较小的地方政府可以进行“搭便车”行为，影响地方政府进行严格监督的积极性，导致区域间政府对企业技术行为进行严格监督的演化博弈趋向一方严格监督、另一方不严格监督。区域间政府减排力度都很大时，地方政府可以进行“搭便车”行为，其需付出的减排成本很大，最终区域间政府演化博弈会趋向不严格监督。

因此，基于仿真分析得出的管理启示如下：减排力度越小，区域间政府付出减排成本也越小，区域间政府选择严格监督的概率达到 1 所需的时间越短。中央政府应在加强环保监管力度的基础上，构建监管评价机制，对地方政府的严格监督程度进行较为准确的评估，从而制定相应比例的纵向转移支付额度，降低进行严格监督政府的监管成本。同时，完善横向补偿机制和市场机制，因环境污染具有负外部性，故应清晰划分区域间政府减排责任，防止出现“搭便车”行为，影响地方政府严格监督的积极性，横向补偿机制和市场机制对减排力度大且积极进行环保监督的地方政府起到了良好的激励作用，有利于减排目标的实现。

六、结论与启示

（一）结论

伴随我国绿色低碳循环发展经济体系的不断完善，绿色技术选择日益成为绿色发展的重要动力，我国企业作为打好污染防治攻坚战、推进生态文明建设、推动高质量发展的重要支撑，其转型势在必行。区域间政府既是减排的主要责任承担者，其博弈又受到环境污染的外部性特征影响。本文借助演化博弈方法模拟了地方政府层面及区域间政府层面对企业绿色技术选择监管策略随时间演化的过程，并使用系统动力学仿真方法，对上文的演化博弈过程结合我国部分实际数据进行验证，得到如下结论。

（1）企业绿色技术选择行为策略的关键在于其清洁技术成本相较于政府采取不同减排力度产生的污染技术成本、减排量单位的碳交易收益与环境税、政府对清洁技术成本补贴之和的高低。地方政府进行严格监督行为策略在于经中央政府纵向转移支付后严格监督的实际支付成本（$C_i-\xi_i C_i$）与企业选择清洁技术时所征收的环境税和成本补贴之和与企业选择污染技术时所征收的环境税相比情况。在成本补贴、单位碳排放量交易权价格、环境税率、纵向转移支付系数等不变的情况下，随着清洁技术成本和严格监督成本逐渐增加，会依次出现{清洁技术，严格监督}、{清洁技术，不严格监督}、{污染技术，严格监督}和{污染技术，不严格监督}等 ESS。

（2）区域间政府严格监督行为策略的关键在于区域间政府的减排力度。减排力度比较弱时，对企业技术选择的监督所付出的成本和征收的环境税比较低，中央政府的纵向转移支付也会减少，此时区域间政府无法进行“搭便车”行为，需要对其他区域政府进行横向转移补偿来降低碳排放的负外部性，所以区域间政府会积极进行严格监督；减排力度达到较高水平时，随着区域间政府的减排力度差距拉开，减排力度较弱的地方政府可以进行“搭便车”行为，影响地方政府进行严格监督的积极性，导致区域间政府对企业技术行为进行严格监督的演化博弈会趋向一方严格监督、另一方不严格监督。区域间政府减排力度都很强时，地方政府可以进行“搭便车”行为，其需付出的减排成本很高，最终区域间政府演化博弈会趋向不严格监督。随着区域间政府减排力度的增加，会依次出现{严格监督，严格监督}，{严格监督，不严格监督}，{不严格监督，严格监督}，{不严格监督，不严格监督}等 ESS。

（3）对本文两部分演化博弈模型均有显著影响的因素是地方政府征收的环境

税率、中央政府的纵向转移支付。环境税率对碳排放量影响较大，税率越高，企业所缴纳的环境税越高，合理设置环境税率有利于促进企业积极进行绿色技术选择、抑制碳排放污染，并体现了地方政府的减排力度不断加强。中央政府的纵向转移支付推动企业进行清洁技术选择，地方政府采取严格监督策略。因此纵向转移支付系数的设置要周听不蔽，不仅考虑地方政府管辖区域现行减排力度、减排成本，而且要考虑管辖区域内企业的绿色技术转型成本。如果地方政府强制企业进行清洁技术转换，反而可能导致企业产生资金周转问题，制约企业生产经营活动的正常进行，并危及企业经济的发展。

（二）研究启示

基于上述结论得到的管理启示如下。

地方政府应从成本补贴与潜在收益两个角度着手激发企业进行绿色技术转型选择。首先，在成本补贴层面，地方政府可以通过增加绿色技术成本补贴来减少企业因技术转换而付出的额外成本，以达到激励企业进行绿色技术转换的目的。企业自身也应积极谋求转型技术的更新，将最新的技术研发成果实现商业化与市场化，进而降低成本，激发创新活力。其次，在潜在收益层面，地方政府应该积极进行宣传教育，使企业充分认识到绿色技术转型的巨大潜力与时代要求，积极顺应时代趋势，及时意识到绿色技术创新背后所蕴含的巨大公共收益，如碳交易市场中售卖碳排放配额收入，其将远超自身所能创造的短期收益，在企业内部形成环保文化，由内而外地展示企业的优秀形象。

中央政府应在加强地方政府监管力度的前提下，建立综合环境治理评价体系，加强引导与激励。已有的研究表明，在加强环保监管力度的前提下，提高环境规制强度、增加环保投入及自主研发投入是企业绿色技术效率提升的重要途径[49]。中央政府应提高纵向转移支付，在准确识别区域间政府采取不同的减排力度后，根据不同的实际减排效果进行因地制宜的宏观财政调控，对冲消减地方政府对企业技术选择严格监督所付出的成本，并继续促进地方政府加大减排力度，进行严格监督策略。在制定环境规制政策时，加大横向转移补偿系数，防止出现“搭便车”现象，落实“谁污染，谁治理”的原则，促使区域间政府监督策略向严格监督演化。依靠纵、横向补偿机制和市场机制，在政府的环境规制引导下，形成企业积极寻求绿色技术转变、区域间政府积极进行严格监督的良好格局。

政府出台并完善环境治理的相关法律法规，尤其在制定合理税率方面，综合考量中央政府、区域间政府和企业三方利益，积极引导鼓励企业向绿色技术转型，推动地方政府进行严格监督。综合上述演化博弈的关键影响因素分析，政府制定合理的环境规制和生态补偿政策是推动加快向绿色技术转型和建设绿色低碳循环发展经济体系的重要推手。我国环境治理问题迫在眉睫。在政策层面，亟待中央政府建立和完善的法律法规仍有很多；在推动落实层面，需要逐步构建完善的信息公开共享机制、监督约束和激励机制及利益分配机制作为保障。

这项研究在未来仍有拓展空间。现阶段仅收集部分我国实际数据来进行仿真分析，未来研究可以收集更加全面翔实的案例数据来得到一些更加具有系统性的结论。本文在企业绿色技术选择策略中仅考虑两种决策，即清洁技术和污染技术，未来研究可以选取多个清洁程度的绿色技术来供企业选择，这更加符合我国实际。未来研究也可以考虑含有企业创新开发清洁技术因素的决策分析。

附　　录

1. 引理 1 的证明

对于系统 I，分别令 $\frac{\mathrm{d}x}{\mathrm{d}t}=0$，$\frac{\mathrm{d}y}{\mathrm{d}t}=0$，显然有（0，0）、（0，1）、（1，0）、（1，1）是系统 I 的均衡点。当

$$C_d+\Delta e\left(p-t_i\right)+b\varphi\Delta e^2<C_c<C_d+\Delta e\left(p-\lambda_i t_i\right)+\lambda_i b\varphi\Delta e^2$$

$$\frac{t_i Q_c-b\varphi\Delta e^2}{1-\xi_i}<C_i<\frac{t_i Q_d}{1-\xi_i}$$

时，

$$0<\frac{\left(1-\xi\right)C_i-t_i Q_d}{b\varphi\Delta e^2-\Delta e t_i}<1$$

$$0<\frac{C_d-C_c+\Delta e\left(p-\lambda_i t_i\right)+\lambda_i b\varphi\Delta e^2}{\left(1-\lambda_i\right)\left(\Delta e t_i-b\varphi\Delta e^2\right)}<1$$

故 (x_D,y_D) 也是系统 I 的均衡点[46]。证毕。

2. 命题 1 的证明

根据演化博弈稳定性分析方法，计算雅可比矩阵 J 各个均衡点的 tr$J$ 和 det$J$，以此判断系统 I 五种情况下的演化稳定性，如附表 1 所示。证毕。

附表 1　五种情况下均衡点的局部稳定性（一）

	均衡点	tr$J$	det$J$	局部稳定性
情况（1）	（0，0）	+	+	不稳定点
	（0，1）		−	鞍点
	（1，0）		−	鞍点
	（1，1）	−	+	ESS

续表

	均衡点	tr$J$	det$J$	局部稳定性
情况（2）	（0，0）	+	+	不稳定点
	（0，1）		–	鞍点
	（1，0）	–	+	ESS
	（1，1）		–	鞍点
	均衡点	tr$J$	det$J$	局部稳定性
情况（3）	（0，0）	+	+	不稳定点
	（0，1）	–	+	ESS
	（1，0）	–	+	ESS
	（1，1）	+	+	不稳定点
	(x_D, y_D)		–	鞍点
	均衡点	tr$J$	det$J$	局部稳定性
情况（4）	（0，0）	+	+	不稳定点
	（0，1）	–	+	ESS
	（1，0）		–	鞍点
	（1，1）		–	鞍点
	均衡点	tr$J$	det$J$	局部稳定性
情况（5）	（0，0）	–	+	ESS
	（0，1）		–	鞍点
	（1，0）		–	鞍点
	（1，1）	+	+	不稳定点

3. 引理 2 的证明

对于系统Ⅱ，分别令$\frac{\mathrm{d}w}{\mathrm{d}t}=0$，$\frac{\mathrm{d}z}{\mathrm{d}t}=0$，显然有（0，0）、（0，1）、（1，0）、（1，1）是系统Ⅱ的均衡点。当

$$1-\frac{\alpha kQ_2+\mu k\alpha Q_1}{(\xi_1-1)+t_1Q_1}<\lambda_1<1-\frac{\mu k\alpha(Q_1+Q_2)}{(\xi_1-1)+t_1Q_1}$$

$$1-\frac{\alpha kQ_1+\mu k\alpha Q_2}{(1-\xi_2)-t_2Q_2}<\lambda_2<1-\frac{\mu k\alpha(Q_1+Q_2)}{(1-\xi_2)-t_2Q_2}$$

时，

$$0<\frac{\mu\alpha k\left(Q_1+Q_2\right)-\left(1-\lambda_2\right)\left[\left(1-\xi_2\right)C_2+t_2Q_2\right]}{\left(1-\mu\right)\alpha kQ_1}<1$$

$$0<\frac{\mu\alpha k\left(Q_1+Q_2\right)-\left(1-\lambda_1\right)\left[\left(1-\xi_1\right)C_1+t_1Q_1\right]}{\left(1-\mu\right)\alpha kQ_2}<1$$

故 (w_D,z_D) 也是系统Ⅱ的均衡点。证毕。

4. 命题 2 的证明

根据演化博弈稳定性分析方法，计算雅可比矩阵 J 各个均衡点的 tr$J$ 和 det$J$，以此判断系统Ⅱ五种情况下的演化稳定性，如附表 2 所示。证毕。

附表 2　五种情况下均衡点的局部稳定性（二）

	均衡点	tr$J$	det$J$	局部稳定性
情况（1）	（0，0）	+	+	不稳定点
	（0，1）		−	鞍点
	（1，0）		−	鞍点
	（1，1）	−	+	ESS
情况（2）	均衡点	tr$J$	det$J$	局部稳定性
	（0，0）	+	+	不稳定点
	（0，1）		−	鞍点
	（1，0）	−	+	ESS
	（1，1）		−	鞍点
情况（3）	均衡点	tr$J$	det$J$	局部稳定性
	（0，0）	+	+	不稳定点
	（0，1）	−	+	ESS
	（1，0）	−	+	ESS
	（1，1）	+	+	不稳定点
	(w_D,z_D)		−	鞍点
情况（4）	均衡点	tr$J$	det$J$	局部稳定性
	（0，0）	+	+	不稳定点
	（0，1）	−	+	ESS
	（1，0）		−	鞍点
	（1，1）		−	鞍点

续表

	均衡点	tr$J$	det$J$	局部稳定性
情况（5）	（0，0）	−	+	ESS
	（0，1）		−	鞍点
	（1，0）		−	鞍点
	（1，1）	+	+	不稳定点

参 考 文 献

[1] 林智钦. 人民日报有的放矢：全面形成绿色发展新格局[EB/OL].（2019-04-16）[2019-09-10]. http://opinion.people.com.cn/n1/2019/0416/c1003-31031261.html.

[2] 周晶淼，赵宇哲，武春友，等. 绿色增长下的导向性技术创新选择研究[J]. 管理科学学报，2018，21（10）：61-73.

[3] Krass D，Nedorezov T，Ovchinnikov A. Environmental taxes and the choice of green technology[J]. Production and Operations Management，2013，22（5）：1035-1055.

[4] 孙慧，刘媛媛. 中国区际碳排放差异与损益偏离现象分析[J]. 管理评论，2016，28（10）：89-96.

[5] 林伯强，黄光晓. 梯度发展模式下中国区域碳排放的演化趋势：基于空间分析的视角[J]. 金融研究，2011（12）：35-46.

[6] 汪明月，刘宇，杨文珂. 环境规制下区域合作减排演化博弈研究[J]. 中国管理科学，2019，27（2）：158-169.

[7] 中国社会科学院工业经济研究所课题组，李平. 中国工业绿色转型研究[J]. 中国工业经济，2011（4）：5-14.

[8] 侯建，陈恒. 中国高专利密集度制造业技术创新绿色转型绩效及驱动因素研究[J]. 管理评论，2018，30（4）：59-69.

[9] 申晨，李胜兰，黄亮雄. 异质性环境规制对中国工业绿色转型的影响机理研究：基于中介效应的实证分析[J]. 南开经济研究，2018（5）：95-114.

[10] Du J L，Liu Y，Diao W X. Assessing regional differences in green innovation efficiency of industrial enterprises in China[J]. International Journal of Environmental Research and Public Health，2019，16（6）：940.

[11] Hou J，Teo T S H，Zhou F L，et al. Does industrial green transformation successfully facilitate a decrease in carbon intensity in China? An environmental regulation perspective[J]. Journal of Cleaner Production，2018，184：1060-1071.

[12] 周远祺，杨金强，刘洋. 高能耗企业绿色转型技术的实物期权选择路线[J]. 系统工程理论与实践，2019，39（1）：19-35.

[13] 何小钢，张耀辉. 技术进步、节能减排与发展方式转型：基于中国工业 36 个行业的实证考察[J]. 数量经济技术经济研究，2012，29（3）：19-33.

[14] Williams G，Rolfe J. Willingness to pay for emissions reduction：application of choice modeling under uncertainty and different management options[J]. Energy Economics，2017，62：302-311.

[15] Bi G B，Jin M Y，Ling L Y，et al. Environmental subsidy and the choice of green technology in the presence of green consumers[J]. Annals of Operations Research，2017，255（1）：547-568.

[16] Stucki T，Woerter M. Intra-firm diffusion of green energy technologies and the choice of policy instruments[J].

Journal of Cleaner Production，2016，131：545-560.

[17] Groot L. Carbon Lorenz curves[J]. Resource and Energy Economics，2010，32（1）：45-64.

[18] 刘华军，赵浩. 中国二氧化碳排放强度的地区差异分析[J]. 统计研究，2012，29（6）：46-50.

[19] 刘晓，王铮，邓吉祥. 配额目标约束下区域减排的最优控制率[J]. 生态学报，2016，36（5）：1380-1390.

[20] 钟章奇，张旭，何凌云，等. 区域间碳排放转移、贸易隐含碳结构与合作减排：来自中国30个省区的实证分析[J]. 国际贸易问题，2018（6）：94-104.

[21] Yue T，Long R Y，Chen H，et al. The optimal CO_2 emissions reduction path in Jiangsu Province：an expanded IPAT approach[J]. Applied Energy，2013，112：1510-1517.

[22] 潘峰，西宝，王琳. 地方政府间环境规制策略的演化博弈分析[J]. 中国人口·资源与环境，2014，24（6）：97-102.

[23] 李明全，王奇. 基于双主体博弈的地方政府任期对区域环境合作稳定性影响研究[J]. 中国人口·资源与环境，2016，26（3）：83-88.

[24] 汪明月，刘宇，李梦明，等. 碳交易政策下区域合作减排收益分配研究[J]. 管理评论，2019，31（2）：264-277.

[25] 赵玉民，朱方明，贺立龙. 环境规制的界定、分类与演进研究[J]. 中国人口·资源与环境，2009，19（6）：85-90.

[26] Alexeev A，Good D H，Krutilla K. Environmental taxation and the double dividend in decentralized jurisdictions[J]. Ecological Economics，2016，122：90-100.

[27] 刘晔，周志波. 环境税“双重红利”假说文献述评[J]. 财贸经济，2010，31（6）：60-65.

[28] Oueslati W. Environmental tax reform：short-term versus long-term macroeconomic effects[J]. Journal of Macroeconomics，2014，40：190-201.

[29] Rausch S，Schwarz G A. Household heterogeneity，aggregation，and the distributional impacts of environmental taxes[J]. Journal of Public Economics，2016，138：43-57.

[30] Martin S. R&D joint ventures and tacit product market collusion[J]. European Journal of Political Economy，1996，11（4）：733-741.

[31] Hewitt-Dundas N，Roper S. Output additionality of public support for innovation：evidence for Irish manufacturing plants[J]. European Planning Studies，2010，18（1）：107-122.

[32] 王业斌. 政府投入、所有制结构与技术创新：来自高技术产业的证据[J]. 财政监督，2012（12）：70-72.

[33] Cohen L R，Noll R G. The Technology Pork Barrel[M]. Washington，D.C.：Brookings Institution Press，1991.

[34] Goolsbee A. Does government R&D policy mainly benefit scientists and engineers[J]. American Economic Review，1998，88（2）：298-302.

[35] Guellec D，van Pottelsberghe De La Potterie B. The impact of public R&D expenditure on business R&D[J]. Economics of Innovation and New Technology，2003，12（3）：225-243.

[36] 毛其淋，许家云. 政府补贴对企业新产品创新的影响：基于补贴强度“适度区间”的视角[J]. 中国工业经济，2015（6）：94-107.

[37] 潘峰，西宝，王琳. 环境规制中地方政府与中央政府的演化博弈分析[J]. 运筹与管理，2015，24（3）：88-93，204.

[38] 许光. 碳税与碳交易在中国环境规制中的比较及运用[J]. 北方经济，2011（6）：3-4.

[39] 张华，魏晓平. 绿色悖论抑或倒逼减排：环境规制对碳排放影响的双重效应[J]. 中国人口·资源与环境，2014，24（9）：21-29.

[40] 张红凤，张细松. 环境规制理论研究[M]. 北京：北京大学出版社，2012.

[41] 陈真玲，王文举. 环境税制下政府与污染企业演化博弈分析[J]. 管理评论，2017，29（5）：226-236.
[42] 潘峰，西宝，王琳. 基于演化博弈的地方政府环境规制策略分析[J]. 系统工程理论与实践，2015，35（6）：1393-1404.
[43] 焦建玲，陈洁，李兰兰，等. 碳减排奖惩机制下地方政府和企业行为演化博弈分析[J]. 中国管理科学，2017，25（10）：140-150.
[44] 赵令锐，张骥骧. 碳排放权交易中企业减排行为的演化博弈分析[J]. 科技管理研究，2016，36（5）：215-221.
[45] Friedman D. Evolutionary games in economics[J]. Econometrica，1991，59（3）：637-666.
[46] Tong W，Mu D，Zhao F，et al. The impact of cap-and-trade mechanism and consumers' environmental preferences on a retailer-led supply chain[J]. Resources，Conservation and Recycling，2019，142：88-100.
[47] CHEAA. Appliance reference. China Household Electrical Appliances Association[EB/OL]. [2024-10-16]. https://www.cheaa.org/.
[48] 骆振华. 雪花公司碳交易活动激励机制研究[D]. 北京：北京理工大学，2016.
[49] 何枫，祝丽云，马栋栋，等. 中国钢铁企业绿色技术效率研究[J]. 中国工业经济，2015（7）：84-98.

数字经济时代下的企业运营与服务创新管理的理论与实证*

摘要： 以大数据、移动互联网、人工智能等为代表的现代信息技术革命催生了数字经济，形成了一种新型的数字化经济及商业模式。本文基于国家自然科学基金委员会第201期双清论坛的研讨结果，概述了数字经济时代下我国企业运营与服务创新管理面临的重大挑战和机遇，梳理了运营管理学科在物流与供应链管理、生产与质量管理、服务运作管理三个前沿领域的主要理论成果，并提出了三个前沿领域的未来研究方向，以期探索和凝练数字经济时代下企业运营与服务创新管理的新机遇、新理论、新方法，为我国企业的产业经济转型升级提供决策依据。

关键词： 数字经济；企业运营与服务创新；生产与质量管理；前沿领域

一、引言

近年来，以大数据、移动互联网、云计算、物联网、人工智能等为代表的现代信息技术革命催生了数字经济，形成一种新型的数字化经济及商业活动模式。数字经济是一种新的经济形态、新的资源配置方式，集中体现了信息技术创新、商业模式创新及制度创新的要求。2016年9月，中国首次将“数字经济”列为《二十国集团创新增长蓝图》中的一项重要议题。对于传统制造企业，数字经济不仅能够促进技术创新方面的正向整合，而且能够催生商业模式的创新。2017年10月，国务院办公厅印发了《关于积极推进供应链创新与应用的指导意见》，指出“随着信息技术的发展，供应链已发展到与互联网、物联网深度融合的智慧供应链新阶段。为加快供应链创新与应用，促进产业组织方式、商业模式和政府治理方式创新，推进供给侧结构性改革”。党的十九大报告中明确指出，“加快建设制造强国，加快发展先进制造业，推动互联网、大数据、人工智能和实体经济深度融合，

---

* 陈晓红，唐立新，李勇建，等. 数字经济时代下的企业运营与服务创新管理的理论与实证[J]. 中国科学基金，2019，33（3）：301-307.

在中高端消费、创新引领、绿色低碳、共享经济、现代供应链、人力资本服务等领域培育新增长点、形成新动能”。

与此同时，世界主要发达国家均推出了各自的数字经济政策与行动计划：英国于2015年颁布了《数字经济战略（2015～2018）》，侧重对数字文化创新的扶持和激励，为英国建设数字化强国确定了方向；日本于2009年制定了《i-日本战略2015》，着力于电子政务、智慧医疗、在线教育三个领域的重点应用，希望将数字技术融入生活；美国于2018年发布了《先进制造业美国领导力战略》，明确提到将大数据分析和先进的传感与控制技术应用于大量制造活动，从而促进制造业的数字化转型。

二、数字经济时代下企业运营与服务创新管理面临的机遇和挑战

数字经济及数字技术的出现与发展为企业的高效与科学运营提供了机遇，政府的政策支持为企业的运营优化与商业模式创新提供了动力。新一代数字技术给企业运营与服务带来的机遇主要体现在以下方面：①数字经济加速向传统产业渗透，新模式、新业态持续涌现，提升消费体验和资源利用效率；②新技术带来的全要素效率提升，加快改造传统动能，推动新旧动能接续转换；③智能化生产、网络化协同、个性化定制、服务化延伸等融合新模式快速普及。但对于企业来说，机遇与挑战共存，企业在数字经济环境下科学合理地进行运营管理与服务创新已成为增强企业核心竞争力的关键所在。因此，针对数字经济时代下企业运营管理与服务创新的新机遇、新理论、新方法进行深入研究与凝练，对我国企业下一步的产业经济转型升级具有重要的指导意义。

为了探索我国企业在数字经济时代背景下运营与服务创新管理的理论与实践，2018年5月17～18日，国家自然科学基金委员会管理科学部、信息科学部和政策局在长沙联合召开了主题为“数字经济时代下的企业运营与服务创新管理的理论与实证”的第201期双清论坛。来自全国32所高校、科研院所、企事业单位的40多位专家学者共同研讨数字经济时代下的企业运营与服务创新管理的研究现状、研究热点和发展趋势，凝练关键科学问题，明确学科前沿研究方向和关键科学问题。

三、国内外研究动态分析

现代企业运营管理的研究内容已不局限于传统生产过程的计划、组织与控制，而是扩大到包括运营战略制定、运营系统设计及运营系统运行等多个层次的内容，把运营战略、新产品开发、产品设计、采购供应、生产制造、产品配送直至售后服务看作一个完整的价值链，对其进行集成管理与系统优化，从而实现企业、供应链乃至社会整体收益最大化。近年来，在国家自然科学基金的资助下，企业运

作与运营管理学科在物流与供应链管理、生产与质量管理、服务运作管理等分支领域均取得了丰硕的研究成果。

（一）数字经济时代下物流与供应链管理研究

1. 智慧供应链运营管理

数字经济时代下，供应链已发展到与互联网、物联网深度融合的智慧供应链新阶段，智慧供应链的运营管理也朝着高度可视化、可触及、可调整、高度柔性化、高度信息整合、高度可协作的方向发展[1, 2]。国内外关于智慧供应链的研究在近年开始出现，且主要集中在概念探讨、效率研究和模式构建等方面。大部分研究认为通过结合现有的互联网、人工智能、云计算等智能技术，智慧供应链能够解决现有供应链中存在的问题并推动相关行业的发展。已有研究从信息技术、物联网或从行业角度各自提出了不同的智慧供应链研究框架，但大部分研究局限于智慧供应链的概念和理论层面，只有少量研究关注了智慧供应链中的运营问题，这部分研究从定性或定量的角度探讨了智慧供应链对企业生产运营的影响，对基于物联网的智慧供应链中运营决策等问题进行的研究仍存在欠缺。

2. 供应链金融创新

在供应链金融领域，早期的研究已经证明了在不完全市场条件下运营决策与融资决策是相互影响的[3]，其中一些研究将金融学理论引入运营管理中，促成了财务学、金融学与运营科学的交叉融合。研究内容从融资与单个企业价值的关系扩展到管理科学的各个方面，如库存的管理、生产投资决策、借贷双方的代理问题、供应链管理、融资模式选择。目前学者主要研究两类融资方式，即外部融资和内部融资。内部融资主要涉及贸易信用融资，且相关研究集中于贸易信用融资下的运营决策、合约设计与供应链协调、信用风险控制。外部融资主要涉及银行贷款、向第三方物流公司贷款和向供应链外的其他机构融资，学者关注的问题主要包括报童环境下的库存或运营决策问题、合同设计或供应链协调问题等。

3. 区块链下的供应链管理

供应链全局透明度和可追溯性问题一直是困扰着整个商业界、学术界，以及相关政府管理部门的行业难题。随着比特币等虚拟货币发展的区块链技术迅速发展，各行业迎来了新的机遇和挑战，区块链技术将改变现有的商业模式[4]。初创企业和巨头科技企业开始关注并研究基于区块链技术的商业模式创新，理论界开始陆续关注区块链技术的商业应用，如金融、保险、食品和医疗等行业区块链技术的应用前景和区块链技术应用需要克服的难题。尽管区块链技术具有彻底改变现有商业模式、重新定义企业和经济的潜力，但从整体而言，关于区块链技术在商业中的应用及其对各行业效率的提升等方面的系统性研究还处于起步阶段，区块链技术如何引导商业模式转型仍需静观其变。

4. 基于互联网的供应链平台化管理

互联网技术的迅猛发展极大地推动了商业模式的创新，其创造出的平台经济成为供应链发展的新方向[5]。在新的商业模式下，企业在供应链平台化过程中面临诸多挑战，引起学者的高度关注。*Harvard Business Review* 近年来已就供应链平台化运作报道了多个案例。然而总体而言，关于互联网环境下的供应链平台化运作研究尚处于起步阶段，主要以描述分析和案例研究探讨供应链平台化运作模式的内涵及平台化运作模式对供应链绩效的影响。初始的研究侧重供应链平台化的实现，之后部分学者进一步探讨了供应链平台化运作的制约因素。

（二）数字经济时代下生产与质量管理研究

1. 全面供应链质量管理

新一代信息技术的迅速发展迎来了数字经济时代，制造业制造水平和全球化程度不断提升，制造业客户的需求更加个性化，对服务水平的要求越来越高。为顺应这种趋势，制造企业正从传统的提供产品模式向提供产品 + 服务的模式转变，不再是单纯的生产企业，而是集金融、制造、服务、物流等多种经营活动于一体的现代化制造企业。这些转变对现代企业的金融及风险管理、客户需求分析、制造资源配置与优化、全流程生产质量管理、服务与物流管理都提出了新的需求和挑战，需要提出新的理论和方法加以解决。

数字经济下的现代企业更加重视金融、运作与风险管理交叉领域（interface of finance，operations，and risk management，iFORM），以及物质流、信息流、资金流等多流协同优化。iFORM 及多流协同优化已成为当前制造及服务运作管理的研究热点之一。2018 年，制造及服务运作管理领域的重要期刊 *Manufacturing & Service Operations Management* 组织专刊报道了针对 iFORM 的最新研究成果[6]，主要内容包括供应链金融、代理问题、契约机制和供应链风险管理。专刊将供应链金融、集成风险管理、创业和创业融资，以及供应链资产定价列为 iFORM 未来重点研究方向。

此外，及时掌握或准确预测客户的个性化需求是制造企业提高产品及服务水平的重要前提条件。互联网应用水平及机器学习理论和方法的发展为企业利用互联网数据及销售历史数据分析和预测客户的个性化需求提供了数据基础和技术手段，也得到了学术界广泛关注和研究。

2. 制造业资源配置与服务质量管理

制造资源配置与优化一直是企业生产与运营管理的核心内容之一，也是学界广泛关注的研究领域[7]。数字经济下企业的运营优化决策和销售决策联系更加紧密，新的优化模式、理论和方法不断涌现[8]。主要研究领域包括基于新型信息技术的制造模式和资源优化配置、共享经济模式下的生产线优化设计、销售与运作计划联合优化、生产-存储发货过程联合优化、面向工程建造服务的材料供应链管理与优化等。上述问题的解决需要基于企业运作实际特点建立新的优化模型并设计优化方法，研究成果对企业提高生产经营决策水平、提高综合竞争力具有重要的应用价值。

改进产品及服务质量是提升企业综合竞争力的重要途径[9]。随着新一代信息技术的进步，利用数据技术实现产品全生命周期的质量管理成为企业提升智能制造水平的重要途径，也成为学术研究的热点[10]。主要研究领域包括大数据驱动的产品/服务质量规划及改进方法、数据驱动和机理模型混合的产品质量建模方法、基于人工智能的产品全生命周期质量监测与协同控制、数字经济下制造及服务全流程数据解析与质量管理等。利用大规模数据提升产品及服务质量是业界和学界普遍认可的途径，但在实际研究中需要解决生产全流程加工数据的获取、建模、存储、检索与分析等一系列关键理论和技术难题。

提高制造及发货过程的物流运作效率是改进企业生产效率和提高客户服务水平的另一条重要途径，也是运作管理领域长期研究的一类难题[11]。随着新一代信息技术的发展和社会运行节奏的加快，客户对物流效率和服务水平的要求越来越高，一些具有新特点的物流运作优化问题也应运而生，引起了学术界的广泛研究。主要研究内容包括考虑随机需求的选址与库存联合优化问题、自动化立体仓库运作优化问题、基于实时信息技术的物流协同配送优化问题、具有多种问题特点的车辆路径优化问题等。解决上述问题的经典方法是建立数学规划模型，并根据问题的特点采用分解算法进行求解[12]。在物流过程实时获取信息的条件下，如何实现物流运作的动态优化是极具挑战性的难题。

3. 生鲜产品的冷链物流质量管理

我国生鲜农产品每年的损耗率高达 30%，直接经济损失超过 1000 亿元[13]。因此，如何保持物流存储和运输中的新鲜度、降低损耗率一直是该领域的重要研究课题。不适宜的温度控制是生鲜农产品损耗的主要原因。学者普遍认为使用射频识别（radio frequency identification，RFID）、无线传感器网络（wireless sensor network，WSN）等传感技术能够有效地监控温度。还有一些学者关注了如何分析实时的产品信息，研究发现，使用指数加权移动平均表格、人工神经网络技术、模糊逻辑和事实分析技术对温度数据进行分析，能够帮助企业及时采取措施，降低损耗。此外，也有学者关注了物联网技术对生鲜农产品的位置追踪，以及对运输、仓储、流通加工等环节的实时监控作用。虽然物联网技术能够降低信息不对称性，提高物流效率，但是这种新兴技术的采纳增加了成本。各级流通主体需要根据预算成本来决定是否使用技术及在何种程度使用技术[14]。从已有的研究中可以看出，目前关于生鲜农产品冷链物流的研究大多偏向技术层面的数据采集和产品质量追踪等。对生鲜农产品冷链物流参与方的合作与协调、整体流程的设计与优化、不同流通主体的角色和盈利模式都缺乏系统性的研究。

（三）数字经济时代下服务运作管理研究

1. 数字经济时代下的服务型制造创新与价值链重构

服务型制造是制造业转型的主要模式，通过产品与服务协同整合形成定制化的产品服务系统，帮助企业摆脱过度的产品同质化竞争[15]。同时，服务型制造采用租赁、分享、分期付款等多种模式，可以有效地提升资源和产品的重复利用率，并减少资源消耗，实现制造业的可持续发展[16]。鉴于其给传统制造业带来的巨大发展潜力，服务型制造概念提出伊始便受到学者的广泛关注。然而，回顾目前相关理论成果，关于服务型制造的研究正处于快速发展的起步阶段。早期文献主要研究产品服务系统的设计方法、产品服务的定价等营销策略。目前学者开始考察服务型制造如何影响企业的绩效，传统观点认为服务化有利于促进企业的经营绩效。

在数字经济时代，人工智能、物联网和大数据等新一代信息技术成为制造业服务化转型新抓手，新一代信息技术的引入为服务型制造的实践发展和理论研究提出了全新的挑战和研究方向，正尝试研究制造型企业实现服务化转型的策略和实现路径相关问题。

2. 互联网环境下的共享出行服务运营管理

互联网与信息技术的飞速发展正深刻改变人们的生活工作方式及企业的运营管理模式[17]，在这种新模式中，共享经济借助其独特优势从起步期逐步向成长期加速转型，其中，共享出行服务备受业界推崇[18]。交通工具的使用权而非所有权影响着制造商与消费者的交易关系，围绕以分时租赁为内核的共享汽车、网约出租车和共享单车等共享出行服务新模式所产生的运营管理问题一直是困扰学术界出行服务商及相关城市管理部门的核心问题[19-21]。虽然关于共享经济服务运营管理的研究已初见端倪，但是关于信息技术及互联网平台在共享出行服务行业的应用研究等方面仍然缺乏系统性的深入探索。与此同时，随着大数据技术的迅速发展，基于互联网平台的共享出行模式面临着更深层面的挑战。基于精准预测的线上线下共享服务模式及全渠道协同等理论研究也有待进一步完善，将成为当前共享出行服务运营管理领域研究的创新突破口。

基于互联网平台的共享出行服务模式及运营管理问题亟待管理学界的关注[22]。早期共享经济模式一经提出，就吸引了学术界的广泛关注和大范围的学术讨论。已有研究成果多主要集中在分时租赁模式的运营管理。直到 2013 年，Burns[22]在发表于 *Nature* 的一文中首次概述了共享经济在交通出行领域的应用状况，并展望了基于互联网平台的未来共享出行服务模式。随着共享出行模式的成熟化，学者也开始将注意力转移到该领域，研究分时租赁模式下电动汽车采用与运营问题、共享汽车模式下原始设备制造商的产品线设计策略，以及共享出行服务模式选择问题。然而，目前该领域研究热点还停留在共享出行服务模式与政策设计层面，如何解决传统集约型交通供给效率与离散化交通需求的矛盾仍处于空白状态，这一科学问题的解决可为共享出行服务运营管理提供里程碑式理论贡献。借助移动互联网和物联网技术，结合海量实时出行数据，全面破解基于互联网平台的共享出行服务运营管理问题：解决具有时空特征的出行服务需求精准预测问题，优化基于出行需求数据的车辆资源配置与站点选址问题，改进高维不确定性环境下的共享出行订单动态分配机制，实现实时车辆调度与路径优化等。

3. 互联网环境下的医疗资源配置与医疗资源共享服务运营管理

分级分时诊疗服务效率提升和医疗运营成本改进问题一直是困扰整个医疗界、学术界，以及相关政府管理部门的行业难题，也是每一轮国内外政府医疗改革的核心问题。随着互联网和信息技术的迅速发展和全面普及，医疗行业迎来了新的机遇和挑战，即如何借助互联网和信息技术改善医疗资源管理效率问题。越来越多的学者开始关注并研究新兴的医疗服务模式和医疗信息资源管理等。但整体而言，关于互联网和信息技术在医疗行业的应用及其对医疗运营管理效率的改善等方面的系统性研究还处于起步阶段，如大数据与医疗需求预测、“互联网＋”医疗模式创新、信息技术与医疗资源配置、社会化医疗资源共享等医疗服务模式创新和医疗资源配置方式，而且该领域的服务运作管理理论发展有待完善，因此将是未来较长的一段时间里医疗运营管理领域的研究热点问题之一。

互联网与信息技术在医疗服务运营管理领域的应用是目前医疗领域的研究热点，但总体而言其仍旧处于前沿研究领域。信息系统管理领域顶尖期刊 *Information Systems Research* 早在 2010 年通过梳理当时医疗信息技术的使用情况，提出借助信息技术实现医疗系统的数字化，紧接着在 2011 年梳理了 9 篇关于信息系统在医疗领域的采用动机和使用情况的主要研究成果，并对技术驱动的医疗进步在社交媒体、循证医学和个人化医疗等三个领域的发展进行展望。同年，*Science* 也发文概述了信息技术和数字技术在全球医疗健康领域的应用状况。然而，目前理论研究重点还停留在“信息孤岛”的医疗机构内部信息化层面，研究成果还处于离散的碎片化状态，研究范式还集中在定性化的理论概述阶段。未来相当长时间内，亟须学者关注并系统性解决互联网和信息技术在医疗领域的应用及其如何改善医疗服务运营效率问题，特别需要优先解决如何使用大数据进行医疗资源需求预测、如何设计并监管“互联网 + ”医疗模式创新、如何借助信息技术实现医疗资源优化配置，以及如何实现跨组织跨地区的社会化医疗资源共享等关键现实问题。

4. 数字经济时代下企业绿色运营与绿色服务管理研究

随着近年来我国资源、环境问题的凸显，生态文明建设已经成为中国特色社会主义建设事业总体布局的重要组成部分。随着政府的环保要求和消费者的环境意识不断提升，企业的绿色运营管理越来越受到全社会的关注。研究表明，自愿采用可持续政策的企业从长期来看会拥有更好的财务绩效和资本市场表现[23]。基于社会和环境责任的价值链创新已经成为当前的热点研究方向[24]。

绿色运营和绿色服务的发展受到多方面因素的影响。在宏观层面，政府可以通过实施补贴政策推广绿色技术和绿色产品，但这一过程受到需求不确定性的制约。此外，第三方环境认证和政府环境规制可以对企业绿色产品开发产生激励作用。在微观层面，企业可以通过应用环境管理系统来减弱成本和环境影响，并可以通过模块化升级、由产品销售转向产品服务、电动车物流模式创新、改进网售运费支付方式等途径提升运营和服务过程的环境绩效。同时，政府和企业可以通过合理的政策设计来实现有效的再制造[25]。现有研究对绿色运营和绿色服务管理的实现机制和优化路径已经进行了十分丰富的讨论。随着以大数据、人工智能和物联网等为代表的新一代信息技术的发展，现代企业能够越来越有效地对数据进行采集、存储、分析和传递，从而实现多元主体之间的信息共享和决策协调。企业的数字化运营管理极大地加快了信息和压力的传导速度，势必影响企业绿色运营和绿色服务管理领域的相关决策和实践。

但是目前仅有少量研究关注了信息技术的发展和应用对绿色物流、企业绿色运营和绿色服务管理的影响。现有研究尚未对新一代信息技术影响绿色运营与绿色服务管理的路径和机制进行深入探讨，特别是对数字化运营所带来的复杂绿色供应链多重治理主体互动关系与协调机制、企业绿色运营与服务动态决策机制，以及物流大数据下的绿色物流管理等问题的研究尚处于空白。这些问题的解决将对我国企业绿色运营管理发展及全社会生态文明建设产生重要的积极影响。

四、主要研究方向和关键科学问题

结合我国企业运营与服务创新管理实践和研究现状，未来需要进一步研究的方向和关键科学问题主要包括智慧物流与供应链管理、数字技术下绿色物流与绿色服务运营管理、共享经济模式下运营与服务模式创新、智能制造大数据与全面质量管理、新型信息技术下制造及服务资源配置与优化五个方面。

（1）智慧物流与供应链管理。主要的研究方向和关键科学问题包括供应链平台化运营、供应链金融创新、区块链下的供应链管理，以及全面供应链管理理论等。

（2）数字技术下绿色物流与绿色服务运营管理。主要的研究方向和关键科学问题包括基于物流大数据的绿色物流运输模式、企业绿色运营与绿色服务管理，以及环境服务型企业智慧运营管理等。

（3）共享经济模式下运营与服务模式创新。主要的研究方向和关键科学问题包括数字经济时代下服务型制造创新与价值链重构、互联网环境下共享出行服务运营管理，以及互联网与共享经济下的医疗健康服务管理等。

（4）智能制造大数据与全面质量管理。主要的研究方向和关键科学问题包括智能制造大数据分析技术和基于互联网的全面质量管理等。

（5）新型信息技术下制造及服务资源配置与优化。主要的研究方向和关键科学问题包括基于新型信息技术的制造模式和资源优化配置、基于新型信息技术的工程建造服务模式与资源优化配置、基于 RFID 的生鲜农产品供应链运作优化、面向新零售的运营管理策略及服务模式创新，以及大数据驱动下院前急救医疗资源配置与优化等。

五、总结与展望

以大数据、云计算、物联网、人工智能和区块链为代表的数字技术蓬勃发展，深度学习、虚拟/增强现实乃至无人驾驶、智能制造、智慧医疗、共享经济等技术及应用创新层出不穷，在工业生产领域，信息技术推动生产向协同化和智能化方向发展；在服务消费领域，平台经济、共享经济、体验经济发展迅速。这为我国企业的高效与科学运营管理提供了新机遇与挑战，也为运营管理领域学术研究提供了新的研究问题与研究工具。大数据、云计算等数字技术为运营管理领域研究提供了更加高效的数据分析处理方式，将在现有研究基础上实现较大的研究突破。同时，新的数字技术环境也使得企业运营管理面临的问题发生了一定的变化，关键性问题列举如下：如何建立智能化的企业运作理念和行业标准？如何推进信息化和工业化的深度融合？如何全面推行绿色制造和绿色服务？如何全面提高企业的运营与服务创新能力？如何完成服务型制造与生产型服务的一体化？如何充分利用共享经济和平台经济优势提高资源利用效率？如何实现智能化背景下的企业制造与服务的流程再造？如何打造智慧供应链和实现供应链管理创新？等等。

这些问题在全球范围内都是崭新的、迫切需要解决的重要研究课题。作为数字经济与生产运作管理的交叉研究，需要跨领域、跨学科合作，对研究范式及研究方法进行创新与改进，结合我国具体国情，在新的商业背景下研究新的企业运营与服务管理问题，从而进一步提高企业运营与服务管理领域学术与理论水平，为我国经济和社会发展服务。因此，在数字经济时代下，从理论研究角度对企业运营管理与服务创新的新机遇、新理论、新方法进行深入研究与凝练，对我国企业下一步的产业经济转型升级具有重要的指导意义，为我国企业抓住全球信息技术和新一轮产业分化重组的重大机遇，全力打造核心技术产业生态，进一步实现产业链、价值链和创新链等协调发展提供决策依据，推动我国数字经济发展迈上新台阶。

参考文献

[1] Yan J W，Xin S J，Liu Q，et al. Intelligent supply chain integration and management based on cloud of things[J]. International Journal of Distributed Sensor Networks，2014，10（3）：624839.

[2] Wu L F，Yue X H，Jin A L，et al. Smart supply chain management：a review and implications for future research[J]. International Journal of Logistics Management，2016，27（2）：395-417.

[3] Brown W，Haegler U. Financing constraints and inventories[J]. European Economic Review，2004，48（5）：1091-1123.

[4] Ransbotham S，Fichman R G，Gopal R，et al. Special section introduction—ubiquitous IT and digital vulnerabilities[J]. Information Systems Research，2016，27（4）：834-847.

[5] Choudary S P，van Alstyne M W. Platform Revolution：How Networked Markets Are Transforming the Economy—And How to Make Them Work for You[M]. New York：W.W. Norton & Company，2016.

[6] Babich V，Kouvelis P. Introduction to the special issue on research at the interface of finance，operations，and risk management（iFORM）：recent contributions and future directions[J]. Manufacturing & Service Operations Management，2018，20（1）：1-18.

[7] Trigeorgis L. Real Options：Managerial Flexibility and Strategy in Resource Allocation[M]. Cambridge：MIT Press，1996.

[8] Tao F，Cheng Y，Xu L D，et al. CCIoT-CMfg：cloud computing and internet of things-based cloud manufacturing service system[J]. IEEE Transactions on Industrial Informatics，2014，10（2）：1435-1442.

[9] Mehta S C，Lalwani A K，Han S L. Service quality in retailing：relative efficiency of alternative measurement scales for different product-service environments[J]. International Journal of Retail & Distribution Management，2000，28（2）：62-72.

[10] Tao F，Zhang L，Venkatesh V C，et al. Cloud manufacturing：a computing and service-oriented manufacturing

model[J]. Proceedings of the Institution of Mechanical Engineers，Part B：Journal of Engineering Manufacture，2011，225（10）：1969-1976.

[11] Fugate B S，Mentzer J T，Stank T P. Logistics performance：efficiency，effectiveness，and differentiation[J]. Journal of Business Logistics，2010，31（1）：43-62.

[12] Tang L X，Jiang W，Saharidis G K D. An improved Benders decomposition algorithm for the logistics facility location problem with capacity expansions[J]. Annals of Operations Research，2013，210（1）：165-190.

[13] 杨亚，范体军，张磊. 新鲜度信息不对称下生鲜农产品供应链协调[J]. 中国管理科学，2016，24（9）：147-155.

[14] Yan B，Wu X H，Ye B，et al. Three-level supply chain coordination of fresh agricultural products in the internet of things[J]. Industrial Management & Data Systems，2017，117（9）：1842-1865.

[15] 孙林岩，李刚，江志斌，等. 21 世纪的先进制造模式：服务型制造[J]. 中国机械工程，2007，18（19）：2307-2312.

[16] 林文进，江志斌，李娜. 服务型制造理论研究综述[J]. 工业工程与管理，2009，14（6）：1-6，32.

[17] 陈国青，王刊良，郭迅华，等. 新兴电子商务：参与者行为[M]. 北京：清华大学出版社，2013.

[18] Bellos I，Ferguson M，Toktay L B. The car sharing economy：interaction of business model choice and product line design[J]. Manufacturing & Service Operations Management，2017，19（2）：185-201.

[19] Rothenberg S. Sustainability through servicizing[J]. MIT Sloan Management Review，2007，48（2）：83-91.

[20] Nourinejad M，Roorda M J. Carsharing operations policies：a comparison between one-way and two-way systems[J]. Transportation，2015，42（3）：497-518.

[21] He L，Mak H Y，Rong Y，et al. Service region design for urban electric vehicle sharing systems[J]. Manufacturing & Service Operations Management，2017，19（2）：309-327.

[22] Burns L D. Sustainable mobility：a vision of our transport future[J]. Nature，2013，497（7448）：181-182.

[23] Eccles R G，Ioannou I，Serafeim G. The impact of corporate sustainability on organizational processes and performance[J]. Management Science，2014，60（11）：2835-2857.

[24] Lee H L，Tang C S. Socially and environmentally responsible value chain innovations：new operations management research opportunities[J]. Management Science，2018，64（3）：983-996.

[25] Zhang F Q，Zhang R Y. Trade-in remanufacturing，customer purchasing behavior，and government policy[J]. Manufacturing & Service Operations Management，2018，20（4）：601-616.

技术创新篇

我国算力服务体系构建及路径研究*

摘要：算力服务是数字中国建设的重要基础和支撑，是提升国家数字化能力和核心竞争力的关键因素。在数字中国背景下，算力服务体系需要满足不同领域、层次和场景的算力需求，实现算力资源的合理配置和高效利用，引领数字经济的发展和创新。本文基于全球视角和我国现状，厘清了算力服务的内涵，剖析了我国算力服务发展中存在的算力供需矛盾愈发突出、算力基础资源分布不均、资源流通途径尚未建立、技术服务标准尚未统一、大国技术博弈日益严峻等痛点问题，从算力服务形态基础、演进模型、顶层设计三个方面提出了我国算力服务体系建设的总体架构，并全面阐述了我国算力服务体系重点战略和发展路径。研究建议：强化算力服务合作，拓展算力服务影响；鼓励各界积极参与，形成算力发展合力；加强算力服务保障，防范算力服务风险；发挥算力人才优势，助力核心技术突破；培育算力服务文化，塑造算力服务形象。

关键词：算力服务；体系构建；顶层设计；建设路径

一、引言

在信息技术飞速发展的背景下，数字经济正在成为全球经济增长的新引擎，数字化转型已经成为各个国家加快发展的重要战略。为此，我国提出了“数字中国”战略，旨在全面推进数字化转型，实现数字经济高质量发展。“数字中国”战略作为推动数字经济高质量发展的重要举措，已被写入《数字中国建设整体布局规划》《国务院关于加强数字政府建设的指导意见》等政府文件[1, 2]。数字化转型的关键在于建立强大的数字基础设施，特别是要满足数字经济对算力的需求。

算力是数字中国建设的基础性、战略性资源，作为数字经济的核心生产要素，已成为推动科技进步、促进经济社会发展的重要驱动力[3, 4]。数字经济的高速增长对应云计算、大数据、人工智能等新技术的旺盛需求，而这些技术极度依赖高效算力的支持[5]。《数字中国发展报告（2022 年）》预测，未来几年，随着数字化应用持续深入，我国数字经济对数据中心和云计算中心的需求增速可能高达每年

---

* 陈晓红，许冠英，徐雪松，等. 我国算力服务体系构建及路径研究[J]. 中国工程科学，2023，25（6）：49-60.

50%以上[6]。因此，在“数字中国”战略的指导下，我国将加快推进算力服务体系建设，以支持数字经济的高速发展和城市数字化转型升级。到 2025 年，我国将建成具有全球竞争力和支撑能力的国家级算力基础设施，为数字化转型提供强大动力。

尽管我国正加速算力基础设施建设，但从整体来看，当前算力服务供给仍显不足，多种挑战亟待解决[7-9]。因此，如何进一步提升算力服务能力，使其与数字经济发展需求相匹配，是我国当前面临的重大问题。我国算力基础设施建设和应用保持快速发展，根据工业和信息化部数据，我国基础设施算力规模达到 140EFLOPS，位居全球第二。与此同时，以云计算、大数据、区块链等人工智能技术为基础的数字经济对算力的需求增速超过 30%，这表明我国正面临较大的算力缺口。再如，我国数据中心还存在大量的闲置资源，平均利用率只有 38%，远低于全球平均水平（60%）和欧美发达国家和地区水平（65%）。这种极为突出的矛盾现象反映了我国算力市场存在不完善和不规范，以及算力资源分布不均和配置不合理等问题。此外，从技术上看，我国仍高度依赖进口算力设备，关键核心技术受制于人，尤其在计算机芯片、软硬件系统方面仍然与发达国家和地区差距明显，这些都严重制约了算力服务质量和效率。

为此，本文从算力服务内在含义、当前国内算力需求和供给情况、算力服务体系构建所面临的挑战和问题等方面入手，探讨了数字中国背景下我国算力服务体系发展的重要性。本文指出，尽管我国算力服务体系建设已经取得了一些积极成效，但是在建设过程中仍然存在众多挑战和问题，如资源分布不均、技术标准不统一、算力与场景匹配困难、供应链竞争激烈等。因此，如何进一步优化算力服务能力，释放算力创新动能，推进“数字中国”战略实施，提供高效、安全、可靠算力服务，成为下阶段我国算力服务发展的重中之重。

二、算力服务内涵

（一）算力服务是数字经济和智慧城市核心底座

算力服务是全国一体化算力网建设的重要组成部分，对提升国家数字化、智能化和可持续发展水平具有重要意义。《2022～2023 全球计算力指数评估报告》统计，2022 年我国跨机房、跨地区的并网算力规模较 2021 年增长了 40%，体现了算力服务在推动资源共享方面的重要作用[10]。算力服务有助于企业和城市实现智能化、高效化和可持续发展，提升社会经济和环境效益。针对重点行业和领域开展的算力提质增效工程显示，算力服务平台可帮助企业提升生产效率 15%以上、节约能源 10%以上。为推动算力服务的发展，政府应该通过政策引导手段鼓励存量算力资源并网，并出台专项激励政策以加速新增算力资源整合和调度，为智慧算网的建设提供有力保障。

（二）算力服务是科技革新和产业升级生命源泉

随着技术的不断进步和应用的深入，算力服务已经从一个技术概念变成了一个产业现实。2023 中国算力大会上的数据显示，2022 年我国算力核心产业规模达到 1.8 万亿元[11]。算力服务作为科技革新和产业升级的生命源泉，已经成为产业数字化转型和升级的重要助推器，无论是制造、金融、医疗健康、教育文化，还是交通物流、农业生态、公共安全、智慧城市等领域，都可以通过算力服务实现数据驱动的创新和优化。根据《中国智慧农业发展研究报告》，利用算力服务平台，工业制造企业单位产品生产成本可降低 12%以上，农业生产力可提高 25%以上[12]。算力服务能够提供强大的数据处理和分析能力，使企业能够更快速地响应市场变化，提高工作效率和产品质量，满足客户需求。同时，算力服务也是建设我国自主创新体系的重要基础。在当前国际形势下，掌握科技创新主动权，实现独立自主、创新型国家战略目标，对于我国发展至关重要。因此，算力服务建设需要持续不断地进行技术创新，以满足日益增长的数据需求和多元化应用场景，为推动我国产业升级和科技革新发挥更大作用。

（三）算力服务是自主研发和技术攻关战略高地

算力服务是我国自主研发和技术攻关战略高地，也是实现国家战略需求的重要手段。面对美国的技术封锁和竞争压力，我们不能盲目跟随，而要走出一条符合中国国情的创新融合发展新路，积聚力量进行原创性、引领性科技攻关。在数字中国的时代背景下，算力服务的建设更显迫切，它不仅能够满足全国各行各业的算力需求，而且能够推动我国在全球新型网络技术的焦点上发挥引领作用。然而，当前我国算力服务的发展还面临着诸多挑战，其中最突出的就是高端网络技术过度依赖进口，这不利于我国算力服务的安全、高效和可持续发展[13]。据统计，目前我国 90%以上的关键网络设备和技术来自进口，这给国家战略安全带来隐患。因此，我国迫切需要自主研发算力网络核心技术，构建具有自主知识产权和国际竞争力的算力网络体系。尽管算力网络的技术路径和标准化工作还在探索阶段，但发展自主可控的算力网络已势在必行。我国应抓住关键核心技术，加快推进算力网络建设，提前谋划布局，抢占新一轮技术竞争中的制高点。只有这样，才能够在数字化时代保持我国算力服务的领先地位，为科技创新和数字经济发展提供强大支撑。

（四）算力服务是国家能力和民生福祉强劲保障

算力服务是一项新兴的互联网基础设施，它通过提供高效、灵活、可靠的数据处理能力，为国家经济社会发展和民生福祉提供强大的技术支撑。算力服务不仅可以优化算力资源的配置和利用，而且可以结合云计算、大数据、人工智能等技术，为政府、企业和个人提供多样化的服务和解决方案。《数字政府云原生基础设施白皮书》统计，2021 年，基于算力服务的政务云平台已覆盖超过 80%的省区市政府部门，提升行政效率超过 50%。算力服务在产业升级、科技创新、社会治理等方面发挥了重要作用，推动了社会各个领域的高质量发展[14]。同时，算力服务也为民众的生活带来了便利。例如，通过智能家居和智慧城市等领域的应用，算力服务可以帮助人们实现对家庭和城市的智能化管理[15]；通过医疗、金融、教育等领域的应用，算力服务可以帮助人们享受更高水平的服务和更好的生活品质[16-18]。总之，算力服务已经成为国家信息化建设、经济转型升级和民生福祉保障的强劲支撑。

三、算力服务发展瓶颈

（一）算力供需矛盾愈发突出

在第五代移动通信技术（5th-generation mobile communication technology，5G）网络和边缘计算终端规模化建设的推动下，智联终端呈现出多元化的发展势头，为各类应用提供了更强大的本地算力[19, 20]。工业互联网、自动驾驶、数字孪生、元宇宙等新兴应用对数据处理的时效性和安全性有了更高要求，从图像识别到自然语言处理，从机器学习到深度学习，人工智能的应用场景越来越多，模型的复杂度越来越高，对算力的需求也越来越大[21]。据统计，2012 年后，人工智能领域的算力需求每年增长 10 倍，摩尔定律显然已无法赶上这样的速度。截至 2023 年 7 月，我国数据中心机架总规模超过 650 万标准机架，服务器规模超过 2000 万台，算力总体规模超过 180EFLOPS①，存力规模超过 1000EB，位居全球第二[22]。虽然我国在数据中心建设方面进行了巨大投入，但我国对算力的需求增速预计将超过 50%，算力供给能力仍明显落后于经济发展对算力的新需求，再加上区域布局分散、资源利用率不高等因素，我国仍存在极为巨大的算力缺口。

---

① EFLOPS 指每秒百亿亿（10^{18}）次浮点运算次数（exascale floating-point operations per second），是一种衡量算力的单位，指计算机系统在单位时间内能够完成的计算任务量。

（二）算力基础资源分布不均

根据《2022～2023 中国人工智能计算力发展评估报告》，2017～2022 年，我国算力规模平均每年增长 48%，达到 3.2 万亿次/s[23]。但与此同时，我国也面临着整体布局不平衡和资源分配不均衡的结构性失衡难题。算力服务资源和生产力等布局之间的失配问题尤为突出。前瞻产业研究院统计，东部沿海地区的算力资源占全国的 80%以上，而西部地区的算力资源占比不足 5%。具体来看，上海、北京、浙江等东部省市的云计算机房数量分别达到 1500 余座、1000 余座、600 余座，与西部省区市形成了巨大差距。再如，东部地区人工智能相关企业数量近 60 万家，西部地区人工智能相关企业数量不足 1 万家[24]。这种严重失衡的现象不仅影响了我国算力服务资源有效利用和优化配置，而且造成了西部地区大量可再生能源闲置和浪费。例如，西藏、青海、新疆等地区拥有丰富的水能、风能、太阳能等清洁能源资源，但由于缺乏相应的算力服务需求和基础设施建设，这些能源无法得到充分利用，甚至存在弃水、弃风、弃光现象。这不仅损害了我国能源安全战略，而且降低了我国算力服务资源的绿色化和低碳化水平[25]。

（三）资源流通途径尚未建立

在“东数西算”工程全面启动后[26]，各算力枢纽节点、数据中心集群投资建设力度加大。但是由于高效完备的多任务协同机制和资源流通共享途径尚未建立、海量数据跨广域交互效率较低等，算力节点通过网络灵活高效调配算力资源的能力不足，多源异构算力之间的壁垒现象愈发严重，各算力中心间的孤岛问题尤为突出，难以满足数据对算力随需处理的需求，使得算力服务陷入“用时空、闲时溢”的窘境[27]。具体来看，当前我国尚未建立统一开放的算力资源共享平台，各个区域的数据中心、高性能计算中心等算力设施之间缺乏互通互用机制，无法实现算力负载的动态调度，不同规格类型的算力资源无法有效整合，导致存量资源无法最大化利用。与此同时，也缺乏安全高效的算力资源交易体系，使得供需双方无法精准对接，闲置算力资源难以有效流通配置[28]。此外，不同地区的网络带宽资源配备不均衡，东部沿海地区网络条件优越，而西部地区网络带宽较为匮乏，难以支撑海量数据的快速传输与实时处理。这些因素共同导致了我国算力资源布局不均衡、利用效率不高等问题。

（四）技术服务标准尚未统一

目前我国在算力领域缺乏统一标准和规范，不同芯片生产商采用不同的指标来评估算力，使得异构设备之间难以比较，缺乏面向任务场景的算力评估模型，无法准确评估不同算力完成给定任务的效率，引发算力度量不准确、算力感知不完善、算力编排不智能、算力分发不公平、任务需求不清晰等难题[29]。这些问题都反映了我国在算力领域缺乏牵引产业进步的公正“标尺”，使得各类专用芯片产生的诸多异构算力难以适应多样性计算平台发展，也使得算力资源难以实现互联互通和协同优化[30, 31]。根据《中国算力服务研究报告（2023年）》，超过80%的云服务提供商表示缺乏统一的算力计量标准带来的成本损失占比超过10%；2021～2023年，我国人工智能芯片种类增长超过5倍，但兼容不同芯片的算力平台数量不足100家，严重制约了异构算力的融合应用[32]。这些问题导致我国算力格局碎片化，阻碍了算力资源的有效配置。

（五）大国技术博弈日益严峻

在后疫情时代，大国之间的技术竞争更加激化，博弈加剧致使全球供应链格局面临重塑重构的危机，促使算力成为全球战略竞争的新焦点与新高地[33, 34]。但由于算力硬件、软件和技术标准不同，计算生态显现出多元化和复杂化特点，这使得以计算为生态的产业离不开全球分工合作，由此带来的原材料短缺、供应链断裂、技术依赖性过高等问题将给算力技术创新及产业生态带来新竞争与新挑战。具体来看，当前全球芯片供应链高度依赖东亚地区，但区域产业链时有堵塞，全球芯片供应出现断链风险，我国高性能计算机关键部件同样面临采购困境。与此同时，发达国家借“芯片战”遏制我国科技发展，一些重要半导体设备、材料、设计软件被限制出口，给我国自主创新带来巨大压力。

四、算力服务体系总体架构

（一）算力服务形态基础

本文通过完备的调研分析，从商业模式、应用场景等维度出发，科学地总结归纳了表1所示的十类算力服务形态，并对各类算力服务形态的特点、发展阶段与趋势等方面进行了详细的分析和介绍。本文所研究的算力服务形态基础反映了当前我国算力领域呈现出的多种技术形态并存的发展态势，系统地展示了以技术创新为核心驱动的算力服务发展轨迹，为政府和企业更好地把握我国算力发展全景提供基础性支撑和决策性参考，对促进我国新一代信息技术发展、实现从“数字中国”到“智能中国”的战略目标具有重要支撑作用。

表 1　算力服务形态分类

算力类型	特点	商业模式	发展阶段	发展趋势	应用场景
异构算力	集成多种处理器，适应不同应用	为用户提供异构服务器和解决方案	已商用，发展中	向更细/粗粒度异构发展	人工智能、科研、工业仿真等
边缘算力	将算力下沉到网络边缘	IaaS，以容量计费；PaaS，按使用收费	发展中	与 5G 结合，向智能边缘发展	工业互联网、自动驾驶、增强现实等
绿色算力	降低信息技术设施的能耗	提供绿色数据中心和降耗解决方案	初级阶段	积极拓展可再生能源，实现碳中和	云服务、网站托管等
联邦算力	跨机构、设备的安全分布式协作计算	研究型开源项目	研究中	隐私保护	医疗健康、金融等数据密集行业
超算算力	提供超大规模计算能力	为用户定制超级计算机	已成熟	自主 CPU 加速发展进程	天气预报、分子动力学仿真等
量子算力	利用量子态并行计算	云量子计算平台试点	起步阶段	加快推进商业化进程	量子化学、量子优化等
碳基算力	实现计算平台净零排放	绿色数据中心	发展中	大力发展绿色可再生能源	面向需要实现碳中和的客户
区域算力	满足本地算力需求	IaaS、PaaS，按需计费	已成熟	提供本地化特色服务	各地区云服务提供商
跨境算力	跨国界提供算力服务	IaaS、PaaS 等，按需计费	发展中	逐步拓展全球布局	面向共建“一带一路”国家的服务
全球算力	面向全球提供算力服务	IaaS、PaaS、SaaS，按需计费	初步发展	个性化定制服务	全球范围内的服务

注：PaaS 指平台即服务（platform as a service）；SaaS 指软件即服务（software as a service）；IaaS 指基础设施即服务（infrastructure as a service）；CPU 指中央处理器（central processing unit）

上述这些算力服务形态并非孤立存在，而是相互关联、相互依托、相互促进的。具体来说，异构算力指集成多种处理器的混合型算力，可灵活适应不同类型应用；边缘算力则致力于将算力下沉到网络边缘，实现低时延高效率的计算；绿色算力强调降低能耗、实现绿色环保；联邦算力通过协同多个算力资源实现安全分布式协作计算；超算算力提供超大规模计算能力；量子算力利用量子比特实现指数级加速；碳基算力关注碳中和目标；区域算力、跨境算力和全球算力则按空间范围进行区分。

算力服务形态的多元化发展态势反映出数字世界的蓬勃生机，并为数字经济发展提供了坚实的算力基础。在这一过程中，不同类型的算力服务各有侧重，互为补充、互利共生、协调发展、相互协作、相辅相成，形成了一个多层次、多维度的算力生态系统。例如，边缘算力延伸服务触角；异构算力提升计算效率；超算算力支持科研求解；量子算力开启新篇章；碳基算力引领可持续发展等。各类算力服务形态在技术、业务、应用等方面形成多重协同，推动算力服务整体水平不断提升。

此外，随着数字经济的深入发展，各行各业对算力服务的需求也越来越细分和个性化。为了更好地满足这些需求，当前算力服务形态也在向专业化和协同化方向发展。一方面，针对不同行业和领域的特点和需求，算力服务提供商推出了更加精准和专业的行业解决方案，如金融云、医疗云、教育云，为用户提供了更加便捷和高效的行业应用支持。另一方面，针对不同用户和场景的需求差异和多样性，算力服务提供商探索了更加灵活和协同的服务模式，如混合云、多云、联合云，为用户提供了更加自由和优化的资源配置选择。

总之，当前算力服务形态正处于一个快速发展和创新的阶段，呈现出多元化、专业化、协同化的发展特征。未来算力服务形态将继续保持新鲜的创新活力，为经济社会数字化转型带来更多价值和可能。

（二）算力服务演进模型

为了更好地适应和引领数字经济的发展，本文结合国内外实践经验，参照算力服务形态，并根据算力集中度，提出了具有理论价值和实践意义的五阶段算力服务演进模型，分别是 L0 级别原生算力、L1 级别复合算力、L2 级别集群算力、L3 级别区域算力和 L4 级别全域算力，如图 1 所示。算力服务演进模型既符合算力发展的客观规律，也为数字经济发展提供了指引，将为政府制定数字经济发展战略和规划提供理论依据和实施路径，并为算力服务的发展方向提供科学系统的指导。

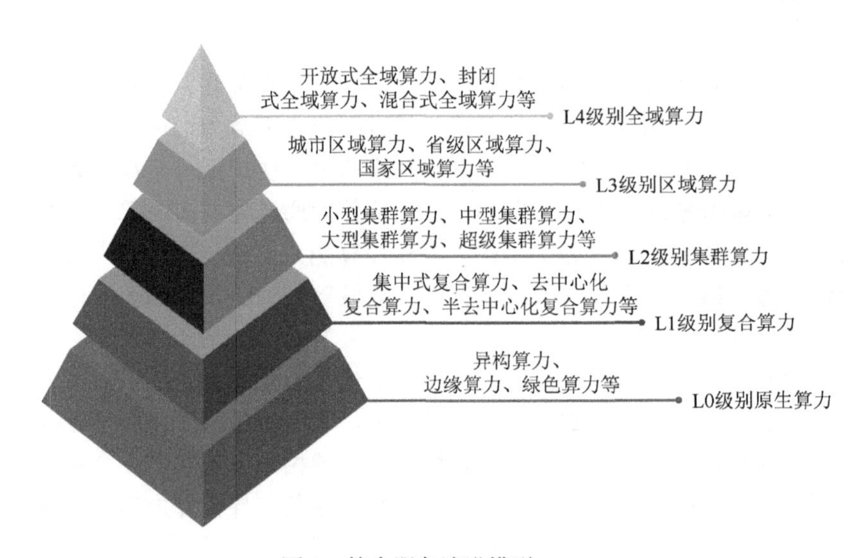

图 1 算力服务演进模型

L0 级别原生算力是指由硬件设备直接提供的计算能力，是一种无法再分割的最简单算力形式，如 CPU、图形处理单元（graphics processing unit，GPU）、现场可编程门阵列（field programmable gate array，FPGA）、专用集成电路（application specific integrated circuit，ASIC）。原生算力可以根据硬件特性和应用场景划分为异构算力、边缘算力、绿色算力等。例如，异构算力是指利用不同类型的硬件设备协同完成计算任务，如 GPU 和 CPU 的混合计算；边缘算力是指在网络边缘部署的计算资源，如智能手机、物联网设备；绿色算力是指利用可再生能源或低碳能源驱动的计算资源，如太阳能、风能。

L1 级别复合算力是指由多个原生算力组合而成的计算能力，如云算力、分布式算力、联邦算力。复合算力可以根据组合方式和协作模式划分为集中式复合算力、去中心化复合算力、半去中心化复合算力等。集中式复合算力是指由一个中心节点控制和调度多个原生算力节点的计算任务，如云计算平台；去中心化复合算力是指由多个原生算力节点自主协商和协作完成的计算任务，如区块链网络；半去中心化复合算力是指由一个中心节点提供一定的协调和监督功能，但不直接干预原生算力节点的计算任务，如联邦算力。

L2 级别集群算力是指由多个复合算力组成的更高层次的计算能力，如超算算力、量子算力、碳基算力。集群算力可以根据规模和性能划分为小型集群算力、中型集群算力、大型集群算力、超级集群算力等。例如，小型集群算力是指由几十个或几百个复合算力节点组成的计算系统，如个人或企业的私有云；中型集群算力是指由几千个或几万个复合算力节点组成的计算系统，如高校或研究机构的科学计算平台；大型集群算力是指由几十万个或几百万个复合算力节点组成的计算系统，如互联网公司或政府部门的数据中心；超级集群算力是指由上亿个或更多复合算力节点组成的计算系统，如国家级或国际级的超级计算机或超算中心。

L3 级别区域算力是指由多个集群算力覆盖一个特定地理区域的计算能力，如智慧城市、区域互联网、跨境协作。区域算力可以根据区域范围和特征划分为城市区域算力、省级区域算力、国家区域算力等。城市区域算力是指由一个城市内部的多个集群算力构成的计算网络，它可以支持智慧城市、智能交通、智能医疗等应用；省级区域算力是指由一个省（区、市）或地区内部的多个城市区域构成的计算网络，它可以支持区域互联网、大数据分析等应用；国家区域算力是指由一个国家或地域内部的多个省级区域构成的计算网络，它可以支持跨境协作、国家安全等应用。

L4 级别全域算力是指由全球范围内的多个区域算力构成的最高层次计算能力，如全球互联网、全球协作、全球治理。全域算力可以根据全球性和普适性划分为开放式全域算力、封闭式全域算力、混合式全域算力等。开放式全域算力是指任何区域算力都可以自由加入和退出的计算网络，如公共互联网；封闭式全域算力是指由特定区域算力或组织构成的计算网络，如军事联盟或贸易协定；混合式全域算力是指由开放式和封闭式全域算力共存和互动的计算网络，如多边机制或跨境合作。

（三）算力服务顶层设计

为了实现算力的有效调度与资源的优化配置，需要建立统一开放的算力服务与交互体系，使各类算力资源实现互联互通，以满足不同用户的算力需求。同时，算力服务体系应以国家政府为主导，以数据中心、云服务商、科研机构和企业等单位为算力主体，构建以主算力体为中心的大规模分布式区域算力集群，实现泛在算力的感知、互联和调度，以满足不同应用场景的算力需求。此外，还应积极探索算力的多元价值，让算力不仅能够提供计算服务，而且能够参与数据分析、人工智能、区块链等领域，实现算力的价值最大化。为此，本文通过设计数网协同、数云协同、云边协同、边端协同的多层次多梯度顶层框架，提出了我国算力服务体系顶层设计，如图 2 所示。

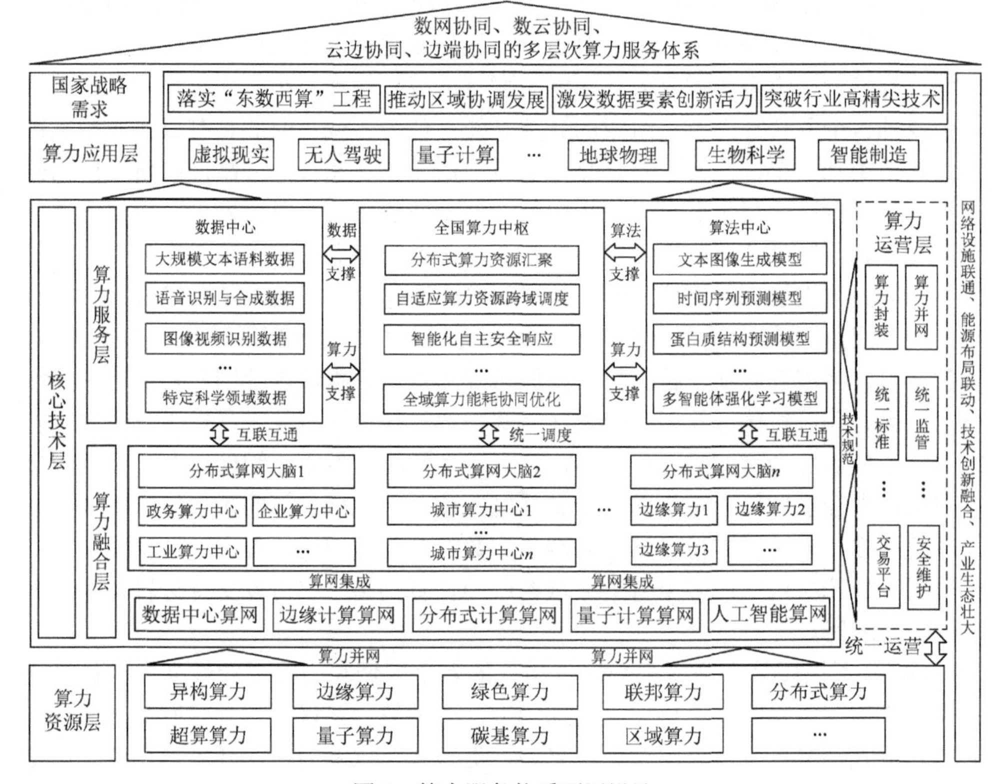

图 2　算力服务体系顶层设计

本文的算力服务体系顶层设计旨在为我国算力服务提供创新性指导，有助于实现我国算力的供给、运营和消费之间多阶梯解耦，打破原有数据孤岛、计算孤岛和算力孤岛，消除区域壁垒和部门壁垒，使各类算力资源实现互联互通、动态配置；有利于进一步促进全国范围内算力资源一体化高效调度，对指引未来算力规划建设、完善体制机制、创新应用模式等方面具有重要借鉴和指导作用。

算力资源层由大量单核 CPU、GPU 和 FPGA 等算力基础设备组成，该层的目标是提供基础的硬件设施支持，以满足各种计算需求。这些设备具有不同的性能、功耗和成本，可以根据不同的应用场景和算法需求进行灵活的组合和配置。

算力融合层是指由算力资源层提供的多种算力形态，结合算力网实现跨区域跨层级的云、边、端算力高速互联和数据传输，形成大规模分布式算力资源池。各算力资源池通过算力网连接形成互联互通的算力有机体，汇聚和共享算力、数据和应用资源，为不同场景和需求的算力服务提供了强大的支撑。

算力运营层的职能是用尽各种手段保证算网业务系统的稳定性、可用性、安全性，打通算力封装、算力并网和算力接口等环节，形成行业统一标准，打造“一站式”算力运营平台，使其具备定价、交易、结算和维护等职能，形成闭环自动化的智能运营模式，实现跨厂商、跨地域、跨应用一体化智慧化运维。

算力服务层的作用是为算法提供资源，使其能够应对不同的挑战。算力服务层的核心是数据，数据为算法提供了支撑，使其能够处理复杂问题和多元场景；算法则为数据提供了技术支撑，使其能够产生有价值的信息和知识。算力服务层可以根据算法的特点和目标，动态地分配和调整资源，以达到最佳的性能和效果。算力服务层是一种创新技术，它为数据和算法之间建立了一个高效、灵活、可扩展的桥梁。

算力应用层的作用是让算力像自来水一样普及供给，代表着人类社会向数字化、智能化转型迈出的坚实步伐。这一举措不仅可以显著提升终端应用的响应速度和服务体验，而且为各行各业发展提供了有力的基础保障。

五、算力服务体系重点战略与发展路径

（一）算力服务体系重点战略

本文围绕算力服务这一核心宗旨，提出了我国算力服务五大战略体系，分别是宏观层面的规划布局、产业层面的实践创新、企业层面的创新驱动、技术层面的升级提升、用户层面的体验优化，如图 3 所示。这五大战略从不同的角度阐述了我国算力服务的特点和优势及其在各个领域的应用和发展前景。

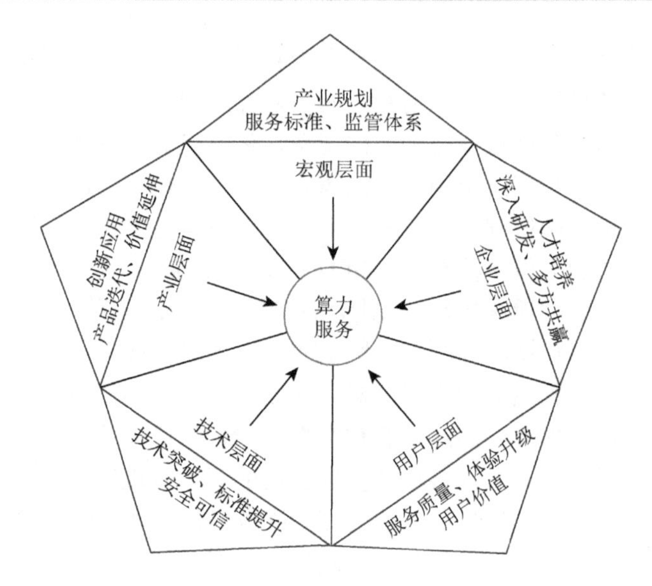

图3 算力服务五大战略体系

（1）宏观层面的规划布局。应明确算力服务产业的定位和功能，制定全面、系统、前瞻的产业规划，推动相关政策法规的制定和执行，吸引更多的资本、技术和人才进入算力服务领域。同时，应加强对算力服务标准化和监管体系的建设，以保障算力服务行业的健康有序发展，并促进算力服务产业与“数字中国”战略的深度融合，为中国数字化转型提供更强的支撑。

（2）产业层面的实践创新。算力服务应依靠政府支持政策和市场需求，通过不断实施差异化发展战略、拓展算力服务的创新应用、加快技术创新和产品迭代升级，以实现核心技术突破和产业链、价值链延伸。算力服务企业应积极参与产业链协同创新，构建良好的生态系统，不断提高自身创新能力和服务水平，推动算力服务行业的高质量发展。同时，应加强与社会各方的沟通和交流，深入了解市场需求和用户需求，为实现数字化转型提供更具针对性和适应性的算力服务。

（3）企业层面的创新驱动。算力服务企业应持续增强创新意识，注重人才培养和技术研发投入，积极探索新的商业和服务模式，并深度挖掘用户需求，在提供更加个性化和高效算力服务的同时，为客户创造更高的价值。同时，应加强合作伙伴关系，共同推进算力服务生态圈建设，实现多方合作共赢，促进整个算力行业的健康有序发展。

（4）技术层面的升级提升。算力服务需要加强对人工智能、区块链、物联网等新兴技术的运用和研发，以提升算力服务的智能化和安全性。同时，算力服务需要不断推动算力服务业务的创新和升级，以更好地满足用户不断变化的需求和不断提高的服务标准。因此，在技术层面进行创新和提升，加强新技术的运用和研发，已经成为算力服务发展的必然选择。

（5）用户层面的体验优化。算力服务应加强用户研究，深入了解用户需求和痛点，通过优化算力服务体验，提高服务质量和用户满意度。为了构建可信赖、高效、便捷的服务体系，算力服务企业应借鉴最佳实践，结合数字化技术，打造智能化服务平台。通过与用户紧密互动，不断优化服务流程和功能的模式，满足不同行业、不同领域用户的需求，最终实现用户价值最大化。

（二）算力服务体系发展路径

随着数字经济的蓬勃发展，我国对高性能算力服务的需求正在持续增长。如何明确未来的发展方向，实现算力服务的优化升级，是我国当前面临的另一大难题。本文认为，算力服务路径探索是一项庞大复杂的系统工程，需要从统筹算网布局、统一行业标准、保障信息安全、培育产业生态、促进低碳发展五个维度进行重点部署，以确保整个算力服务体系的适用性和鲁棒性。

（1）统筹算网布局。从全国层面规划建设算力“一张网”，加强算力网络顶层设计和统筹布局，避免重复建设算力基础设施，合理细分各领域重点发展方向。深化跨地区、跨部门、跨行业之间的合作交流，在政策制定、项目建设、技术创新等方面形成合力和协同效应，完善机制设计和统筹东西部地区的需求与供给。打造国家级算力调度平台和社会级算力交易平台，促进算力资源的合理分配和高效利用，降低空置率和浪费率，让算力价格普惠，使算力成为像水、电一样“一点接入、即取即用”的社会级服务。

（2）统一行业标准。当前算网行业标准处于起步阶段，存在标准数量不足、标准质量不高和标准实施不力等亟须解决的问题。国内已成立算网融合产业及标准推进委员会，旨在推动算网融合技术和产业发展。因此，应加强算网需求分析和技术预研，鼓励相关单位和政府职能部门积极开展系列行业标准的立项和制定工作，以行业统一标准的形式，通过征求意见稿、立项评审、审查批准等程序，制定符合国际规范和国内需求的行业标准。此外，还要建立有效的监督检查和评估机制，推动行业标准在各个领域和场景中得到广泛应用和落地，促进算网产业发展和社会效益提升。

（3）保障信息安全。算网体系庞大，系统安全风险高，亦须从数据安全、算力安全、网络安全等维度进行维护。通过建立、健全算网内生安全免疫能力体系，打造边界、网元、全网安全三道防线，完善数据安全存储、数据安全加密、数据安全传输等用户数据隔离机制，实现算力网络的防护、检测和响应。此外，结合区块链、云原生和数字孪生等技术实现算网节点安全的全过程溯源和可视化预警，确保算力节点统一身份认证、信任评估和可信流转，保证算网不被篡改数据、植入恶意代码、执行非法操作或造成系统崩溃。

（4）培育产业生态。为了打造数据驱动、应用引领、基础支撑的协同创新、共享共赢的算力服务体系产业生态，各试点城市应该积极参与“算网大脑”建设，整合数据样本池，实现“数据＋算法＋算力＋算网”四位一体的生态格局。政府应该引导和支持各方主体进行靶向投资、协同创新、资源共享等，推动东西部地区数据中心集群同步投资、联动运营的项目，实现产业上中下游的全面协同和资源整合，提高算力服务体系产业生态的整体效益和创新能力，如图4所示。

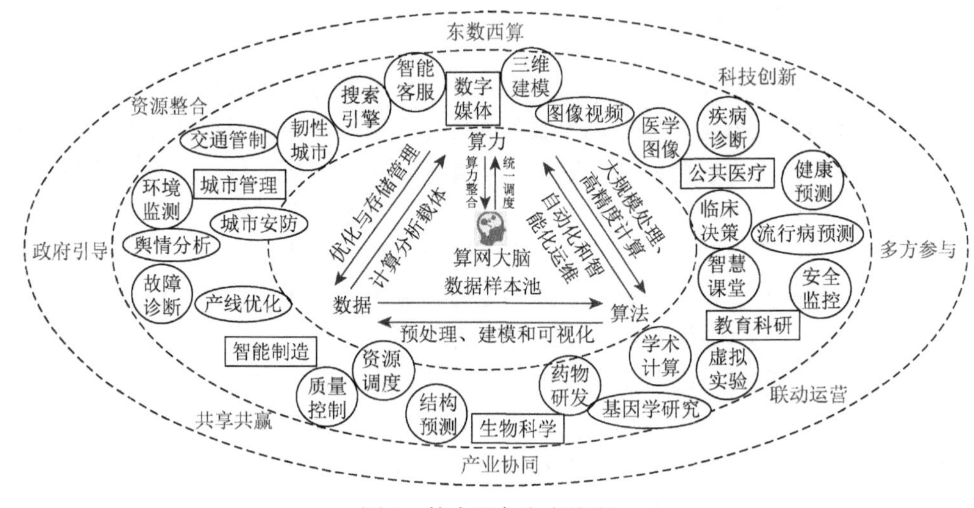

图4 算力服务生态培育

（5）促进低碳发展。算力基础设施需要采取有效措施来降低能耗和碳排放，助力我国积极稳妥推进碳达峰碳中和。因此，要推动数据中心等算力基础设施向绿色低碳转型，采用液冷、高压直流电、可再生能源等节能技术，发展高性能、高可靠、低功耗的新型算力设备和系统，提高运行效率和节能水平；要健全算力资源的节能监测和评价机制，建立能耗限额、碳排放指标等标准体系，加强对数据中心等重点行业领域的节能管理和督导，引导行业合理控制规模扩张和能耗增长。另外，要优化算力资源的布局和分配，实施“东数西算”工程，将数据中心集群部署在西部地区，利用当地丰富的清洁能源和低温环境，降低能耗和碳排放。

六、总结及建议

（一）强化算力服务合作，拓展算力服务影响

第一，加强政府、企业、高校等各类机构的算力服务合作，提供高效、安全、

稳定的算力支持，助力各领域的数字化转型和创新发展。第二，积极参与国际算力服务市场的竞争和合作，打造具有国际影响力的算力服务品牌，推动算力服务的全球化布局和标准化建设。第三，深入探索算力服务的新模式和新应用，结合人工智能、大数据、云计算等前沿技术，为客户提供更加智能化、个性化、多元化的算力服务解决方案。第四，坚持以客户为中心，不断提升算力服务的质量和水平，满足客户的多样化需求，赢得客户的信任和满意。

（二）鼓励各界积极参与，形成算力发展合力

第一，坚持合作共赢的理念，以城市算力中心和国家算力枢纽节点为引领，吸引社会资本投入算力基础设施建设和算力服务产业发展。第二，加强金融机构与政府在多样性算力重点领域和薄弱环节的合作，共同探索可复制、可推广的试点经验。第三，打造计算产业链、供应链的长板，不断优化高性能计算系统整机能力，加速软硬融合与异构计算协同创新，以满足海量数据、多元场景的计算需求。第四，注重补齐计算产业链、供应链的短板，孵化新的计算生态系统，促进产业链上下游企业的协同创新，建立可持续的软硬件适配生态。

（三）加强算力服务保障，防范算力服务风险

第一，健全以云数、云智、云边、云网为基础的多源算力服务框架和算网自治管理机制，通过设立灵活的付费机制和资费规范以降低算力服务使用壁垒，持续完善算力服务的数字化、平台化和规范化。第二，建立健全算力服务的规范和标准，明确算力服务的范围、内容、流程、质量要求等，规范算力服务的提供和使用，提高算力服务的透明度和可信度。第三，加强算力服务的监督和管理，建立健全算力服务的监测、评估、审计、考核等机制，及时发现和解决算力服务的问题和风险，保障算力服务的合规性和合法性。第四，加强算力服务的技术支持和创新，不断提升算力服务的性能和效率，优化算力服务的架构和模式，推动算力服务的集成和共享，促进算力服务的创新和发展。

（四）发挥算力人才优势，助力核心技术突破

第一，充分发挥超大规模市场和新型人才体制的优势，紧扣科技自立自强的要求，利用高能级科研平台的科技攻关优势，不断开展算力服务的前沿探索和创新实践。第二，不断加快存算一体、量子计算、类脑计算等前沿领域的研

究，打造以算力为核心的软硬件协同技术创新体系，培育算力服务的核心竞争力和品牌影响力。第三，通过设立专项人才引进计划、建立人才培养基地等措施，积极引进高端人才，加强算力人才培养和团队建设，提升绿色算力产业技术研发水平。第四，加强产学研用协同机制，优化算力产业创新资源配置，以优质企业、高水平产业集聚区和产业创新平台为载体，着力培养先进计算领域高端人才。

（五）培育算力服务文化，塑造算力服务形象

第一，推广算力服务的宣传和交流，加强算力服务的品牌建设和形象塑造，展示算力服务的成果和价值，增进算力服务的社会认知和影响力。第二，推动算力服务的协作和共享，建立算力服务的合作和交流平台，促进算力服务的资源和信息共享，实现算力服务的协同和共赢。第三，倡导算力服务的责任和担当，强化算力服务的法律意识和道德规范，履行算力服务的社会责任和公民义务，展现算力服务的良好形象和风采。第四，营造算力服务的氛围和文化，强化算力服务的认同感和归属感，增加算力服务的参与度和满意度，提高算力服务的忠诚度和口碑度。

参考文献

[1] 李帅峥，冯也苏. 数字政府与智慧城市协同建设路径思考[J]. 信息通信技术与政策，2023（1）：58-64.

[2] 钱敏. 聚焦“数据二十条”背景下的数据要素化[J]. 人民周刊，2023（5）：62-63.

[3] 吕廷杰，刘峰. 数字经济背景下的算力网络研究[J]. 北京交通大学学报（社会科学版），2021，20（1）：11-18.

[4] 刘宇航，张菲. 计算概念谱系：算势、算力、算术、算法、算礼[J]. 中国科学院院刊，2022，37（10）：1500-1510.

[5] 陈晓红，李杨扬，宋丽洁，等. 数字经济理论体系与研究展望[J]. 管理世界，2022，38（2）：208-224，13-16.

[6] 国家互联网信息办公室. 数字中国发展报告（2022 年）[R/OL].（2023-05-22）[2023-08-02]. http://www.cac.gov.cn/2023-05/22/c_1686402318492248.htm.

[7] 陈晓红. 两会声音 2[EB/OL].（2023-03-10）[2023-08-01]. https://www.cnii.com.cn/rmydb/202303/t20230310_453458.html.

[8] 湖南省工业和信息化厅，湖南省国防科技工业局. 强化多样性算力服务建设 激发数字经济发展动能[EB/OL].（2023-03-07）[2023-08-01]. http://gxt.hunan.gov.cn/syzt/2023qglhg/qglhdbsyg/202303/t20230307_29265936.html.

[9] 中国信息通信研究院. 中国算力发展指数白皮书（2022 年）[R/OL].（2022-11）[2023-08-01]. http://www.caict.ac.cn/kxyj/qwfb/bps/202211/P020221105727522653499.pdf.

[10] 全球产业研究院. 全球产业研究院联合发布《2022～2023 全球计算力指数评估报告》[R/OL].（2023-07-19）[2023-08-02]. https://www. tsinghua.edu.cn/info/1175/105480.htm.

[11] 胡锦明. 工信部：我国算力核心产业规模达到 1.8 万亿[EB/OL].（2023-07-18）[2023-09-05]. http://www.iitime.

com.cn/html/10201/15193730.htm.

[12] 中国信息通信研究院. 中国智慧农业发展研究报告[R/OL].（2021-01）[2023-09-03]. http://www.caict.ac.cn/kxyj/qwfb/ ztbg/202201/t20220104_395002.htm.

[13] 黄琪轩. 大国战略竞争与美国对华技术政策变迁[J]. 外交评论（外交学院学报），2020，37（3）：94-120，7.

[14] 华为，中国信息通信研究院. 数字政府云原生基础设施白皮书[R/OL].（2021-06）[2023-08-01]. https://download.wezhan.cn/contents/sitefiles2051/10257079/files/437096..pdf?response-content-disposition=inline%3Bfilename%3D%25e4%25b8%25ad%25e5%259b%25bd%25e6%2599%25ba%25e6%2585%25a7%25e5%2586%259c%25e4%25b8%259a%25e5%258f%2591%25e5%25b1%2595%25e7%25a0%2594%25e7%25a9%25b6%25e6%258a%25a5%25e5%2591%258a.pdf&response-content-type=application%2Fpdf&auth_key=1730690036-cd8bfdb59774409fa5d0a67324d922fa-0-4e0b76736be35deef394cf2606c5452d.

[15] Mohammadi N，Taylor J E. Thinking fast and slow in disaster decision-making with smart city digital twins[J]. Nature Computational Science，2021，1：771-773.

[16] Zhao C，Lv Y S，Jin J C，et al. DeCAST in TransVerse for parallel intelligent transportation systems and smart cities：three decades and beyond[J]. IEEE Intelligent Transportation Systems Magazine，2022，14（6）：6-17.

[17] Herman D，Googin C，Liu X Y，et al. Quantum computing for finance[J]. Nature Reviews Physics，2023，5（8）：450-465.

[18] Luo Q Y，Hu S H，Li C L，et al. Resource scheduling in edge computing：a survey[J]. IEEE Communications Surveys & Tutorials，2021，23（4）：2131-2165.

[19] Mao B M，Liu J J，Wu Y Y，et al. Security and privacy on 6G network edge：a survey[J]. IEEE Communications Surveys & Tutorials，2023，25（2）：1095-1127.

[20] Guo H Z，Li J Y，Liu J J，et al. A survey on space-air-ground-sea integrated network security in 6G[J]. IEEE Communications Surveys & Tutorials，2022，24（1）：53-87.

[21] Xiong Z H，Zhang Y，Luong N C，et al. The best of both worlds：a general architecture for data management in blockchain-enabled Internet-of-things[J]. IEEE Network，2020，34（1）：166-173.

[22] 谷业凯. 我国计算力水平位居全球第二[EB/OL].（2023-07-28）[2023-08-01]. https://www.gov.cn/yaowen/liebiao/202307/content_6894935.htm.

[23] 浪潮信息. 2022～2023 中国人工智能计算力发展评估报告[R/OL].（2022-12-26）[2023-08-01]. https://www.inspur.com/lcjtww/resource/cms/article/2448319/2734787/2022122601.pdf.

[24] 前瞻产业研究院. 大国算力——2022 年东数西算机遇展望[EB/OL].（2022-09-07）[2023-09-06]. https://pdf.dfcfw.com/pdf/H3_AP202209271578704670_1.pdf?1664289024000.pdf.

[25] 中国信息通信研究院产业与规划所，内蒙古和林格尔新区管理委员会.中国绿色算力发展研究报告（2023）[R/OL].（2023-07-03）[2023-08-01]. http://221.179.172.81/images/20230705/79681688505682007.pdf.

[26] 钱德沛，栾钟治，刘轶. 从网格到“东数西算”：构建国家算力基础设施[J]. 北京航空航天大学学报，2022，48（9）：1561-1574.

[27] 梁芳，佟恬，马贺荣，等. 东数西算下算力网络发展分析[J]. 信息通信技术与政策，2022（11）：79-83.

[28] 王少鹏，邱奔. 算网协同对算力产业发展的影响分析[J]. 信息通信技术与政策，2022（3）：29-33.

[29] 邓平科，张同须，施南翔，等. 星算网络：空天地一体化算力融合网络新发展[J]. 电信科学，2022，38（6）：71-81.

[30] Hazra A，Rana P，Adhikari M，et al. Fog computing for next-generation internet of things：fundamental，state-of-the-art and research challenges[J]. Computer Science Review，2023，48：100549.

[31] Wu Y L，Dai H N，Wang H Z，et al. A survey of intelligent network slicing management for industrial IoT：

integrated approaches for smart transportation，smart energy，and smart factory[J]. IEEE Communications Surveys & Tutorials，2022，24（2）：1175-1211.

[32] 中国信息通信研究院云计算与大数据研究所. 中国算力服务研究报告（2023 年）[R/OL].（2023-07）[2023-09-02]. http://www.caict.ac.cn/kxyj/qwfb/ztbg/202307/P020230727359068140192.pdf.

[33] Zhang Z Y，Jin J，Li S J，et al. Digital transformation of incumbent firms from the perspective of portfolios of innovation[J]. Technology in Society，2023，72：102149.

[34] Suuronen S，Ukko J，Eskola R，et al. A systematic literature review for digital business ecosystems in the manufacturing industry：prerequisites，challenges，and benefits[J]. CIRP Journal of Manufacturing Science and Technology，2022，37：414-426.

打造 AI 大模型创新应用高地*

➤未来，多模态大模型将和搜索引擎、知识图谱、博弈对抗、脑认知等技术进一步融合互促，朝着更智能、更通用的方向发展，应对更加复杂丰富的环境、场景和任务。

➤大模型基于深度神经网络，为黑盒模型，在语言大模型的涌现能力、规模定律，以及多模态大模型的知识表示、逻辑推理能力、泛化能力、情景学习能力等方面，还存在一些盲区和薄弱环节，相关技术有待持续突破。

➤积极推进云计算平台建设，打造以算力网络为核心的新型基础设施，以网强算，提供强大算力资源和相应服务。

当前，众多科技企业围绕人工智能（artificial intelligence，AI）大模型扩张商业版图。

"大模型正产生着史无前例的影响力。从趋势看，大模型的发展能够催生通用人工智能，将引领千行百业数智化创新发展。"中国工程院院士、湘江实验室主任、湖南工商大学党委书记陈晓红告诉《瞭望》新闻周刊记者。

大模型经过大规模数据训练后，能够适应一系列任务，具有参数规模大、训练数据规模大和算力消耗需求大等特点。尽管技术发展突飞猛进，但仍受到可靠性差、训练数据依赖、因果推理能力弱、搭建成本高等的制约，并面临寻找合适落地场景的挑战。

近年来，陈晓红率领团队在先进计算与 AI 领域取得了一批原创性、系统性成果，并在大模型技术上积极探索。"我们将以强基础、促应用、保安全的思路推动发展，以体系化工程思路进行科技攻关。"陈晓红说。

一、把握 AI 大模型发展生态和趋势

《瞭望》新闻周刊：AI 大模型经历了怎样的发展历程？

陈晓红：就发展速度而言，超级智能的到来比我们想象得更快。当前，AI 技术已步入了大模型时代，并成为全球创新的焦点。

---

* 陈晓红. 打造 AI 大模型创新应用高地[J].《瞭望》新闻周刊，2023（49）：18-20.

自 2006 年神经网络有效学习获得重要的优化途径至今，基于深度学习的 AI 技术研究范式经历了从小数据到大数据、从小模型到大模型、从专用到通用的发展历程。2022 年底，以“大模型 + 大数据 + 大算力”加持的语言大模型 ChatGPT 具备了多场景、多用途、跨学科的任务处理能力。这类大模型技术能广泛应用于经济、法律等众多领域，在全球范围掀起了大模型发展热潮。

大模型技术本身的发展也经历了架构演进统一、训练方式转变、模型高效适配等过程，且正由单一模态的语言大模型向融合语言、视觉、听觉等多模态的大模型发展。数据显示，截至 2023 年，参数规模超过百亿个的大模型全球已有 45 个左右。

我国在大模型领域拥有良好基础，具有强烈需求，具备广阔市场。近年来，国产大模型加速发展，“文心一言”在半年时间内迭代到了 4.0 版本，其理解、生成、逻辑、记忆四大能力都有显著提升。数据显示，我国有至少 130 家公司研发大模型产品，其中通用大模型 78 家，100 亿个级参数规模以上的大模型超过 10 个，10 亿个级参数规模以上的大模型已近 80 个，大模型数量位居世界第一梯队。

湘江实验室作为聚焦先进计算与 AI 领域的高能级科创平台，正集中力量在大模型领域积极攻关，力争早日推出面向行业领域的“轩辕”大模型，赋能智慧交通、智能制造、智慧医疗和元宇宙等行业产业高质量发展。

《瞭望》新闻周刊：怎样评价大模型在技术创新和落地应用方面的发展趋势？

陈晓红：当前，大模型“基础设施—底层技术—基础通用—垂直应用”的发展路线逐渐清晰。大模型技术生态正蓬勃发展，其主流趋势是开源服务与开放生态。得益于国内外大模型开放平台、开源模型、框架、工具与公开数据集等，大模型技术正加速演进。

在大模型服务平台方面，向个人开放及商业落地应用延伸是主要趋势。例如，用户可以通过 OpenAI API 这一服务平台，访问不同的深度学习模型，进而完成下游任务。

在大模型开源生态方面，得益于开源框架的有效支撑，大模型的训练日趋成熟。例如，飞桨作为国产深度学习平台，集深度学习核心框架、基础模型库、端到端开发套件、工具组件于一体，可在自然语言处理、计算机视觉等多个领域模型的分布式训练中发挥重要作用。

大模型技术与实体经济加速融合，应用场景十分广泛。例如，大模型 + 教育可以让教育方式更智能、更个性化；大模型 + 医疗能够赋能医疗机构的诊疗全过程；大模型 + 娱乐能够通过增强人机互动提升趣味性和娱乐性，等等。正是在与教育、医疗、传媒艺术等千行百业的深度融合中，通用大模型的能力边界不断拓宽，改变着人类社会的生产生活方式。

总之，大模型 + 软硬件 + 数据资源的上游发展生态势头强劲，大模型 + 应用场景的下游应用生态层出不穷，大模型正加速在全产业智能升级中形成关键支撑。未来，多模态大模型将和搜索引擎、知识图谱、博弈对抗、脑认知等技术进一步融合互促，朝着更智能、更通用的方向发展，应对更加复杂丰富的环境、场景和任务。我们要抢抓重要机遇，加快大模型更好赋能千行百业的步伐。

二、认清 AI 大模型发展的风险与挑战

《瞭望》新闻周刊：当前 AI 大模型发展还面临哪些挑战？

陈晓红：随着大模型日趋广泛地部署应用，其带来的风险与挑战不容忽视，需引起高度关注。

第一，可解释性仍然存在不足。大模型基于深度神经网络，为黑盒模型，在语言大模型的涌现能力、规模定律，以及多模态大模型的知识表示、逻辑推理能力、泛化能力、情景学习能力等方面，还存在一些盲区和薄弱环节，相关技术有待持续突破。

第二，可靠性保障有待提升。基于海量数据训练的语言大模型的合成内容在事实性、时效性等方面存在较多的问题，尚无法对其做出可靠评估。同时，大模型可能吸收和反映数据中存在的不当、偏见或歧视性等内容，从而产生仇恨辱骂、偏见歧视及误导性的输出。

第三，部署代价高、迁移能力不足亟须解决。大模型的参数规模和数据规模巨大，训练和推理的算力需求量大、功耗高、应用成本高，而且端侧推理存在延迟等问题，这些因素限制了其落地应用。同时，大模型作用的发挥依赖训练数据所覆盖的场景，依赖数据规模、广度、质量和精度。由于复杂场景数据不足、精度不够，大模型存在特定场景适用性不足的问题，面临泛化性等挑战。

第四，安全与隐私保护待加强。数据投毒攻击、模型窃取攻击、对抗样本攻击、指令攻击、后门攻击等多种攻击方式对大模型相关应用部署造成隐患。同时，在大模型训练过程中，各类敏感隐私数据可能被编码进大模型参数中，存在通过提示信息诱发隐私数据泄露的可能。

第五，伴生技术风险需警惕。语言大模型与语音合成、图像视频生成等技术结合，可以产生人类难以辨别的音视频等逼真多媒体内容，可能会被滥用于制造虚假信息、恶意引导行为，诱发舆论攻击，危害国家安全。

三、推动 AI 大模型更好赋能千行百业

《瞭望》新闻周刊：如何推动大模型服务经济社会高质量发展？

陈晓红：应抓紧推动大模型技术研发，强化垂直行业数据基础优势，同时加

强对大模型的风险监督，彰显 AI 的技术属性和社会属性。具体有以下建议。

第一，推动大模型技术栈自主可控。首先，加强宏观规划和顶层设计，制定大模型发展纲要。加强在大模型核心环节和相关技术上的知识产权布局。积极组建由芯片、云计算、互联网、应用等上下游企业组成的产业发展联盟，支持产学研三方协同的大模型研发模式，鼓励相关企业基于大模型进行数字化转型升级。其次，加强大模型原始技术创新和大模型软硬件生态建设，提升大模型构建所需基础软件的自主可控性，鼓励企事业单位在开展大模型训练和推理时，更多地使用国产深度学习框架；引导国产芯片厂商基于国产框架开展与大模型的适配和融合优化研究。

第二，破解大模型训练过程中算力紧缺问题。首先，支持推动分布式计算技术的研究创新，提高算力的可扩展性和效率，促进产生计算集群，从而形成更大规模的计算能力。其次，积极推进云计算平台建设，打造以算力网络为核心的新型基础设施，以网强算，提供强大算力资源和相应服务；通过实施资金支持、税收优惠、知识产权保护等激励措施，鼓励企业和研究机构投资和研发与大模型算力相关的技术和设施，形成支撑大模型发展的强大基础。

第三，技术驱动提升大模型的安全性。首先，设计系统的分类法，研究集成大模型应用中的潜在漏洞，有针对性地应对信息搜集、入侵、内容操纵、欺诈、恶意软件、服务可用性降低等攻击，研发大模型安全对齐、安全评估技术，发展大模型安全增强技术，提升训练数据的安全性，优化安全对齐训练算法，提高 AI 的鲁棒性和抗干扰性，不断提升透明性、可解释性、可靠性、可控性，逐步实现可审核、可监督、可追溯、可信赖。其次，加强对 AI 大模型发展的潜在风险研判和防范，对生成式 AI 服务实行包容审慎和分类分级监管，强化大模型安全监管措施；将伦理道德融入 AI 全生命周期，构建 AI 伦理治理标准体系，使模型的设计和训练严格遵循伦理准则。

第四，构建大模型合规标准和评测平台。首先，制定 AI 的合规标准和开发指南，全面覆盖大模型的研发、训练和部署过程中的安全要求，制定相应的安全标准、准则，重点开展 AI 安全术语、AI 安全参考框架、AI 基本安全原则和要求等标准的研制；构建对大模型能力水平进行评估的方法体系，包括数据采集和使用的透明度和合法性，隐私保护措施，以及对敏感主题和内容的处理原则，确保大模型的研发应用符合道德和法律要求。其次，搭建科学有效的评测平台，制定一套针对中文背景下大模型评测的规范和方法论，明确评测过程中的数据准备、评估指标、测试方法等，并提供统一标准，依托平台开展针对不同领域和应用的多样化评测任务，从而准确研判不同模型的性能和效果。

第五，构建协同推动大模型发展的机制。首先，探索加强学术界和企业界间常态化合作机制，鼓励高校和企业设立联合研究中心、实验室或合作项目，推动两者之间的数据共享和协同研究，以增进对大模型训练数据的理解和分析，帮助学术界更好地理解大模型的特性和潜在风险，帮助企业界进一步改进算法和模型的安全性。其次，促进优秀人才的培养和交流，通过博士生联合培养、研究人员赴企实地驻点访问等方式，促进校企之间拔尖人才的培养和交流。

数字经济时代 AIGC 技术影响教育与就业市场的研究综述——以 ChatGPT 为例*

摘要：经济全球化背景下，前沿数字技术的飞速发展推动了新一轮技术革命，数字经济成为我国产业变革的重要战略选择，对经济社会的高质量发展提出了新要求。以 ChatGPT 为代表的生成式人工智能（generative artificial intelligence，又称 artificial intelligence generated content，AIGC）技术颠覆了传统人工智能的技术水平，以更人性化的功能受到广泛青睐，成为向通用型人工智能方向发展的关键节点。本文通过分析研究 ChatGPT 给教育与就业市场带来的变化，发现 AIGC 技术的应用能够提高社会价值交换的效率，激发教育与就业市场活力，但同时也带来侵犯数据隐私安全等法律道德层面的问题，因而提出应对潜在风险的管理与监管建议，以保障经济社会的平稳运行。

关键词：数字经济；AIGC；ChatGPT；教育；就业；监管体系

一、引言

人工智能、区块链、云计算等前沿数字技术的发展推动了跨时代性的经济变革，数字经济应运而生，全球迎来数字经济时代[1]，人们的生产生活方式也随之发生了巨大的改变。科学技术事关国家前途命运与人民生活福祉[2]，数字经济以数字技术作为核心驱动力[3]，不仅改变了传统产业的生产运作模式，还催生出新产业、新业态与新模式，极大地激发了市场活力。利用前沿信息技术抢抓发展机遇，大力发展数字产业化和产业数字化[4]，推动数字经济和实体经济深度融合将成为我国未来经济高质量发展的重要趋势[5]。在数字经济时代背景下，以 ChatGPT 为代表的 AIGC 技术一经面世就引起了各行各业的高度关注[6]，为人工智能技术

---

* 陈晓红，杨柠屹，周艳菊，等. 数字经济时代 AIGC 技术影响教育与就业市场的研究综述——以 ChatGPT 为例[J]. 系统工程理论与实践，2024，44（1）：260-271.

的跨越式发展开创了利好局面[7]。该技术的发展影响了生产环节的诸多要素[8]，既提升了社会生产力，又促进了生产方式的变化及生产力与生产关系的创新性变革[9]。其中，由美国 OpenAI 人工智能研究公司所研发的 ChatGPT 引起了社会的广泛关注，成为 AIGC 技术应用取得一大进步的显著标志[10]。以 ChatGPT 为例，分析 AIGC 技术给教育与就业市场带来的变化具有一定的代表性。尽管 AIGC 技术已为越来越多的用户所青睐，但是其带来的数据安全问题不容小觑[11]，对监管部门完善监管措施[12]、提高风险治理能力[13]，以及社会加强伦理道德规范[14]、改进教育方式[15]等方面都提出了更严峻的挑战。

在数字经济时代，面对新发展要求，如何高效利用 AIGC 技术赋能教学高质量变革，合理配置教育资源，进而引导学生选择合适的职业道路，为就业市场增添新活力成为亟待解决的重要问题。本文针对该问题，第二部分梳理 ChatGPT 的发展路径，第三部分聚焦 ChatGPT 为教育与就业市场带来的发展机遇，第四部分分析 ChatGPT 给监管方带来的风险挑战，第五部分基于前文所述，从市场调节与政府规制的双重监管视角提出了管理启示与监管建议，从而提升安全治理水平。

二、ChatGPT 的发展路径

近年来，语言建模的研究从统计语言模型发展到神经语言模型已取得较多进展[16]。通过在大规模语料库上使用预训练的转换模型，学者提出了一种预训练语言模型（pre-trained language model，PLM），显示出完成各种自然语言处理（natural language processing，NLP）任务的强大能力，成为 NLP 领域的重要突破。为了区分参数尺度的差异，大型语言模型（large language model，LLM）应运而生，从而推动了 AIGC 技术的发展[17]。其中，ChatGPT 作为应用 AIGC 技术的 LLM，一经面世就引发了业界内外的关注与研究，并迅速推动全球范围内人工智能大模型的开发与运用。经过多代生成式预训练转换（generative pre-trained transformer，GPT）模型的系统性升级，目前的 GPT 模型已发展到 GPT-4 版本（图 1）。GPT-4 是一款利用 NLP 技术的聊天机器人对话界面[18]，可以与用户完成自然、连贯的对话，并根据用户的要求自动生成多种类型的文本、图像、语音等内容。GPT-4 的运行过程如下：首先，基于互联网等渠道公开可用的数据和第三方提供商授权的数据，经过 Transformer（一种基于自注意力机制的深度学习模型）架构的预训练[19]后，便可根据当前对话情况预测下一个指令；然后，根据使用者的反馈进行强化学习[20]（reinforcement learning from human feedback，RLHF），不断优化回答内容，从而提高答案的精准度。

依托庞大的数据、先进的算法及高效的算力，ChatGPT 可以应对更多复杂场景，解决更多个性化问题，从而适应并提高生产力与生产关系，进一步为数字经济创造更大的价值。

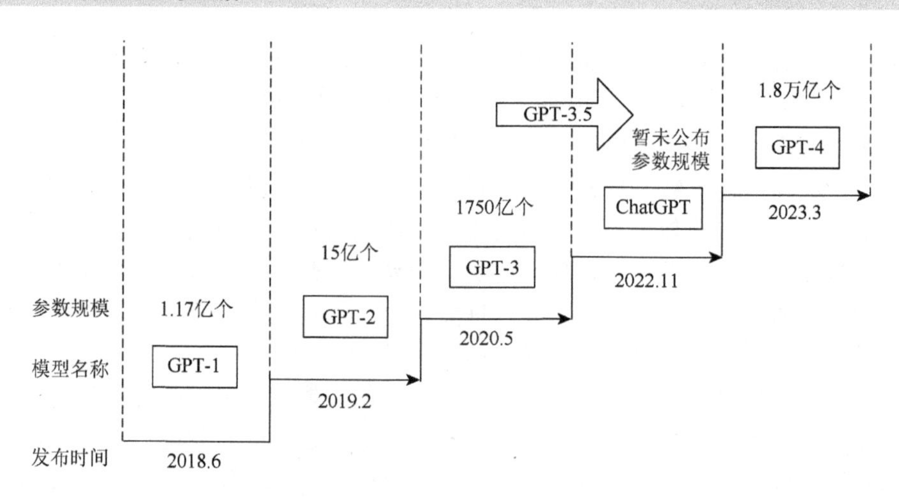

图 1 GPT 模型发展阶段

根据 OpenAI 官方公布的信息整理

算法是推动 ChatGPT 运行的关键要素，所有 GPT 模型的运行都基于机器学习领域的人工神经网络（artificial neural networks，ANN）原理[21]。其运行模式是输入信息后，经过若干隐藏层神经节点的判断，便能输出对应结果。随着 ANN 的不断发展，谷歌于 2017 年提出的 Transformer 框架成为 GPT 模型的核心环节[22]，Transformer 框架的运作重点是 Attention 模块，这是一个神经网络常用子结构，具备从输入序列中动态识别和聚焦重要输入信息的功能。区别于循环神经网络（recurrent neural network，RNN）处理文字的模式，Transformer 框架作为 GPT 模型运行的关键，通过 Attention 模块及其他子结构所组合成的模块进行表征学习（representation learning，RL）[23]。由此，ChatGPT 能够同时学习大量的文字信息，极大地提高了机器学习的效率，提升了信息输出效果[24]。正如黑箱理论的行为模式，在用户视角下，其只需要向 ChatGPT 输入信息，便能够轻松获得输出的内容[25]，降低了用户的使用门槛，从而扩大了用户群体，有利于实现大面积的推广应用。

GPT 模型在大数据的支持下不断进行迭代升级，并且每一代 GPT 模型相较于上一代 GPT 模型的参数规模均呈现出爆炸式增长[26]：GPT-1 使用的参数规模为 1.17 亿个，GPT-2 使用的参数规模为 15 亿个，GPT-3 使用的参数规模为 1750 亿个，而 GPT-4 已运用了 1.8 万亿个参数[27]，其规模超过 GPT-3 使用的参数规模的 10 倍。作为目前最新的 GPT 模型版本，GPT-4 在文本输入与输出方面已取得显著成果。与此前的 GPT 模型相比，在传统文本识别与对话的基础上，GPT-4 还进一步增强了视觉与听觉分析能力，不仅能够识别用户发送的图片，根据用户的需求提供相应的解决方案，而且能够模仿真人的音色与表达习惯，并直接和用户进行语音对话，从而更贴近现实场景中人们相互交谈的情形，为用户提供更多便利。正是大规模的训练参数为 GPT 模型赋能，使其可以存储繁杂的知识并理解人类的自然语言，从而完成对话、翻译、写代码、文本创作等一系列 NLP 任务[28]。

算力能够有效训练和运行复杂的神经网络模型，从而提升人工智能的理解与分析能力，这使得算力成为数字经济时代的核心生产力。在微软与英伟达的联合重金打造下，超级计算机与无线带宽（InfiniBand）网络互联技术为 ChatGPT 提供了强大的算力支持。上千个 GPU 集群之间不断交换工作任务信息，并通过 InfiniBand 网络对此过程进行加速，从而提升 GPT 模型在亿个级参数规模训练下的计算能力，使得大规模计算快速高效进行。目前微软仍在优化运行 GPU 集群所需的数据中心基础设施，包括备用发电机、不间断电源系统和冷却系统等，从而进一步扩张 GPU 集群的容量并发展 InfiniBand 网络，以应对未来以百亿倍增加的算力需求。

数字经济时代下，算法、算据与算力作为人工智能的三要素推动了 AIGC 技术的创新与应用[29]（图 2），在发展产业数字化与数字产业化[30]的过程中互相促进、相辅相成。以 ChatGPT 为代表的 AIGC 技术可通过对话、文本创作、语言翻译、代码编写等功能进行 NLP，加快产业间数据要素的流通，实现 AIGC 技术对数字经济的高效赋能。其中，教育与就业的市场布局结构也因 ChatGPT 等 AIGC 技术的普及应用而发生变化，迎来新的发展机遇。

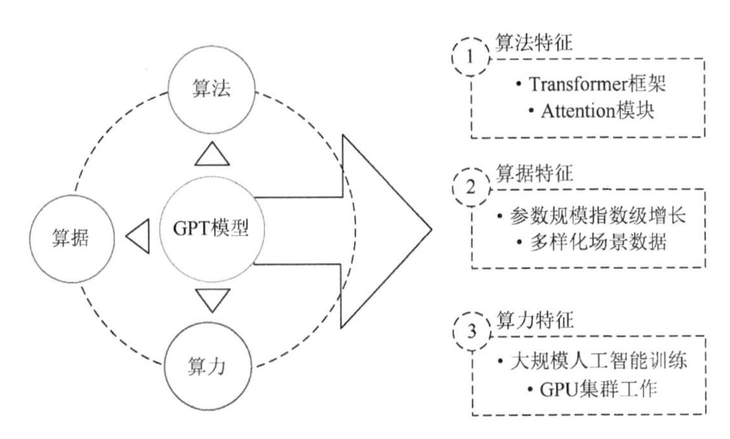

图 2　GPT 模型中的算法、算据与算力特征

根据资料整理

因为 ChatGPT 为脑力工作者提供了思路指导、案例参考、文本创作等诸多便利，极大地提高了用户体验，所以其率先在教育领域取得了较为广泛的应用。据《斯坦福日报》报道，一项在斯坦福大学进行的匿名调查显示出美国至少 89%的大学生在用 ChatGPT 完成作业[31]。该调查引发了人们对学生的学习能力与未来就业能力的担忧，并逐步采取相关措施防控与监管该类行为。例如，斯坦福大学研发

出的 DetectGPT 可判断文本是否由 LLM 技术生成[32]，从而精准发现学生是否存在利用 ChatGPT 进行造假、抄袭等学术不端行为[33]，并进行相应处罚，以约束违规行为。通过研究 ChatGPT 为教育体系及其下游的就业市场带来的机遇与挑战，有助于对 AIGC 技术的开发与应用进行规范化管理，从而实现在良好市场秩序下的正面推广作用。

三、ChatGPT 为教育与就业市场带来的发展机遇

AIGC 技术的普及给各行各业带来诸多影响，尤其在教育与就业市场中，AIGC 技术正在重塑传统型结构，为其在业务的发展应用方面拓展新方向，在教育环境、就业市场与监管体系中演变出颠覆式创新格局（图 3）。这就对人才培养体系提出了更高的要求，不仅要在上游的教育环节为学生树立专业与技术应用相结合的意识，并教授其相关实践技能，而且要帮助学生提前适应 AIGC 技术给就业市场带来的变化，使其能快速响应新型工作环境对工作岗位与能力提出的更高标准。

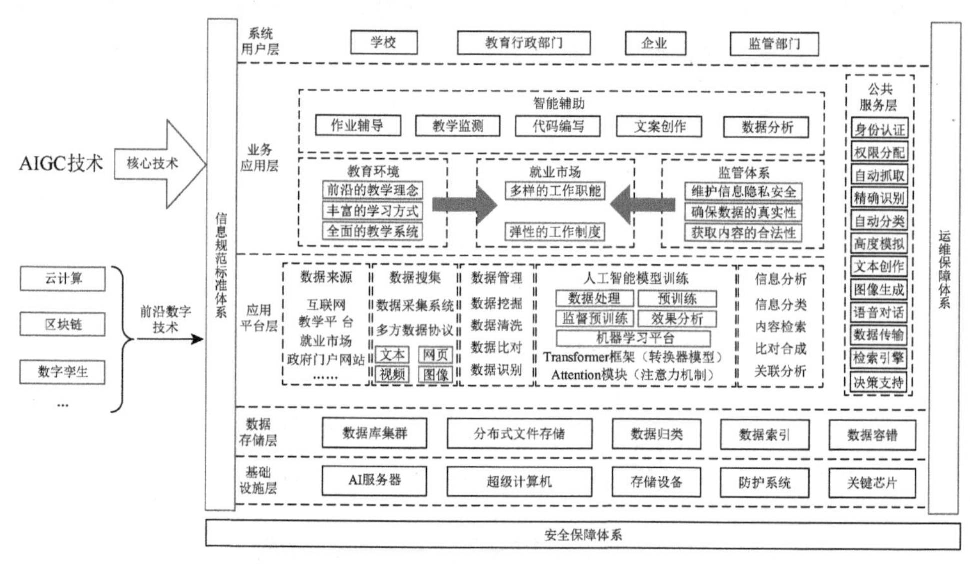

图 3 ChatGPT 影响下的教育与就业市场结构

作者根据资料自绘

（一）对教育环境的影响

1. 发展前沿的教学理念

ChatGPT 的快速发展正在扭转传统的教学理念[34]，使其更加开放包容，推动

了交叉学科的融合发展。传统的教育方向主要集中于单一专业领域的理论知识教学，而在 ChatGPT 的辅助下，教师可以将不同学科的专业知识以通俗易懂的方式进行融合教学，拓展专业学习领域。基于此，学生能够了解所学专业在多个行业领域的发展应用情况，有更多机会接触前沿新颖的知识，有助于提升专业学习兴趣。此外，随着 ChatGPT 在各行各业的广泛应用，熟练运用 AIGC 技术将成为大部分脑力从业者必备的技能，这就要求教师不仅需要教授本专业知识，而且需要使学生了解 AIGC 技术的运作原理及其对本专业应用研究的帮助，从而使学生掌握现实工作环境中的必备技能，以适应 AIGC 技术对从业者工作能力提出的新要求。这就转变了以理论教学为主要目标的传统教学理念，使得新环境下的教学理念能够以前沿视角聚焦理论与实践相结合的重点方向。基于此，ChatGPT 等 AIGC 技术的应用可以推动发展前沿的教学理念，既传授专业知识，又培训与 AIGC 技术相关的专业实操技能，并扩充多领域跨学科的知识储备，从而为就业市场输送更多高质量人才。

2. 提供丰富的学习方式

ChatGPT 等 AIGC 技术可通过分析目标、设定计划、作业批改等功能辅助学生进行自主学习，为学生提供了丰富的学习方式，将有助于学生在自主学习期间对所学知识进行查漏补缺，从而弥补了传统学习方式中学生只能通过求助教师来解决问题的局限性条件，降低了双方的时间成本与人力成本，有利于更高效地解决问题。根据 OpenAI 的报告[26]，ChatGPT 在留学研究生入学考试（graduate record examination，GRE）等大多数专业测试中取得了优异的成绩，并且随着 GPT 版本的迭代升级，其应对不同类型考试的能力均有所提升。正是因为 ChatGPT 能够应对许多通用型考试，所以具备辅导学生的专业基础。例如，ChatGPT 能够帮助备考 GRE 的考生改正其作文中的不足，并提供高分模板进行学习参考，从而优化考生的自学纠正效果以提高应试能力。基于此，ChatGPT 能够作为便捷的学习工具，通过适应学生更具有个性化的学习习惯与风格，为不同类型的学生提供更具有针对性的学习帮助[35]，从而帮助其更快实现目标。

3. 形成全面的教学系统

AIGC 技术使得传统单一教师的教学模式转变成多元化人工智能教学系统[36]，能够更加全面地监测学习效果。在以人为主、技术为辅的模式下，ChatGPT 可以为教师提供多样化的教育工具和管理手段，有助于实现因材施教的效果。课前，ChatGPT 能够向教师提供智能备课系统，帮助教师实施学情摸查，通过数据分析学生的基础能力，从而制订可行性教学计划。在课堂上，考虑班级集体授课和学生个体差异之间存在的矛盾，教师可在计算机视觉、生物特征识别等技术的帮助下，结合 ChatGPT 对课堂教学数据进行伴随性采集和智能分析，从而形成精准的可视化分析结果。课后，教师可在人工智能教学系统的支持下，清晰地对学生成绩进行横向与纵向对比，有效评估和监测学生的学习情况，获得真实的动态学习情况反馈。这将有助于教师尽早发现学生的学习漏洞，然后向不同类型的学生提供针对性的学习辅导，从而有效调整教学目标、改进教学模式、补充教学内容。基于此，ChatGPT 等 AIGC 技术所构建的多元化人工智能教学系统能够形成课前预测、课中调整与课后辅导三位一体的教学体系，进而提升教学水平，优化教学效果。

（二）对就业市场的影响

1. 改进多样的工作职能

ChatGPT 通过场景训练后所具备的能力会对部分工作产生威胁性乃至替代性影响，但对不同技术工种的替代程度仍存在区别[26]。根据 OpenAI 的官方定义，如果使用 GPT 模型或由 GPT 模型驱动的系统可以将人类完成任务所需的时间减少至少 50%，即可将这种情况认定为职业暴露于人工智能。由表 1 可以发现，与数据分析技能关联较为密切的工作岗位首先面临被替代的风险，如金融分析师、报税师。同时，作家、翻译人员等进行文本创造类工作的从业者被 ChatGPT 替代的概率也处于较高水平。从职业特性及其对从业者的学历要求上看，拥有学士及更高学位的工作者比没有接受过高等教育的人更容易接触需要使用 ChatGPT 的技能，这主要是因为脑力工作者的部分工作任务已能够由 AIGC 技术来完成，进而对其工作造成了一定的威胁。由此发现，ChatGPT 对简单重复的模板型工作能够实现较高的完成度，这将对相关工作岗位造成部分乃至完全替代。高盛（Goldman Sachs）集团的调研报告[37]预测，全球将会有 3 亿个工作岗位被 ChatGPT 替代，仅有 30%的工作岗位不会受到 ChatGPT 的影响。其中，行政岗被取代的风险最大，其次是律师行业。相反，不易受到 ChatGPT 影响的岗位主要集中在体力劳动行业，如清洁工、维修工。该研究发现与 OpenAI 官方调研结果大致相似，增强了人们对失业状况的担忧。

表 1　暴露于人工智能的职业类型

组别	暴露率最高的职业	暴露率/%
α 组	口译员和笔译员	76.5
	调查研究人员	75.0
	诗人、词作者和创意型作家	68.8
	动物学家	66.7
	公共关系专家	66.7

续表

组别	暴露率最高的职业	暴露率/%
β组	调查研究人员	84.4
	作家	82.5
	口译员和笔译员	82.4
	公共关系专家	80.6
	动物学家	77.8
ζ组	数学家	100.0
	报税师	100.0
	作家	100.0
	金融定量分析师	100.0
	网页和数字界面设计师	100.0

数据来源：OpenAI 官方研究报告

ChatGPT 经过大量具体场景数据的自主调优后，具备完成人类工作的能力，如填写纳税申报表、评估保险索赔[38]，这在技能替代性上对劳动力市场产生了一定的冲击，但同时也激发了从业者的竞争意识与创造能力，面临现有工作岗位减少的风险，许多新型职业应运而生，提供了更多的就业选择。例如，已有一些科技领域的自媒体从业者转型向观众教授如何在学习生活中更高效地使用 ChatGPT，因而未来可能会产生更多专业的 AIGC 技术培训师。此外，基于 ChatGPT 存在的技术纰漏，各工作环节仍需要人工检查其生成的内容是否准确且合规，故而在未来较长一段时间内，大部分工作仍需要人力操作，而不会被完全替代。从整体性视角来看，就业市场尚未饱和，新需求不断被创造，AIGC 技术的应用使得就业者进入行业的门槛降低，人们能够通过 ChatGPT 较快了解行业并掌握入行所需的基本专业技能。同时，人们的职业选择更加多样，职业道路不断被拓宽，这将有利于激发就业市场的活力。

2. 发展弹性的工作制度

AIGC 技术的发展与应用极大地提高了人们的工作效率，有望转变传统工作形态，推动工作制度向弹性化发展。由于 ChatGPT 和区块链、云计算等前沿数字化技术的结合能够完成数据筛选、清洗等多个环节的基础技术工作[39]，专业人员的基础性工作量将大幅度减少。以商业分析工作为例，在人机结合的工作模式下，经过人工智能优先处理的数据所反馈出的信息的精准度更高，有效地降低数据处理环节中基础性工作的人力成本，有助于数据分析师对系统化的数据展开分析。进一步地，ChatGPT 可率先绘制图表，便于数据分析师对整体情况进行初步了解，再根据工作指标对数据进行详细分析，有助于汇总并对数据信息分类处理。基于数据分析师提供的信息，中层管理者能够快速定位信息类别，并进行关键性决策，推动项目管理、资源排期与任务指派实现快速响应，既能向高层管理者提供战略决策的有效信息，又能向下层管理者发布明确的执行任务，从而高效地执行上传下达的工作。这将极大地提高从输入繁杂数据到输出有效信息的工作效率，将工作重点聚焦到分析决策过程，合理调整各岗位工作时长与任务量，使得工作制度向弹性化转变。

除此以外，由于 AIGC 技术的高效应用能够匹配不同岗位员工的工作能力，从而放宽员工的工作条件，员工工作地点将不会局限在办公室，部分岗位的定时定点坐班制会逐渐转变成更灵活的工作方式。人力资源管理部门可基于 ChatGPT 的工作完成度，为不同部门的职工制定弹性工作制度，减少不必要的工作开销与资源浪费，以适应多变的工作风格和工作节奏，同时提高整体运营的资源利用率。管理者也可因人而异地进行岗位工作管理与任务分配，鼓励使用 ChatGPT 进行技术性辅助的员工在家办公，从而提高工作的创造性与灵活性，提高工作效率，增加工作产出。

四、ChatGPT 给监管方带来的风险挑战

AIGC 技术获取用户数据的合法性来源及其处理用户数据的方式正受到议论，尤其是隐私信息保护[40]、篡改真实信息[41]、成果知识产权冲突[42]等问题给监管环节带来了新的挑战，因而建立并完善科技安全监测与预警体系以保障经济安全[43]对我国数字经济的高质量发展是必要且重要的。

（一）对数据隐私安全造成威胁

尽管 ChatGPT 的用户数量飞速增长，但是开发者并没有对后台如何收集并分析用户数据等问题进行详细说明，因而用户隐私数据的安全性无法得到保障[44]。教育与就业市场的用户使用 ChatGPT 的过程中涉及大量个人与机构信息，一旦这些数据被使用者上传至 ChatGPT，并利用 AIGC 技术进行数据处理、文本创作与后台加工，就难以控制数据被泄露与滥用的风险，将对大量数据信息的隐私安全性造成威胁。此外，各个国家或地区对人工智能处理信息的相关法律法规还在完善中，导致当前 ChatGPT 在后台收集用户隐私数据的合法性亟待商榷[45]。如果监管部门不对人工智能技术的开发方通过后台侵犯用户隐私安全的行为加

以约束，就可能面临大量隐私信息被泄露、篡改、盗用的风险，扰乱市场的正常运作秩序。

（二）生成内容的真实性与有效性尚不确定

通过大规模数据的对标训练与优化，ChatGPT 能在一定程度上对数学等学科的简单问题进行解答，但其可解释性仍存在漏洞[46]。已有大量用户反映，ChatGPT 在对逻辑推理、时限性等问题的回答中多次出现造假、欺骗等问题[47]，给用户造成事实性损失[48]。除此以外，针对文本生成内容的相关责任方界定、知识产权归属、法律责任分担等问题尚未明晰，因而从监管方视角来看，针对行政文书、学术论文等重要文件，还需要提升对文本来源与真实性的鉴定水平与审查力度，并出台相关法律法规，规范 AIGC 技术产出成果的范畴界定，对违规的内容创作方进行有效追责，防止创作过程中的越界行为出现责任推诿情况。

（三）技术安全保障不够全面

在纷繁复杂的信息系统中，人工智能在运行时可能受到外部非法技术的攻击，出现病毒入侵、数据泄露、信息篡改等非主观性数据安全问题[49]。科研工作者的文章创作过程涉及原创性与隐私性，而 ChatGPT 在数据管理上仍然处在探索阶段，导致其安全保障技术的稳定性尚存不确定风险，无法确保能实时抵抗外界非法干扰，及时发现并调整内部纰漏。在就业市场中，使用 ChatGPT 的从业者是否会借助 ChatGPT 进行违法操作还没有受到密切严格的监管，因而存在 ChatGPT 成为企业间窃取商业机密工具的可能性，对各类重要信息的保密工作造成严重威胁。因此，开发方与监管部门需要联合起来，通过完善技术和法律法规等多种手段确保用户的知情同意权、被遗忘权、数据携带权等权利，并进行合理预判，从而提供全面、及时的数据安全保障。

五、结语

（一）研究结论

数字经济时代，算法、算据与算力支撑起 AIGC 技术的飞速发展历程，成为推动经济高质量发展的重要因素。适应新环境的高质量人才离不开教育与就业市场的培养与输送，因而研究以 ChatGPT 为代表的 AIGC 技术给教育与就业市场带来的机遇与挑战，能够促进多方协同的安全治理，从而使 AIGC 技术适应生产力与生产关系的发展需要，也使人们适应 AIGC 技术给教育与就业市场带来的各种影响。

AIGC 技术在教育领域的发展潜力巨大，传统的教学理念也应当紧跟时代进行革新。科研人员应当认识到未来学科交叉融合发展将成为必然趋势，而不能仅关注本专业领域的发展动向。在未来，掌握 AIGC 技术会成为大多数工作者的必备技能，这将极大地提高科研和日常工作效率，进一步提升产出成果的质量。除此以外，授课模式、教学目标等都会发生相对应的转变，形成教学系统的全面化升级。教师不仅需要教授专业知识，而且需要培养学生的实践能力，帮助学生更快更好地掌握新技术，推动培养方向从单一化向多元化转变，为劳动力市场输送更多高质量人才。在就业市场中，AIGC 技术推动社会的价值交换更细致、有效，工作更加高效。目前人工智能尚未对人类工作实现完全性替代：一方面，人工智能仅能完成部分脑力工作者的技能，而对体力劳动者的工作岗位无法构成威胁；另一方面，由于其生成的回答存在信息篡改、错误回答等问题，由 ChatGPT 等 AIGC 技术创作的内容仍然需要人为训练与纠正，无法完全达到人类工作的水平与能力。因此，可以将其作为工作助手，不仅能提高从业者工作产出的效率，而且能使工作制度向弹性化方向发展，从而更好地使 AIGC 技术为人所用、为人服务。除此以外，AIGC 技术使得进入行业的门槛降低，人们将有更多机会自由地进行职业选择，创造出更多新的工作岗位，社会分工的细致化也将推动社会工作向多元化发展，从而使得社会价值交换更加细致、有效。

（二）管理启示

1. 技术开发方守法守规，加强运营过程中的信息安全防护

掌握 AIGC 技术的开发方需要加强企业责任感，调取与处理数据的流程需要符合各国家或地区的法律法规，不应从主观上出现泄露、滥用、篡改用户数据信息等违法行为。同时，技术开发方应密切监测系统的稳定性与信息安全性，针对破坏数据安全的行为提前做好预案，不断稳固增强信息保护系统，及时弥补已经出现或可能存在的技术漏洞，尽可能地降低客观上信息泄露的潜在风险，在技术方面率先进行事前监测与预判，严格保障文本生成与数据加工的原创性、真实性与隐私性。

2. 产学研深度融合，完善技术安全保障机制

技术公司除了引进优秀人才对 AIGC 技术进行开发优化，还应当加强与科研院所的密切联系。在对成本投入与利益分配达成一致的基础上，技术公司可将数

据、算法等进行开源共享[50]，促进产教交流，推动产学研的深度发展融合，实现高质量的研发合作。基于 AIGC 技术显示出的巨大发展潜力，越来越多的投资公司竞相涌入该领域，技术公司应当对企业规模、资本额度等资质进行详细筛查，选择合适的资本投入方，夯实数字经济算力基础。依靠科研院所一流的教学资源、研发公司的一流技术与合作企业的雄厚资本投资，形成三位一体的技术发展路线，完善技术安全保障机制。

（三）监管建议

1. 教育部门加强审查力度，确保学术诚信

教育行业应当对使用 AIGC 技术的范畴加以明确规定。一方面，教育部门要对教师进行专业技能培训，通过技术手段识别学生是否存在利用人工智能完成论文、设计作品等成果的情况。一旦发现此类行为，抽检人员应及时对学生及其学校予以警告和处罚，并加强后续的监管。另一方面，教师应对学生的学习态度进行良性引导，明确告知学生滥用人工智能对个人认知水平与学习能力提升存在的危害性，并鼓励学生进行独立自主的学习。在此环境中，学生应提高自身学术道德修养，在合法合规的范围内使用 AIGC 技术进行辅助性自主学习，不能滥用其创作成果，以免出现造假、窃取、篡改等学术不端行为。

2. 监管部门建立权责对等机制，及时追溯问题责任方

AIGC 技术在教育与就业市场中已被广泛使用，但使用者还没有受到法律法规的制度约束，因此监管部门应当设置问责制度[6]，在资格审查、技术应用、技术实施、问题监管等环节中，要明确落实各环节责任方、监管内容及监管力度。此过程中，监管部门应秉持公平、公正、公开的原则，构建权责对等的监管体系，实现对 AIGC 技术从开发到落地的全面监管。基于此，相关运营方应当遵守《中华人民共和国个人信息保护法》等法律法规，并协助监管部门以共同拟定使用安全风险告知书，将通俗易懂又简洁透明的信息传递给用户，实现“明确告知、充分知情、自主自愿、明确同意”的逻辑路径[51]。一旦存在违法行为，监管部门就能及时防范拦截，迅速追溯问题发生方，落实到相关责任方并予以处罚，从而快速且有效地制约非法行为。

3. 政府加强法律法规的约束力度，切实保障用户权益

政府需要从立法层面严格约束 ChatGPT 等 AIGC 技术获取用户或企业隐私数据信息的手段、保密处理行为等，确保应用全程的合法性。政府应严格限制涉及

国家重大安全隐私的机密部门及相关从业者使用 AIGC 技术的权限，并对各类通过 AIGC 技术进行的窃密行为进行跟踪与禁止。同时，政府需重点关注前沿技术的发展动态，并预判其潜在应用风险，从而出台相关法规进行严格的防范性监管，并补充现有制度中尚未涉及的条例，切实保障用户的信息安全权益，维护网络安全，提升监管的全面性。

随着 ChatGPT 等 AIGC 技术的广泛应用，教育与就业市场正面临一系列变革。尽管变局之中存在风险与挑战，但 AIGC 技术的应用创造出更多的发展机遇。AIGC 技术在教育与就业市场的普及将成为必然趋势，人们将逐渐转变生产生活中的传统思维习惯，更加主动地借助数字技术提升自身价值，并为社会创造更多价值，因而我们应当以更加开放的心态应对并适应 AIGC 技术给生产生活方式带来的变化。从宏观角度上看，AIGC 技术将有利于社会价值交换更高效，激发经济市场活力，并助力完善监管体系，切实全面保障公民权益，推动数据安全整体环境呈螺旋式上升的发展态势。

参 考 文 献

[1] Singhal K，Feng Q，Ganeshan R，et al. Introduction to the special issue on perspectives on big data[J]. Production and Operations Management，2018，27（9）：1639-1641.

[2] 吴秋余. 习近平在中国科学院第十九次院士大会、中国工程院第十四次院士大会开幕会上发表重要讲话强调 瞄准世界科技前沿 引领科技发展方向 抢占先机迎难而上建设世界科技强国[N]. 人民日报，2018-05-29（01）.

[3] 李晓华. 数字经济新特征与数字经济新动能的形成机制[J]. 改革，2019（11）：40-51.

[4] 汪光焘. 抓住数字技术与数字经济发展新机遇，不断提升城市科学研究水平[J]. 中国科学院院刊，2023，38（4）：533-535.

[5] 陈晓红，李杨扬，宋丽洁，等. 数字经济理论体系与研究展望[J]. 管理世界，2022，38（2）：208-224，13-16.

[6] van Dis E A M，Bollen J，Zuidema W，et al. ChatGPT：five priorities for research[J]. Nature，2023，614（7947）：224-226.

[7] 王飞跃，缪青海. 人工智能驱动的科学研究新范式：从 AI4S 到智能科学[J]. 中国科学院院刊，2023，38（4）：536-540.

[8] 蒲清平，向往. 生成式人工智能：ChatGPT 的变革影响、风险挑战及应对策略[J]. 重庆大学学报（社会科学版），2023，29（3）：102-114.

[9] 洪永淼，汪寿阳. 人工智能新近发展及其对经济学研究范式的影响[J]. 中国科学院院刊，2023，38（3）：353-357.

[10] Zhang C N，Zhang C S，Li C H，et al. One small step for generative AI，one giant leap for AGI：a complete survey on ChatGPT in AIGC era[EB/OL].（2023-04-04）[2024-10-16]. https://arxiv.org/abs/2304.06488v1.

[11] 代涛，刘志鹏，甘泉，等. 技术经济安全评估若干问题的思考[J]. 中国科学院院刊，2020，35（12）：1448-1454.

[12] Antaki F，Touma S，Milad D，et al. Evaluating the performance of ChatGPT in ophthalmology an analysis of its successes and shortcomings[J]. Ophthalmology Science，2023，3（4）：100324.

[13] Gao C A，Howard F M，Markov N S，et al. Comparing scientific abstracts generated by ChatGPT to real abstracts with detectors and blinded human reviewers[J]. npj Digital Medicine，2023，6（1）：1-3.

[14] King M R. A conversation on artificial intelligence，chatbots，and plagiarism in higher education[J]. Cellular and Molecular Bioengineering，2023，16（1）：1-2.

[15] Hashim S，Omar M K，Ab Jalil H，et al. Trends on technologies and artificial intelligence in education for personalized learning：systematic literature review[J]. International Journal of Academic Research in Progressive Education and Development，2022，12（1）：884-903.

[16] Zhao W X，Zhou K，Li J Y，et al. A survey of large language models[EB/OL].（2023-03-31）[2024-10-16]. https://arxiv.org/abs/2303.18223v14.

[17] Cao Y H，Li S Y，Liu Y X，et al. A comprehensive survey of AI-generated content（AIGC）：a history of generative AI from GAN to ChatGPT[EB/OL].（2023-03-07）[2024-10-16]. https://arxiv.org/abs/2303.04226v1.

[18] OpenAI. GPT-4 technical report[EB/OL].（2023-03-15）[2024-10-16]. https://doi.org/10.48550/arXiv.2303.08774.

[19] Goldstein J A，Sastry G，Musser M，et al. Forecasting Potential Misuses of Language Models for Disinformation Campaigns and How to Reduce Risk[R/OL].（2023-01-11）[2024-10-16]. https://openai.com/research/forecasting-misuse.

[20] Evans O，Cotton-Barratt O，Finnveden L，et al. Truthful AI：developing and governing AI that does not lie[EB/OL].（2021-10-13）[2024-10-16]. https://arxiv.org/abs/2110.06674v1.

[21] Gordijn B，Ten Have H. ChatGPT：evolution or revolution?[J]. Medicine，Health Care，and Philosophy，2023，26（1）：1-2.

[22] Lowe R，Noseworthy M，Serban I V，et al. Towards an automatic turing test：learning to evaluate dialogue responses[EB/OL].（2017-08-23）[2024-10-16]. https://arxiv.org/abs/1708.07149v2.

[23] Qiu X P，Sun T X，Xu Y G，et al. Pre-trained models for natural language processing：a survey[J]. Science China Technological Sciences，2020，63（10）：1872-1897.

[24] Radford A，Wu J，Child R，et al. Language models are unsupervised multitask learners[J]. OpenAI Blog，2019，1（8）：9.

[25] Rudin C. Stop explaining black box machine learning models for high stakes decisions and use interpretable models instead[J]. Nature Machine Intelligence，2019，1（5）：206-215.

[26] Eloundou T，Manning S，Mishkin P，et al. GPTs are GPTs：an early look at the labor market impact potential of large language models[EB/OL].（2023-03-17）[2024-10-16]. https://arxiv.org/abs/2303.10130v5.

[27] Patel O，Wong G. GPT-4 Architecture，Infrastructure，Training Dataset，Costs，Vision，MoE[R/OL].（2023-07-11）[2024-10-16]. https://www.semianalysis.com/p/gpt-4-architecture-infrastructure.

[28] 王俊秀. ChatGPT 与人工智能时代：突破、风险与治理[J]. 东北师大学报（哲学社会科学版），2023（4）：19-28.

[29] 吴俊杰，刘冠男，王静远，等. 数据智能：趋势与挑战[J]. 系统工程理论与实践，2020，40（8）：2116-2149.

[30] 肖旭，戚聿东. 产业数字化转型的价值维度与理论逻辑[J]. 改革，2019（8）：61-70.

[31] Khalil M，Er E K. Will ChatGPT get you caught? rethinking of plagiarism detection[EB/OL].（2023-02-08）[2024-10-16]. https://arxiv.org/abs/2302.04335v1.

[32] Mitchell E，Lee Y，Khazatsky A，et al. DetectGPT：zero-shot machine-generated text detection using probability curvature[EB/OL].（2023-01-26）[2024-10-16]. https://arxiv.org/abs/2301.11305v2.

[33] Perkins M. Academic integrity considerations of AI large language models in the post-pandemic era：ChatGPT and beyond[J]. Journal of University Teaching and Learning Practice，2023，20（2）：1-24.

[34] Qadir J. Engineering education in the era of ChatGPT：promise and pitfalls of generative AI for education[C]. 2023 IEEE Global Engineering Education Conference（EDUCON）. Kuwait：IEEE，2023：1-9.

[35] Cooper G. Examining science education in ChatGPT：an exploratory study of generative artificial intelligence[J]. Journal of Science Education and Technology，2023，32（3）：444-452.

[36] Rospigliosi P. Artificial intelligence in teaching and learning：what questions should we ask of ChatGPT?[J]. Interactive Learning Environments，2023，31（1）：1-3.

[37] Hatzius J. The potentially large effects of artificial intelligence on economic growth（briggs/kodnani）[J].（2023-03-27）[2024-10-16]. http://s.dic.cool/S/cxW9E7u3.

[38] 刘庆杰，刘朔，吴一戎，等. 大数据技术赋能法律监督[J]. 中国科学院院刊，2022，37（12）：1695-1704.

[39] Singer J B，Báez J C，Rios J A. AI creates the message：integrating AI language learning models into social work education and practice[J]. Journal of Social Work Education，2023，59（2）：294-302.

[40] Li H R，Guo D D，Fan W，et al. Multi-step jailbreaking privacy attacks on ChatGPT[EB/OL].（2023-04-11）[2024-10-16]. https://arxiv.org/abs/2304.05197v3.

[41] Deng J Y，Lin Y J. The benefits and challenges of ChatGPT：an overview[J]. Frontiers in Computing and Intelligent Systems，2023，2（2）：81-83.

[42] Susnjak T. ChatGPT：the end of online exam integrity? [EB/OL].（2022-12-19）[2024-10-16]. https://arxiv.org/abs/2212.09292v1.

[43] 郭秋怡，游光荣. 深刻认识科技安全与经济安全互动关系 建立科技安全监测预警体系[J]. 中国科学院院刊，2023，38（4）：553-561.

[44] Sebastian G. Privacy and data protection in ChatGPT and other AI chatbots：strategies for securing user information[J]. International Journal of Security and Privacy in Pervasive Computing，2023，15（1）：1-14.

[45] Li Z H. The dark side of ChatGPT：legal and ethical challenges from stochastic parrots and hallucination[EB/OL].（2023-04-21）[2024-10-16]. https://arxiv.org/abs/2304.14347v1.

[46] 孔祥维，唐鑫泽，王子明. 人工智能决策可解释性的研究综述[J]. 系统工程理论与实践，2021，41(2)：524-536.

[47] Zhao R C，Li X X，Chia Y K，et al. Can ChatGPT-like generative models guarantee factual accuracy? On the mistakes of new generation search engines[EB/OL].（2023-03-03）[2024-10-16]. https://arxiv.org/abs/2304.11076v1.

[48] Dalalah D，Dalalah O M A. The false positives and false negatives of generative AI detection tools in education and academic research：the case of ChatGPT[J]. International Journal of Management Education，2023，21（2）：100822.

[49] Liesenfeld A，Lopez A，Dingemanse M. Opening up ChatGPT：tracking openness，transparency，and accountability in instruction-tuned text generators[EB/OL].（2023-07-08）[2024-10-16]. https://arxiv.org/abs/2307.05532v1.

[50] 陈晓红，周源. 数字经济时代下的开源软件科技创新政策及治理研究[J]. 科学管理研究，2022，40(4)：16-23.

[51] 周智博. ChatGPT 模型引入我国数字政府建设：功能、风险及其规制[J]. 山东大学学报（哲学社会科学版），2023（3）：144-154.

数字技术赋能中国式创新的机制与路径研究*

摘要：中国式创新正经历由低质低效向高质高效转变的关键时期。数字技术的迅猛发展对中国式创新产生了颠覆式改变，成为加速中国式创新的重要驱动力。本文以数字技术驱动的创新生态为基础，遵循“技术赋能—要素制约—路径实现”的演进思路，揭示数字技术赋能中国式创新的作用机制和实现路径。本文的主要结论有：①界定了中国式创新的显著要素特征，在此基础上提炼出以本土市场为应用场景、制度创新为驱动力、完整产业基础为依托、区域要素联通为突破、用户价值为导向和快速决策为方式的数字技术赋能中国式创新机制；②剖析了中国式创新所面临的制约因素，包括基础研究人才不足、颠覆式创新薄弱、技术成果商业化困难、产业链和价值链不可持续等；③提出了以异质性、多层次需求为导向，以产业数字化、数字产业化为抓手、以政策制度为保障，政产企等多元主体协同发力助推中国式创新提质升级的实现路径。本文对中国式创新理论和实践及数字经济高质量发展具有重要借鉴意义。

关键词：数字技术；中国式创新；实现路径

一、引言

党的二十大报告明确提出，“强化国家战略科技力量”，“提升国家创新体系整体效能”，“形成具有全球竞争力的开放创新生态”。改革开放以来，中国科技创新基础条件和能力建设不断增强。2022 年，全社会研发投入突破 3 万亿元，研发投入强度达 2.5%。从全球创新指数来看，中国已居第 11 位，成功进入创新型国家行列，逐渐打破发达国家所具有的技术独占优势[1]。越来越多的研究也开始关注根植于中国的独特制度、市场和社会环境下的创新行为，逐步形成以企业为主体，政府、科研院所和科技园区等为参与者，注重政府引导和市场机制结合，以“引进—消化—吸收—再创新”为路径的中国式创新概念体系[2]。

---

* 陈晓红，张静辉，汪阳洁，等. 数字技术赋能中国式创新的机制与路径研究[J]. 科研管理，2024，45（1）：13-20.

当前，中国式创新正面临数量快速增长和低质低效并存的现实困境。具体表现为中国专利申请总量呈迅速攀升之势，但以高价值发明专利数量为表征的创新质量仍与发达国家之间存在较为显著的差距[3]。伴随我国经济增长阶段从高速增长转向高质量发展，增长方式由要素驱动转向创新驱动[4]，中国式创新如何优化路径选择来完成向优质高效转化，对于实现中国式现代化和高质量发展极具重要理论价值和现实意义。然而，机械套用西方创新理论探寻中国式创新的背后逻辑与实现路径已难以得出符合中国实践的正确结论，亟须寻找中国情境视域下的创新理论认知和实现路径。

发展数字经济是推动中国式现代化的应有之义和必然选择。党的二十大报告明确提出，“加快发展数字经济，促进数字经济和实体经济深度融合”。现阶段，数字技术逐渐成为抢占未来科技制高点的关键新技术，对经济发展具有放大、叠加、倍增作用[5]。数字技术普及逐渐重构生产力和生产关系，有利于更好地衔接生产、分配、流通、消费过程中的各资源要素，极大限度地激发创新主体活力。特别在中国网民规模巨大、创新型人才绝对数量高、产业配套齐全等特色要素的驱动下，数字经济要发展夯实由数据、人才及市场等构筑的创新基座，全方位、全链条改造生产流程以充分融合数字经济和实体经济，持续打造中国式创新生态。

然而，目前鲜有文献对数字技术如何赋能中国式创新及其实现路径进行系统性分析。第一，大多关注数字化变革对企业行为的直接影响[6]，较少基于中国本土的情境要素变化，关注我国持续改革开放和经济转轨背景下独特的市场、制度和技术等具体要素特征。第二，已有研究较多关注转型背景下企业自主创新能力的演化路径[3]，较少涉及我国数字化情境要素的动态变化在特殊市场和制度下的叠加复杂性，忽视了数字要素、制度和市场等多情境特征的叠加与组合带来的系统性作用。第三，多从外部环境因素探讨其对企业创新的影响机制[7]，较少从企业创新实践视角挖掘中国式创新的核心主体及其典型特征，亟待立足本土独特情境要素及其不同组合探索企业的创新模式与路径，揭示中国式创新存在的显性规律。基于此，本文以数字技术驱动的创新生态为基础，提炼归纳数字化情境下中国式创新的显著要素特征和演进规律，剖析中国式创新所面临的制约因素，在此基础上揭示数字技术赋能中国式创新的作用机制和实现路径。

二、中国式创新内涵及数字化情境下的创新生态变迁

（一）中国式创新内涵

中国式创新可追溯至《国家中长期科学和技术发展规划纲要（2006—2020年）》。

《国家中长期科学和技术发展规划纲要（2006—2020年）》初次将科技进步创新作为经济发展核心，提出“自主创新”“引进、消化、吸收、再创新”“合作创新”等多种创新模式。在后期实践中，创新行为多因循这些模式，逐渐形成中国式创新发展路径。

本文梳理了国内外研究对中国式创新概念的相关定义。经典熊彼特创新理论提出创新是一种创造性破坏活动，是推动经济结构变迁和经济内生增长的重要驱动力。延续熊彼特创新理论思想，“颠覆式创新”之父克里斯滕森（Christensen）研究发现，中国情境下的创新在早期发展过程中更多地表现为满足主流消费者需求的低端颠覆性创新。克罗伯（Kroeber）从效率视角出发，定义中国式创新为一种低成本高效率创新。王宗军和蒋振宇[8]将中国式创新总结为充分发挥本土市场优势，以推进“引进—消化—吸收—再创新”为主要路径，实现经济价值和社会价值双目标的创新模式。以中国高铁为研究对象，路风[9]得出中国技术创新领先的关键在于系统层次创新。

基于上述梳理，本文认为中国式创新的内涵如下：中国式创新是一种基于中国人才规模、多样化市场需求和完整产业基础所形成的独特创新模式。它以企业为主体，政府、科研院所、高校和科技园区等为参与者，突出政府引导和市场机制相结合的原则，注重低成本、高效率，旨在实现经济价值和社会价值双重目标，形成后发国家“引进—消化—吸收—再创新”的系统层次创新路径模式。

（二）数字技术驱动下的创新生态

面对当前百年未有之大变局，数字经济的“稳定器”角色日益凸显，已成为高质量发展新引擎。数字技术是涵盖信息处理、计算能力、通信手段及连接互通的组合技术。伴随国家政策与市场环境态势引导，数字技术从多个方面不断渗透并改变传统创新基础条件，逐步构建新的创新生态。具体表现如下：①创新主体合作更加广泛。数字环境下的研发模式逐渐趋向开放化、开源化[10]，不同行业、领域、国家的创新主体合作范围拓宽，价值共创成为新时代创新主体的主要特征。②创新迭代速度越发加快。数字转型加大技术动态不确定性和用户偏好多样性，要求创新主体在复杂且难以预定义的环境下加快试错、反馈，及时调整创新目标，形成以快速迭代为核心的创新流程。③创新组织惯性持续突破。创新主体广泛合作和创新速度快速迭代提升创新组织柔性能力，打破企业路径依赖和组织惯性等创新禁锢，快速识别并捕捉创新机会。④创新边界逐渐模糊开放。数字化情境下的创新流程从传统知识驱动、研究开发及应用线性流程过渡到多个阶段相互影响，产品边界、组织边界和产业边界变得更加模糊且具有动态性[11]。

三、数字技术对中国式创新的变革

通过总结根植于中国独特经济制度背景下的行业和企业层面创新案例实践经验，我们发现中国式创新总体上存在以下显著要素特征：①巨大的本土市场规模；②强大的政府驱动力量；③完整多样的产业基础；④区域间的差序格局；⑤群聚思维下的研发导向；⑥集中决策下的快速反应。数字技术的涌现深刻变革中国式创新要素，逐步形成以本土市场为应用场景、制度创新为驱动力、完整产业基础为依托、区域要素联通为突破、用户价值为导向和快速决策为方式的中国式创新机制，为中国式创新发展提供新机遇。数字技术赋能中国式创新演进逻辑如图 1 所示。

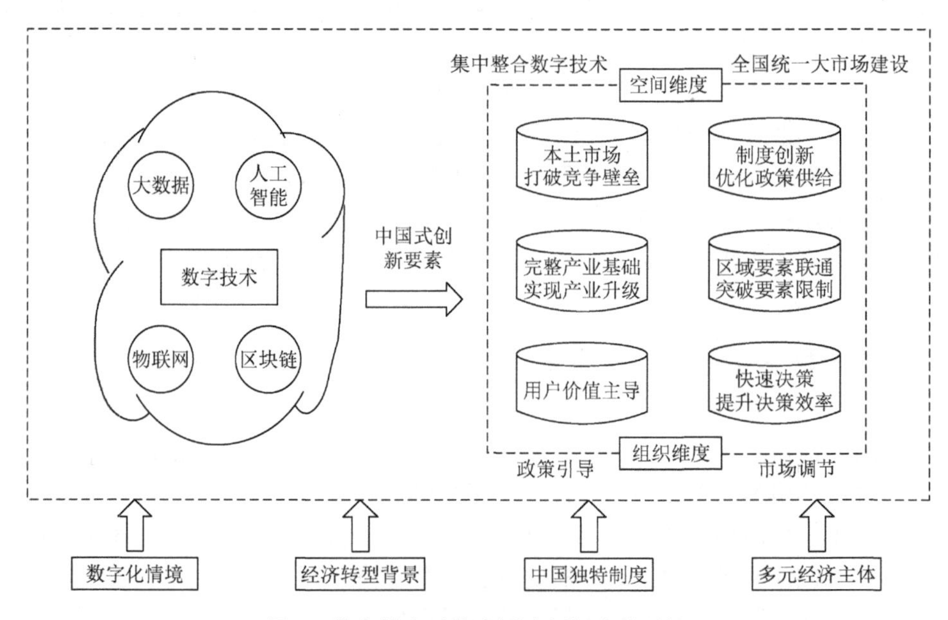

图 1　数字技术赋能中国式创新演进逻辑

（一）数字技术对本土市场的变革

中国巨大的本土市场规模为具有风险性的创新行为提供了诱人的收益动力。近年来，以大数据、人工智能、物联网、区块链等为代表的数字技术掀起产业数字化转型浪潮。数据因其自身所具备的可编辑、可复制、可复用和可共享等特性逐步成为重要生产要素，突破了传统生产要素在稀缺和排他方面的固有限定[5]。在中国巨大本土市场规模下，数字技术应用范围迅速扩展，应用场景不断浮现。

数字资源规模化逐渐打破数据孤岛，使得集中整合本土市场的效率逐步提高，并从规模效应和竞争效应两方面深入影响中国式创新行为。

从规模效应来看，数据要素市场构建有利于打破现有区域竞争壁垒，扩大已有市场规模，减小区域交通、信息、物流等创新基础设施差异。通过数字要素连接土地、劳动、资本等传统生产要素，降低要素交换成本，提高创新资源配置效率。此外，搜索引擎、社交媒体和网络商店等数字基础设施成为各种交易主体的汇聚地，市场规模连通性进一步扩大，例如，多类创新主体间信息交流更加便捷，创新技术对接障碍持续减小，创新成果应用范围更加宽广。

从竞争效应来看，数字技术应用提高了本土市场规模细分程度。在传统市场环境下，众多同质企业加剧产品市场竞争。数字技术则从需求侧引致细分领域创新。借助海量数据和搜索引擎，创新主体能够捕捉经济主体的多种隐含行为动态信息，使群体心理、个体异质性、文化偏好等非结构化数据变得可计量、可处理、可预测[12]。精准掌握消费者偏好动态和异质性群体信息有利于企业从技术源头抢占创新先机，加速技术创新进程。此外，通过延伸非标准化服务，单一加工价值拓宽到创新价值。精准生产、柔性制造、并行驱动、敏捷服务等细分市场在数字技术驱动下逐渐涌现[13]。

（二）数字技术对政府治理的变革

政府作为创新生态环境营造者，发挥着资源调配、服务提供和产业支持等作用。特别在政府治理环境下，创新目标设定更是政府推动创新发展的重要手段。政府通过提供研发补贴、给予税收优惠、放宽信贷资源及吸引创新人才落户等途径显著提升区域创新能力，引导创新要素集聚[14]。

数字技术发展冲击着传统的政府与市场均衡状态。政府通过数字技术优化政策供给实现制度创新，拓宽创新要素集聚范围[15]。首先，政府获取信息成本大幅下降，赋能创新治理科学化。传感器监测和数据互联互通帮助政府提升经济运行监测分析能力，加强规范市场竞争，调动多部门重点攻关治理主要矛盾以破除创新要素集聚障碍。其次，数字技术帮助政府推动创新公共服务最优化，赋能创新治理高效化。通过建立创新公共服务管理平台和科创云平台，实时发布创新支持政策，有效打通高校、企业、园区和政府间的信息沟通围墙。通过及时对接及匹配各方需求，推动数字产业链和创新链有效结合，优化创新资源配置，不断提高研发成果转化效率。最后，要素确权数据化帮助政府更好地界定所有权和使用权，赋能创新治理精细化。在保护创新成果权利的基础上，提高创新成果社会服务效益，避免“搭便车”等创新破坏行为，实现创新秩序与创新活力的平衡发展。

（三）数字技术对产业基础的变革

产业是经济之本，完整且多样的产业基础为交叉型创新提供了灵活发展的要素根基。特别是在受外部因素影响致使供应链风险加大时，更加突出完整产业基础对创新链的必要性。根据联合国发布的《全部经济活动国际标准产业分类》，我国产业基础涵盖所有工业门类。同时，产业多样性带来创新机会广泛性。产业结构多样有利于行业间技术交流，由此带来的知识溢出促进了创意产生，从而提高了创新效率[16]。现阶段，虽然我国依托完备的产业基础完成了经济总量快速提升及重大创新成果研发，但是仍有一些关键产业技术由发达国家控制。提高产业基础能力和实现产业升级成为激发创新活力的重要途径。

数字经济发展逐渐重塑产业链，促进创新提质增效。首先，数字技术改变产业间的劳动力流向，引导低技能劳动力向数字技能偏向的新兴产业流动，优化劳动力就业结构[17]。数据要素的可复制和易传播性让数据使用者突破要素产权单一限定，开放共享理念日趋普及。数字化模块也使复杂技术相对标准化，降低了传递和学习成本，更易于新兴数字技术在劳动者间的交流和扩散。更加快速的知识溢出加快提升产业内创新水平。其次，数字技术发展加强了产业间协同效应，逐步建立起开放共赢、相互依赖的创新生态圈。以大数据分析为代表的数字技术帮助创新主体在创新网络中及时获得隐性知识积累，挖掘数据之间的关联性和规律性，降低因隐性知识缺乏导致的试错成本。知识传播和共享有利于将单一的研发生态位扩展为多个生态利基，促进产品迭代和技术升级[18]。以阿波罗开放平台为例，百度与宝马、微软、中兴通讯等全球合作者共建协同平台，通过搭建开放、共享的技术性架构，成功解决自动驾驶关键技术难题[19]，有效降低创新风险和成本。

（四）数字技术对区域创新格局的变革

中国因其广阔的地理面积、资源禀赋和经济发展水平而形成显著的东、中、西部区域发展差异，深刻影响着创新格局的差序分布。长期以来，东部地区因其经济发展水平高和制度灵活便利而汇集了人才、资金、技术、基础设施等众多关键创新因素。据统计，中国知识产权指数前十强中有 7 位属于东部地区。

一方面，数字技术降低了不同地域创新者和投资者间的信息不对称程度。通过大数据、云计算和机器学习等技术，投资者可以精准实时地掌握创新者的财务信息和研发行为，准确评估远距离企业的投资回报和风险水平，帮助中西部地区更好地获得研发资金[20]。另一方面，数字技术助力创新者更好地了解市场需求和投资者心理，获得更加便捷的融资渠道和资源。通过数据要素，创新者更好地展示研发产品的行业状况、企业优势和应用前景并获得及时的市场反应和用户反馈，有利于中西部地区企业吸纳规模小而分散的金融资源并转化为有效供给，降低区域间创新要素差距。

（五）数字技术对群聚思维的变革

与多数发达国家相比，中国式创新表现出明显的地域集中和竞争激烈特性[21]。在地区层面，受产业技术偏好、市场规模和产业关联的影响，竞争多体现为行政辖区的横向竞争。在产业竞争激烈的环境下，出于对被验证机会的迅速抢夺，众多类质企业针对产业内的相似机会往往蜂拥而上，形成群聚思维下的研发导向。一方面，同一研发趋势下的大量创新主体降低了本领域的研发试错成本；另一方面，空间细碎化的竞争效应逐渐抵消部分创新增长空间[22]，限制创新可持续增长。

数字经济时代，海量数据激增扩展了消费者效用组合理论基础。深度学习和人工智能可以深入洞察用户行为，为消费者行为分析获取准确量化的结构化信息及非结构化信息，如声音提取、图像标注和视频解析[12]。数字技术发展促使创新主体不得不重新考虑随时代而变的经营战略来改变单一的群聚思维。用户和企业间信息沟通距离缩短使得用户价值主导成为企业创新及经营目标。数据的流动性、非竞争性和客观性在一定程度上加强了企业形成细分领域创新的研发基础，使用户从需求侧改变企业创新轨迹。定制化和精细化创新思维成为用户价值主导战略下的重要表现，有利于通过差异化定价实现长尾价值，突破细碎空间下的激烈产业竞争。

（六）数字技术对企业决策的变革

中国企业管理者的一大特质是快速集中决策。成长机会的可得性和瞬时性要求企业能够在面临机会时快速集中决策并迅速执行。创新领导者的果断特质、扁平灵活的组织结构、快速变化的消费市场和不确定性的外部环境决定了中国创新市场的非慢热性。

数字化浪潮下，大数据思维为企业研发决策提供了完全信息的多方来源。消费者基于主观判断的偏好与大数据决策下的偏好呈现趋同化，打破了建立在信息不对称基础上的效率差。通过消费者行为数据化精准预测用户需求，并以此为导向在数据挖掘和智慧决策的基础上加速创意产生和实现，提高研发效率[23]。此外，数字技术有助于延伸企业管理半径，减少企业管理层级。在管理结构上，传统的职能制、事业部制和矩阵制结构已难以灵活应对数字技术的快速迭代。经营决策的实时性要求管理结构以用户为中心，达到管理结构去中心化和高效协同的目的。各职能部门转变为横向业务的分布式进行和纵向业务的一体贯通，这既满足了组织内和组织间的合理分工，也进一步加强了组织内和组织间的知识互动强度[24]，极大地提升了企业决策准确度和决策效率，降低了创新协调成本。

四、数字化情境下中国式创新的制约因素

作为创新主体，中国企业间的异质性差距在数字化情境下迅速扩大，难以从整体上归纳和总结中国式创新面临的普适性制约因素。借鉴 Greeven 等[25]对中国创新企业类型的划分，本文将中国创新企业分为先锋企业、隐形冠军企业、黑马企业和创变企业四类，如表 1 所示。

表 1　中国创新企业类型

类型	营业收入规模	市场	知名度	代表性企业
先锋企业	100 亿美元及以上	大众	高	华为、阿里巴巴
隐形冠军企业	50 亿美元以下	利基	低	长园集团、联美控股
黑马企业	6000 万美元以下	利基	低	深圳华瀚激光、深圳天地数码
创变企业	估值 10 亿美元以上	大众	高	美团点评、字节跳动

注：大众市场指长尾理论中占据主体部分的消费者市场；利基市场指面向长尾部分的小众消费者市场

（一）基础研究人才不足成为先锋企业创新突破的一大挑战

在全球高科技领域，人才是获取前沿竞争力的核心资源。从多个头部企业来看，基础研究人才投入不足在先锋企业中表现得尤为突出。虽然阿里巴巴尝试通过全球领导力学院培养人才，华为通过引进天才少年打造研发前沿，但是在多数先锋企业发展过程中，市场应用型研发人才仍多于基础研究人员。更多的底层技术仍受到供应链风险制约，特别在数字化对中国式创新的强效作用情境下，这一短板表现得更为明显。如何通过人才培养摆脱技术追随和突破“卡脖子”技术已成为处于中国式创新前沿的先锋企业在创新突破方面急需考虑的战略核心问题。

（二）颠覆式创新薄弱是隐形冠军企业实现技术突破的首要问题

隐形冠军企业是特定市场内创新产出的中坚力量，而长期追随与吸收式创新

难以支撑其在技术快速迭代的数字化情境下获得突破性创新成果与长期稳定利益。现阶段，成熟技术外溢到产品成本相对更低的东南亚等地区对隐形冠军企业已构成重要外部制约因素。一方面，新兴市场参与者的技术跟随会使隐形冠军企业逐渐丧失已开辟的市场份额。另一方面，暂时的行业技术领先会造成隐形冠军企业盲目自信，从而降低技术发展趋势追踪和改变，阻滞前沿技术创新投入。随着隐形冠军企业曝光度提高，事前具备的无形优势也会因更多竞争对手打压和抵制而逐渐褪去。

（三）技术成果商业化困难是制约黑马企业技术价值跃迁的重要因素

黑马企业是中国式创新中较为活跃的创新主体。数字化情境下，快速变化的市场需求要求黑马企业不断调整和更新商业化策略以达到供需有效对接。黑马企业的可持续创新能力与技术实力能否快速更迭，满足消费市场变化并兼容技术可行性和市场有效性对黑马企业构成了极大挑战。创新风险、激烈市场竞争和规模限制加大了黑马企业的试错成本，对其自身的创新能力、市场洞察力和灵活性提出更高要求。借助数字技术加速企业技术创新成果商业化，降低创新风险成为黑马企业技术价值跃迁的重要出路。

（四）产业链和价值链不可持续是创变企业面临的重大瓶颈

创变企业对传统市场颠覆和自身高增长速度构成其快速发展的优势。但数字化情境下，如何保持用户黏性和实现业务变现是众多创变企业必须经历的阵痛期。创变企业作为中国颠覆式创新的重要代表，快速扩张背后的资本剩余和内部管理体系失序使得创变企业在数字化时代下更易脱离产业链价值链可持续的轨道。一方面，过剩资本融资使创变企业失去战略紧迫感，对现有商业模式的依赖也将放松控制试错成本；另一方面，内部资金管理混乱成为其止步不前的障碍。此外，数字时代的技术快速更迭加速市场红利消失。仅专注狭窄垂直行业领域会限制创变企业的持续价值创造。

五、数字化情境下中国式创新的实现路径

在数字化情境下，以数据资源和数字技术双轮驱动中国式创新，突破创新制约因素，推动创新不断向优质高效转化，需要企业、产业、政府等多元主体协同发力。数字技术赋能中国式创新实现路径如图 2 所示。

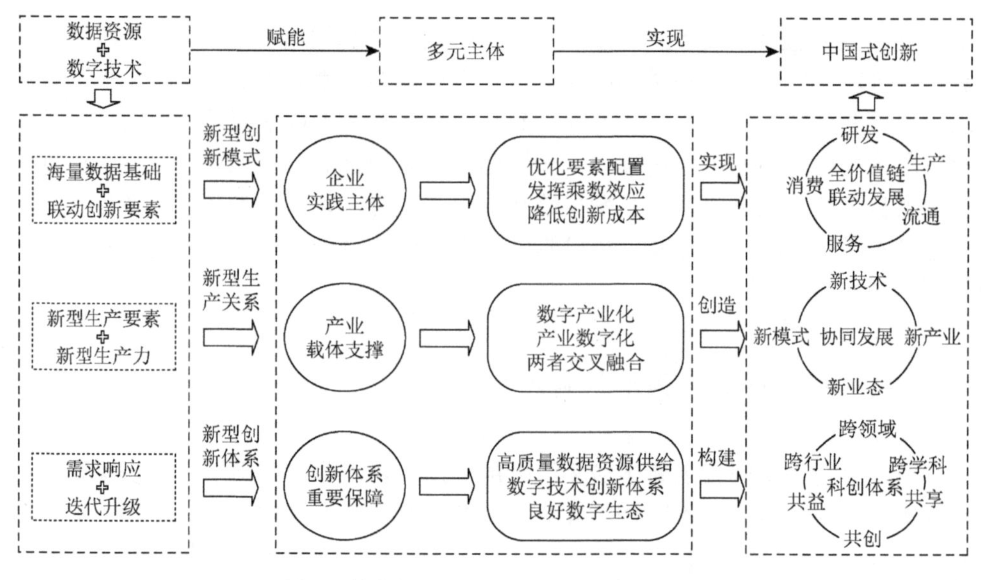

图2　数字技术赋能中国式创新实现路径

（一）以异质性、多层次需求为导向驱动企业创新快速迭代升级

数字化情境下的中国企业创新将以海量用户数据为基础，异质性、多层次的终端需求为导向，形成用户需求和核心技术双轮驱动的创新路径。具体体现为：第一，以数字技术推动各创新要素叠加，放大数据要素最大乘数效应。以海量数据为基础，运用数字技术建立和挖掘事件间的关联性，打破创新要素供求信息交互的时空限制和使用边界，降低要素搜索成本与交易摩擦成本，实现创新资源精准匹配，产生创新要素协同效应。第二，利用数据网络优化创新要素配置方式。以数据形式采集终端创新要素需求，提前认知需求方向、对象、内容及数量，事前基于需求分析做出供给决策，通过数据赋能实现数据要素的高效配置和价值提升。第三，通过数字技术降低创新成本。基于用户需求和产业供给的长期视角，借助新一代信息技术迭代升级形成颠覆性和差异化创新，以数据共享实现多元创新主体连接。

（二）以产业数字化、数字产业化为抓手推动现代化产业体系转型发展

伴随新模式、新业态的不断涌现，数字技术成为实现数字产业化和产业数字化的重要推动力。前者是数字技术在产业层面发展的形态，后者则是数字技术扩散运用的外延表现。第一，以数字产业化实现生产力水平跨越式提升、科技创新跨越式发展。以数据资源为核心，加快各生产要素和资源的快速流动和高水平融

合，加速创新技术产业化、场景化应用，实现技术产品化、产品商品化、商品规模化发展。第二，以产业数字化实现产业链全要素的重构与赋新，带动产业链上下游协同创新发展，实现精准对接。第三，加快推进数字产业化和产业数字化的交叉、融合与协同，打造转型升级新格局。通过数字产业化为产业数字化发展提供数字化生产要素和技术生产力，通过产业数字化产生的海量数据为数字产业化提供广泛数据资源，推动产业链、价值链、供应链联动发展。

（三）以政策制度为保障构建政府主导、多元参与的中国式创新体系

创新体系是中国式创新的重要保障，关注非企业创新主体及其与企业之间基于市场和非市场规则的互动。数字化情境对中国式创新体系构建提出了新要求，既要符合创新技术范式一般要求，又要充分发挥其自身制度性优势。第一，增强高质量数据资源供给。加强数据资源跨层级、跨地域、跨系统、跨部门、跨业务的开放共享，提高数据要素市场化配置效率。第二，构筑自立自强的数字技术创新体系。推动各创新主体跨领域协同、跨学科交叉、跨界融合发展，切实掌握数字技术发展主动权。第三，创建良好的数字生态体系。加快构建数字规则体系和营造开放、健康、安全的数字生态，加速推进数据要素价值化和数字技术应用场景落地，全面提升数据要素赋能作用和数字创新竞争力。在推动数字产业链协同和数字生态国际化的基础上，以数字生态体系全面推进中国式创新发展。

六、主要研究结论

本文以中国式创新内涵为分析起点，立足数字技术驱动的创新生态，遵循“技术赋能—要素制约—路径实现”的演进思路，揭示了数字技术赋能中国式创新的作用机制与实现路径。研究发现：①数字技术在中国式创新中扮演着关键角色，主要通过六大机制赋能中国式创新要素。研究分析表明，数字技术以本土市场为应用场景、制度创新为驱动力、完整产业基础为依托、区域要素联通为突破、用户价值为导向和快速决策为方式的机制链条深刻变革中国式创新。这一发现将数字技术与中国独特创新要素纳入统一分析框架，揭示了复杂情境下创新实现机制的实践规律，为学界对中国式创新及其演进规律达成群体共识作出了初步探索。②尽管数字技术为中国式创新带来了新机遇，但仍面临一系列挑战。通过将企业分为先锋企业、隐形冠军企业、黑马企业和创变企业四类，研究得出数字化情境下的中国式创新制约因素包括基础研究人才不足、颠覆式创新薄弱、技术成果商业化困难、产业链和价值链不可持续等。本文通过剖析典型企业中国式创新实践经验，为厘清数字技术赋能创新实现的制约因素提供了路径参考，有利于科学统

等、精准施策，突破中国式创新发展瓶颈。③因循“技术赋能—要素制约—路径实现”的演进思路，本文提出数字技术助推中国式创新实现的三大路径。第一，以异质性、多层次需求为导向驱动企业创新快速迭代升级，发挥数据要素最大乘数效应。第二，以产业数字化、数字产业化为抓手推动现代化产业体系转型发展，实现产业链、价值链和供应链联动创新。第三，以政策制度为保障构建政府主导、多元参与的中国式创新体系，提升创新竞争力。研究结论为持续促进数字技术和实体经济深度融合、协同稳步推进中国式现代化提供了学理支撑，对数字经济高质量发展具有重要借鉴意义。

在未来研究过程中，学者仍可从创新理论体系构建、创新方式变革、创新成本收益三个角度进一步探讨数字化情境下的中国式创新生态体系。①数字化情境为创新管理理论优化提供了新契机。未来可以通过更多数字化转型个体实践总结数字化情境下的普适性创新管理理论。②大型语言模型、类脑智能、跨媒体感知等新兴数字技术持续催生新的数字基础设施。未来创新路径将是技术跟随还是技术跃迁有待进一步探讨。③数字转型会带来技术独占优势，但也会因易模仿特性而流失创新价值。未来需要进一步深入研究创新主体的数字转型净收益。

参考文献

[1] 魏江，杨佳铭，陈光沛. 西方遇到东方：中国管理实践的认知偏狭性与反思[J]. 管理世界，2022，38（11）：159-174.

[2] 苏敬勤，高昕. 情境视角下“中国式创新”的进路研究[J]. 管理学报，2019，16（1）：9-16.

[3] 诸竹君，黄先海，王毅. 外资进入与中国式创新双低困境破解[J]. 经济研究，2020，55（5）：99-115.

[4] 韩峰，阳立高. 生产性服务业集聚如何影响制造业结构升级?：一个集聚经济与熊彼特内生增长理论的综合框架[J]. 管理世界，2020，36（2）：72-94，219.

[5] 陈晓红，李杨扬，宋丽洁，等. 数字经济理论体系与研究展望[J]. 管理世界，2022，38（2）：208-224，13-16.

[6] 刘淑春，闫津臣，张思雪，等. 企业管理数字化变革能提升投入产出效率吗[J]. 管理世界，2021，37（5）：170-190，13.

[7] 寇宗来，孙瑞. 技术断供与自主创新激励：纵向结构的视角[J]. 经济研究，2023，58（2）：57-73.

[8] 王宗军，蒋振宇. 从知识获取到创新能力：信息素养的调节效应[J]. 科研管理，2020，41（1）：274-284.

[9] 路风. 冲破迷雾：揭开中国高铁技术进步之源[J]. 管理世界，2019，35（9）：164-194，200.

[10] 戚聿东，肖旭. 数字经济时代的企业管理变革[J]. 管理世界，2020，36（6）：135-152，250.

[11] Cozzolino A，Verona G，Rothaermel F T. Unpacking the disruption process：new technology，business models，and incumbent adaptation[J]. Journal of Management Studies，2018，55（7）：1166-1202.

[12] 洪永淼，汪寿阳. 大数据如何改变经济学研究范式?[J]. 管理世界，2021，37（10）：40-55，72，56.

[13] Mak H Y，Max Shen Z J. When triple-a supply chains meet digitalization：the case of JD.com’s C2M model[J]. Production and Operations Management，2021，30（3）：656-665.

[14] 郑世林，崔欣，姚守宇，等. 目标驱动创新：来自地方政府工作报告的微观证据[J]. 世界经济，2023，46（8）：55-79.

[15] 郝跃，陈凯华，康瑾，等. 数字技术赋能国家治理现代化建设[J]. 中国科学院院刊，2022，37（12）：1675-1685.

[16] 许恒，张一林，曹雨佳. 数字经济、技术溢出与动态竞合政策[J]. 管理世界，2020，36（11）：63-84.

[17] 田鸽，张勋. 数字经济、非农就业与社会分工[J]. 管理世界，2022，38（5）：72-84，311.

[18] Reeves M，Levin S，Fink T，et al. Taming complexity[J]. Harvard Business Review，2020，98（1）：112-121.

[19] 李东红，陈昱蓉，周平录. 破解颠覆性技术创新的跨界网络治理路径：基于百度 Apollo 自动驾驶开放平台的案例研究[J]. 管理世界，2021，37（4）：130-159.

[20] 李宇坤，任海云，祝丹枫. 数字金融、股权质押与企业创新投入[J]. 科研管理，2021，42（8）：102-110.

[21] Snihur Y，Thomas L D W，Burgelman R A. An ecosystem-level process model of business model disruption：the disruptor's gambit[J]. Journal of Management Studies，2018，55（7）：1278-1316.

[22] 高琳，高伟华. 竞争效应抑或规模效应：辖区细碎对城市长期经济增长的影响[J]. 管理世界，2018，34（12）：67-80.

[23] 余菲菲，王丽婷. 数字技术赋能我国制造企业技术创新路径研究[J]. 科研管理，2022，43（4）：11-19.

[24] 杨思远，王康. 数字技术能提升企业业绩吗?：来自中关村海淀科技园的微观证据[J]. 科研管理，2023，44（1）：26-36.

[25] Greeven M J，Yip G S，Wei W. Pioneers，Hidden Champions，Changemakers and Underdogs：Lessons from China's Innovators[M]. Cambridge：MIT Press，2019.

数字经济时代的技术融合与应用创新趋势分析*

摘要：在数字经济时代，大数据、物联网、人工智能、区块链、虚拟现实等数字新技术的融合引领了新一轮信息技术的跨越发展，同时数字新技术在政府公共管理、医疗服务、零售业、制造业及涉及个人的位置服务等领域得到了广泛应用，并产生了巨大的经济效益和社会价值。本文从数字经济时代所呈现的新特征和面临的新挑战入手，探讨数字经济时代的技术发展新趋势，揭示数字经济时代的技术交叉融合关系，指出数字经济时代的应用创新趋势。

关键词：数字经济；数字新技术；技术融合；应用创新

一、引言

信息通信技术等新技术的广泛运用，以及新模式、新业态、新产业的不断涌现引发了社会生产生活的深刻变革。数字经济正成为全球经济增长的核心驱动力，引领着行业的转型升级，形成全球新一轮产业竞争的制高点。

近年来，学术界和产业界提出了“数字经济”的概念，对数字经济研究与应用的关注度持续升温。在杭州 G20 峰会上，“数字经济”第一次作为核心议题被讨论，峰会通过了第一个全球性的数字经济合作倡议。《中国“互联网＋”指数报告（2018）》指出，2017 年中国数字经济体量为 26.70 万亿元，较 2016 年同期的 22.77 万亿元增长 17.26%，显著高于同期 GDP 6.9%的增速。

然而，现有关于数字经济的研究主要集中于促进经济发展的宏观层面，虽有一些研究关注数字经济的新技术，但仅将单一技术作为单独部分进行讨论。随着数字经济的发展，各种支撑数字经济发展的技术融合正成为研究热点。例如，人工智能的发展需要借助大数据技术的海量数据与云计算的分析能力。

本文拟从数字经济时代呈现的新特征和趋势入手，探讨数字经济时代的技术发展新趋势。在此基础上，阐述在数字经济时代下不同的新技术如何实现融合，

---

* 陈晓红．数字经济时代的技术融合与应用创新趋势分析[J]．中南大学学报（社会科学版），2018，24（5）：8.

并结合新零售、智能制造等与数字经济相关的产业，探讨数字经济时代的应用创新趋势。

二、数字经济时代的技术发展新趋势

在数字经济时代，新技术不断涌现与变革，形成了以大数据、物联网、人工智能、区块链、虚拟现实、共享经济等为代表的数字新技术。数字新技术依托数字化信息和信息网络，通过与其他领域的紧密融合，为人类社会经济活动提供便利，提高各领域的运行效率。大数据、物联网、人工智能、区块链、虚拟现实、共享经济等技术与数字经济的融合将颠覆传统领域的发展模式，为经济社会的发展提供全新的机遇。

（一）大数据发展新趋势

大数据（big data）是指由于数据规模巨大而无法在合理时间内采用常规方法进行存储、管理和处理的数据集合[1]，具有多样性（variety）、大量性（volume）[2]、高速性（velocity）特点[3]。大数据一方面作为数字经济的关键生产要素，另一方面作为资源配置在市场中的必要条件，成为数字经济进一步发展的首要因素。首先，大数据产业自身催生出数据交易、数据租赁服务等新兴产业业态，同时推动智能终端产品转型升级，使电子信息产业得到加速发展。其次，由于大数据与不同行业交叉融合与创新，传统行业在经营、服务模式上发生变革，衍生出互联网金融、共享汽车等新平台、新模式和新业态。最后，“大众创业、万众创新”正随着大数据的共享开放而得到加速发展。数字经济因技术创新和技术驱动的经济创新而得到加速发展。

随着大数据技术的发展，传统产业将开始向数字化和智能化方向转型升级。大数据技术与社会经济的各领域加速交叉融合，传统行业可以提升其生产效率和创新能力，实现其数字化转型。

（二）物联网发展新趋势

物联网的蓬勃发展使各种感知设备、终端能够快速接入网络并汇聚在一起，物联网硬件的数量和形态也以指数级提升，从 PC 时代硬件设备的亿个级到智能手机、平板电脑的十亿个级向物联网硬件的百亿个级迈进，从而使海量的非结构化数据呈指数性增长。

物联网与数字经济相结合，加速了其在医疗监护、智能家电控制、物流和供应链追踪等领域的应用。在数字经济时代，物联网发展的主要趋势如下：第一，传感器技术向高精发展，推动全方位的数据采集与传输。可穿戴设备的普及推动物联网的移动化，高精传感器技术提升监测的灵敏度与准确性。第二，与智能设备相结合，推动物联网的智能化。在智能设备控制过程中，通过对可穿戴设备中的智能手表、手环进行监测，可将监测数据实时传输到医院，实现对使用者身体的实时监测服务，避免相关疾病的发生。第三，物联网生态圈成为应用落地的主要形式。信息技术巨头纷纷布局物联网生态圈，例如，苹果形成了包括智能家居 HomeKit、可穿戴设备 HealthKit、汽车物联网 CarPlay 的多平台的物联网生态系统；谷歌提出了 Project IoT 计划，并发布了 Brillo 物联网底层操作系统；华为发布了轻量级物联网操作系统 Lite OS、端到端解决方案 NB-IoT，构建了 Ocean Connect 生态圈。

（三）人工智能发展新趋势

随着数字资源的积累、计算能力的提升和网络设施的完善，海量数据的激增使深度学习和人工智能从梦想变为现实，人工智能正在进入一个跨界融合、深度应用、引领发展的新阶段。在生物特征识别领域，美国联邦调查局（Federal Bureau of Investigation，FBI）构建的人脸数据库已采集 1.17 亿位美国成年人的指纹、虹膜、人脸等多项生物特征数据，可通过人脸识别技术，利用照片找出目标人员；在医疗领域，通过人工智能技术处理收集到的海量数据和信息，可以找出相关的病理依据和相关案例，提高诊断决策的准确性。

未来，数字经济与人工智能的技术融合将更加紧密，以深度学习和机器学习等关键技术为核心，以云计算、大数据等技术为基础支撑，加速人工智能在金融、医疗、自动驾驶等领域的应用，并转变成为通用智能，进而推动新一轮产业革命。

（四）区块链发展新趋势

区块链本质上是一种分布式记账同步更新账本技术，以去中心化和去信任化的方式，集体维护一个可靠数据库的技术方案[4]。区块链作为比特币的底层技术支撑，是一种不可篡改的分布式账本，也是一种全新的分布式基础架构与计算范式，其基本思想包括利用分布式网络实现信息处理的去中心化、利用共识机制建立节点间信任、利用非对称加密和冗余式分布存储实现信息安全、利用块链式数据结构实现数据信息可溯源。

在数字经济时代，区块链的发展趋势如下：第一，脱虚向实，区块链向实体应用落地转变。炒币投机热潮将会冷却，区块链塑造信任的特点将得到重视并应用到实体部门，推动实体经济效率的提升。第二，交叉融通，区块链将进一步加快与大数据、物联网、人工智能等数字新技术的融合。区块链技术和应用的发展需要大数据、物联网、人工智能等新一代信息技术作为基础设施支撑，从而拓展应用空间。同时，区块链技术和应用的发展对推动新一代信息技术产业发展具有重要的促进作用。第三，标准引领，区块链发展将更加标准化、规范化。区块链在各行业得到了快速发展，但是基于行业、用户之间的差异，以及统一标准的缺失，重复工作、资源浪费现象普遍发生，2017 年 12 月，由工业和信息化部牵头制定的《区块链 数据格式规范》发布，标志着区块链技术标准化进入实质阶段。

尽管目前区块链技术的发展及应用较为有限，区块链的技术亦远未成熟，还存在诸多难题[5]，但是随着今后对区块链投入的不断增大，区块链与数字经济的结合将越发紧密，基于区块链的数字经济管理平台有望成为公共数据共享管理的基础设施，区块链技术也将逐渐成为各行业的主流应用，并由金融领域向非金融领域渗透，逐渐成为颠覆传统行业发展的新需求。

（五）虚拟现实发展新趋势

虚拟现实（virtual reality，VR）技术是基于数据采集技术、计算机三维图形技术、多媒体技术、人机交互技术、网络传输技术、立体显示技术等多种科学技术综合发展起来的新技术。随着数字经济的不断发展，大数据能为沉浸式虚拟场景（immersive virtual scene）提供细微颗粒化支持，虚拟现实则能为大数据提供丰富多样的呈现（可视化）方案，从而增强了人们分析处理动态交互式大数据（interactive big data）的能力。

数字经济时代下，虚拟现实技术的发展带来了新的产业变革和商业机遇，数字经济驱动了虚拟现实在工业设计、虚拟购物、心理治疗与康复、军事模拟等领域的应用发展。麻省理工学院（Massachusetts Institute of Technology，MIT）多媒体实验中心、Virtualitics 公司等研究机构为解决传统的二维和三维可视化系统对复杂数据集处理能力不足的问题，将大数据技术应用于虚拟现实场景构建，充分发挥了虚拟现实技术的先天优势（沉浸感），基于纳斯达克数据推出股市“过山车”虚拟空间，参与者以第一视角体验纳斯达克数年来的起落。Master of Pie 公司展示了虚拟现实技术如何应用于大数据分析，数据以更自然和拟真方式呈现，用户可实时分析并即时修改数据。福布斯（Forbes）研究显示，应用该技术的大数据研究员可在“一瞥之下”看到传统计算机屏幕 4 倍的信息量。

（六）共享经济发展新趋势

移动互联网的快速发展迅速催生了一种依托大数据、云计算、第三方支付的新的商业模式，即共享经济。共享经济的本质是对传统意义上的卖方进行消除，驱动消除过程进展的就是数据化。数字技术使得人们以点对点的方式连接，并在交易过程中产生交互，从而提升了服务的可及性，降低了共享的交易成本，使消费者具备了服务生产者的特征，使闲置资产成为提供服务的工具，同时有助于克服信任、声誉等一系列制约共享行为的障碍[6]。例如，在共享出行方面，共享单车、共享汽车等迅速发展。滴滴出行运营数据显示，2017 年每天路径规划请求超过 200 亿次、每天处理数据超过 4500TB。数据分析可以助力智慧出行，实现绿色出行，完善城市规划。在住房方面，Airbnb 拥有 190 多个国家提供的超过 1.2 亿个房源信息，基于这些数据，平均每晚可以为 40 万人提供房源。共享经济的迅猛发展加速了数字经济的增长，基于共享经济产生的海量数据，通过分析和预测实现精准匹配，又加速了共享经济的发展[7]。同时，基于共享经济产生的海量数据可以解读城市交通、就业、教育及医疗等民生现状和变化趋势，为城市发展提供决策依据。未来，共享经济将进一步扩展维度并延伸服务链，开展衍生服务，促进更多的跨界合作与创新，并逐步推广到各个行业领域，尤其是教育和医疗等重点领域。与此同时，共享经济会逐渐向全过程发展，从消费领域和生产领域逐步扩展到分配领域和流通领域。

三、数字经济时代的技术交叉融合

数字经济是当今时代发展最迅速、创新最活跃和辐射最广泛的新兴经济活动，其核心要素是数据资源，其关键技术是对数据资源的挖掘与利用，其本质是以大数据、云计算、物联网、人工智能、区块链五大数字新技术引领经济的数字化转型，实现数“聚”创新和经济包容性增长与可持续发展。

（一）以大数据技术为基础的数字新技术融合

数字经济是以数据为关键要素和创新引擎的数据驱动型经济发展模式，释放数字新技术对经济发展的放大、叠加、倍增作用，其中，大数据技术为数字资源，是数字新技术的关键要素和数字经济发展的技术支撑。大数据技术可以根据其强大的数据挖掘功能，深层次地挖掘潜在的信息和知识，为社会经济的发展提供强有力的数据资料支持，为各个行业领域的科学化决策提供依据，并加速整个社会经济的集约化程度。渗透性是信息技术最重要的特点之一[8]，云计算、物联网、人工智能、区块链数字等新技术与大数据技术不断融合，将打破传统经济的发展模式，带动数字经济的不断创新。

1. 大数据加快物联网的应用

物联网发展迅猛，将众多领域的感知设备和终端快速汇集于网络中，而且物联网硬件的数量和形态呈指数级提升，从 PC 时代硬件设备的亿个级到智能手机、平板电脑的十亿个级逐步形成百亿个级的物联网硬件规模，并将由传感器的信息转换功能产生的电信号上传至上层应用系统，从而生成指数性增长的巨量非结构化数据。

通过大数据采集、存储、挖掘和分析，物联网正在实现从感知终端到智能应用的重要跨越。物联网与大数据相结合[9]，加速了其在医疗监护、智能家电控制、物流和供应链追踪等领域的应用。智能化大数据技术广泛应用于个人健康维护、医院管理及物流配送等领域。例如，通过可以监测心率、血压、血糖等的可穿戴智能设备，将个人的身体状况数据实时传输至医院的设备，医生则根据这些数据制定相应的治疗或健康维护建议；在医院管理系统中，利用 RFID 技术识别患者的身份信息，并自动关联该患者的病理特征，实现患者位置信息的实时监控，确保患者的出入安全；在物流配送系统中，通过物联网中的 RFID 技术和定位系统，不但可以实现对配送货物的实时定位和监测，而且可以对物流产品追根溯源，确保配送货物的质量与安全性。

2. 大数据推动人工智能的发展

大数据强大的数据挖掘能力为人工智能存储和分析数据提供了坚固的保障，同时也加大了机器所能获取的数据规模。海量数据的激增使深度学习和人工智能从梦想变为现实，人工智能能深入洞察用户行为，基于行为分析进行数据挖掘与智慧决策，加速对大数据应用的探索。同时，大数据也催生了人工智能在各领域的应用[10]。在汽车自动驾驶领域，美国开源汽车制造商将 3D 打印技术应用于无人驾驶型公交车 Olli 等车身的制造中，该车依靠计算机指令进行操作，车内没有配置方向盘，因此不需要配备驾驶员，车辆在行驶过程中依靠传感器搜集数据，并利用计算机实时分析路况。

3. 大数据与区块链技术优势互补

大数据技术能够促进共享经济企业的创新发展，但也带来了信息安全风险、隐私保护不力、监管不善等问题，仅仅依靠大数据技术已无法维持共享经济模式的不断革新。区块链技术具有加密分享、分布式账本、不可篡改等优势，为数据的流通与共享提供新的技术支撑，可以与大数据技术形成互补[11]。大数据时代下的区块链技术具有三大特征：第一，大数据的海量存储能力和分布式计算技术提升了区块链数据的价值和使用空间。区块链以其可信任性、安全性和不可篡改性，为保护隐私前提下的大数据开放共享提供了有力保障，让更多的大数据被释放出来。第二，区块链具有可追溯特征，可以有效提高数据质量。区块链能够详细记录数据处理的每一步，包括数据采集、交易、流通，以及计算分析，使数据的质量获得极强的信任保障。第三，区块链能够规范数据使用，精细授权范围。脱敏后的数据交易和流通可以防止信息孤岛的形成，推动基于全球化的数据交易场景逐步形成。

（二）数字新技术融合推动数字经济创新发展

数字新技术深刻改变了人类的思维、生产和生活方式，使经济数字化成为经济创新发展的重要动能。大数据、云计算、物联网、人工智能、区块链五大数字新技术提高了信息提取的能力，降低了数据传输成本，为经济社会的各个领域的数据应用场景提供了强大而廉价的计算能力。在电子商务领域，数字新技术推动了共享经济的发展，催生了一批创新成果，如共享汽车、共享单车，促进了交易成本的降低，有效缓解了供需主体之间由信息不对称产生的矛盾。同时，数字新技术推动金融、人才、服务等关键资源的整合，推动多方深度参与，加快与实体经济的深度融合，促进产业链合作、渠道建设、产业生态系统建设和发展。在制造领域，数字新技术的发展有助于挖掘传统制造业的发展潜力，加快制造业的发展速度，催生出一系列新型制造模式，如网络协同制造、大规模个性化定制服务、服务型制造，加快了制造业智能化的前进步伐，推动了产业经济的快速向前发展。在城市管理方面，现代化互联网技术的应用使城市的精细化管理程度越来越高，逐渐形成全面互联的智能化城市管理和服务体系。

数字新技术融合推动以创新为关键要素的数字经济的发展，实现经济发展由要素驱动向创新驱动转变、由低成本竞争向质量效益竞争转变、由粗放制造向绿色制造转变，加快建设开放型、创新型和高端化、信息化、绿色化现代产业新体系，推动传统产业转型升级，加速新旧发展动能转换，促进三次产业数字化融合，推动实体经济和数字经济融合发展。

四、数字经济时代的应用创新趋势

（一）新零售应用新趋势

近年来，零售巨头纷纷向新零售模式转型。阿里巴巴首先提出“新零售”的概念，提出“全渠道 + 数字化 + 智能化 + 新型体验店 + 智能物流”的零售新模式。京东商城提出“无界零售”，倡导实现消费者无界、供应链无界、场景无界、营销无界的零售新模式。苏宁易购的“智慧零售”则提倡社交化的客服提供个性化、可定制的服务，进行精准营销。数字经济时代的发展使商业行为发生变革，大数据等信息资源在商业模式创新、市场营销等方面都具有极大价值[12]，新零售是时代发展的必然结果。具体而言，数字新技术在新零售领域的应用体现在以下三个方面。

1. 数字新技术为新零售渠道融合打破了信息壁垒

数字新技术中的大数据具有无限接近消费者的信息，可以为企业提供消费者精准的价值主张，洞悉消费者的真实需求[13]。通过对线上和线下不同类型消费者的消费平台、搜索引擎、社交平台等数据的抓取和整合分析，呈现出消费者群体的真实画像，为新零售实现线上 + 线下（online + offline，O + O）全渠道融合的转型升级提供关键技术支撑（图 1）。借助大数据分析技术，企业能够精准预测产品需求，精确定位门店选址，实现供应链物流管理精细化。

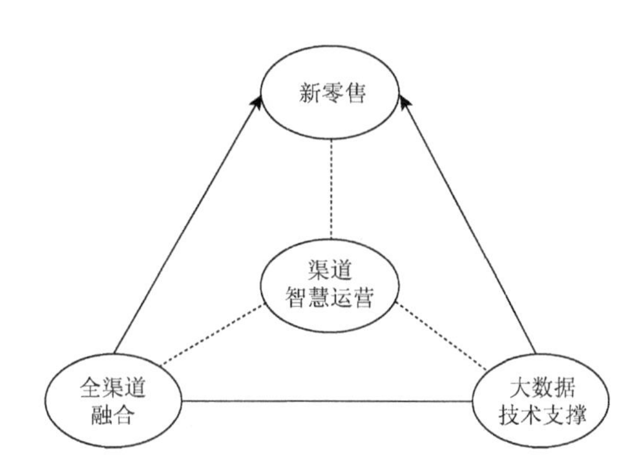

图 1　数字经济时代新零售应用

根据《2017 年上半年海淘电商市场报告》，2017 年上半年，中国海淘用户规模突破 6000 万人，天猫国际以 4000 多万人的服务用户占据了中国海淘领域的大半壁江山。在这一依托互联网和大数据的零售生态系统中，天猫国际依托阿里巴巴强大的数据生态体系，帮助大量海外商家打通品牌线上 + 线下体系，建立全球化供应链。澳大利亚斯维诗（Swisse）等品牌运营商则通过和阿里巴巴进行数据共享，预测消费者购买趋势和潜在需求。

2. 数字新技术助力优化新零售物流调配体系

运用区块链技术，可以促进去中心化的自由买卖市场的搭建，绕过批发商和零售商等中介，将消费者与制造商进行点对点连接，甚至可以采用数字货币进行交易。目前俄罗斯的 Instagram 是全球首个可以让消费者直接向制造商以较低的价格购买杂货的分布式生态系统。此外，将区块链与物联网技术结合，还能够在产品溯源、产品防伪方面发生革命性的进步。例如，天猫国际将区块链与大数据及药监码结合，实现了针对每件跨界商品原材料生产、加工、运输、通关等流程的全球追溯技术，旨在为每件跨界商品提供独一无二的“电子身份证”，将商品信息完整地展现在用户面前，提升用户购物体验，加强平台正品保障。

新零售的生鲜市场成为万亿元级市场，各大巨头纷纷抢占先机。其中，盒马鲜生便是典型代表。它采用全面数字化技术，在供应、销售、物流履约链路已实现全数字化、智能化，优化工作流程，减少无效率工作，实现商品到店、上架、拣货、打包、配送等任务均由作业人员通过智能设备进行识别和作业，而且出错率极低，整个系统分为前台和后台，用户下单 10min 之内分拣打包，20min 之内实现 3km 以内的配送。

3. 数字新技术为新零售精准营销提供了数字化投放平台

新零售通过人工智能对销售过程进行记录，实现消费过程的可识别、可触达、可洞察、可服务，最终实现精准营销，其典型应用包括：刷脸进店，通过图像识别技术，对消费者进行快速面部特征识别、身份审核；智能选购，当消费者凝视某件商品时，系统捕捉他们的表情，快速计算消费者对商品的偏好程度，给予不同的优惠折扣；无感支付，通过物品识别和追踪技术，判断消费者的结算意图，并通过智能闸门，快速完成无感支付。天猫无人超市运用人工智能支持下的行为轨迹分析、情绪识别、眼球追踪技术，可以分析消费者购买习惯和偏好，对不同的消费者进行精准营销，优化消费者购物体验，让“无人店”变身为“懂人店”的新零售形态。

（二）智能制造应用新趋势

数字经济时代，数字新技术将全面嵌入工业体系之中，打破传统的生产流程、生产模式、管理方式、服务方式，用户、设计师、供应商、分销商等角色都会发生改变。在未来，数字新技术将成为制造业智能化的一个基础[14]。具体而言，数字新技术将从以下三个方面推动智能制造发展。

1. 数字新技术引领研发设计，实现个性化定制、定制化设计

大数据建立了分散的消费者和制造企业之间的联系[15]，不仅能够引导企业为客户提供包括需求诊断、开发设计、产品制造、设备集成、工程建设、检验检测、供应链管理、产品运行、专业维修等全价值链的总集成总承包服务，而且能够促

进企业创新服务模式，提升服务效率，通过引导制造企业开展线上线下多元化数字内容增值，为终端消费者提供基于硬件产品的增值服务和个性化服务，有效提高产品附加值。工厂通过大数据虚拟仿真技术优化生产流程，将生产制造各个环节的数据整合集聚，建立虚拟模型，仿真并优化生产流程；工厂可以运用收集的大数据对客户行为进行精准预测，精确匹配消费者的个性化需求，降低个性化定制成本。此外，工厂还可以促进研发资源集成共享和创新协同，增强企业的生产与业务流程柔性和供应链的健壮性。目前，宝马已经使用工业机器人进行汽车装配，肯联铝业（Constellium）则采用3D打印技术制造飞机机身。

2. 数字新技术引领生产制造，实现智能化生产

工业物联网将人工智能、云计算和大数据分析相结合，通过大量可实时监控复杂物理机械效能的连接传感器，对采集的数据进行分析，用于优化生产并进行主动预防性维护，从而提高效率，并产生可用于研发新流程的信息。所采集的数据还能够应用于除生产制造以外的其他相关领域的分析，如减少能源消耗和网络资源投入。在产品生产计划与流程控制方面，工厂运用智能设备、传感器收集生产过程产生的大量数据，对这些数据进行深入挖掘和应用，可以系统优化加工方法、加工序列及切削参数等工艺指标，实时监控生产过程，实现诊断故障与调节反馈。

3. 数字新技术引领经营优化，实现精益化管理

通过物联网对生产过程、设备工况、工艺参数等信息进行实时采集，对产品质量、缺陷进行检测和统计；在离线状态下，利用机器学习技术挖掘产品缺陷与物联网历史数据之间的关系，形成控制规则；在在线状态下，通过增强学习技术和实时反馈，控制生产过程减少产品缺陷，同时能够集成专家经验，不断改进学习结果。在维护服务方面，系统利用传感器对设备状态进行监测，通过机器学习建立设备故障的分析模型，在故障发生前，将可能发生故障的工件替换，从而保障设备的持续无故障运行；在供应链管理和优化方面，企业可以运用地理大数据分析技术，整合优化供应链配送网络、采购时间、采购数量、库房调配等，提升库存效率；在现场管理优化方面，人工智能还可运用于数字化现场设备全生命周期健康管理，以及基于机器视觉的现场安全、现场环境管理等。

（三）智慧城市应用新趋势

在信息化时代，人们的生产、生活需求日益多元化与个性化，便捷的智能式服务广受青睐，在大数据、云计算等技术的推动下，智慧城市应运而生。智

慧城市的发展既离不开城市信息化基础设施的建设，也离不开通过对各类基础设施采集、记录的庞大数据资源进行的专业化分析处理及管理决策支持[16]，区块链技术的运用能在一定程度上解决城市数据储存及安全性等问题。麦肯锡公司在一份研究报告中预测，截至2022年，大数据的应用将为欧洲发达国家的政府节省1000亿欧元以上的运作成本，使美国医疗保健行业的成本降低8%，每年节约3000多亿美元[2]。

1. 数字新技术实现城市经济结构、空间结构、社会结构的科学发展

在城市规划中，大数据作为一种重要的战略资产，有利于培育“自上而下”与“自下而上”结合的城市规划新理念，可以推动实现基于GIS的城市规划系统整合城市规划新趋势，创新数据获取与处理技术、现场调研手段、方案编制新方法、公众参与城市规划新方法，最终使智慧城市规划达到新的高度，形成递进的智慧城市规划体系。

2. 数字新技术实现城市社会秩序、生态环境、基础设施的精准管理

通过人工智能的智能感知与识别技术，实时采集和统筹城市交通、物流、能源、环境等信息，据此形成以数据为驱动的城市决策机制，对城市进行数字化智能管理，最终实现公共资源智能调配。运用人工智能技术，可以自动消化安防行业产生的无法统计运算的非结构化海量监控视频数据。目前人工智能已不同程度地渗透到各个行业领域和部门，通过收集各领域数据资料，对城市信息进行智能分析和有效利用，提高城市管理效率、节约资源、保护环境，为可持续发展提供决策支持，促进智慧城市建设。

（四）移动医疗应用新趋势

在数字经济时代，信息化技术和医疗健康的深度融合加速了移动医疗春天的到来，发起了对传统医疗的挑战。目前，数字新技术在移动医疗领域的应用主要体现在以下三个方面。

1. 数字新技术帮助慢性病防治及健康管理

基于物联网，构建全国公众健康监控平台，卫生部门能够通过覆盖全国的患者电子病历数据库，加强医疗连续性观测，及时发现潜在患病风险，进行慢性病及流行病风险预警与防范。可以根据患者个人数据、电子病历及我国单一人种数据库，快速检测疾病、识别病因[17]，构建适合中国人的个性化康复治疗方案。在实践领域，“全面筛查、全程管理（简称双全）计划”及谷歌“全球流感地图”正

是大数据在慢性病群防群治管理及患病高发区预测方面的重要体现。此外，将物联网与区块链结合，将各类医疗设备和服务连接起来，可以对居民、患者的运动、健康等数据进行监测，获取健身、医疗、体质监测、运动监测等数据信息，区块链的匿名性能让患者的隐私得到保证，同时能打通医院、金融保险、药厂及其他相关部门之间的信息通道。

2. 数字新技术协助临床决策

运用人工智能技术，分析多样、多源、碎片化、非结构化的医疗数据，通过病因识别、临床数据比对、临床决策支持、远程患者数据分析等一系列手段支持临床决策，实现精准医疗。在临床数据比对方面，通过匹配同类型患者的用药情况，能够得出最佳治疗方案。在临床决策支持方面，可以在医疗数据集上采用深度学习等方法实现智能诊疗。

3. 数字新技术辅助医药研发

大数据可以融入医药研发的各个阶段，在医药研发的各个环节起到关键作用，将医药研发产业从高投入、高风险、长周期的困境中解救出来。通过对数据的汇总和解析，大数据对医药研发全流程的影响体现在三个阶段：在药品立项阶段，可以利用大数据发现市场急需的药品，快速分析药物临床前试验，找出有效的目标药物，分析技术处理药品资料（例如，全球已上市糖尿病药物近 30 种，每种药物的文献资料约 2 万页）；在药品研制阶段，可以利用化学结构大数据，快速确立化学结构或进行针对性结构改造，比对制药流程，优化制药流程；在临床试验阶段，可以利用临床试验大数据，建立药效动力学模型，评估疗效，预判不良反应，加快临床试验速度。

（五）个性化教育应用新趋势

数字新技术是推进教育创新发展的科学力量。教育大数据是整个教育活动过程中所产生的及根据教育需要采集到的一切用于教育发展并可创造巨大潜在价值的数据集合。在教育大数据的驱动下，区块链、人工智能等数字新技术正成为推动教育系统创新与变革的颠覆性力量。与传统教育相比，个性化教育应用的实现在以下方面依赖数字新技术的运用。

1. 数字新技术帮助学习者发现并开发其潜力，提升学业表现

人工智能和学习科学相结合形成新领域——教育人工智能（educational artificial intelligence，EAI）。目前，已有大量教育人工智能系统被应用于学校，这

些系统整合教育人工智能和教育数据挖掘（educational data mining，EDM）技术（如机器学习算法）来跟踪学生行为数据，预测其学习表现以支持其个性化学习。通过人工智能，可以把教学评有机结合起来，学校等机构通过 NLP 等人工智能技术自动标注学习资料，对学生的知识点掌握情况进行评价，实现实时反馈与精准复习，实现协作监督与自我监督，例如，美国可汗学院（Khan Academy，KHAN）系统可以清晰地查看学生学习进展、知识点掌握程度、教师推荐等。

2. 数字新技术帮助教师确定有效的教学方式，优化教学过程

通过大数据的匹配算法实现学习推荐，分析学习数据与课程数据，实现自适应学习，例如，美国克努顿（Knewton）公司使用大数据提供数字课程材料，动态和连续适应每个学生的独特需求。随着互联网技术不断渗入教育行业，大数据行为分析手段不断推动传统教育从针对群体的统计分析转向针对个体的行为分析。在获取大数据后，一方面，可以运用智能化手段，如关联分析、推荐算法等方法，定制个性化教学内容、方式，自动发现规律并用于预测，例如，“学堂在线”能够深入挖掘大型开放式网络课程（massive open online courses，MOOC）的价值，针对性地调整课程。另一方面，可以根据线上线下数据分析，及时指导学生解决问题。实时反馈学习数据，有利于发掘学生兴趣和特点，从而实现线上线下数据互通，实现监督学习，并判断学生知识点掌握程度，及时修改教学思路和方式。

3. 数字新技术帮助实现双向教育传授模式

使用虚拟现实技术，可以根据自己的思路来组织教学内容，构建知识结构，而且这种组织信息并不是单纯的线性结构。虚拟现实技术将这些烦琐的知识连接成一种网络，为学生提供了一种生动、形象的知识结构。其中既包括学科的基本内容，又包括学科内容之间的逻辑关系，既注重知识的形成过程，又注重知识的结构。视觉、听觉、触觉的协调作用使教学内容的统一性与灵活性得到完美的结合。虚拟现实可以将很多抽象的概念和事物还原成真实场景，让学生尝试不同实验，甚至模拟微观场景，探寻事物或现象的实质，且无须担心任何危险。

（六）全域旅游应用新趋势

随着大众旅游时代的到来，数字新技术在旅游行业发挥着越来越重要的作用。全域旅游发展不再仅仅依靠感性经验，而需要依托数字新技术进行决策。

（1）基于位置服务（location based services，LBS）、搜索引擎和在线旅行社（over the air，OTA）等旅游数据有助于旅游行业市场细分与定位。具体而言，可以通过旅游景气指数，预测未来旅游市场的增长情况；通过游客偏好分析，实现旅游市

场细分；通过旅游客源分析，判断主要客源市场分布；通过潜在市场分析，探索区域旅游市场洼地；通过客源流失分析，提升旅游市场转化率。

（2）基于物联网技术及云计算平台，整合各项旅游相关业务及专业资源，获取大数据，将获取的数据进行精确化的分析、整合和共享，为旅游管理者做出决策及满足游客的个性化需求提供有力支撑[18]。例如，构建用户画像，实现个性化旅游攻略推荐，创新传统旅游部门组织形式等，包括个性化推荐匹配目的地、旅游景点及路线，个性化推荐酒店、区位，个性化推荐机票直飞还是转机，个性化推荐热门美食、购物地点。在这一领域，作为全球领先的旅行规划和预订网站，猫途鹰（TripAdvisor）收录了逾 5 亿条全球旅行者的点评及建议，覆盖 190 多个国家的 700 万个住所、餐厅和景点信息。

（3）基于天气、酒店、交通等数据，实现游客数量预测及安全预警。深入分析日、周、季及节假日等时间段景区客流量特征，挖掘天气、交通、历史人数等因素对景区客流量的影响，预测景区日客流量、法定节假日客流量等，实时掌控景区游客分布情况，有效预防景区内游客拥挤、踩踏事件的发生。

五、结论

数字经济将推动中国迈上经济强国的新台阶，实现历史性大变革。大数据、物联网、人工智能、区块链、虚拟现实等数字新技术的不断融合可以形成颠覆性的技术变革，深度拓展先进技术的场景应用，从而促进数字经济的发展。

综合来看，数字新技术正成为推动经济发展和技术变革的重要力量，新技术、新模式不断融合发展，引领着新一轮的技术创新、管理创新和应用创新。近年来，数字经济领域的创新朝着以行业应用或用户为中心的方向发展，即过渡到了应用创新阶段，从而在思维方式、资源、工具三个层面对现有的产业格局和商业模式起到颠覆性作用。应用创新必须与具体的行业特点、地域特点、需求群体特点等结合。我国正大力发展战略性新兴产业，各行业及区域正进行创新转型，这正是我国大力开展数字经济创新活动的良机。因此，应特别把握数字经济这一类新型的战略性新兴产业的创新特性，施以适宜的发展政策，推动新技术、新业态的融合，实现数字经济的跨越式发展。

参考文献

[1] Einav L，Levin J. Economics in the age of big data[J]. Science，2014，346（6210）：1243089.

[2] Lynch C. Big data：How do your data grow?[J]. Nature，2008，455（7209）：28-29.

[3] Lazer D，Kennedy R，King G，et al. Big data. the parable of google flu：traps in big data analysis[J]. Science，2014，343（6176）：1203-1205.

[4] 朱兴雄，何清素，郭善琪. 区块链技术在供应链金融中的应用[J]. 中国流通经济，2018，32（3）：111-119.
[5] 李晓，刘正刚. 基于区块链技术的供应链智能治理机制[J]. 中国流通经济，2017，31（11）：34-44.
[6] Schor J B，Fitzmaurice C J. Collaborating and connecting：the emergence of the sharing economy[M]//Reisch L A，Thøgersen J. Handbook of Research on Sustainable Consumption. Cheltenham：Edward Elgar Publishing，2015：410-425.
[7] 刘奕，夏杰长. 共享经济理论与政策研究动态[J]. 经济学动态，2016（4）：116-125.
[8] 胡汉辉，邢华. 产业融合理论以及对我国发展信息产业的启示[J]. 中国工业经济，2003（2）：23-29.
[9] Zhou Y，Wang K，Liu H X. An elevator monitoring system based on the internet of things[J]. Procedia Computer Science，2018，131：541-544.
[10] Liu R N，Yang B Y，Zio E，et al. Artificial intelligence for fault diagnosis of rotating machinery：a review[J]. Mechanical Systems and Signal Processing，2018，108：33-47.
[11] 罗宾·蔡斯. 共享经济：重构未来商业新模式[M]. 王芮，译. 杭州：浙江人民出版社，2015.
[12] 冯芷艳，郭迅华，曾大军，等. 大数据背景下商务管理研究若干前沿课题[J]. 管理科学学报，2013，16（1）：1-9.
[13] 李文莲，夏健明. 基于“大数据” 的商业模式创新[J]. 中国工业经济，2013（5）：83-95.
[14] 王喜文. 智能制造：新一轮工业革命的主攻方向[J]. 人民论坛·学术前沿，2015（19）：68-79，95.
[15] 李晓华. 服务型制造与中国制造业转型升级[J]. 当代经济管理，2017，39（12）：30-38.
[16] 徐宗本，冯芷艳，郭迅华，等. 大数据驱动的管理与决策前沿课题[J]. 管理世界，2014，30（11）：158-163.
[17] Zhang J F，Hu J Y，Huang L W，et al. A portable farmland information collection system with multiple sensors[J]. Sensors，2016，16（10）：1762.
[18] 王谦. 智慧旅游公共服务平台搭建与管理研究：基于物联网模式下的分析[J]. 西南民族大学学报（人文社会科学版），2015，36（1）：145-149.

破解新业态知识产权保护难题*

随着知识经济和经济全球化深入发展，知识产权日益成为建设创新型国家的重要支撑和掌握发展主动权的关键。全面加强知识产权保护工作，尤其是破解新业态知识产权保护难题，可以激发全社会创新活力，深入实施创新驱动发展战略，推动构建新发展格局。

一、以高质量专利夯实知识产权保护根基

引导和支持新业态骨干企业从垂直链条式创新转变为全产业链生态创新，创造和储备一批具有国际竞争力的专利组合、软件著作权、具有自主知识产权的核心算法等。强化知识产权质量导向，建立新业态高质量知识产权评估指标体系，全流程、全要素、全产业链对标，引导新业态企业提升知识产权质量。强化新业态企业品牌培育，提升新业态品牌影响力和价值。

二、全面提升关键技术领域海外布局能力

针对目标市场广泛开展产业链关键环节的知识产权布局，鼓励企业与专业机构深入开展关键技术专利布局态势分析、《专利合作条约》（*Patent Cooperation Treaty*，PCT）专利申请策略等合作。建立新业态全产业链海外知识产权风险监测体系，预判出海风险，有效应对海外知识产权纠纷、侵权认定等挑战。建立关键环节知识产权风险防控体系，包括各环节知识产权尽职调查、知识产权风险排查、出海知识产权风险预警等，系统强化新业态知识产权的风险防控。

三、提升重大知识产权风险协同应对能力

加快建立新业态产业知识产权联盟，引导行业建立知识产权管理体系；建立联盟企业重大知识产权事项通报机制、专家会诊和会商机制，引导企业开展知识产权布局。前置发挥产业组织沟通、调解和仲裁的作用，积极开展行业组织间的合作、谈判、交叉授权等，以“企业为主体，产业组织协调，全产业联合”的机制，协同应对重大知识产权风险。加强行业自律，推动制定契合企业诉求的技术标准、出口管制、产品认证认可等政策法规，引导有序竞争。

---

* 陈晓红．破解新业态知识产权保护难题[N]．人民日报，2022-09-22（18）．

凝聚实现高水平科技自立自强的澎湃力量*

习近平总书记围绕推进科技自立自强发表的一系列重要论述系统阐述了推进我国科技创新的战略目标、重点任务、重大举措和基本要求，提出了一系列新思想、新观点、新论断、新要求，对于加快实现高水平科技自立自强和建设科技强国，着力推动高质量发展，以中国式现代化全面推进中华民族伟大复兴，具有重要的指导意义。当今时代，新一轮科技革命与产业变革加速演进，高质量发展对科技的需求空前强烈。同时，伴随着我国大量产业的技术水平接近国际前沿、外部创新环境不断发生变化，我国的创新模式正在发生转型。立足新方位、适应新形势，需要从加强原创性引领性科技攻关、强化国家战略科技力量、推进科技体制改革、激发各类人才创新活力等方面持续发力，凝聚实现高水平科技自立自强的澎湃力量。

一、加强原创性引领性科技攻关，打赢关键核心技术攻坚战

党的二十大报告中强调："以国家战略需求为导向，集聚力量进行原创性引领性科技攻关，坚决打赢关键核心技术攻坚战。"站在中华民族伟大复兴战略全局和世界百年未有之大变局的历史交汇点上，我们必须整合各方面资源，开展原创性引领性科技攻关，努力实现关键核心技术自主可控，把创新主动权、发展主动权牢牢掌握在自己手中。

把握"源头活水"，持续加强基础研究。基础研究是原创性引领性科技攻关的重要内容和关键环节，深刻改变人类经济社会面貌。历史发展表明，世界科技强国都是科学基础雄厚的国家。2022 年我国基础研究经费为 1951 亿元，占研究与试验发展（research and development，R&D）经费的比例为 6.32%，连续稳定在 6%以上，但与发达国家 15%～20%的水平相比仍有较大差距。当前，要开辟发展新领域新赛道、塑造发展新动能新优势，必须强化基础研究对科技创新和创新发展的战略支撑。新形势下，需要把基础研究摆在更重要的位置，从经济社会发展和国家安全面临的实际问题中凝练科学问题，从源头和底层解决关键核心技术问

* 陈晓红. 凝聚实现高水平科技自立自强的澎湃力量[N]. 中国经济时报，2023-07-17（03）.

题，着力突破基础理论、基本原理、基础软硬件、关键基础材料等瓶颈制约，提升我国基础研究整体水平和国际影响力。

抢抓关键环节，开展原创性引领性科技攻关。加强原创性引领性科技攻关已成为打好关键核心技术攻坚战、强化国家战略科技力量的关键。在全球科技竞争日趋激烈的现实条件下，我国提出了“科技自立自强”的国家发展战略和“加强原创性、引领性科技攻关”的科技创新部署，实施了一批具有战略性全局性的国家重大科技项目，取得了显著成效。进入新发展阶段，需要以国家战略需求为导向，集聚力量进行原创性引领性科技攻关，加强前瞻性、先导性、探索性、颠覆性技术研究，在独创独有上下功夫，提出更多原创理论，做出更多原创发现，奋力抢占科技竞争战略制高点，努力引领世界科技发展新方向。

增强内驱动力，打赢关键核心技术攻坚战。关键核心技术在产业技术生态体系中居于核心地位，是否掌握关键核心技术在很大程度上决定着科技产业发展的强弱，也决定着在国际科技竞争中能否赢得主动权。近年来，我国在载人航天、探月探火、深海深地探测、超级计算机、卫星导航、量子信息、核电技术、大飞机制造等战略高技术领域取得一批重大成果，突破了若干“卡脖子”关键核心技术，但是在某些领域与世界先进水平仍存在较大差距。新征程上，必须把握好“赛场转换”战略时机，不断提升关键核心技术创新能力和研发平台创新能力，攻克更多关键核心技术，打造更多“国之重器”，让科技创新成为高质量发展的强大动能。

二、强化国家战略科技力量，提升国家创新体系整体效能

世界科技强国竞争比拼的是国家战略科技力量。国家战略科技力量是体现国家意志、服务国家需求、代表国家水平的科技中坚力量。强化国家战略科技力量是实现科技自立自强、加快建设科技强国的关键路径，是全面建设社会主义现代化国家的重要支撑。综观我国科技力量的现状，我国在创新过程中仍存在创新战略不够明确、创新资源聚集不足、科技管理不到位、科技评价体系不够完善等问题。因此，必须充分发挥新型举国体制优势，推动有效市场与有为政府更好结合，提升高水平大学对国家战略科技力量的支撑作用，形成高效率高质量高水平推进科技自立自强的强大合力。

坚持党对国家战略科技力量建设的领导。坚持党中央权威和集中统一领导，增强“四个意识”、坚定“四个自信”、做到“两个维护”。建设党总揽全局协调各方的科技领导体系，从更高层次实现新型举国体制下的科技创新。保证党中央决策部署能够迅速有效地贯彻执行，将党的领导体现到国家战略科技力量规划布局的各个方面，具体体现到国家战略科技力量的体制设计、能力建设、制度安

排等环节，不断完善国家战略科技力量的治理体系。

推动高水平大学开展有组织的科研工作。开展有组织的科研工作是高水平大学发挥新型举国体制优势、打造国家战略科技力量的有益探索。大学的基础研究应从纯自由探索模式，向瞄准国家重大需求的定向性、系统性、有组织的科学研究模式转变，要将加强战略科技力量建设作为高校科技工作的主线。同时，当前知识生产和学科发展已步入多学科交叉融合的时代，高校应进一步通过有组织地科研，开展跨学科的科研协同创新和集成创新，聚焦“从 0 到 1”的原创性和颠覆性技术探索，有力推动科技创新突破。

依托高水平大学布局建设国家实验室。从发达国家成功经验来看，建设国家实验室没有必要另起炉灶，依托高水平大学现有资源来建设是现实可行的选择。这既可以实现大学基础研究和国家实验室战略导向研究之间的有效契合，又可以实现高水平大学建设和国家实验室建设的合作共赢，延伸拓展“基础研究—技术研发—成果转化”创新链条，还可以把科技创新与人才培养、学科建设有效结合起来，夯实服务国家重大战略的后备力量。

三、推进科技体制改革，形成支持全面创新的基础制度

改革驱动创新，创新驱动发展。习近平总书记关于科技体制改革的系列重要论述充分体现了改革和创新之间的辩证关系，为深化科技体制改革指明了方向。党的十八大以来，党中央坚持科技创新和体制机制创新两个“轮子”同时转，开辟了体制机制改革新境界，同时也形成了一些基本经验。第一，科技体制改革是一项复杂的系统工程，只有立足国家战略目标、发展大局和科技发展规律，形成驱动科技创新的强大合力，才能保证改革取得成功。第二，科技体制改革必须紧扣我国经济社会高质量发展的主题，聚焦“四个面向”发力，围绕构建法律、政策、社会、环境、生态“五位一体”的协同创新体系，调动科技人员积极性，提高全社会科技投入使用绩效，不断向科学技术广度和深度进军。第三，深化体制机制改革要统一思想、统一原则，充分兼顾科技创新所关涉各类主体的自身特质，从要素配置、发展方向、发展模式等方面凸显差异性，结合科技创新态势推进改革，力求实现体制机制改革效益的最大化。党的二十大报告提出，“深化科技体制改革”，“形成支持全面创新的基础制度”。面向科技创新新需求、新使命，为进一步发挥科技创新的战略支撑作用，必须进一步深化科技体制改革，为科技自立自强和高质量发展提供保障。

持续增强改革的系统性、整体性与协同性。既注重在局部有力推进数据、人才、制度、市场、技术等创新要素内部的资源优化配置与整合重组，又注重从整体着手推进各类要素之间的协同创新，强化优势互补。既注重发挥政府、科技企

业、金融机构等各类主体的比较优势，推动各类主体在资源配置、技术体系、人才队伍等方面扬长避短，也尽量避免基础研究类、应用基础研究类和应用类等不同科研机构的职能趋同，引导其合理竞争。

持续优化对基础研究的支持激励机制。加大国家财政的投入力度，促进企业加大基础研究投资规模，提高国家基础研究供给，同时加快构建与基础研究特征相符的激励和考核体系，增强基础研究动力。探索建立基础研究多方合作研发平台，构建由财政拨款、基础研究基金、企业资金共同组成的平台经费，更好地支撑长周期的基础研究项目。探索组建由高校、科研院所和产业协会等共同参与的企业创新扶持机构，促进基础研究等成果在产业中的应用落地。

持续优化科研政策，显著激发创新活力。发挥举国体制优势，集中资源支持实施一批具有战略性、全局性、前瞻性的国家重大科技项目；探索构建部-省-市-企共同投入和合作的模式，成立创新联合基金。持续改革重大科技项目立项和组织管理方式，大力推行技术总师负责制、经费包干制、信用承诺制。制定完善的科技成果分类评价指标体系，推进严谨的成果评审验收模式，建立科学有效的科研激励机制，让创新活力不断迸发。

四、激发各类人才创新活力，建设全球人才高地

人才作为经济社会发展最具有竞争力的第一资源，是国家科技创新之根、民族长远发展之本。党的十八大以来，习近平总书记多次强调，要牢固确立人才引领发展的战略地位，全面聚集人才，着力夯实创新发展人才基础①。功以才成，业由才广。我国要实现高水平科技自立自强、建设世界科技强国，关键是要建设一支规模宏大、结构合理、素质优良的创新人才队伍，激发各类人才创新活力和创造潜力，加快建设全球人才高地。

强化党管人才，形成人才顶层设计大格局。坚持党管人才，既是一切人才工作的基础，也是巩固和扩大中国共产党执政能力的根本保障。党管人才，是管宏观、管大局、管战略、管政策。要按照党管人才原则的要求，探索建立党管人才工作统筹规划、协调发展的管理机制，做到在“凝聚人才合力”上狠下功夫、在“激发人才活力”上不遗余力、在“创新人才培养”上精准发力，形成人才顶层设计大格局，确保“人才强国”战略更好落实。

破除人才成长壁垒，激发人才原始创新能力。一要破除对资历、头衔的盲目迷信，不论资历、不设门槛，探索更加合理的选拔用人制度，让想干事、能干事、干成事的人才脱颖而出。二要坚持贡献导向、分类评价，让科研人员一门心思做

---

① 中共中央党史和文献研究院. 习近平关于人才工作论述摘编[M]. 北京：中央文献出版社，2024.

事，可以长期专注于有价值的研究，引导他们将真才实学化作真才实干，研究真问题、拿出真成果。三要赋予领军人才“人财物”和科研自主权，对人才稳定支持、充分信任，打破经费启用烦琐的审批流程，灵活人员调配机制，优化资源的开放共享，让领军人才在做科研时碰到的“碍手碍脚”转变成潜心钻研的“无拘无碍”。

把高峰引领作为战略先导，构建引才用才“大视野”。以前沿创新为驱动，创设具有国际竞争优势的人才制度和治理模式。把经济发展作为行动指南，形成人才集聚“大效应”。结合经济增长规律、区域产业发展现状，以数字化转型为契机，把握数据赋能、技术赋能的特点，精准选人用人，有效激活各方内在动能。把优化环境作为第一要务，涵养人才发展“大生态”。加快重大科技基础设施和高水平新型研发机构建设，持续推动国际大科学计划，依托高水平创新平台发现和培养人才，建构和优化宜居宜业、充满活力、和谐幸福的人才环境。

坚持以创新驱动赋能经济社会高质量发展*

创新是一个民族进步的灵魂，是一个国家兴旺发达的不竭动力，也是中华民族最深沉的民族特质。当前，世界新一轮科技革命与产业变革持续演进，我国经济体系正处于质量变革、效率变革和动力变革的关键时期，我们比任何时候都更需要依靠创新驱动，加快建设现代化经济体系，促进经济社会高质量发展。党的十八大以来，习近平总书记立足中华民族伟大复兴战略全局，就深入实施创新驱动发展战略多次发表重要讲话，深刻回答了新形势下创新发展的重大理论和实践问题，既是中国特色自主创新道路的最新理论成果，也是全面建成小康社会和创新型国家的行动纲领①。创新驱动发展既具有深刻的时代内涵，又取得了丰硕的实践成果，更为中国特色社会主义建设提供了重要的经验与启示。

一、创新驱动发展的深刻内涵与时代意蕴

习近平总书记指出，创新始终是推动一个国家、一个民族向前发展的重要力量②，科技创新是提高社会生产力和综合国力的战略支撑③。实施创新驱动发展战略，就是要推动以科技创新为核心的全面创新，坚持需求导向和产业化方向，坚持企业在创新中的主体地位，发挥市场在资源配置中的决定性作用和社会主义制度优势，增强科技进步对经济增长的贡献度，形成新的增长动力源泉，推动经济社会高质量发展。

第一，创新驱动发展是建设现代化强国的必然选择。进入 21 世纪，国际科技竞争日益激烈，面对世界科技经济新形势，习近平总书记提出了创新驱动发展战略④，指出创新是引领发展的第一动力，抓创新就是抓发展，谋创新就是谋未来⑤。

---

* 陈晓红. 坚持以创新驱动赋能经济社会高质量发展[N]. 中国经济时报，2022-09-22（03）.

① 中共中央，国务院. 国家创新驱动发展战略纲要[M]. 北京：人民出版社，2016.

② 中共中央宣传部. 习近平总书记系列重要讲话读本（2016 年版）[M]. 北京：学习出版社，人民出版社，2016.

③ 习近平. 论科技自立自强[M]. 北京：中央文献出版社，2023.

④ 中国政府网. 习近平主持召开中央财经领导小组第七次会议[EB/OL].（2014-08-18）[2024-11-07]. https://www.gov.cn/xinwen/2014-08/18/content_2736502.htm.

⑤ 新华网. 创新是引领发展的第一动力[EB/OL].（2016-02-25）[2024-11-07]. https://zpxw.com.cn/cms/pages/60362955401400000/attachments/c_128743949.htm.

新一轮科技革命和产业变革与我国加快转变经济发展方式形成历史性交汇，为我国实施创新驱动发展战略提供了重大机遇。从国内看，我国社会生产力、综合国力、科技实力迈上了一个新台阶，但发展中不平衡、不充分、不可持续问题依然突出，客观要求我们必须坚持需求导向和问题导向相结合，以人民的需要为指引，加快实现由要素驱动、投资规模驱动向创新驱动的根本转变。推动“四化”同步发展，客观上要求转入创新驱动发展轨道，把科技创新潜力更好地释放出来，充分发挥科技进步和创新的作用。因此，强化创新驱动发展对现代化经济体系的战略支撑作用，在创新能力、创新体系、创新机制上补短板，推动科技创新和经济社会发展深度融合，是破解经济发展深层次矛盾、增强经济发展内生动力和活力的根本措施，是建设社会主义现代化强国的必然选择。

第二，创新驱动发展是推动高质量发展的客观要求。传统发展方式的不可持续决定了我国必须转换发展理念和发展方式，以实现经济社会协调、可持续和绿色低碳发展。据此，习近平总书记提出了“创新、协调、绿色、开放、共享”的发展理念[①]。只有把创新发展置于新发展理念的基础与核心之上，以创新为核心、为动力、为先导，才能真正实现协调、绿色、开放、共享发展。通过创新驱动发展，才能实现新旧动能转换，逐步缩小城乡差距，更好地实现区域均衡发展；通过创新驱动发展，尤其是通过促进环境保护、生态文明建设领域的技术创新，可以实现绿色、循环和低碳发展；通过创新驱动发展，可以更好地促进对外开放，进一步提升“引进来”与“走出去”的效率和质量，发展更高层次的开放型经济；通过创新驱动发展，可以带来生产效率的提升，为全面共享创造坚实的物质基础，使广大人民有更多的获得感，更好地促进共享共富。因此，这种创新发展是系统性的、整体性的、贯穿全局的创新发展，是能促进发展平衡性、包容性、可持续性的创新发展。

第三，创新驱动发展秉持以人民为中心的价值取向。全心全意为人民服务这一党的宗旨决定了创新驱动发展既要依靠人民群众，又要坚持发展为了人民和创新成果为人民共享的基本原则。首先，创新驱动发展要依靠人民的力量，增强自主创新能力，坚定不移地走中国特色自主创新道路。要充分调动中国科技人员的积极性，充分发挥科技人员的才能和智慧，全力抢占创新发展先机，做创新的“领跑者”。其次，创新驱动发展体现了造福人类论。发展必须把改善人民生活、增进人民福祉作为出发点和落脚点，这是习近平总书记以人民为中心的新发展思想，也始终贯穿于他的创新发展思想之中。人民的需要和呼唤，是科技进步和创新的时代声音，共创人类美好未来是科技发展的强大动力；科技创新的重要方向应该是利民、惠民、富民、改善民生，终极目标就是使科技成果更充分地惠及人民群

① 中共中央. 中国共产党第十八届中央委员会第五次全体会议公报[M]. 北京：人民出版社，2015.

众。最后，创新发展的成果只有同国家需要、人民要求、市场需求相结合，才能真正实现创新价值。通过实施创新驱动，着力于提高经济发展的质量和效益，生产出更多更好的物质精神产品，不断满足人民日益增长的物质文化需要是发展的首要目的。人民至上的价值取向体现了中国共产党全心全意为人民服务的根本宗旨和坚持人民主体地位的内在要求。

第四，创新驱动发展坚持以“四个全面”战略布局为统领，是中国化马克思主义最新的重大理论和实践成果。创新是一个复杂的社会系统工程，涉及经济社会各领域和各环节。习近平总书记指出，必须把创新摆在国家发展全局的核心位置，不断推进理论创新、制度创新、科技创新、文化创新等各方面创新，让创新贯穿党和国家一切工作，让创新在全社会蔚然成风①。创新驱动发展坚持以“四个全面”战略布局为统领，全面建成小康社会是创新驱动发展战略的根本方向，全面深化改革为创新驱动发展战略提供动力源泉，全面依法治国为创新驱动发展战略夯实制度根基，全面从严治党为创新驱动发展战略提供坚强保障。创新驱动发展是习近平经济思想的重要内容，既是对中国共产党科技思想的一脉相承，又与时俱进。习近平总书记关于科技创新思想的理论论述涉及科技创新的功能、战略、人才、体制改革、民生、文化等重大问题，是一个完整的思想理论体系，这些论述将马克思主义理论与中国特色社会主义现代化建设的具体实践相结合，其精神实质是让创新成为中国经济发展的核心动力，既坚持了马克思主义政治经济学的基本原理，又与时俱进地拓展了马克思主义政治经济学的研究对象，丰富和发展了中国特色社会主义理论。

二、创新驱动发展的生动实践与历史性成就

从党的十八大明确提出“实施创新驱动发展战略”，到党的十九大提出“创新是引领发展的第一动力”，再到党的十九届五中全会提出“坚持创新在我国现代化建设全局中的核心地位”，以习近平同志为核心的党中央不断探索规律、深化认识，对创新发展提出一系列新论断、新要求，指明了坚持走中国特色自主创新道路的新方向，为建设科技强国提供了根本遵循，作出了全面实施创新驱动发展战略的战略部署，推动出台了一系列科技创新及相关重大创新领域、重点产业发展规划，这些重大战略举措的实施推动我国加快进入创新发展的新阶段。

第一，坚持以“四个面向”为引领，凸显创新驱动发展的新方向。在面向世界科技前沿方面，载人航天、探月工程、C919 大飞机、蛟龙、超算等重大科技成果相继问世；量子信息、中微子振荡、铁基超导、干细胞、合成生物学等战略高

---

① 中共中央. 中共中央关于制定国民经济和社会发展第十三个五年规划的建议[M]. 北京：人民出版社，2015.

技术领域取得具有国际影响力的原创成果，彰显了“国之重器”的创新自信；建成“九章”量子计算机、“中国天眼”、慧眼卫星、散裂中子源等世界领先的重大科技基础设施；进行了第二次青藏高原综合科考研究，取得了“天机”类脑芯片等基础前沿重大突破。在面向国家重大需求方面，北斗导航卫星全球组网、“嫦娥五号”实现地外天体采样、“天问一号”登陆火星、“天宫”空间站加快建造，“奋斗者”号完成万米载人深潜，500m 口径球面射电望远镜等大科学装置建成使用；集成电路装备、全球首个第四代核电高温气冷示范堆、“国和一号”核电机组、超强超短激光等取得标志性进展，解决了一批受制于人的“卡脖子”问题。在面向国民经济主战场方面，取得移动通信、高速铁路、互联网技术应用、核电、智能制造等一批产业关键技术的突破；渤海粮仓科技示范工程、无人植物工厂水稻育种加速器等持续取得新进展，为保障粮食安全、改善民生福祉提供了有力支撑。在面向人民生命健康方面，取得了一体化全身正电子发射/磁共振成像、“科技抗疫”等创新成果；癌症、白血病、耐药菌防治等领域打破国外专利药垄断，一批高端医疗装备加速国产化。这一系列重大创新成就极大地提升了我国的自主创新能力，使我国在国际科技战略制高点的竞争中占据了有利位势，也深刻改变了全球科技创新版图。

第二，坚持以科技创新为核心，激发创新驱动发展的新动能。实施创新驱动发展战略，推动以科技创新为核心的全面创新，促进科技与经济有机结合，为经济社会持续健康发展提供新的增长动力源泉。2012～2022 年，我国科技投入大幅提高，全社会研发经费从 1.03 万亿元增长到 2.79 万亿元，居世界第二位；研发强度从 1.91%提高到 2.44%，接近经济合作与发展组织（Organisation for Economic Co-operation and Development，OECD）成员国的平均水平；科技进步贡献率超过 60%；基础研究经费增长了 2.4 倍。我国全球创新指数排名从 2012 年的第 34 位提升到 2021 年的第 12 位，成功进入创新型国家行列。我国在全球创新版图中的地位和作用发生了新的变化，既是国际前沿创新的重要参与者，也是共同解决全球性问题的重要贡献者。高技术产业营业收入从 2012 年的 9.95 万亿元增长到 2021 年的 19.91 万亿元，规模翻了一番。高技术制造业增加值占规模以上工业增加值的比例从 2012 年的 9.4%提高到 2021 年的 15.1%，规模以上高技术制造业工业企业数量从 2012 年的 2.46 万家增长到 2021 年的 4.14 万家，成长出一大批具有国际竞争力的创新型领军企业。布局建设了上海光源等 40 多个重大科技基础设施，全力打造北京、上海、粤港澳大湾区国际科技创新中心和怀柔、张江、合肥、大湾区综合性国家科学中心。

第三，坚持以产业融合创新为依托，开创创新驱动发展的新格局。创新驱动引领新兴产业发展，机器人、人工智能、大数据、区块链、量子通信等新兴技术加快应用，培育了智能终端、远程医疗、在线教育等新产品、新业态；太阳能光伏、风电、新型显示、半导体照明、先进储能等产业规模位居世界前列。科技创新助推传统产业升级，持续二十多年“三横三纵”技术研发，形成了我国新能源汽车较为完备的创新布局；5G、人工智能等新技术推动数字经济、平台经济、共享经济蓬勃兴起，形成了战略性新兴产业和传统制造业并驾齐驱、现代服务业和传统服务业相互促进、信息化和工业化深度融合的产业发展新格局。科技支撑重大工程建设，特高压输电工程、北斗导航、复兴号高速列车投入运行，时速 600km 高速磁悬浮试验样车下线，“深海一号”钻井平台研制成功并正式投产，标志着我国海洋石油勘探开发进入 1500m 超深水时代，这些重大技术突破强力支撑重大工程建设。科技促进区域创新发展，北京、上海、粤港澳大湾区创新引领辐射作用不断增强，2022 年，三地研发投入占全国研发投入的 30%以上，北京、上海技术交易合同额中，分别有 70%和 50%输出到外地。

第四，坚持以开放共享与协作为路径，形成创新驱动发展的新方案。以全球视野布局科技创新、深度参与全球科技治理是新时代适应经济、科技全球化的战略抉择，也是建设世界科技强国的必然要求。在全球化、信息化、网络化深入发展的条件下，创新要素更具开放性和流动性，不能关起门来搞创新，要坚持“引进来”和“走出去”相结合，积极融入全球创新网络，全面提高我国科技创新的国际合作水平。要秉持人类“科技-命运共同体”理念，努力促进全球科技合作，致力于基础科学和国际重大科技项目的研究与交流，也为广大发展中国家突破发展瓶颈、摆脱贫穷落后提供创新发展借鉴。中国要主动融入全球科技创新网络体系，深度参与全球科技治理，在深度参与中为共同应对公共卫生、气候变化、粮食安全等全球难题贡献中国方案，在深度参与中提升我国科技话语权和规则制定能力。构建人类“科技-命运共同体”框架下的全球科技创新新秩序、新体系，以宽广的全球视野为世界贡献中国智慧和中国方案。

三、创新驱动发展的经验与启示

创新驱动发展的实践彰显出鲜明的中国特色和中国智慧，汇聚推动经济社会高质量发展的磅礴力量。

第一，坚持党的领导是实现创新发展的根本保证。我国科技创新事业取得了从“跟跑”到“并行”再到“领跑”的辉煌成就，最根本的原因在于坚持了党的集中统一领导，将社会主义集中力量办大事的制度优势、超大规模的市场优势结合起来，实现科技强、产业强、经济强、国家强。主要体现在三个方面：首先，政治引领，根据党情、国情、世情的发展变化，加强政治引领和优化顶层设计，对科技创新事业进行战略指导，正确制定创新发展方针，确保创新驱动沿着正确的方向前进；其次，战略谋划，根据我国经济社会发展不同阶段的主要矛盾，提出创新驱动发展的规划建议，将党的执政理念和治国理政方略、对人民的庄严承诺化为宏伟蓝图；最后，组织保障，以党的坚强领导力保障创新工作的高效执行力，构建起统筹协调的科技要素和资源配置模式，确保科技创新战略规划落到实处。

第二，建设新型国家创新体系是推动创新发展的核心载体。完善国家创新体系是打好关键核心技术攻坚战、实现更高水平自立自强的重要系统支撑。集合优势资源，推进关键核心技术攻关和自主创新，强化基础研究投入和原始性创新，健全新型举国体制；建设国家实验室、国家产业创新中心、国家工程创新中心、国家企业技术中心、国际科技创新中心等，整合全国创新资源。坚持科技面向经济社会发展的导向，消除科技创新孤岛现象，提升国家创新体系整体效能。着力培育战略科学家和战略科技人才，形成国家战略科技力量的核心，以“十年磨一剑”的精神在关键核心领域实现重大突破，从而推动更多依靠创新驱动、更多发挥先发优势的引领型发展。促进科技开放合作，支持企业通过合作并购、建立海外研发中心、海外学习、跨国研发合作等方式，利用全球人才资源和科技资源提高自主创新能力。

第三，加快重大原创性科技创新是实现创新发展的深层动力。坚持科技创新发展的“四个面向”，把科技自立自强作为国家安全和发展的战略支撑。面向世界科技前沿，就要在人工智能、先进制造、量子调控、人造生命、海洋开发等方面找准突破口，运用“非对称”和“撒手锏”技术，在关键共性技术、前沿引领技术、颠覆性技术领域掌握主动权。面向经济主战场，就要使科技转化为改造世界的物质力量，以高质量的科技供给满足国内经济的有效需求。同时，要围绕产业链部署创新链，实施产业基础再造工程，发展工业互联网，搭建更多共性技术研发平台，支撑产业创新能力持续提升。面向国家重大需求，就要服务于国家安全，回应国家政治、经济、社会的安全需要；就要服务于国家的紧迫需要，在高端芯片、工业软件、化学制剂等关键核心技术上全力突破。面向人民生命健康，就要通过科技自立自强保障人民生命，促进人民身心健康发展，推进实现人与自然和谐共生的现代化。

第四，促进科技创新与实体经济深度融合是加速创新发展的重要路径。打通科技和经济社会发展之间的通道，加快构建同科技自立自强相适应的科技创新与成果转化生态体系，优化国家重点实验室和科研机构布局，构建高效协同的成果开发和技术转移体系。推进学科交叉融合，完善共性基础技术供给体系；加快高校创新体系与企业创新体系、产业创新体系的互动融合，统筹衔接基础研究、应用开发、成果转化、产业发展等各环节。同时，要健全创新激励和保障机制，构建充分体现知识、技术等创新要素价值的收益分配机制；建立技术创新信息交流平台，鼓励科技型企业、科研机构与高校共享创新资源，不断提升科技成果转化率；建立更为灵活的人才管理机制，打通人才流动、使用、发挥作用过程中的体制机制障碍，最大限度地支持和帮助科技人员创新创业。

第五，全面提升企业科技创新能力是推动创新发展的微观基础。中国要实现科技自立自强，关键是一批掌握关键核心技术的科技型企业的集群式崛起，重点是不断提升中国企业的自主创新能力。对此，要着力运用市场化机制激励企业创新，使企业真正成为技术创新决策、研发投入、科研组织、成果转化的主体。整合运用新型举国体制和市场化激励机制优势，积极培育能够面向世界科技前沿、面向国家重大战略需求，具有较大原始创新能力的创新型领军企业，发挥其在前沿科技探索、承担国家重大科技任务、突破产业关键共性技术与“卡脖子”关键核心技术等方面的重要作用，并鼓励领军企业组建创新联合体，进而推进大中小企业、国有企业和民营企业融通创新，全面提升中国企业创新能力。

以新一代信息技术为引擎加快形成新质生产力*

“新质生产力”的提出向全社会发出了鲜明的创新信号，为我们进一步明确了以科技创新推动产业创新、以产业升级构筑竞争优势的努力方向，为更好地贯彻新发展理念、构建新发展格局、推动高质量发展提供了行动指南。

近年来，由大数据、人工智能、先进计算、区块链、元宇宙等构成的新一代信息技术体系及其所形成的迥异于传统的生产力正成为当今世界发展的最大变量，成为推动新一轮产业变革、促进全球经济增长的核心动力引擎。加快形成新质生产力，需要依托并充分运用好这些技术。

一、汇聚“大数据”，赋能新质生产力

“谁掌握了数据，谁就掌握了主动权”。随着产业数字化转型加速推进，数据要素的重要性日益凸显。赋能新质生产力，必须把握我国大数据产业近年来从小范围、小场景应用加速走向大范围、深层次建设的趋势，把汇聚新数据作为推动数字经济发展的核心驱动力，像精炼石油一样提炼新数据，像共享阳光一样共享大数据。要引导大规模数据中心适度集聚，培育壮大自主数据中心产业链，高标准构建数据要素交易前沿技术生态群，开发数据要素技术标准体系，推进数据要素市场化配套改革；发展高性能数据存储技术，提升数据融合分析能力，实现海量数据的多源、异地、异构融合分析，打破数据孤岛，加快“上云用数赋智”行动；大力培育数据质量评估、资产评估、分级分类、安全服务等数据服务商，构建大数据产业区域协同发展和优势互补机制，提升大数据产业化水平。

二、做强“大计算”，激发新质生产力

云计算、高性能计算等正覆盖社会生活的各个方面，算力成为科技发展的核心生产力，虽然它像空气一样看不见、摸不着，但是它真实存在并推动着人类生活的智能化。激发新质生产力，必须紧盯“大计算”，不断做强计算产业，让算力

---

* 陈晓红. 以新一代信息技术为引擎加快形成新质生产力[N]. 人民政协报，2023-11-30（07）.

像水和电一样，流进“寻常百姓家”。要大力发展国产算力，构建区域乃至全国的算力网络，联通跨区域异构算力资源，打造算力调度指挥平台，实现算力资源的可控调度，盘活社会算力价值；突破不同人工智能算力平台的异构问题，实现模型在不同异构平台的迁移，推动存量“老旧小散”数据中心融合、迁移和改造升级，融入、迁移至新型数据中心；制定统一的算力接入标准和接口规范。推动行业标准化、通用化，促进各产品兼容性相关测试规范和标准的制定，实现不同算力产品的互操作性和兼容性；大力开展节能降耗的算力基础设施关键技术研发工作，建设绿色数据中心供电系统，通过多层次的技术突破和协同管控，加快形成绿色算力。

三、构建“大模型”，提升新质生产力

当前，人工智能技术已步入大模型时代，并成为全球创新的焦点。许多大模型技术具备了多场景、多用途、跨学科的任务处理能力，能广泛应用于经济、法律、社会等众多领域。提升新质生产力，要推动大模型技术栈自主可控，加强在大模型核心环节和相关技术上的知识产权布局，加强大模型原始技术创新和大模型软硬件生态建设；要破解大模型训练过程中算力紧缺问题，推动分布式计算技术的创新，推进云计算平台等建设，提高算力的可扩展性和效率；要加强对人工智能大模型发展的潜在风险研判和防范，对生成式人工智能服务实行包容审慎和分类分级监管，研发大模型安全对齐、安全评估技术，发展大模型安全增强技术，提升训练数据的安全性，不断提升大模型的可解释性、可靠性、可控性，逐步实现可审核、可监督、可追溯、可信赖。

四、推动“大融合”，强化新质生产力

产业智能化、绿色化、融合化是时代发展趋势；技术、基础设施、信息三要素的融合使得科技创新日新月异。推动算力、算法、算据、算网的一体化融合发展，才能全方位提升各自效能，锻造发展新优势。为此，强化新质生产力，必须整合分散的力量，加大在一体化融合创新方面的集智攻关，加快突破相关领域关键核心技术；加强算法研究及技术突破，攻克一批专/通用的核心关键算法，培育一批具有市场竞争力的算法产品，形成一批国际领先的算法应用实践案例，实现算法的高质量供给；依托新型基础设施建设，推动实现全域数据高速互联、应用整合调度分发及计算力全覆盖，实现算力、网络、数据及服务资源的有机融合；优化“计算系统＋应用＋服务”的产业生态体系，加强产学研用研发力量协调和产业链上下游协同，更好赋能千行百业发展。

推动科技成果加快转化为现实生产力*

高铁飞驰、跨海架桥、风中取电、上天揽月……近年来，我国科技发展取得举世瞩目的成就。2023 年，湖南省研发经费投入增速居全国第 5 位，全省技术合同成交额近 4000 亿元，同比增长 50%，科技创新成果斐然。党的二十大报告强调，要“提高科技成果转化和产业化水平”。2024 年 3 月 18～21 日，习近平总书记在湖南省考察时强调，要推动科技成果加快转化为现实生产力①。加快建设科技强国，推进中国式现代化，需要以科技成果的高效转化赋能高质量发展。

一、深刻把握做好科技成果转化的重大意义

科技立则民族立，科技强则国家强。科技成果转化是实现从科学到技术、从技术到经济的关键环节。如果将“从 0 到 1”比作科技创新的原始突破，科技成果转化则是“从 1 到无穷”的伟大跃迁。因此，高质量的科技成果转化是实现高水平科技自立自强的源头活水，是落实“科学技术是第一生产力”的必由之路，更是以高质量发展推进中国式现代化的关键一环；做好科技成果转化工作，才能确保我国在激烈的国际竞争中下好先手棋、赢得主动权。

习近平总书记围绕推进科技创新和科技成果转化发表了一系列重要论述，指出要“在推进科技创新和科技成果转化上同时发力”②；强调“科技成果只有同国家需要、人民要求、市场需求相结合，完成从科学研究、实验开发、推广应用的三级跳，才能真正实现创新价值、实现创新驱动发展”③。习近平总书记在湖南省考察时专门强调，要在以科技创新引领产业创新方面下更大功夫，主动对接国家战略科技力量，积极引进国内外一流研发机构，提高关键领域自主创新能力；强化企业科技创新主体地位，促进创新链、产业链、资金链、人才链深度融合，推

---

* 陈晓红. 推动科技成果加快转化为现实生产力[J]. 新湘评论，2024（8）：16-17.

① 中国政府网. 习近平在湖南考察时强调 坚持改革创新求真务实 奋力谱写中国式现代化湖南篇章[EB/OL].（2024-03-21）[2024-11-07]. https://www.gov.cn/yaowen/liebiao/202403/content_6940751.htm.

② 中国政府网. 习近平在四川考察时强调 推动新时代治蜀兴川再上新台阶 奋力谱写中国式现代化四川新篇章 返京途中在陕西汉中考察[EB/OL].（2023-07-29）[2024-11-07]. https://www.gov.cn/yaowen/liebiao/202307/content_6895414.htm.

③ 中国政府网. 人民日报评论员：扎实推动科技创新和产业创新深度融合——论学习贯彻习近平总书记在全国科技大会、国家科学技术奖励大会、两院院士大会上重要讲话[EB/OL].（2024-06-28）[2024-11-07]. https://www.gov.cn/yaowen/liebiao/202406/content_6959770.htm.

动科技成果加快转化为现实生产力。习近平总书记关于科技成果转化的重要论述为实现高质量科技成果转化、加快发展新质生产力提供了根本遵循。

湖南省是科教大省，拥有众多高校、科研院所和一支高素质科研人才队伍，科技成果转化实现了空前跃升。当前，助推长沙建设全球研发中心城市，全力实现“三高四新”美好蓝图，推动中部地区崛起，迫切需要进一步做好科技成果转化这篇大文章。

二、推动科技成果转化迈向高质量发展新阶段

面对新形势新要求，要牢牢牵住科技成果转化“牛鼻子”，构建科技成果转化生态体系，以体系化的力量支撑科研成果源源不断地转化为现实生产力。

探索科技成果转化新型举国体制。习近平总书记强调，要整合科技创新资源，引领发展战略性新兴产业和未来产业，加快形成新质生产力[①]。在工作中，我们应重点从三个方面着力：第一，优化宏观体制机制。构建行政主导的科学研究与市场主导的实验开发相结合的转化体制，注重发挥国家实验室引领作用、国家科研机构建制化组织作用、高水平研究型大学和科技领军企业主力军作用。建立重大科技成果转化联席会议制度，支持各地打造科技成果中试研发基地和示范应用场景，布局建设科技成果转化先导区。第二，聚焦关键核心领域。支持开展关键技术和核心设备研究，支持国家重大科技基础设施关键技术攻关的成果加快转移转化，组织重大科研成果向创投基金、产业基金进行集中推介，在重大装备和材料等领域培育孵化一批科技型企业。第三，搭建创新联盟和平台。探索组建更多高质量产业技术创新联盟，建设大中小企业融通的创新共同体，构建开放共享的共性技术创新平台，有效解决关键共性技术问题，为科技成果转化提供概念验证中心、小试平台、中试平台、量产平台等支撑。

打造科技成果转化全方位支撑体系。科技成果要实现高质量转化，需要推动科技成果转化的过程更加顺畅、匹配更加精准、模式更加多元。第一，形成科技成果转化服务体系“全链条”。打造以科技领军企业为主体、高校和相关科研机构为依托、市场化的技术转移运营团队为纽带的综合服务体系。加强技术交易市场建设，设立新型研发机构专项基金等天使基金，引导社会保险等对光刻机、芯片、新材料、量子技术等进行长期供给。第二，构建科技成果转化项目服务“全周期”。在前端以成果为核心实施高价值专利培育行动；在中端建成成果孵化转化的市场化专业机构和中试平台，完成科技成果的自我认证；在后端建立以产业技术研究

---

① 中国政府网. 新华述评：坚持科技创新引领发展——加快形成新质生产力系列述评之一[EB/OL].（2023-09-10）[2024-11-07]. https://www.gov.cn/yaowen/liebiao/202309/content_6904805.htm.

院为代表的成果放大平台。第三，强化科技成果转化关键环节“全类型”。建成科技成果数据库和信息共享平台，推动知识产权与技术转移一体化运营，强化科技成果信息披露。探索众包众筹、个人跟投等，通过超额收益让渡、风险补偿等机制，鼓励更多社会资本参与成果转化。

优化科技成果转化配套体制机制。习近平总书记强调：“要坚决扫除影响科技创新能力提高的体制障碍，有力打通科技和经济转移转化的通道，优化科技政策供给，完善科技评价体系”①。第一，打造科技成果转化的创新网络体系。适应科技创新由复杂向超复杂、由“线性”创新向“网式”创新等方向的演进，在市场化团队聘用人才、各类成果转化基金融资支持、协同作价入股税收递延、推动赋权改革试点、追加知识产权预前管理等方面适时推出精准有效的配套政策。第二，构建科技成果转化的专业人才体系。一体化培育“技术型官员—战略科学家—硬科技企业家—硬科技投资家—高端工程师—技术经理人”的人才体系。积极打造懂技术、懂转化、懂市场的科技经纪人专业队伍，搭建技术、资本、市场之间的桥梁。第三，优化科技评价和绩效激励体系。坚持质量、绩效、贡献为核心的评价原则，优化科技成果转化人才专门评价办法，在专职科研岗职称评审中增设科技成果转化职称系列。建立成果转化绩效与专职人员收入分配挂钩的激励机制。

强化科技成果转化高校赋能新优势。高校是科技成果转化的重要力量，迫切需要推动高校的科研成果从“书架”走上市场的“货架”，切实转化为新质生产力。第一，通过制度机制完善强化新优势。进一步细化科技成果评价、成果权属改革、尽责免责等实施措施。细化落实成果转化成本分担机制，清晰界定“关键贡献者”利益分配原则，科学确定留归单位比例和成果转化服务分成。加快构建科技成果分类评价标准和规范。第二，通过高质量成果供给强化新优势。将科技成果转化成效作为科技资源分配的重要衡量指标。鼓励高校设立国家大学科技园，下设技术转移和创业投资等专业性功能实体，构建“成果转化＋创业孵化＋创业投资”全链条园区服务体系。第三，通过成果转化成效提高强化新优势。在科研人员职称评聘、职务晋升、考核奖励等相关指标中，适当提高科技成果转化绩效的权重。推动科技成果第三方评价落地，形成“需求导向—市场认可—高效转化”的良性循环。设立横向结余经费资金池，允许科研人员将结余经费划入资金池并按规使用。

---

① 人民网.《瞭望》：真正把创新驱动发展战略落到实处[EB/OL].（2013-07-29）[2024-11-07]. http://theory.people.com.cn/n/2013/0729/c40531-22367535.html.

经济发展篇

抢占全球先进计算产业制高点*

“当前，先进计算已成为各国博弈的前沿领域。我国先进计算产业在基础理论、计算系统、企业布局等方面已有一定储备，市场空间广阔。”中国工程院院士、湘江实验室主任、湖南工商大学党委书记陈晓红说。

先进计算作为在计算方式、位置、算法或机理等方面产生的新兴技术及产业的统称，具有先进性、泛在性、多样性。在陈晓红看来，大力发展先进计算，对加快经济社会发展、重塑产业竞争优势，具有重要战略意义。

如何理解先进计算的战略意义和发展规律？怎样准确把握我国先进计算发展状况，从而积极抢占全球先进计算产业制高点？《瞭望》新闻周刊（以下简称《瞭望》）记者就此专访了陈晓红。

一、深刻理解先进计算的战略意义

《瞭望》：如何看待当前先进计算的现实重要意义和产业发展前景？

陈晓红：我认为，当今世界已经来到了一个在先进计算领域群雄逐鹿、重点角力的时代，应从战略高度对其加以重视。

第一，先进计算已成为世界科技竞争与产业革命的主战场，是重大科技创新领域的必争之地。当今世界正处于新一轮科技革命和产业变革的交汇期，以先进计算为代表的新一代数字技术已成为推动经济社会发展的新引擎，引发产业模式、运营模式、消费结构和思维方式的深刻变革。先进计算核心技术是高效能处理海量数据资源的关键，在数据已成为重要生产要素及国家基础性战略资源的情况下，掌握了数据资源获取能力，便能在数字技术全球竞争中掌握主动权。

第二，发展先进计算已成为促进经济社会全面数字化转型，建设制造强国、质量强国、网络强国、数字中国的必然之举。算力是数字经济时代的核心生产力，数据是数字经济时代的“石油”，爆发性增长的海量数据成为当代信息社会的新标志。全方位促进我国产业数字化和数字产业化，打造面向未来的数字经济高地，亟须海量大数据、高性能算力、高效能算法及算网融合的强劲支撑。我们迫切需要通过云-端的新计算体系结构，构建大规模数据处理平台和智能计算模型等，促

---

* 张玉洁，陈晓红. 抢占全球先进计算产业制高点[J]. 《瞭望》新闻周刊，2022（45）：16-18.

进制造模式、生产组织方式和产业形态的深刻变革。

第三，发展先进计算已成为攻克我国信创领域关键“卡脖子”技术和发展颠覆性技术的必经之途。先进计算包括算力、算法、算据、算网等要素，先进计算产业链包括核心元器件层、整机层、基础软件层、平台层、应用层、数据层、理论层等层次，这些都是信创领域发展的关键所在。要在作为推动经济发展重要抓手的信创领域掌握主动，就要重视发展好先进计算。

《瞭望》：世界计算大会永久落户湖南省长沙市，成为行业发展的重要风向标之一。当前，湖南省在先进计算及相关产业生态建设方面有何重要举措？

陈晓红：湖南省在超级计算领域居于国内乃至世界领先水平。当前，湖南省紧扣先进计算与人工智能，着力打造高能级科技创新平台——湘江实验室。湘江实验室紧扣国家创新驱动发展的重大战略需求，加强基础研究和应用基础研究，突破系列“卡脖子”技术、“从 0 到 1”关键核心技术，推动先进计算、人工智能等新技术与装备制造、信创、物联网等产业深度融合，加快推动数字经济提质增效与智慧社会治理创新，打造先进计算与人工智能领域战略科技力量，成为国家信创领域的原创理论研究中心、关键技术创新高地和现代产业赋能基地，努力在实现高水平科技自立自强中作出积极的贡献。这是省委省政府赋予的使命，也是我们的担当。

二、科学认识先进计算的发展趋势

《瞭望》：先进计算的发展趋势主要是什么？应从哪些方面适应经济社会的进步？

陈晓红：综合分析来看，我认为先进计算的发展体现出以下四个方面的趋势。

第一，数据增长和行业需求在驱动发展加速。据预测，至 2025 年，全球数据规模有望从 2018 年的 33ZB 增长到 175ZB，数据存储、传输、处理的需求呈指数级增长。物联网数据的海量性、多态性、异构性、时效性对边缘计算提出了更高要求；人工智能对计算力的需求远远超出了通用计算技术的发展水平，加速异构计算技术的发展。虚拟现实/增强现实、自动驾驶等新兴应用也需要海量数据实时处理和交互时延能力的支撑。

第二，体系性、综合性结构创新正不断演进。从以分布式计算、芯片工艺、结构的硬件创新为主，逐步拓展到材料、算法、软件等并行，最终向基础理论的发展应用演进。数据中心算力多样化成为趋势，计算芯片的通用化、专业化将并行发展；系统架构将从以通用处理器为中心向以内存为中心演进。基础计算模式朝着多核并行、异构并行、边缘计算等体系架构创新演进。软硬系统垂直整合正成为布局焦点。

第三，信息领域从单点场景向多元布局延伸。随着大数据、人工智能、物联网等新兴技术的发展，先进计算将电子信息、软件信息等层面的创新进一步与各个产业领域交互融合，在工业、交通、教育、金融、医疗、零售、娱乐等诸多领域深度渗透，未来将在大数据分析、机器学习、化学反应、材料设计、药物合成、密码破译、军事气象等方面起到决定性作用，产生颠覆性影响。

第四，算力、算法、算据等方面正加快升级。计算机硬件单元与架构的创新演进为构建先进、普惠的新型计算社会提供了有力的基座支撑。算法能级不断跃升，传统硅基计算技术向类脑计算、高效能计算领域拓展；量子、光子等前沿理论架构成为计算新方向。数据存储密度、读写效率不断提升，整体架构向着高性能、高可靠、高扩展性迈进；计算单元与存储单元日益融为一体，可实现高能效并发运算。

三、准确把握我国先进计算发展状况

《瞭望》：如何客观看待当前我国先进计算技术和产业发展情况？

陈晓红：在我看来，我国先进计算发展正处于一个破除短板、厚植基础、蓄力爆发的阶段，在数字经济不断做强做优做大、国家治理体系和治理能力现代化不断推进的趋势下，发展态势持续向好。

技术跃升条件已基本具备。构建以国内大循环为主体、国内国际双循环相互促进的新发展格局等带来巨大市场需求，在线教育、远程会议、在线医疗、社交电商等数字经济业态快速发展，为先进计算带来了更多发展机遇。近年来，我国海量数据向异构化、多模化、泛在化等形态演进发展，面向诸多行业领域的系列区域性服务器、个人计算机整机品牌等应用推广密集落地，生态布局呈“军团式”兴起态势，自主演进架构生态在加速形成。

部分领域跻身领先行列。近年来，我国在人工智能、高性能计算、量子计算等方面取得了一批原创成果，相关领域方向跻身世界先进行列。2021 年上半年的全球超级计算机 500 强榜单中，中国共有 173 台超算上榜，上榜总数蝉联第一；人工智能依托庞大的国内市场和用户群，在语音、视觉、传感等相关领域的技术持续突破。

规模带动效应逐步释放。我国拥有全球体量最大、用户最活跃的数据市场，以及以人工智能、智能制造、自动驾驶、物联网等为代表的庞大应用市场。随着先进计算产业在政府决策、技术研发及各个行业的应用渐趋深化，其辐射带动规模将持续扩大。

同时，我国先进计算技术和产业仍存在一些短板。例如，超级计算、人工智能、量子计算、云计算等领域的原创性理论和核心技术突破有待加强，标准体系建设亟待完善，服务器操作系统的市场规模偏小，一些技术与应用落地还有不小距离，等等。

四、积极抢占全球先进计算产业制高点

《瞭望》：从先进计算的未来前景和世界行业趋势来看，我国先进计算应该如何发力？

陈晓红：我认为应从产业技术创新能力、产业生态构建和国际合作三大方面入手，积极抢占全球先进计算产业制高点。

首先，着力提升产业技术创新能力。

在算力层面，着力突破高端通用芯片，持续提升通用处理器的单核、多核与多线程能力。布局下一代基于内存网络的分布式先进存储系统，突破大容量超高储能密度电容器的制备集成技术。聚力支持高端服务器。构建具有知识产权的开源基板管理控制器软件。升级人工智能框架、芯片、工具集等的性能。

在算法层面，支持发展安全可靠操作系统，突破系统调度、内存管理、虚拟化等操作系统核心技术。提升数据库性能指标。推动开源社区和统一数据库规范构建。支持计算工具链套件发展。发展模型自动压缩算法等推理加速算法、自动混合精度算法等训练加速算法。

在算据层面，提升数据融合分析能力，实现海量数据的多源、异地、异构融合分析。发展高性能数据存储。推动实现跨地域、跨数据源的端、边、云数据协同，以及存储与计算、网络的高效协同。强化开源大数据引擎与生态标准统一规范，提升适用于存算一体的数据服务能力。

此外，围绕 CPU 芯片构建基础应用加速库，构建具有知识产权的编译器与工具链，加大围绕芯片的编程模型、编译优化、虚拟指令集等核心技术研发突破。

其次，大力推进计算产业生态构建。

加速推进先进计算领域软件研制、平台集成与应用示范。依托新型基础设施建设，推动实现全域数据高速互联、应用整合调度分发及计算力全覆盖。推动先进计算技术进一步下沉，通过产业智能化重塑与实体经济深度融合，完成从供给侧的技术驱动向需求侧的场景化应用转型。优化“计算系统 + 应用 + 服务”的产业生态体系，加强产学研用研发力量协调和产业链上下游协同。研究制定产业和企业供应链安全评估评价体系，支持企业构建多元供应链体系。围绕 CPU、内存、介质等，构建以国内知识产权为主导的开放标准。加强创新创业企业培育，强化骨干企业在重大专项创新突破上的主体地位，建设专业化众创空间，推动企业专

精特新发展，形成各方深度交互、共生共荣的良好发展生态。

最后，积极加强国际深度合作。

加强高端芯片、高性能服务器、先进存储、汽车电子新型架构与计算平台等产业关键技术领域的国际合作，推动引资与引技、引智相结合。发展新型国际贸易，在具有条件的自贸区、开发区试点探索高标准的数据流动、隐私保护等规则，推动试点地区与全球相关地区的标准互认。鼓励支持国内外企业、行业组织在先进计算领域深入开展标准研制、技术验证、应用探索等方面交流合作。加速应用生态兼容实验室布局，促进我国和其他国家先进技术互相兼容认证。

拼抢数字经济全球话语权*

“数据要素是现代产业体系的核心要素之一，是数字经济新引擎的原动力，也是全球数字竞争的角力前沿。”中国工程院院士、湖南工商大学党委书记陈晓红说。

自《中共中央 国务院关于构建更加完善的要素市场化配置体制机制的意见》明确提出加快培育数据要素市场，2021年1月，中共中央办公厅、国务院办公厅印发的《建设高标准市场体系行动方案》再次对“加快培育发展数据要素市场”作出纲领性指引。

长期研究数字经济的陈晓红认为，高标准推进数据要素市场化配置这一牵引性的重大改革不仅关系到我国数字经济的蓬勃发展和数字化改革的深入推进，而且关系到我国在数字经济和数字治理中的全球话语权，影响深远。

我国数据要素市场培育面临哪些关键瓶颈？数字标准化体系建设有哪些特点？哪些领域是我国数字标准化体系建设的当务之急？《瞭望》新闻周刊（以下简称《瞭望》）记者就此专访了陈晓红。

一、数据要素市场五大瓶颈

《瞭望》：什么是高标准的数据要素市场？

陈晓红：高标准就是要在全球对标的水准上提出数据要素市场建设的中国方案。《建设高标准市场体系行动方案》提出要基本建成统一开放、竞争有序、制度完备、治理完善的高标准市场体系。其中，深化要素市场化配置体制机制改革是建设高标准市场体系的重点和难点。高标准的数据要素市场建设更应该创造性地符合这样的高标准要求，突出开放对接数据全球流动，彰显对全球数字经济有序竞争规则的示范引导，健全对数据要素交易的监管保护和法律保障，以及完善交易市场体系和中介服务产业。

《瞭望》：我国数据要素市场建设面临哪些关键瓶颈？

陈晓红：当前，我国数据要素市场培育还面临着国内法律监管规则缺位、公

---

* 徐欧露，陈晓红. 拼抢数字经济全球话语权[J].《瞭望》新闻周刊，2021（19）：22-24.

共数据开放共享不足、数字标准体系建设滞后、数字基础设施和产业应用发展不平衡、多层次交易市场和中介服务业培育滞后等突出问题。

第一，法律监管规则建设滞后，有可能削弱我国的立法话语权。将数据要素作为基础性战略资源配置的前提是立法确立数据要素市场交易的合法性。目前，还缺乏针对数据采集、数据确权、共享开发、流通交易、应用场景的国家法律保障，监管规则也滞后于要素流转实践。数据要素全生命周期和全交易链监管规则缺位。高频、海量数据要素的流转交易缺少与之相适应的监管体制与监管技术。数据资源的国家安全利益时常面临威胁。我国在全球数字经济竞争中面临着如何影响国际立法规则的巨大挑战。

第二，公共数据开放共享面临两大瓶颈，制约我国的市场话语权。市场规模决定市场地位，数据流量决定话语分量。海量的公共数据资源依然滞留于各部门、各地方的信息孤岛中。关键瓶颈在于：首先，公共数据脱敏脱密的标准规范不清晰、不一致、难协调，导致公共数据难以完全符合开放共享要求；其次，负责公共数据清洗、分级分类、脱敏脱密、共享交换的专业服务机构和市场培育不足。

第三，数字标准体系建设滞后，影响我国的规则话语权。首先，数据采集、开放、分级、质量、安全等关键共性技术领域的标准制定滞后，导致数据要素交易只能采取粗放式管理，影响数据价值释放。尤其是涉及传统产业的工业大数据、工业互联网等重点领域。其次，数据要素交易和中介服务的应用标准滞后，制约企业数据要素资源的价值转换，加大中小企业参与数据要素市场的难度。

第四，数字基础设施和产业应用发展不平衡，制约我国的发展话语权。数据交易基础设施建设存在东部沿海与中西部间的地区差距、数字产业与传统产业间的行业差异、智慧城市与数字农村的城乡落差，制约全国统一的数据要素市场的高标准培育。政务、金融、商务、贸易等领域应用场景持续丰富，但在两化融合、实体转型、公共安全、生命健康、城市管理等方面的应用场景面临瓶颈。首先，结构性融合问题，消费、流通类数据要素与产业融合较为领先，工业数据要素与实体产业融合相对滞后；其次，标准性融合问题，传统产业中小企业居多，在无共性技术方案支持下，工业数据入网水平低、关键工序数控率低、作业标准化低、数字采集难度大、大数据汇集难度大。

第五，多层次交易市场和中介服务业培育滞后，约束我国的交易话语权。首先，缺少安全、高效、便捷的大数据交易系统及交易管理模式。其次，支撑数据要素采集、交易与使用的“网边云端心”基础设施的全国网络布局尚未形成。需要加强顶层设计，加快工业互联网、边缘计算、云上平台、存储服务交易终端、超算中心等布局建设。最后，数据中介服务业培育不足。现有数据开发服务业的规模和能力与数字要素交易服务的巨大需求不相适应。

二、完善数据要素市场六策

《瞭望》：加快数据要素市场建设，你有哪些建议？

陈晓红：第一，高标准完善数据要素全生命周期的法律保障体系。首先，加快制定和完善覆盖数据要素生产、交易、应用、标准、安全各方面的市场法律体系，突破确权和流转使用中的法律难题。其次，构建全国一体化的数据市场监管体系。全国层面筹建国家数据市场监管部门，地方设立各层级的大数据局和大数据交易所（中心），明确市场监管主体。

第二，高标准构建数据要素交易前沿技术生态群。充分发挥数字技术应用场景丰富的优势，突破区块链、5G、大数据、云计算等领域的数据要素交易前沿技术，构建自主可控的核心专利生态群。汇集市盈率（price to earning ratio，PE）/现值（present value，PV）等产业资本进入数据要素领域的重大新型基础设施建设，集聚一批全球顶级数据要素交易领域的专业人才，推进数据要素交易市场和周边产业发展。

第三，高标准推进数据要素市场化配套改革。建议试点“数字要素跨境自贸区”建设，依托国内庞大的数据要素市场及数字经济与数字技术优势，大力发展跨境数据交易、处理、流转等新兴业态，为数字经济提供安全、流畅、高效的全球化数据服务，为我国数字企业安全可控地走向国际市场提供保障。自贸区可以为来华的国际数字企业提供数据托管服务，大力发展数据外包产业，同时保障中国本土敏感数据的安全可控和国外敏感数据在华的安全流转。

第四，高标准开放公共共享数据，迅速扩大数据市场基数锁定全球数据要素流动的规模锚定效应。和核心技术一样，市场流动规模是确立全球话语权的重要因素，当前迅速扩大我国数据要素市场流量规模的增长点在于海量公共数据的市场化流转使用。首先，建议推动各地、各部门制定《数据资源目录》《数据要素上市负面清单》《公共数据上市前处理规范》，按照“非限制即共享、非特例即共享”原则，加快政府公共数据利用和开发。其次，建议建立“公共数据开发”招标制度，引导合规企业参与公共数据挖掘和市场化数据产品创新。持续扩大公共数据应用场景，以市场需求促进企业数据要素生产与上市。

第五，高标准开发数据要素技术标准体系。在立法基础上，建立确权、分级、转化、上市标准规范，构建数据采集、存储、传输、处理、使用和分配等各流通环节操作标准，建立国家标准、地方标准、行业标准三级体系。同时，积极参与国际规则制定和中国标准的国际化推广，依托国内市场规模，拼抢国际标准的话语权。

第六，高标准建设数据要素交易基础设施。重点实施一批数据要素交易领域的重大新型基础设施建设项目，推进数据要素交易基础设施的互联互通。加强多层次、多元化数据要素市场的顶层设计，加快分布式要素交易所（中心）的培育。引入数据资源头部企业、市场活跃创新企业和科研院所科技力量，共同推进数据交易平台建设。

三、有实力进行全方位、无代差的规则角逐

《瞭望》：相比其他要素，数据的标准建设有哪些特有难点？这对其建设路线、体系设计提出了怎样的要求？

陈晓红：数字经济的新发展在全球范围内都对传统的监管体制和标准体系提出了全新挑战。作为一种新型生产要素，其生产、交易、流转和使用都具有很强的场景化特征。在不同的具体场景下会有不同的使用、监管和保护需求，会涉及不同利益相关方的相关诉求。标准建设应当考虑不同场景的通适性，应当通盘考虑数据的分级、分类的标准体系建设和不同场景下标准融合问题。这对数字标准化体系的建设路线和体系设计都提出了更高的科学性要求。标准建设也需要更加精细化，不仅要有总体标准，而且要有各个分级数据的对应标准，要考虑不同应用场景的标准对接，使标准建设技术性更强、规范弹性更高、场景性更丰富。

《瞭望》：你曾说数字经济标准研制可按“急用先行、成熟先上”的原则，在数字标准化体系建设方面，哪些环节和领域是“急用”的？目前建设进展如何？

陈晓红：数字经济发展很快，需要数据要素市场同步加快建设步伐，“急用”环节具体说起来很多。我个人觉得我们有几个环节的标准相对而言非常急迫。例如，数据确权标准的研发，数据分级标准的研发。又如，公共数据开放相关的数据脱敏标准、开放标准等。

目前，这些标准建设都滞后于我国数字经济发展的实际需求，应当加大科研攻关力度，汇集头部企业、政府、科研机构和高校等各方面力量共同开展协同攻关，为我国数据要素市场建设奠定标准基础。

《瞭望》：我国数字标准化体系建设已在推进过程中，但目前一些重要标准制定进度较慢。背后还存在哪些梗阻？

陈晓红：原因我觉得是多方面的。一个是管理体制的因素。数据的标准体系涉及方方面面，且是全新课题，很难通过一两个部门的协调来解决问题。我们用传统的标准建设体制可能很难跟上现行的数字产业实践的进步速度。在体制上还要想新招、实招和活招。另一个是技术协同的问题。数字技术应用场景很丰富，

在不同应用场景中对标准诉求也各不相同，如何融通、融合本身就很有挑战性。

此外，还有一个问题是标准制定本身应该在大的法律框架体系内进行，是需要体现出明确的监管导向的。但目前我国对数据要素市场的配套法律体系还不完善，相关的操作实践缺少指引，这增加了相关标准制定的难度。

《瞭望》：我们在哪些领域和环节有拼抢国际标准的话语权的优势？如何率先突破？

陈晓红：和传统产业的标准体系和国际规则相比，我国在数据要素市场相关的规则制定方面应该说具有很强的优势。可以说，可以全方位地与国际对手进行无代差的规则角逐。这是国际标准和国际规则制定的大蓝海。

我们应当重点在法律监管体系方面发力，形成话语权，反制西方的规则限制，这对我国数字经济和数字企业全球化布局很关键。另外，需要重点在交易市场和交易技术方面实现大的突破，争取获得先发优势，拼创发展机遇，把我国发展成为全球数据交易最为活跃的市场。此外，我们还可以在公共数据保护和分级共享应用方面制定全球领先的标准体系，同时加强相关服务产业培育。

数字化全渠道客户行为：研究热点与知识框架*

摘要：伴随产业数字化渗透率的逐渐提高，全渠道模式不断演进升级。多渠道、多场景、多触点下的数字化全渠道客户行为更具复杂性和不确定性，成为实践界关注和学术界聚焦的热点议题。为此，本文收集了2000～2022年的340篇目标文献，采用描述性分析、合作网络分析、关键词共现分析和聚类分析等具体的文献计量学技术，探索该领域的研究现状和热点主题。研究表明：该领域的学术兴趣未来有望走向爆发期；中国和美国是出版物产出最多的国家；研究机构间的局部合作网络已经形成。最后，根据刺激-有机体-反应（stimuli-organism-response，SOR）理论构建了数字化全渠道客户行为的知识框架。本文的研究思路和结论对后续的学术研究和企业实践均有一定的启发性。

关键词：数字技术；全渠道客户行为；文献计量法；关键词共现分析；科学图谱

一、引言

随着大数据、人工智能、物联网、区块链、虚拟现实/增强现实/混合现实等新兴数字技术[1]的迅猛发展，数字经济已成为全球经济增长的新引擎[2]。根据美国经济分析局统计数据，数字经济涨势强劲，数字经济占经济总量的比例从2005年的7.3%增长到2020年的10.2%[3]。大型跨国企业如谷歌、亚马逊、阿里巴巴和优步等正走在数字创新的道路上，引发商业格局以疯狂的速度变化[4]。充斥着智能手机、智能产品和深度学习的数字时代“孕育”出数字世界和数字企业，将给消费者的生活带来重大改变。与客户建立数字关系[5]、制订数字营销计划成为数字企业的首要战略。

全渠道零售是数字技术正在改变零售商业模式浪潮下的流行战略[6]，它将所有可用渠道和客户接触点进行协同整合，成为品牌销售增长的新经济风向[7]。全渠道零售商务平台市场预计将以19.2%的复合年增长率增长，到2030年将达到143亿

* 陈晓红，杨志慧，胡东滨. 数字化全渠道客户行为：研究热点与知识框架[J/OL]. 中国管理科学：1-12 [2024-05-10]. https://doi.org/10.16381/j.cnki.issn1003-207x.2022.2163.

美元的市场规模[8]。全渠道实践涉及零售、美容、银行、航空及旅游等多行业。星巴克、丝芙兰、迪士尼等各大全渠道国际品牌正通过数字化商业模式来应对由产品和服务的便捷获取带来的消费者需求激增[6]，以便为客户提供更加个性化的选择。

全渠道情境中消费者的购买渠道和行为习惯更加多元化和复杂化[9]，数字技术助推了各渠道与客户触点的可视化和透明化。现如今，全渠道企业应当比以往任何时候都更需要保持灵活性，时刻关注客户的需求[10]。客户需求的突然转变也推动了数字技术的快速进步，如何应对客户新的需求迫在眉睫[11]。一方面，尽管迎来了国家政策驱动的消费复苏，但是数字化全渠道客户行为依然显露出诸多不尽如人意之处。数字体验欠佳、个性化服务缺乏、各渠道间的交互友好性不足及差异化服务满意度差[12]等若干问题亟待解决。另一方面，新兴技术掀起的数字浪潮容易让人沉迷于技术本身，难以真正聚焦“以客户为中心”。数字特征对消费者的作用机理及全渠道背景下的客户行为均存在理论差距[13]。鉴于此，有必要全面系统地分析数字化全渠道客户行为的研究成果，并进一步探索有价值的研究方向。

当前学术界对数字化全渠道行为进行了初期探索，但存在一些不足，主要体现在以下方面：①研究较为片面化，缺乏集成性思维，有些重数字技术、轻客户行为[1, 4]，尤其缺乏针对全渠道环境下客户行为的研究[6]，另一些则重全渠道客户行为、轻数字技术[14]，缺乏全渠道客户数字行为的考虑；②针对数字化全渠道客户行为进行研究的综述性文章较为稀缺，仅 Cai 和 Lo[6]探索了新零售时代的全渠道管理，应用引文网络分析将全渠道消费者行为识别为当前研究领域之一，止步于具体客户行为的研究；③数字化全渠道客户行为的文献梳理力度不够，缺乏定量角度的系统剖析、评判和知识框架的搭建。

鉴于现有的研究缺口，本文拟采用文献计量法，对数字化全渠道客户行为研究进行系统性定量综述。本文主要有以下方面的贡献：①鉴于后疫情时代下消费复苏带来的数字化进程加速和全渠道零售战略扩张，本文是最早探究数字技术场景下全渠道客户行为的研究之一；②采用系统性集成思维，针对现有的数字化全渠道客户行为研究文献数据，根据现有研究形态和发展，采用文献计量学方法，通过描述性统计分析、合作网络分析、关键文献分析、关键词共现分析和聚类分析，从定量角度客观、系统地揭示研究现状和研究热点；③挖掘数字化全渠道客户行为的潜在研究方向并构建对应的知识框架，为该领域的后续研究提供指引。

二、方法和数据来源

（一）研究方法

学术界的评估以同行评议为主，过度依赖专家的定性评估，通过数据进行定量评估的现象较为稀缺。作为侧重定量分析的系统文献综述的一种变体[15, 16]，文献计量学结合数学和统计学技术，可以避免数据选择的偏差，通常涉及描述性分析（也称性能分析）和科学图谱两种主要的分析技术[15, 17]，可有效分析文献数据的各种特征，研判和预测科学技术的研究现状和发展趋势[18]。鉴于 CiteSpace 等文献计量知识图谱软件和 Web of Science 等引文数据库的可用性、进步性和全球影响力[17]，文献计量研究近年来受到学者越来越多的关注，既可用于识别某一学科的热点趋势及其未来动态演化，也可用于对某一期刊的学术影响力进行研究[18]。

本文采用文献计量法对数字化全渠道客户行为已有的文献数据进行分析，相较于系统性文献综述，优势体现在以下方面：①从定量角度入手，客观、公正地挖掘数字化全渠道客户行为的研究现状和研究热点，识别其主要研究主题；②结合定性分析的视角，更加系统、全面地探测该领域的研究脉络，进而构建数字化全渠道客户行为的知识框架。

（二）数据来源

鉴于使用多个数据库时面临的数据同质化问题[19]，本文选择世界上历史最悠久、使用最广泛的权威研究出版物和引文数据库 Web of Science，它同时也是许多高水平期刊学者进行文献计量分析时广泛采用的文献来源数据库[4, 20, 21]。

为消除语义的多重性，本文将数字化全渠道客户行为文献数据搜索路径拆分成“全渠道”“客户行为”“数字”三个主题，并考虑词性、单复数及间隔符等的变化[18]。参照 Cai 和 Lo[6]的做法，对主题 1 的关键词选取为“omnichannel” or “omni-channel” or “crosschannel” or “O2O” or “click & collect” or “buy-online-and-pickup-in-store”or“ship-to-store”or“ship-from-store”；参照 Secinaro 等[16]的做法，对主题 2 的关键词选取为“consumer behavior” or “customer behavior” or “shopper behavior” or “buyer behavior”；参照 Kannan 和 Li[4]的做法，对主题 3 的关键词选取为“digital” or “online”。

初始数据筛选出 405 篇“种子论文”。本文遵循“数据清洗→数据追加”的策略：在进行数据清洗时，首先，筛选出研究语种为英语的文献数据，删除 7 篇非英语学术论文，得到 398 篇“中间论文”。其次，通过精细阅读每一篇论文的标题、关键词、摘要、正文等详细信息，删除 58 篇与主题关系不紧密的文献（如在线竞争、医疗、社区），最终得到 340 篇“目标论文”。目标文献数据获取过程如图 1 所示。

三、描述性分析

描述性分析本质上说明了不同研究成分对特定研究领域的贡献[15, 17]。本文具体从出版趋势、期刊来源分布、核心论文分析三方面展开描述性分析[18]。

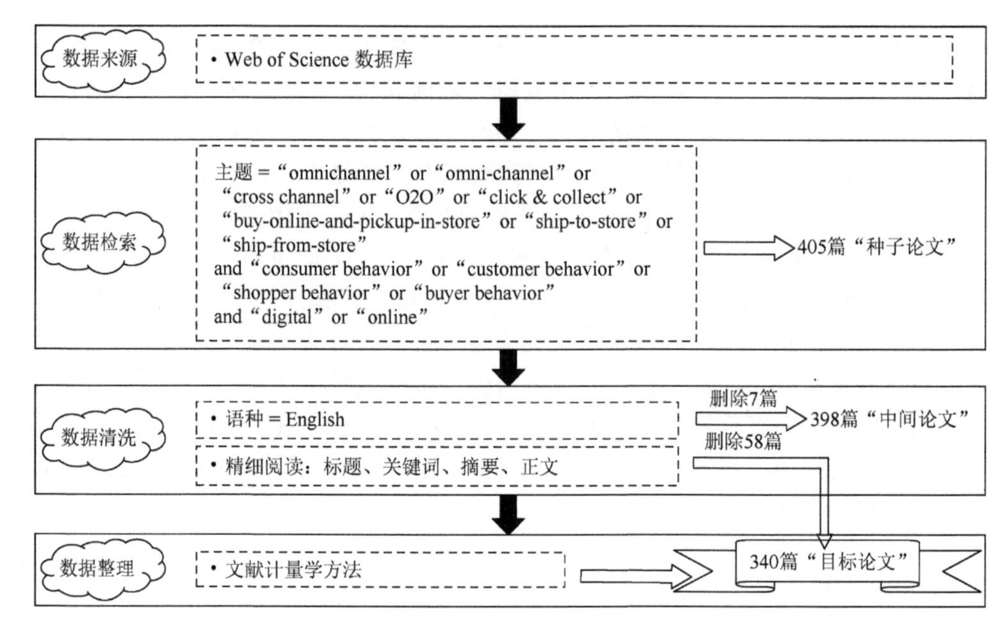

图 1 目标文献数据获取过程

（一）出版趋势

每年的出版数量和引文数量是描述性分析最显著的衡量标准，是进行文献计量分析的首要步骤。其中，出版物是生产力的代表，而引文是影响力的衡量标准[17]。图 2 绘制了出版数量和引文数量的年度增长趋势。

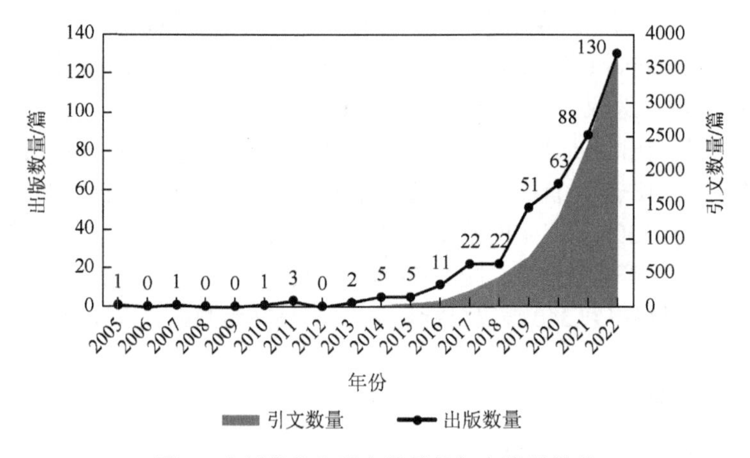

图 2 出版数量和引文数量的年度增长趋势

数据显示，学术兴趣始于 Jank 和 Kannan[22]对空间因素影响在线客户购买行为的研究，这得益于多渠道营销环境中渠道整合能力的日益重要性[23]。自 Verhoef 等[14]发表在 *Journal of Retailing* 上的研究系统地阐述了多渠道零售向全渠道零售的转变以来，学者对这一领域的研究兴趣呈现蓬勃式增长。引文数量的增长趋势也进一步映射出学者对数字化全渠道客户行为研究的关注，衬托出学术界对该领域的持续关注。

（二）期刊来源分布

对出版数量最大及高被引文献的来源期刊进行统计，有助于分析研究领域的热点方向及科研成果质量[24]。本文使用三个指标评价期刊的综合影响力：影响因子、h 指数和 h5 指数。

截至 2022 年，数字化全渠道客户行为的文献数据涉及 141 个来源期刊，总被引次数为 7556 次。选取出版数量排名前 10 位的期刊数据进行统计（表 1），排名前 10 位的期刊出版了 340 篇论文中的 112 篇，占所有论文数量的 32.94%。数据表明，在出版数量方面，*International Journal of Retail & Distribution Management* 贡献最大（出版数量占比 8.24%），*Journal of Retailing and Consumer Services* 贡献次之（出版数量占比 6.76%）。值得注意的是，零售行业顶刊 *Journal of Retailing* 出版了 7 篇相关学术论文，国际顶刊 *Management Science* 及 *Production and Operations Management* 均出版了 5 篇相关学术论文。

表 1　数字化全渠道客户行为出版数量排名前 10 位期刊

排序	期刊	出版数量/篇	总被引次数/次	平均被引次数/次	影响因子	h 指数	h5 指数
1	*International Journal of Retail & Distribution Management*	28	636	22.71	4.743	36	50
2	*Journal of Retailing and Consumer Services*	23	590	25.65	10.972	82	110
3	*Sustainability*	11	122	11.09	3.889	61	139
4	*International Journal of Production Economics*	9	263	29.22	11.251	187	111
5	*Electronic Commerce Research and Applications*	8	259	32.38	5.622	74	53
6	*Industrial Management & Data Systems*	7	50	7.14	4.803	97	56
7	*Journal of Business Research*	7	121	17.29	10.969	211	145
8	*Journal of Retailing*	7	1171	167.29	11.19	131	41
9	*Asia Pacific Journal of Marketing and Logistics*	6	61	10.17	4.643	31	44
10	*Computers in Human Behavior*	6	149	24.83	8.957	198	152

在学术界对数字化全渠道客户行为的研究方面，来源期刊的数据衬托出如下特点：①期刊影响力深远，顶刊论文开始持续关注；②期刊分布较为分散，但出版数量排名前 10 位的期刊占比近 1/3。

（三）核心论文分析

核心论文分析有助于发现最有影响力的论文，指引后续研究的发展。本文选取高被引论文作为核心论文的纳入标准（表 2）。被引用最多的是 Verhoef 等[14]的论文（被引次数为 935 次，高被引论文），该论文是 *Journal of Retailing* 上多渠道零售特刊的简介，指出了多渠道零售转向全渠道零售的趋势，并将跨渠道的购物者行为识别为主要研究流之一。紧随其后的是 Gao 和 Su[25]的论文（被引次数为 306 次，高被引论文），他们研究了当零售商引入在线购买店内提货（buy online pickup in store，BOPS）选项时客户战略性的渠道选择行为。其他核心论文侧重研究全渠道服务整合下的客户体验[26]、客户决策[27]、客户态度[28]及跨渠道的客户行为[29]，以实现全渠道世界的利益相关者共赢，为后续知识框架的构建提供初步证据。

表 2　数字化全渠道客户行为的核心论文

排序	标题	作者（年份）	期刊	被引次数/次
1	From multi-channel retailing to omni-channel retailing：Introduction to the special issue on multi-channel retailing[14]	Verhoef 等（2015）	*Journal of Retailing*	935
2	Omnichannel retail operations with buy-online-and-pick-up-in-store[25]	Gao 和 Su（2017）	*Management Science*	306
3	Online and offline information for omnichannel retailing[30]	Gao 和 Su（2017）	*Manufacturing & Service Operations Management*	197
4	Last mile fulfilment and distribution in omni-channel grocery retailing：A strategic planning framework[31]	Hübner 等（2016）	*International Journal of Retail & Distribution Management*	187
5	Service integration in omnichannel retailing and its impact on customer experience[26]	Quach 等（2022）	*Journal of Retailing and Consumer Services*	25
6	Barriers and paradoxical recommendation behaviour in online to offline（O2O）services. A convergent mixed-method study[29]	Talwar 等（2021）	*Journal of Business Research*	30
7	The value proposition of food delivery apps from the perspective of theory of consumption value[32]	Kaur 等（2021）	*International Journal of Contemporary Hospitality Management*	63
8	Bridging marketing theory and big data analytics：The taxonomy of marketing attribution[33]	Buhalis 和 Volchek（2021）	*International Journal of Information Management*	20

续表

排序	标题	作者（年份）	期刊	被引次数/次
9	Consumer decision-making in omnichannel retailing: Literature review and future research agenda[27]	Mishra 等（2021）	*International Journal of Consumer Studies*	82
10	Adoption of O2O food delivery services in South Korea*：The moderating role of moral obligation in meal preparation[34]	Roh 和 Park（2019）	*International Journal of Information Management*	76
11	The information quality and source credibility matter in customers' evaluation toward food O2O commerce[28]	Kang 和 Namkung（2019）	*International Journal of Hospitality Management*	68

*此处应作 the Republic of Korea

四、科学图谱

科学图谱本质上侧重研究成分之间的关系，分析涉及研究成分之间的知识互动和结构联系[17]。本文从合作网络分析和共词分析两方面入手，呈现研究领域的文献计量结构和知识结构，据此构建数字化全渠道客户行为的知识框架。

（一）合作网络分析

研究合作的表现形式多样，可以是一篇论文中出现不同的研究者、机构或者国家/地区[35]。本文从作者合著（微观）、机构合作（中观）及国家/地区合作（宏观）三方面展开。

1. 作者合著分析

表 3 揭示了作者数量年度分布[36]。数据表明，单作者占比较少（6.18%），大部分论文的作者为 2～4 人（占比 85.29%）。其中，2 篇论文出现了超级合著者现象（占比 0.59%），涉及 7 位及以上作者，分别是 Gauri 等[37]对零售模式演变的研究及 Maggioni 等[38]对消费者跨渠道行为的研究。

表 3 数字化全渠道客户行为的作者数量年度分布

年份	单作者	双作者	三作者	四作者	五作者	六作者	七作者及以上	合计
2005		1						1
2006								
2007				1				1
2008								

续表

年份	单作者	双作者	三作者	四作者	五作者	六作者	七作者及以上	合计
2009								
2010						1		1
2011		1	1		1			3
2012								
2013			1	1				2
2014		1	2		1	1		5
2015	1	2	2					5
2016		5	2	3	1			11
2017	3	4	11	2	2			22
2018	2	5	9	6				22
2019	3	11	21	11	4	1		51
2020	2	17	21	20	2		1	63
2021	5	22	32	21	6	1	1	88
2022	5	19	17	18	4	2		65
合计	21	88	119	83	21	6	2	340

核心作者是指某一研究领域产出较多、影响较大的研究者[24]。文献计量学研究中的普莱斯定律认为，在同一研究主题中，半数的论文由一群高生产能力的作者撰写。具体公式可表示为

$$M = 0.749 \times \sqrt{N_{\max}} \tag{1}$$

其中，$N_{\max}$为所有作者中出版论文最多的作者的出版数量；M为确定核心作者的最低出版数量，即发表论文M篇以上的作者为核心作者[39]。本文采用 CiteSpace 知识图谱软件统计和绘制图谱，核心作者分布见表 4。数据显示，同一作者最高出版数量是 5 篇（$N_{\max}=5$）。根据式（1），$M = 0.749 \times \sqrt{5} \approx 1.67$，即发表论文在 2 篇以上的研究者为数字化全渠道客户行为研究领域的核心作者。表 4 结果显示，62 位核心作者共发表了 148 篇论文，占目标论文总数的 43.53%。

表 4　数字化全渠道客户行为研究核心作者分布

排名	作者	作者数量/位	出版数量/篇	比例/%
1	Liu Hefu	1	5	1.47
2	Li Yang，Aw Eugene，Rai Heleen	3	4	3.53
3	T.C. Edwin Cheng，Zhu Jing，Verhoef Peter，Peltier James，Verlinde Sara，Gao Fei，Huseyinoglu Isik，Tayi Giri，Talwar Shalini，Chang Yu-wei，Kaur Puneet，Molla-descals Alejandro，Dhir Amandeep，Miquel-romero Maria-jose，Macharis Cathy	15	3	13.24

续表

排名	作者	作者数量/位	出版数量/篇	比例/%
4	Hu Jinsong，Doukidis Georgios，Moudry Dann，Kang Ju-young，Oh Wonseok，Frasquet Marta，Maier Erik，Barari Mojtaba，Ortlinghaus Alena，Pallant Jason，Lange Fredrik，Kannan P，Hess Ronald，Akturk M，Haider Syed，Huang Chien-che，Pallant Jessica，Li Gang，Ketzenberg Michael，Li Qi，Bhatnagar Amit，Kopot Caroline，Hermes Anna，Pan Yuchen，Fang Jie，Lobschat Lara，Blom Angelica，Kumar Subodha，Behl Abhishek，Gurrea Raquel，Quach Sara，Fan Bo，Flavian Carlos，Gou Qinglong，Dahl Andrew，Lazaris Chris，Basha Norazlyn，Gong Yeming，Chiu Hung-chang，Ferraro Carla，Han Guanghua，Ma Deqing，Riedl Rene	43	2	25.29
合计		62	148	43.53

数字化全渠道客户行为领域的中心度≥0.1 的核心作者有 4 位，分别是香港理工大学的郑大昭（T.C. Edwin Cheng）、中国科学技术大学的刘和福（Liu Hefu）、合肥工业大学的李阳（Li Yang）及中国科学院大学的贺舟（He Zhou），在该领域的作者合著网络中具有枢纽性的作用。其中，刘和福以发表 5 篇论文的成绩位居出版数量榜首，李阳发表了 4 篇论文。

作者合著分析揭示了数字化全渠道客户行为研究领域的如下特点：①核心作者数量较多，出版数量接近论文总数的一半；②领域学者“单打独斗”现象普遍存在，合著网络尚未形成，枢纽性学者较为稀缺。

2. 机构合作分析

机构合作分析有利于挖掘研究领域的当前研究合作脉络，把握未来机构间的合作研究走向。基于出版数量和中心度，对研究机构及其内部合作关系进行分析（表 5）。

表 5　基于出版数量和中心度的机构合作网络

出版数量/篇	中心度	机构	合作网络	关键研究方向
13	0.19	中国科学技术大学	香港城市大学、西安交通大学、合肥工业大学、清华大学、中国人民大学、华南理工大学、南京大学、苏州大学	影响客户购买行为/决策的因素、渠道整合对客户态度的影响（如忠诚度）和行为（如保留行为）
5	0.09	西安交通大学	中国科学技术大学、香港城市大学、香港理工大学、合肥科技大学、纽约州立大学	客户展厅行为、影响客户购买行为的因素
5	0.08	香港理工大学	中国科学院、康奈尔大学、中国科学院大学、首尔国立大学、上海交通大学、西安交通大学、香港城市大学	社交客户行为、客户行为的影响、客户展厅行为、虚拟旅游对客户光顾行为的影响、影响客户态度的因素（如忠诚度）

续表

出版数量/篇	中心度	机构	合作网络	关键研究方向
5	0.01	台中科技大学	台湾中兴大学、台湾科技大学、中国计量大学	影响客户行为的因素（如光顾、购买）
5	0.00	达拉斯大学	阿肯色大学、威斯康星大学、天普大学	客户购买行为、客户流失、客户体验
4	0.12	苏州大学	中国科学技术大学、南京航空航天大学、台湾科技大学	影响客户"搭便车"行为的因素、客户态度（如不满意）
4	0.08	香港城市大学	波士顿咨询集团、香港理工大学、复旦大学、西安交通大学、东北大学、中国科学技术大学	客户前瞻性购买行为、客户展厅行为、渠道整合对客户忠诚度的影响

结果显示，出版数量排名首位的是中国科学技术大学，发表了 13 篇论文，中心度为 0.19，在机构合作网络中占据核心枢纽性地位。它的合作网络涉及香港城市大学等 8 家研究机构，聚焦影响客户购买行为/决策的因素等方面。此外，苏州大学、西安交通大学、香港理工大学和香港城市大学均在机构合作网络中发挥枢纽性作用，涉及客户行为和态度的影响研究方面。值得注意的是，仅香港城市大学一家研究机构与实践界的波士顿咨询集团有合作网络，其他合作网络均只涉及高校或科研机构之间的合作。

机构合作分析的结果表明如下特点：①机构间局部合作网络已初步形成，存在以中国科学技术大学为首的占据核心枢纽性作用的 7 家研究机构；②以高校之间的合作为主，缺乏学界和业界的深度合作。

3. 国家/地区合作分析

数字化全渠道客户行为研究领域的文献来自 52 个国家，前十大出版数量的国家/地区列表见表 6。数据显示，除中国和印度为发展中国家之外，其他国家/地区均为发达国家或发达经济体。其中，中国和美国出版数量最多，中心度最高，处于国家/地区合作网络的中心位置，具有网络连接枢纽性作用。

表 6　前十大出版数量的国家/地区

国家/地区	中心度	出版数量/篇	比例
中国	0.22	91	26.76%
美国	0.30	82	24.12%
德国	0.17	28	8.24%
韩国	0.02	24	7.06%
西班牙	0	21	6.18%

续表

国家/地区	中心度	出版数量/篇	比例
法国	0.03	20	5.88%
英国	0.23	18	5.29%
中国台湾地区	0.07	18	5.29%
澳大利亚	0.21	15	4.41%
印度	0.07	14	4.12%

国家/地区合作分析揭示了如下特点：①国家/地区的合作较为紧密，合作网络已经形成；②以中国和美国为首的国家出版数量远远领先，在合作网络中居于枢纽性地位；③仍以发达国家的学术产出为主，发展中国家或欠发达国家的学术潜能亟待提升。

（二）共词分析

1. 关键词共现分析

关键词共现分析捕捉了研究内容之间的关系，有助于把握研究领域当前的研究热点及未来的研究走势。CiteSpace 知识图谱软件得到 319 个关键词，其中，96 个关键词达到至少 5 次出现的阈值。表 7 列出了基于频率和中心度排序的前 20 个关键词。结果显示，在线（online）、影响（impact）、行为（behavior）、模型（model）及消费者（consumer）是论文中使用频率最高的关键词。此外，信息（information）和技术（technology）使用频率分别达到 33 次和 32 次。高频率和中心度较大的关键词均集中在行为（倾向）、客户/消费者及建模的前因/影响等方面，为后续关键词聚类分析提供了基础。

表 7　基于频率和中心度排序的前 20 个关键词

排序	关键词	频率/次	排序	关键词	中心度
1	online	107	1	behavior	0.19
2	impact	88	2	management	0.13
3	behavior	63	3	behavioral intention	0.11
4	model	52	4	environment	0.11
5	consumer	44	5	online	0.10
6	special issue	39	6	consumer	0.10
7	intention	37	7	information	0.10
8	information	33	8	antecedent	0.10

续表

排序	关键词	频率/次	排序	关键词	中心度
9	technology	32	9	consumption	0.10
10	satisfaction	32	10	model	0.08
11	channel	28	11	acceptance	0.08
12	strategy	26	12	channel	0.07
13	moderating role	25	13	customer satisfaction	0.07
14	customer satisfaction	25	14	perception	0.07
15	purchase intention	24	15	impact	0.06
16	supply chain	24	16	loyalty	0.06
17	internet	23	17	adoption	0.06
18	competition	23	18	determinant	0.06
19	perception	23	19	price	0.06
20	service	23	20	supply chain	0.05

2. 关键词聚类分析

研究人员对跟踪主题的兴趣日益浓厚，对研究领域的文献关键词进行聚类分析，有助于识别当前研究既定主题，同时识别未来的新兴研究主题。本文对关键词聚类的结果进行了详细分析，结果显示，关键词聚类成 15 类。考虑关键词聚类的代表性，本文选取前 7 大聚类进行分析，分别是反展厅（webrooming）、渠道不协调（channel dissynergies）、供应链管理（supply chain management）、品牌管理（brand management）、数字产品（digital products）、在线零售（online retail）及全渠道零售（omnichannel retail），如表 8 所示。对应的研究重点表明，在数字化全渠道客户行为研究领域，多个高水平期刊设定了专刊，聚焦全渠道零售和线上线下商务（online to offline，O2O）等领域，综合考虑了信息技术赋能下消费者信任、购买意愿及退货等行为。

表 8　关键词聚类结果

序号	聚类标签	聚类成员/篇	研究重点
0	webrooming	56	专刊、技术、供应链、服务、渠道整合、体验、零售、产品、多渠道、采纳、信息技术、选择、整合
1	channel dissynergies	45	在线、客户满意、网络、忠诚度、前因、信任、服务质量、感知风险、决定因素、客户体验、结果、使用、渠道选择、技术接受
2	supply chain management	37	影响、质量、客户行为、挑战、机遇、全渠道、退货
3	brand management	36	模型、意愿、满意、购买意愿、商务、感知价值、口碑、接受、社交媒体、品牌、视角、在线渠道、多渠道零售、O2O、购物价值

续表

序号	聚类标签	聚类成员/篇	研究重点
4	digital products	32	行为、消费者、信息、O2O 商务
5	online retail	32	渠道、调节作用、感知、购买、环境、态度
6	omnichannel retail	30	战略、电子商务、行为意愿、量表开发、电子商务、共创、未来

（三）知识框架构建

伴随着数字技术带来的颠覆式革新，全渠道企业正面临着难得一遇的市场重构。基于前述文献计量分析的结果，本文在 SOR 理论的基础上构建出数字化全渠道客户行为的知识框架（图 3）。其内在逻辑体现在以下方面。

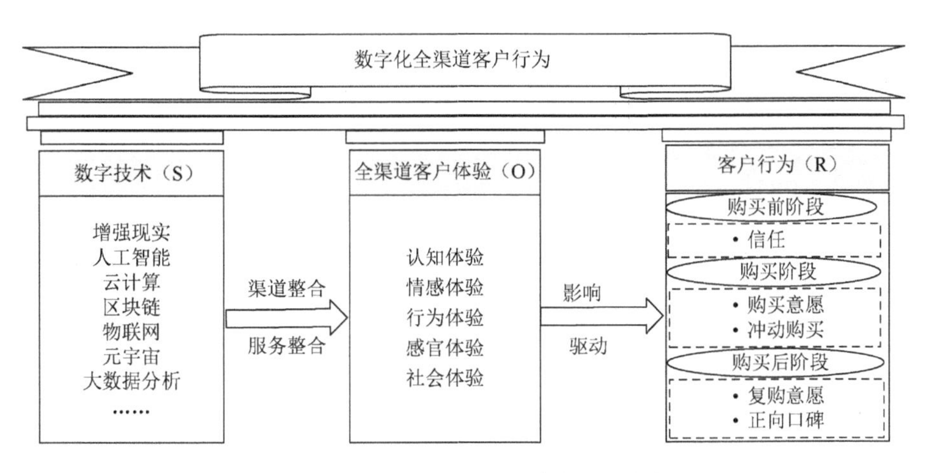

图 3　数字化全渠道客户行为的知识框架

第一，数字技术是渠道整合和服务整合的加速剂[刺激（stimuli，S）]，有助于数字客户体验的形成。虚拟现实、增强现实等技术将数字内容（图像、声音、文本）叠加在真实环境中，模糊了数字渠道和物理渠道的界限。这种技术赋能的渠道整合创造了更多的服务融合机会，带来了更多的消费者福祉，创造了更加无缝、无摩擦和难忘的客户体验。借助区块链技术，商品和服务的订单处理状态、实时订单位置和交付状态等均处于全渠道生态系统中所有利益相关者的信息视图中，客户也能收获更加透明的购买旅程和更加便利的数字购买体验。

第二，数字技术能激活客户的情感、认知及其他体验元素[有机体（organism，

O）]，这得到了文献的充分证明[40]。研究指出，客户体验是一个多维结构，涵盖了客户在整个购买过程中对公司产品的认知、情感、行为、感官和社会反应[41]。数字技术改变了客户的习惯。聊天机器人、机器学习及无人技术赋予了客户在任何时候、任何地点、任何渠道得到他们想要的商品和服务的权利。这种在所有接触点为客户传递无缝信息的能力最大限度地提高了客户体验。

第三，数字技术通过客户体验的中介作用促成了更多的正向客户行为[反应（response，R）]。数字化全渠道战略考虑了客户的整个购买旅程，涉及销售、订单履行和客户服务等多生态系统，在不管客户使用何种渠道的基础上专注于提供有凝聚力的客户体验，以获取更多有价值的全渠道客户。在全渠道零售服务体系中，数字技术赋予客户更高的控制感和决策权，表现出更高的信任倾向。人工智能技术通过搜索引擎优化和推荐算法帮助品牌改善了客户支持，导致更高的购买意愿。此外，直播商务等新型数字营销手段也增强了冲动购买现象。在购买后阶段，人工智能技术赋予了消费者在社交媒体上更高的参与度和转化率，从而提高了消费者的复购意愿[42]。数字正向口碑作为一种强大的工具，可以帮助全渠道企业吸引新客户并发展业务。

五、结语

本文评估了数字化全渠道客户行为领域在2000～2022年发表的340篇文献数据，提供了全面的分析指导。采用描述性分析和科学图谱两种主要的文献计量分析技术，从出版物年度分布、顶级期刊分布、合作网络分析、关键词共现分析及关键词聚类分析等多途径，对数字化全渠道客户行为研究趋势的演变、特征和热点话题进行归纳总结。结果表明：第一，数字化全渠道整合的研究领域起步早，前期增速较为平缓，后疫情时代的消费复苏加速了全球范围内的数字化转型进程；第二，中国和美国是出版数量最多的两大国家，这与其持续的数字经济政策指引和持续的研发和人才投入密切相关；第三，根据关键词聚类分析得到的几大研究主题，本文构建了数字化全渠道客户行为的知识框架，对未来的学术产出和实践成果均具有指导意义。

本文的研究有助于加深数字化全渠道客户行为的理论认识和实践指导。首先，本文提供了对全渠道客户行为领域文献的最新评估，分析了出版数量和引文数量的年度增长趋势，确定了领域内的顶级期刊和核心文献，表明了领域内持续的学术关注度。其次，本文通过合作网络分析，分别从微观、中观和宏观三个层次揭示了研究者、机构及国家/地区之间的研究合作关系，指出了该领域存在的合作联盟缺乏、实践界和学术界合作力度亟待提升等问题。最后，通过关键词共现分析和聚类分析，确定了该领域的几个研究主题，在此基础上运用SOR理论构建出数字化全渠道客户行为的知识框架。框架中涉及的研究构念和研究方法值得后续学者进行检验和拓展。

本文使用大多数文献计量学者考虑的 Web of Science 数据库作为数据来源，可能导致在数据收集过程中遗漏一些出版物。未来可以使用更多的数据库如 Scopus、Science Direct、Google Scholar 及国内的数据库收集文献来源数据。本文构建的数字化全渠道客户行为知识框架仅考虑客户体验的中介作用和正向客户行为，未来可以在此基础上纳入更多的中介变量（客户赋权和客户心理感知等），也可将负向客户行为（如客户抱怨）作为效果变量进行研究，这将极大地拓宽研究的有趣性和全面性。

参 考 文 献

[1] Hoyer W D，Kroschke M，Schmitt B，et al. Transforming the customer experience through new technologies[J]. Journal of Interactive Marketing，2020，51：57-71.

[2] 陈晓红，李杨扬，宋丽洁，等. 数字经济理论体系与研究展望[J]. 管理世界，2022，38（2）：13-16，208-224.

[3] Nicholson J R. New Digital Economy Estimates[EB/OL].（2020-08-01）[2022-08-27]. https://www.bea.gov/system/files/2020-08/New-Digital-Economy-Estimates-August-2020.pdf.

[4] Kannan P K，Li H. Digital marketing：a framework，review and research agenda[J]. International Journal of Research in Marketing，2017，34（1）：22-45.

[5] Phillips E E. Retailers Scale Up Online Sales Distribution Networks[EB/OL].（2015-11-17）[2022-08-29]. https://www.wsj.com/articles/retailers-scale-up-online-sales-distribution-networks-1447792869.

[6] Cai Y J，Lo C K Y. Omni-channel management in the new retailing era：a systematic review and future research agenda[J]. International Journal of Production Economics，2020，229：107729.

[7] Li Y，Tan R，Gong X. How omnichannel integration promotes customer word-of-mouth behaviors：the mediating roles of perceived personal preference fit and perceived social relatedness[J]. Information Technology & People，2023，36（4）：1726-1753.

[8] Dhapte A. Global Omnichannel Retail Commerce Platform Market Research Report[R/OL].（2023-05-01）[2023-05-13]. https://www.researchandmarkets.com/reports/5954658/omnichannel-retail-commerce-platform-global.

[9] Yao P Y，Osman S，Sabri M F，et al. Consumer behavior in online-to-offline（O2O）commerce：a thematic review[J]. Sustainability，2022，14（13）：7842.

[10] Third Stage Consulting Group. The 2023 Digital Transformation Report[R/OL].（2022-07-15）[2022-08-24]. https://www.thirdstage-consulting.com/reports/2023-digital-transformation-report/.

[11] Kopot C，Reed J. Shopping for beauty：the influence of the pandemic on body appreciation，conceptions of beauty，and online shopping behaviour[J]. Journal of Global Fashion Marketing，2023，14（1）：20-34.

[12] McKinsey. 客户眼中的银行体验：孰优孰劣[EB/OL].（2020-04-21）[2023-05-12]. https://www.mckinsey.com.cn/客户眼中的银行体验：孰优孰劣/.

[13] Pereira M L，de La Martinière Petroll M，Soares J C，et al. Impulse buying behaviour in omnichannel retail：an approach through the stimulus-organism-response theory[J]. International Journal of Retail & Distribution Management，2023，51（1）：39-58.

[14] Verhoef P C，Kannan P K，Inman J J. From multi-channel retailing to omni-channel retailing：introduction to the

special issue on multi-channel retailing[J]. Journal of Retailing，2015，91（2）：174-181.

[15] Mukherjee D，Lim W M，Kumar S，et al. Guidelines for advancing theory and practice through bibliometric research[J]. Journal of Business Research，2022，148：101-115.

[16] Secinaro S，Calandra D，Lanzalonga F，et al. Electric vehicles' consumer behaviours：mapping the field and providing a research agenda[J]. Journal of Business Research，2022，150：399-416.

[17] Donthu N，Kumar S，Mukherjee D，et al. How to conduct a bibliometric analysis：an overview and guidelines[J]. Journal of Business Research，2021，133：285-296.

[18] 胡东滨，杨志慧，陈晓红. “区块链 +” 商业模式的文献计量分析[J]. 系统工程理论与实践，2021，41（1）：247-264.

[19] Perez-Vega R，Hopkinson P，Singhal A，et al. From CRM to social CRM：a bibliometric review and research agenda for consumer research[J]. Journal of Business Research，2022，151：1-16.

[20] 李思志，李佳骏，李艳红. 管理科学与工程领域的创新轨迹研究：基于 TOP 期刊的文献计量和文本挖掘视角[J]. 中国管理科学，2014，22（S1）：56-62.

[21] 李英，李惠，成琪. 基于文献计量和知识图谱的国际绿色车辆路径问题研究发展分析[J]. 中国管理科学，2016，24（S1）：206-216.

[22] Jank W，Kannan P K. Understanding geographical markets of online firms using spatial models of customer choice[J]. Marketing Science，2005，24（4）：623-634.

[23] Lipke D J. You are here：the race to bring geography to the borderless web[J]. American Demographics，2001，65.

[24] 李雪蓉，张晓旭，李政阳，等. 商业模式的文献计量分析[J]. 系统工程理论与实践，2016，36（2）：273-287.

[25] Gao F，Su X M. Omnichannel retail operations with buy-online-and-pick-up-in-store[J]. Management Science，2017，63（8）：2478-2492.

[26] Quach S，Barari M，Moudrý D V，et al. Service integration in omnichannel retailing and its impact on customer experience[J]. Journal of Retailing and Consumer Services，2022，65：102267.

[27] Mishra R，Singh R K，Koles B. Consumer decision-making in omnichannel retailing：literature review and future research agenda[J]. International Journal of Consumer Studies，2021，45（2）：147-174.

[28] Kang J W，Namkung Y. The information quality and source credibility matter in customers' evaluation toward food O2O commerce[J]. International Journal of Hospitality Management，2019，78：189-198.

[29] Talwar S，Dhir A，Scuotto V，et al. Barriers and paradoxical recommendation behaviour in online to offline（O2O）services. A convergent mixed-method study[J]. Journal of Business Research，2021，131：25-39.

[30] Gao F，Su X M. Online and offline information for omnichannel retailing[J]. Manufacturing & Service Operations Management，2017，19（1）：84-98.

[31] Hübner A H，Kuhn H，Wollenburg J. Last mile fulfilment and distribution in omni-channel grocery retailing：a strategic planning framework[J]. International Journal of Retail & Distribution Management，2016，44（3）：228-247.

[32] Kaur P，Dhir A，Talwar S，et al. The value proposition of food delivery apps from the perspective of theory of consumption value[J]. International Journal of Contemporary Hospitality Management，2021，33（4）：1129-1159.

[33] Buhalis D，Volchek K. Bridging marketing theory and big data analytics：the taxonomy of marketing attribution[J]. International Journal of Information Management，2021，56：102253.

[34] Roh M，Park K. Adoption of O2O food delivery services in South Korea：the moderating role of moral obligation in meal preparation[J]. International Journal of Information Management，2019，47：262-273.

[35] 李杰，陈超美. CiteSpace：科技文本挖掘及可视化[M]. 2 版. 北京：首都经济贸易大学出版社，2017.

[36] Yadav N，Kumar R，Malik A. Global developments in coopetition research：a bibliometric analysis of research articles published between 2010 and 2020[J]. Journal of Business Research，2022，145：495-508.

[37] Gauri D K，Jindal R P，Ratchford B，et al. Evolution of retail formats：past，present，and future[J]. Journal of Retailing，2021，97（1）：42-61.

[38] Maggioni I，Sands S J，Ferraro C R，et al. Consumer cross-channel behaviour：is it always planned?[J]. International Journal of Retail & Distribution Management，2020，48（12）：1357-1375.

[39] de Solla Price D J. Little science，big science[M]. New York：Columbia University Press，1963.

[40] Ziaie A，ShamiZanjani M，Manian A. Systematic review of digital value propositions in the retail sector：new approach for digital experience study[J]. Electronic Commerce Research and Applications，2021，47：101053.

[41] Lemon K N，Verhoef P C. Understanding customer experience throughout the customer journey[J]. Journal of Marketing，2016，80（6）：69-96.

[42] Nazir S，Khadim S，Ali Asadullah M，et al. Exploring the influence of artificial intelligence technology on consumer repurchase intention：the mediation and moderation approach[J]. Technology in Society，2023，72：102190.

后疫情时代新能源车产业的供应链共建策略研究*

摘要：全球新冠疫情给人们的生产生活方式带来极大的改变，同时冲击着产业链、供应链的持续稳定运转，对增强供应链韧性提出了更高的要求。后疫情时代，新能源车产业面临发展机遇与挑战，供应链成员需要紧密联合，通过共建低碳供应链的方式增强供应链韧性，保持供应链平稳运行。本文考虑后疫情时代新能源车产业面临的规模不经济难题，分析在制造商公平偏好与消费者偏好共同影响下的新能源车产业低碳供应链的相关变化，并设计供应链成员成本分担契约协调机制。研究发现，生产环境的规模不经济生产系数会降低产品的绿色度、供应链利润等，但合理的成本分担契约能够有效实现供应链的协调改进。产品零售价不仅与制造商的公平偏好有关，而且与产品碳系数有关，会对企业决策产生不同的影响。当制造商具有公平偏好时，通过设计成本分担契约能够实现利润的帕累托改进效果，最终达到经济效益与社会效益的双重提升。

关键词：低碳供应链；规模不经济；公平偏好；成本分担契约；供应链韧性

一、引言

面对突发的新冠疫情，人们的出行习惯发生变化。为降低人群聚集风险，许多人选择私人交通工具出行。同时，新能源车补贴等优惠政策极大地调动了消费者购买新能源车的积极性，既满足消费者私人出行的需求，又有利于交通的绿色发展。过渡到后疫情时代，新能源车成为许多消费者的购车首选。然而，新能源车的供给市场存在不确定性风险。新冠疫情期间，中国汽车产业面临芯片短缺、国产芯片技术滞后等一系列“卡脖子”问题，导致芯片产业链发展不平衡、经济带动作用不明显等问题，产业面临严重规模不经济困境。后疫情时代，生产环节的核心技术难题尚未完全解决，导致制造商难以在短期内摆脱规模不经济困境，这对新能源车的市场供给造成阻滞。我国汽车芯片供应仍处于偏紧

---

* 陈晓红，杨柠屹，周艳菊. 后疫情时代新能源车产业的供应链共建策略研究[J]. 中国管理科学，2024（4）：1-12.

状态，造成消费者对新能源车的消费偏好降低、供应链上游的生产动力不足等问题，将对供应链韧性造成冲击[1]。由此说明，规模不经济成为后疫情时代新能源车产业的显著特征。

面对内外部的多重阻力，新能源车供应链面临断裂风险。供应链韧性是供应链抗干扰能力的体现，提升韧性能够有效减弱冲击要素所造成的负面影响，进而保持供应链的平稳运行。面对新能源车市场巨大的发展潜力，当机遇与挑战并存时，如果供应链成员能通过契约协调等方式采取供应链共建策略，从利益共同体角度联合决策，就能够增强供应链韧性，激发更强的市场长尾效应，从而形成规模经济[2]。不仅能提升供应链成员经济效益，并避免因供应链解构给其他产业造成的负面连带效应，而且能提升社会效益，实现正外部性，助力我国“双碳”目标的实现。

新能源车产业正初步进行响应性调整。比亚迪、大众等品牌的新能源车迎来涨价潮。但也有一些汽车品牌为吸引消费者，仍坚持产品保价策略，例如，小鹏、零跑等品牌承诺在有限期内消费者仍享有原先的购车优惠。由此发现，不同车企采取不同的对策，说明企业对后疫情时代相关政策的应对措施尚未统一，仍处于探索阶段，各自决策效果尚待分晓。因此，新能源车制造商与零售商如何协调生产运营，制定最优决策，最终实现供应链整体目标，并有效实现正外部性是研究的重点问题。研究新能源车供应链成员的决策与协调方式能为有关车企提供管理启示与建议，实现经济环境的可持续发展。

在理论研究中，有学者关注到新能源车产业而开展相关研究。最早有Mollick[3]通过对日本车企的实证研究发现日本汽车产业存在规模不经济现象，并对其进行了实证分析。Lee[4]以韩国现代汽车公司（Hyundai Motor Company，HMC）为案例，对汽车生产的碳足迹管理展开实证研究。随着新能源车逐渐扩张市场，Lim 等[5]对大规模生产电动汽车所带来的市场影响进行了机制分析。Shao 等[6]为企业决策者设定了最优价格折扣率。Gu 等[7]研究发现尽管政府的研发支持和销售补贴都促使企业生产更环保的产品，但整体环境影响好坏参半。以往研究更多地聚焦新能源车在政府规制下的市场营销策略，对取消补贴的政策情形下新能源车产业如何解决上游制造商规模不经济的问题尚未有更深入的研究。

关于制造商的公平偏好属性，Loch 和 Wu[8]通过实验验证社会性偏好会对供应链产生影响。Katok 和 Pavlov[9]进一步验证了公平偏好对供应链运营的相关影响。随着对供应链成员对分配公平关注度的相关研究逐渐深入，林志炳等[10]对服务供应链中零售商公平关切行为受需求扰动的影响进行了研究。赵燕飞和王勇[11]发现平台供应链会受公平关切因素的影响。但是，新能源车产业除了受到供应链成员内部因素影响，还会受到消费者偏好外部因素影响，消费者在不同的场景下会对商品产生不同的偏好[12]。孙立成等[13]对消费者低碳偏好影响绿色产品策略的机制进行了研究分析。Gao 和 Souza[14]以生态意识和估值两种标准将消费者群体划分为四类，从而研究了企业的减排策略。金亮和吴应甲[15]基于消费者异质性偏好并考虑消费者偏好信息不对称，研究了制造商策略性合同设计及其选择问题。以往研究仅聚焦内部或外部的单一偏好，尚未考虑制造商与消费者同时具有偏好属性情形下的供应链成员决策变化，因而制造商公平偏好与消费者偏好同时影响下的决策成为值得研究的问题。通过公平偏好系数与成本分担比例的调整，不仅能提升经济效益，而且有望增强正外部协调性，从消费者剩余、环境改进、社会福利角度使社会效益得到提升。

综上所述，本文基于后疫情时代新能源车产业所面临的规模不经济困境，为激励供应链成员加强低碳行为，研究供应链成员如何通过供应链共建策略提升经济与社会效益问题。通过考虑制造商公平偏好、消费者偏好等因素，设计不同决策及契约协调机制，分析不同机制下的经济与社会效益及影响因素，从而增强供应链韧性以保障经济效益与社会效益的共同提高，进而实现产业、社会及环境的共同可持续发展。

二、问题描述和假设说明

后疫情时代，新能源车产业具有规模不经济生产系数，其规模不经济下的生产成本[16]为非线性函数$\xi^* + \xi q^2$。其中，ξ^*为新能源车市场的不确定性需求，不失一般性，$\xi^* = 0$；ξ为制造商规模不经济生产系数[17]，$\xi > 0$。

为研究一般性问题，认定一个制造商承担零部件组装、车身整装等生产环节。因新能源车制造商需要对低碳生产进行技术研发性投资，故设定其碳减排投资成本为$kg^2/2$。其中，k为碳减排投资成本系数。模型将新能源车供应链中的下游企业，如汽车零售平台、汽车保养维护平台，统一简化为一个零售商。

新能源车是具有环保特征的交通工具，消费者在购买新能源车时会考虑价格因素，同时也会关注新能源车的低碳属性，如新能源车的低碳认证信息、电能供应的便捷程度、能耗，因此，模型设定兼顾消费者的价格偏好与环保偏好给市场需求所带来的影响。消费者对新能源车产品的效用感知为V。V为随机变量，累积分布函数为$F(x)$，且$x \in [0, \overline{V}]$，$\overline{V}$为新能源车产品的最大效用，则消费者的效用函数[18]为$u = V - bp + \beta g$。其中，p为新能源车产品零售价；g为新能源车产品绿色度[19]，用于描述新能源车产品的使用能耗水平、零部件的材料可回收强度等低碳生产水平，假定绿色度为连续的，可用不同的连续的能效比数值或碳标签数值衡量绿色度[20]；b为消费者价格偏好，用于衡量消费者对新能源车价格的敏感系数，b越大，消费者越看中新能源车的价格属性，对价格越敏感；β为消费者环保偏好，用于衡量消费者对新能源车的绿色属性敏感系数，β越大，消费者越看重新能源车的环保属性，环保偏好越强[14]。参照相关研究[21]，定义 $\beta^2/(bk)$ 为碳系数，用于衡量产品的低碳属性，碳系数由消费者环保偏好、消费者价格偏好和碳减排投资成本系数组成。

假设市场规模为1，V 是服从 $[0,1]$ 的均匀分布，其中，$\overline{V}=1$，则新能源车产品的需求函数为

$$D=P\{u=V-bp+\beta g>0\}=1-F(bp-\beta g)=1-bp+\beta g$$

遵循经济学一般性假设，市场需求与供给相等，即认定上游生产供给的新能源车能够在下游市场全部售出，即 $D=q$。

在规模不经济背景下，由于技术研发难度大等问题日益显著，制造商需要比零售商更注重碳排放量等低碳指标，因而需要投入较高的成本，导致其对供应链成本利润的分配公平更加重视，并希望零售商能承担新能源车生产环节的部分成本，以缓解其生产压力，因此认为制造商具备公平偏好属性。设定制造商公平偏好系数[22]为 λ。

供应链决策产生的外部性效应用消费者剩余（consumer surplus，CS）、环境改进（environmental improvement，EI）、社会福利（social welfare，SW）来衡量。

本文用到的参数符号及其含义如表 1 所示。

表 1　参数符号及其含义

符号	含义
ξ^*	新能源车市场的不确定性需求
ξ	制造商规模不经济生产系数
q	新能源车产量
g	新能源车产品绿色度
λ	制造商公平偏好系数
w	新能源车产品批发价
p	新能源车产品零售价
u	消费者效用
V	消费者对新能源车产品的效用感知
b	消费者价格偏好
β	消费者环保偏好
D	市场需求
k	碳减排投资成本系数

博弈模型为一个制造商和一个零售商组成的两级供应链。博弈顺序为制造商是决策领导者，零售商是决策跟随者。首先，新能源车制造商根据规模不经济生产成本及碳减排投资成本确定产品绿色度和批发价。其次，零售商根据上游制造商提供的新能源车相关参数，以利润最大化为决策依据，确定新能源车的最优零售价。由此产生衡量外部性效应的相关指标，如消费者剩余、环境改进与社会福利。

三、低碳供应链的不同决策模式

（一）集中决策（记为 CD）

集中决策模式下，制造商与零售商同属供应链体系内成员，将其视为整体，以供应链整体利润最大化作为目标进行决策，得到低碳供应链的决策目标函数：

$$\pi_{SC}^{CD}(p,g)=p(1-bp+\beta g)-\xi(1-bp+\beta g)^2-\frac{k}{2}g^2 \tag{1}$$

命题 1 集中决策模式下，制造商的最优产品零售价和产品绿色度分别为

$$p^{CD}=k(2b\xi+1)/A_1$$

$$g^{CD}=\beta\ /A_1$$

其中，$A_1=2bk+2k\xi b^2-\beta^2$。将最优决策水平代入利润函数，得到供应链总利润为

$$\pi_{SC}^{CD}=k/(2A_1)$$

模型假定经济行为主体是有限理性，主体决策会受到内外部多种因素影响，因而考虑其决策所产生的外部性效应。

命题 2 集中决策模式下的消费者剩余[23]、环境改进[24]和社会福利分别为

$$CS^{CD}=b^2k^2/(2A_1^2)$$

$$EI^{CD}=\beta bk/A_1^2$$

$$SW^{CD}=k(A_1+kb^2+2\beta b)/(2A_1^2)$$

（二）制造商公平中性分散式决策（记为 FNDD）

当制造商不要求零售商分担其生产成本时，可认为制造商不存在公平偏好。

此时，制造商为公平中性属性，公平偏好系数为 0。制造商公平中性分散式决策模式下，制造商与零售商虽然处于一个供应链中，但是供应链成员以各自的利润最大化为目标进行决策。博弈顺序是首先由制造商决策，确定产品批发价w和产品绿色度g，然后由零售商决定产品零售价p。其中，制造商与零售商的决策目标函数为

$$\pi_m^{\text{FNDD}} = w(1-bp+\beta g)-\xi(1-bp+\beta g)^2-\frac{k}{2}g^2 \tag{2}$$

$$\pi_r^{\text{FNDD}} = (p-w)(1-bp+\beta g) \tag{3}$$

命题 3 分散式决策模式下，当制造商公平感知维持在与集中决策相同的水平时，得到制造商公平中性分散式决策模式下的最优产品批发价、产品绿色度和零售商决定的最优零售价分别为

$$w^{\text{FNDD}} = 2k\left(b\xi+1\right)/A_2$$

$$g^{\text{FNDD}} = \beta/A_2$$

$$p^{\text{FNDD}} = k\left(2b\xi+3\right)/A_2$$

其中，$A_2 = 2kb(2+b\xi)-\beta^2$。最优决策水平下，制造商公平中性分散式决策模式下的制造商利润、零售商利润和供应链总利润分别为

$$\pi_m^{\text{FNDD}} = k/(2A_2)$$

$$\pi_r^{\text{FNDD}} = bk^2/A_2^2$$

$$\pi_{\text{SC}}^{\text{FNDD}} = k(A_2+2kb)/(2A_2^2)$$

命题 4 分散式决策模式下，当处于制造商公平中性情形时，消费者剩余、环境改进和社会福利分别为

$$\text{CS}^{\text{FNDD}} = b^2k^2/(2A_2^2)$$

$$\text{EI}^{\text{FNDD}} = \beta bk/A_2^2$$

$$\text{SW}^{\text{FNDD}} = k(A_2+2kb+2\beta b+kb^2)/(2A_2^2)$$

（三）制造商公平关切分散式决策（记为 FCDD）

当制造商期望零售商分担其生产成本时，可认为制造商具有公平偏好。此时，制造商为公平关切属性，公平偏好系数为大于 0 的常数。新能源车制造商在政策过渡期希望通过刺激消费拉动产销量增长，但因上游减排投资、生产技术、设计

芯片等研发成本增加，故制造商会更关注供应链成本利润分担的公平性，从而获得公平效用。以供应链博弈各方纳什博弈讨价还价均衡解作为公平参考点[25]的供应链成员的效用函数分别为

$$U_m = (1+\lambda)\pi_m - \frac{\lambda(1+\lambda)}{2+\lambda}\pi_{\mathrm{SC}} \tag{4}$$

$$U_r = \pi_r \tag{5}$$

命题 5 制造商具有公平偏好的分散式决策模式下，制造商公平关切分散式决策模式下的最优产品批发价、产品绿色度和零售商决定的最优零售价分别为

$$w^{\mathrm{FCDD}} = k(2b\xi + \lambda + 2) / A_3$$

$$g^{\mathrm{FCDD}} = \beta / A_3$$

$$p^{\mathrm{FCDD}} = k(2b\xi + \lambda + 3) / A_3$$

其中，$A_3 = bk\left(2b\xi + \lambda + 4\right) - \beta^2$。

将其代入制造商和零售商的利润函数中，得到制造商公平关切分散式决策模式下的制造商利润、零售商利润和供应链总利润分别为

$$\pi_m^{\mathrm{FCDD}} = (A_3 + bk\lambda) / (2A_3^2)$$

$$\pi_r^{\mathrm{FCDD}} = bk^2 / A_3^2$$

$$\pi_{\mathrm{SC}}^{\mathrm{FCDD}} = k(A_3 + 2bk + bk\lambda) / (2A_3^2)$$

命题 6 分散式决策模式下，当处于制造商公平关切情形时，消费者剩余、环境改进和社会福利分别为

$$\mathrm{CS}^{\mathrm{FCDD}} = b^2k^2 / (2A_3^2)$$

$$\mathrm{EI}^{\mathrm{FCDD}} = bk\beta / A_3^2$$

$$\mathrm{SW}^{\mathrm{FCDD}} = k(A_3 + 2bk + kb^2 + 2b\beta + bk\lambda) / (2A_3^2)$$

根据命题 1～命题 6，得到如下性质。

性质 1 不同决策模式下的低碳供应链总利润与制造商公平偏好系数有关：

$$\pi_{\mathrm{SC}}^{\mathrm{CD}} > \pi_{\mathrm{SC}}^{\mathrm{FNDD}} > \pi_{\mathrm{SC}}^{\mathrm{FCDD}}$$

从供应链整体视角上看，集中决策模式下的供应链总利润最大，制造商公平关切分散式决策模式下的供应链总利润最小。这是因为低碳供应链中制造商和零售商各自追求利润最大化目标会造成双重边际效应，导致分散式决策模式下的供应链总利润降低，无法达到整体的最优均衡结果。即便制造商存在公平性目标，但由于上下游企业各处于垄断地位，也很难扭转供应链整体的利润分配关系。

性质 2 当新能源车制造商处于规模不经济情形时，该属性会对产品绿色度与供应链总利润产生负向影响。但是规模不经济生产属性对产品零售价的影响方向与碳系数有关。

（1）低碳供应链总利润与规模不经济生产系数呈现出负相关关系：

$$\partial\pi_{\mathrm{SC}}^{\mathrm{CD}}/\partial\xi<0,\ \partial\pi_{\mathrm{SC}}^{\mathrm{FNDD}}/\partial\xi<0,\ \partial\pi_{\mathrm{SC}}^{\mathrm{FCDD}}/\partial\xi<0$$

（2）产品绿色度与规模不经济生产系数呈现出负相关关系：

$$\partial g^{\mathrm{CD}}/\partial\xi<0,\ \partial g^{\mathrm{FNDD}}/\partial\xi<0,\ \partial g^{\mathrm{FCDD}}/\partial\xi<0$$

（3）碳系数较小（$\beta^2/(bk)<1$）时，制造商的产品零售价与规模不经济生产系数呈现出正相关关系：

$$\partial p^{\mathrm{CD}}/\partial\xi>0,\ \partial p^{\mathrm{FNDD}}/\partial\xi>0,\ \partial p^{\mathrm{FCDD}}/\partial\xi>0$$

碳系数较大（$\beta^2/(bk)>1$）时，制造商的产品零售价与规模不经济生产系数呈现出负相关关系。

规模不经济生产系数越大，供应链总利润越低。这是因为当制造商处于规模不经济情形时，制造商除了承担生产成本，还要进行低碳研发投入、参与碳限额交易等，其增加的额外支出都会使得供应链整体利润受损。

规模不经济生产系数越大，产品绿色度越低。这是因为当制造商处于规模不经济情形时，生产环节更容易因不确定因素而发生波动，容易阻断生产，发生供应链断裂的风险，因而制造商会减少低碳投入，这就导致产品绿色度降低。当产品流通进入市场后，较低的产品绿色度会降低具有环保偏好消费者的购买期望，进而损失部分消费者群体。由此看出规模不经济对产品生产与销售环节都会产生负面影响。

碳系数越小，制造商的低碳投入越高，并且超过消费者环保偏好对其的影响作用。当产品为低碳产品时，环保意识较强的消费者能够接受更高的产品溢价。因此，即便规模不经济生产系数在增大，但是由于产品的高附加值及较大的需求市场规模，零售商会将产品定价更高，从而弥补规模不经济给下游所造成的损失。相反，当碳系数较大时，制造商因规模不经济而投入了较低的低碳生产成本，产品的附加值较低。因此，产品只有低价才能提升市场需求。此时，零售商会将产品定价在较低水平，从而吸引消费者。

性质 3 不同决策模式下的零售价与碳系数、公平偏好系数有关：当碳系数较小（$\beta^2/(bk)<1$）时，集中决策模式下的产品零售价最低，制造商公平中性分散式决策模式下的产品零售价低于制造商公平关切分散式决策模式下的产品零售价，即

$$p^{\mathrm{CD}}<p^{\mathrm{FNDD}}<p^{\mathrm{FCDD}}$$

当碳系数较小时，产品绿色度更高，消费者更倾向于购买低碳类型的产品，因而产品定价的上限提升，零售商希望提高产品定价。在制造商公平关切分散式决策模式下，由于零售商需要为制造商分担一部分生产成本，这使得零售商的成本投入增加，并试图通过制定高价以弥补成本损耗。

推论 1 产品零售价与消费者环保偏好呈正相关关系：

$$\partial p^{\mathrm{CD}}/\partial\beta > 0，\partial p^{\mathrm{FNDD}}/\partial\beta > 0，\partial p^{\mathrm{FCDD}}/\partial\beta > 0$$

产品零售价随消费者生态意识的增强而提高，说明消费者对产品的绿色度偏好越强，其购买绿色产品的意愿越强烈，越能够接受更高的产品溢价，零售商会根据消费者的高环保偏好而提高低碳产品的价格，从中获益。

推论 2 产品零售价与消费者价格偏好呈负相关关系：

$$\partial p^{\mathrm{CD}}/\partial b < 0，\partial p^{\mathrm{FNDD}}/\partial b < 0，\partial p^{\mathrm{FCDD}}/\partial b < 0$$

产品零售价随消费者价格敏感度的提高而降低。当消费者对产品价格较为敏感时，其决策更容易受到价格变动幅度的影响，导致产品的价格波动对消费者的购买意愿影响较大，从而影响产品销量。因此，当消费者价格偏好比较高时，零售商只有降低产品零售价才能吸引到更多的消费者。

推论 3 产品零售价与制造商碳减排投资成本系数呈负相关关系：

$$\partial p^{\mathrm{CD}}/\partial k < 0，\partial p^{\mathrm{FNDD}}/\partial k < 0，\partial p^{\mathrm{FCDD}}/\partial k < 0$$

制造商碳减排投资成本系数越大，产品零售价会越低。制造商碳减排投资成本提高时，除了技术层面的提升，生产规模也会相应扩大。随着产能提高，供给的增多使得批发价降低。考虑产品碳属性与消费者价格偏好，零售商会降低产品的零售价，以吸引低价偏好消费者。

由上所述，低碳供应链的总利润、供应链成员利润都与制造商的公平偏好系数有关。由于新能源车处于国家购车补贴的过渡期，虽然制造商受芯片技术、减排约束等因素影响，但是一味提高零售价会引起消费者不满，导致销量下降，进而使制造商对成本利润分配机制产生更高的公平感知。从绿色供应链整体视角来看，为改善双重边际效应带来的分配不公低效影响，零售商需要主动承担部分碳减排投资成本，通过设计碳减排投资成本分担契约，对原先的分配方式进行调整，寻找最优分担比例，最终提高各方及供应链整体利润及运转效率，实现多赢效果。

四、成本分担契约下的最优决策

引入碳减排投资成本分担契约后，零售商按比例 ϕ 承担生产决策的碳减排投资成本，则制造商只需承担 $(1-\phi)$ 比例的碳减排投资成本。由此得到成本分担契约下，不同公平感知情形的最优分散式决策水平。

（一）成本分担契约下的制造商公平中性分散式决策（记为 C-FNDD）

基于成本分担契约，制造商公平中性情形下，制造商与零售商的利润函数为

$$\pi_m^{\text{C-FNDD}} = w(1-bp+\beta g) - \xi(1-bp+\beta g)^2 - (1-\phi)\frac{k}{2}g^2 \tag{6}$$

$$\pi_r^{\text{C-FNDD}} = (p-w)(1-bp+\beta g) - \phi\frac{k}{2}g^2 \tag{7}$$

命题 7 在成本分担契约下的制造商公平中性分散式决策中，最优产品批发价、产品绿色度和零售商决定的最优零售价分别为

$$w^{\text{C-FNDD}} = 2k(1-\phi)(1+b\xi)/A_4$$

$$g^{\text{C-FNDD}} = \beta/A_4$$

$$p^{\text{C-FNDD}} = k(1-\phi)(3+2b\xi)/A_4$$

其中，$A_4 = 2bk(1-\phi)(2+b\xi)-\beta^2$。

由此得到最大制造商利润、零售商利润和供应链总利润分别为

$$\pi_m^{\text{C-FNDD}} = k(1-\phi)/(2A_4)$$

$$\pi_r^{\text{C-FNDD}} = k(2bk(1-\phi)^2 - \phi\beta^2)/(2A_4^2)$$

$$\pi_{\text{SC}}^{\text{C-FNDD}} = k(2bk(3+b\xi)(1-\phi)^2 - \beta^2)/(2A_4^2)$$

命题 8 成本分担契约下的制造商公平中性分散式决策模式下，由供应链产生外部性效应的消费者剩余、环境改进和社会福利分别为

$$\text{CS}^{\text{C-FNDD}} = b^2k^2(1-\phi)^2/(2A_4^2)$$

$$\text{EI}^{\text{C-FNDD}} = \beta bk(1-\phi)/A_4^2$$

$$\text{SW}^{\text{C-FNDD}} = k(bk(1-\phi)^2(b(2\xi+1)+6)+2b\beta(1-\phi)-\beta^2)/A_4^2$$

（二）成本分担契约下的制造商公平关切分散式决策（记为 C-FCDD）

成本分担契约情形的讨价还价公平参考点不变，制造商和零售商的效用函数为

$$U_m = (1+\lambda)\pi_m - \frac{\lambda(1+\lambda)}{2+\lambda}\pi_{\text{SC}}$$

$$U_r = \pi_r$$

命题 9 基于成本分担契约，制造商公平关切分散式决策模式下的最优产品批发价、产品绿色度和零售商决定的最优零售价分别为

$$w^{\text{C-FCDD}} = k(2-\phi(\lambda+2))(2+\lambda+2b\xi)/A_5$$

$$g^{\text{C-FCDD}} = 2\beta/A_5$$

$$p^{\text{C-FCDD}} = k(2-\phi(\lambda+2))(3+\lambda+2b\xi)/A_5$$

其中，$A_5 = bk(2b\xi+\lambda+4)(2-\phi(\lambda+2))-2\beta^2$。

将其代入制造商和零售商的利润函数中，由此得到制造商利润、零售商利润和供应链总利润分别为

$$\pi_m^{\text{C-FCDD}} = k(bk(\lambda+2+b\xi)(2-\phi(\lambda+2))^2 - 2(1-\phi)\beta^2) / A_5^2$$

$$\pi_r^{\text{C-FCDD}} = k(bk(2-\phi(\lambda+2))^2 - 2\phi\beta^2) / A_5^2$$

$$\pi_{\text{SC}}^{\text{C-FCDD}} = k(bk(b\xi+\lambda+3)(2-\phi(\lambda+2))^2 - 2\beta^2) / A_5^2$$

命题 10 分散式决策模式下，当处于制造商公平关切情形时，消费者剩余、环境改进和社会福利分别为

$$\text{CS}^{\text{C-FCDD}} = b^2k^2(2-\phi(\lambda+2))^2 / (2A_5^2)$$

$$\text{EI}^{\text{C-FCDD}} = 2\beta bk(2-\phi(\lambda+2)) / A_5^2$$

$$\begin{aligned}\text{SW}^{\text{C-FCDD}} = {} & k(kb^2(1+2\xi)(2-\phi(\lambda+2))^2 \\ & + 2b(2-\phi(\lambda+2))(k(\lambda+3)(2-\phi(\lambda+2))+2\beta) - 4\beta^2) / (2A_5^2)\end{aligned}$$

命题 11 零售商参与设计低碳供应链成本分担契约后，公平关切情形下，零售商最优分担比例为

$$\phi_{\text{C-FNDD}}^* = (\beta^2 - 2k\xi b^2) / [2bk(b\xi+4)]$$

公平关切情形下，零售商最优分担比例为

$$\phi_{\text{C-FCDD}}^* = 2(\beta^2 + bk\lambda - 2k\xi b^2) / (bk(2b\lambda\xi + 4b\xi + 3\lambda^2 + 14\lambda + 16))$$

性质 4 成本分担契约提高了相同决策模式下的供应链成员利润：

（1）$\pi_m^{\text{FNDD}} < \pi_m^{\text{C-FNDD}}$，$\pi_m^{\text{FCDD}} < \pi_m^{\text{C-FCDD}}$；

（2）$\pi_r^{\text{FNDD}} < \pi_r^{\text{C-FNDD}}$，$\pi_r^{\text{FCDD}} < \pi_r^{\text{C-FCDD}}$。

实行成本分担契约后，制造商与零售商的利润分别得到了提升。生产环节的成本通过零售商分担后，对产品的供给量与零售价都能产生对应的影响，弥补了单方面投入的低碳行为成本，使制造商与零售商都从中获益，这说明成本分担契约能够有效改进供应链协调，从而达到协同。

性质 5 供应链总利润与成本分担比例呈正相关关系：

$$\partial\pi^{\text{C-FNDD}} / \partial\phi > 0,\quad \partial\pi^{\text{C-FCDD}} / \partial\phi > 0$$

由此说明，成本分担契约对供应链总利润提升有正向影响，有利于低碳供应链的协调。

性质 6 成本分担契约能够实现正外部性效应，

（1）消费者剩余、环境改进与社会福利均与消费者环保偏好正相关：

$$\partial\text{CS} / \partial\beta > 0,\quad \partial\text{EI} / \partial\beta > 0,\quad \partial\text{SW} / \partial\beta > 0$$

（2）达到最优成本分担契约点后，公平关切情形下的消费者剩余、环境改进和社会福利得到明显改善：

$$\text{CS}^{\text{C-FCDD}} > \text{CS}^{\text{FCDD}},\quad \text{EI}^{\text{C-FCDD}} > \text{EI}^{\text{FCDD}},\quad \text{SW}^{\text{C-FCDD}} > \text{SW}^{\text{FCDD}}$$

实行成本分担契约后，供应链的低碳投入更有效。当消费者对新能源车的环保属性敏感时，就会对新能源车的低碳属性更为重视，获得更高的效用，这使其满意度会随着环保偏好的提高而提升，因而所获得的消费者剩余更大。同时，当

消费者的环保偏好强时，就能够对制造商生产新能源车产生更强的激励作用，进而增加低碳投入。当绿色研发技术提高时，生产环节所产生的碳排放会降低，更符合低碳标准并提高环境质量。基于此，社会福利也会相应提高。

由此说明，当零售商设计成本分担契约时，最优分担比例有助于改善外部性效应，增强正外部性，有助于提升消费者剩余，改善环境，增强社会福利，从而创造更多社会福祉。可以看出，制造商面对规模不经济、低碳投入成本高等压力时，零售商与制造商共建低碳供应链能够有效激励生产，对低碳供应链整体运作效率有显著的提高作用，从而增强供应链韧性。

五、数值分析

为直观展示规模不经济背景下制造商的公平偏好系数和零售商的成本分担比例对供应链的相关影响。参考部分现有文献的仿真与案例对参数赋值[26-29]，假设市场规模为 100，令 $b=1$，$\lambda=2$，$\beta=8$，$k=60$，$\phi=0.15$，得到图 1。

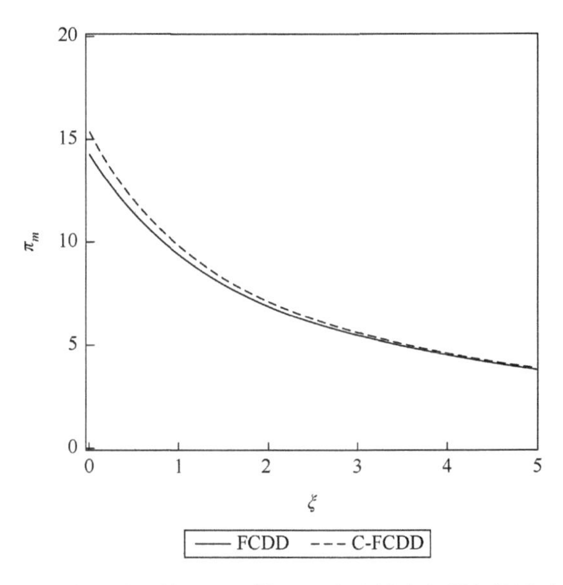

图 1　公平关切情形下规模不经济对制造商利润的影响

首先由图 1 验证性质 4 以检验成本分担契约的改进效果。公平关切情形下，实行成本分担契约后，制造商利润高于零售商不分担生产成本情形下的制造商利润，说明成本分担契约显著改善了制造商的处境。但随着规模不经济生产系数的增大，二者差距逐渐缩小，说明规模不经济对利润的影响更为显著，因而制造商采取措施逐渐摆脱规模不经济困境更为关键。

图 1 还表明制造商利润与规模不经济生产系数呈负相关关系。随着规模不经济生产系数的增大，制造商利润逐渐降低，并且降低幅度从剧烈到平缓。由此看出，尽管规模不经济生产系数会提升，但是制造商对不确定因素的抗干扰能力增强，由此减轻了对利润的负面影响，进一步体现出供应链抵御风险能力在提升，增强了供应链韧性。

令 $b=1$，$\lambda=2$，$\beta=8$，$\phi=0.25$，$k=80$，得到图 2。

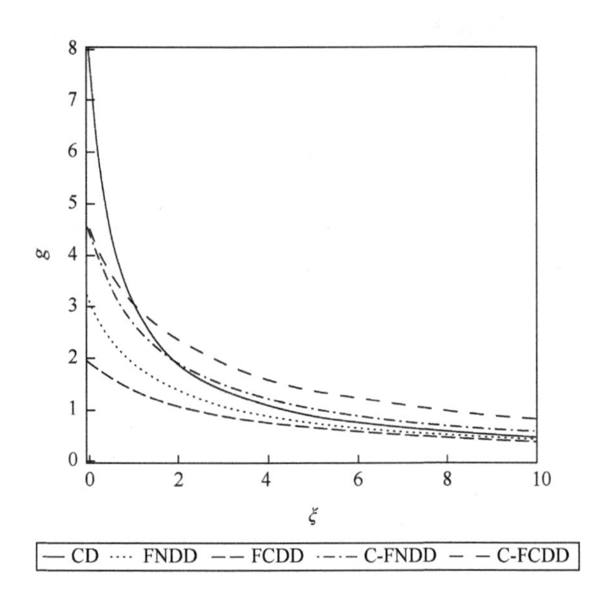

图 2 规模不经济生产系数对产品绿色度的影响

通过图 2 能够看出，随着规模不经济生产系数的增大，新能源车产品绿色度降低。这是因为当新能源车制造商处于规模不经济生产状况时，由于技术、成本等生产要素影响，制造商会降低其低碳研发投入，导致产品绿色度降低。

规模不经济生产系数较小时，在无契约情形下，集中决策模式下的产品绿色度最高，制造商公平关切分散式决策模式下的产品绿色度最低，这是由双重边际效应导致的。当存在零售商参与成本分担时，新能源车产品绿色度都高于原先水平。契约改进后，制造商公平关切分散式决策模式下的产品绿色度还高于制造商公平中性分散式决策模式下的产品绿色度。除此以外，契约改进后的分散式决策所对应的产品绿色度逐渐超过集中决策模式下的产品绿色度，说明成本分担契约的改进作用取得明显效果。

图 3 显示了当碳系数较小时，零售价随规模不经济生产系数的增大而提高，呈现正相关关系；图 4 展示了当碳系数较大时（设定 $\beta=16$，其他参数不变），零售价随规模不经济生产系数的增大而降低，呈现负相关关系，验证了性质 2。

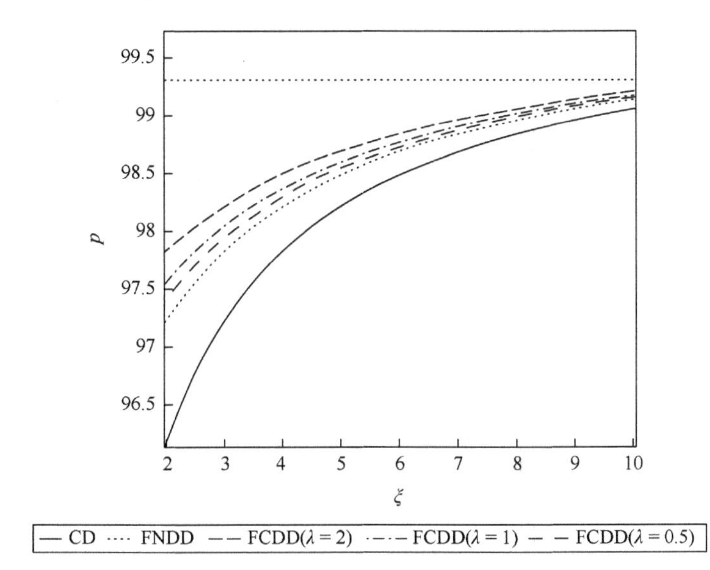

图 3　规模不经济生产系数对零售价的影响（$\beta^2/(bk)<1$）

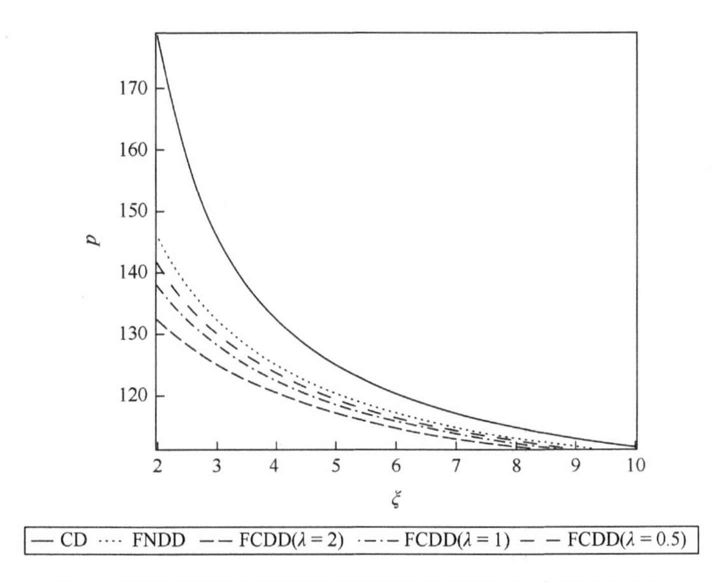

图 4　规模不经济生产系数对零售价的影响（$\beta^2/(bk)>1$）

随着新能源车相关政策的实施，不确定风险提升，规模不经济生产系数增大时，制造商与零售商都希望提高新能源车产品的零售价以弥补规模不经济所造成的损失。图 3 说明制造商的低碳研发投入提高时，产品碳系数会随之降低。产品低碳属性的提升会吸引更多环保偏好消费者，并且其愿意接受更高的产品溢价，因此零售商会制定更高的价格。此外，制造商的公平偏好系数越大，其最优决策模式下的零售价就会越高，这与其希望通过提高新能源车产品零售价以提升总体效益，从而弥补生产损失的意愿是相对应的。但当规模不经济生产系数增大到一定程度时，零售价的提高速度会随之放缓，并逐渐趋近某一阈值。这是因为消费者除了环保偏好，还注重价格、性能等因素，如果价格远高于市场均衡价，就会降低消费者的购买概率，从而流失部分消费群体，因此，零售商并不会无限提高零售价，而将其控制在合理范围内。

由图 4 看出，当制造商的低碳研发投入处于较低水平时，产品碳系数会较高。在此背景下，规模不经济生产系数与新能源车产品零售价呈现负相关关系。当无法通过产品的绿色属性吸引消费者时，零售商就会制定更低的零售价以吸引消费者购买新能源车，以增加销量的方式弥补规模不经济生产状况下所造成的损失。此时，制造商公平偏好系数越大，其对应的零售价也会越低，并随着规模不经济生产系数的增大，都会逐渐降低并趋近某一阈值。这是因为制造商的低碳研发投入水平较低，其抗风险能力不强，所以当规模不经济情况加剧时，只能通过更低的价格以维持市场稳定，减轻供应链断裂风险。

令$b=1$，$\beta=8$，$\phi=0.15$，$k=80$，$\xi=4$，得到图 5。图 5 反映出在分担成本的相同前提下，公平中性分散式决策模式下的制造商利润大于公平关切分散式决策模式下的制造商利润，尽管成本分担契约在一定程度上能提升制造商的利润，但是当制造商的公平偏好系数较高时，会造成适得其反的效果。由此说明不同决策模式下的制造商利润与其公平偏好系数有关，当制造商对供应链成员公

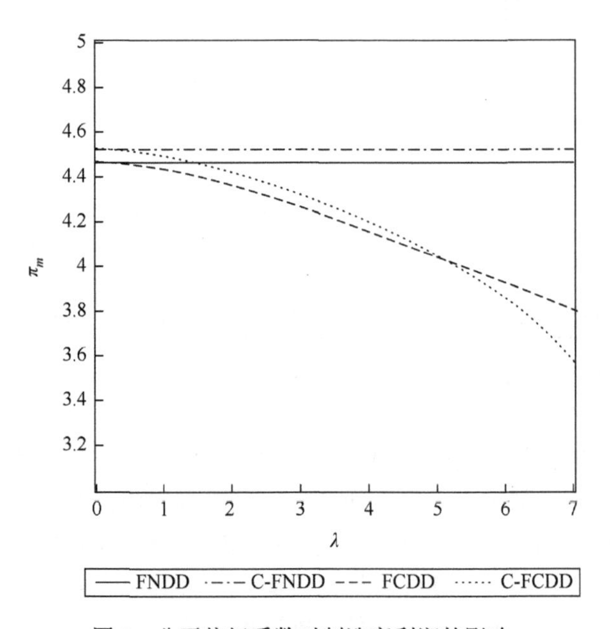

图 5　公平偏好系数对制造商利润的影响

平分担成本的意愿强烈时，制造商与零售商的成本分担契约难以达成一致，就会造成利润下降的结果。可以发现，当制造商将目标从传统供应链中的自身利润最大化转移到对供应链成员间成本分担及利润分配的公平性上时，制造商会为了满足其公平性目标甚至不惜以损失其部分利润为代价。

在此基础上，令$\lambda=2$，得到图6。由此看出，不存在成本分担契约时，公平关切分散式决策模式下的社会福利略低于公平中性分散式决策模式下的社会福利，说明制造商的公平关切属性不仅会对利润造成负面影响，而且会造成负外部性。当零售商对制造商进行成本分担时，社会福利能够得到改善。然而，当成本分担比例过高时，制造商对公平性目标的过度关注依旧会造成社会福利的整体下滑。因此，当制造商具有公平关切属性时，成本分担比例应当控制在合理范围内，这样才能提高社会福利，实现帕累托改进，达到正外部性的效果。

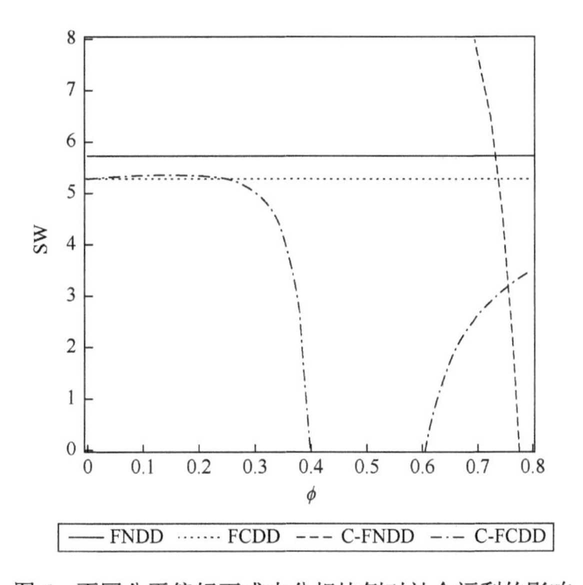

图6　不同公平偏好下成本分担比例对社会福利的影响

图1～图6对本文的命题、性质与推论进行了检验，并进一步分析了利润、绿色度、零售价、社会福利受规模不经济生产系数、消费者环保偏好、制造商公平偏好、成本分担比例等因素的影响机理，为供应链成员选择最优决策以实现经济收益与社会效益的提升提供了参考依据。

六、结语

后疫情时代，尚处于规模不经济过渡期的新能源车产业迎来发展机遇与挑战。

本文构建了一个两级供应链，基于三种决策模式，并结合规模不经济特征、制造商公平偏好、消费者环保与价格偏好等因素进行分析，根据产品绿色度、零售价、利润、社会福利等指标研究最优决策。通过设计零售商与制造商的成本分担契约，改善规模不经济对制造商造成的负面影响，降低因制造商公平偏好给供应链利润造成的损失，从而起到对低碳供应链的协调优化作用，最终提升经济效益和社会效益。

研究发现：①规模不经济生产系数与利润负相关，但可通过增强技术研发投入的方式提升制造商的抗冲击能力，以减弱规模不经济带来的负面影响，使供应链韧性得到提升；②生产的规模不经济生产系数会降低产品的绿色度，但实行成本分担契约能够实现产品绿色度的整体性提升，并且在制造商公平关切分散式决策中的改进效果最为明显；③零售价与规模不经济生产系数的相关性和产品碳系数有关，因此零售商分担制造商成本有助于提高产品低碳属性并进一步提高新能源车溢价，从中获益；④调整成本分担比例能实现利润的帕累托改进效果，制造商应与零售商达成合适的成本分担比例，才能实现双方经济效益提升的效果，否则会造成两败俱伤的局面；⑤制造商公平偏好系数与成本分担比例会改变不同决策模式下的社会福利，成本分担契约能在一定程度上实现帕累托改进，由此说明零售商与制造商应共建低碳供应链，才能实现协同发展。

基于上述研究，本文为新能源车产业的决策选择提供如下管理建议：①新能源车产业的供应链成员应以利益共同体意识共建低碳供应链，通过达成成本分担契约等方式相互协作，实现协同效应以增强供应链韧性，推动供应链平稳运行；②生产环节可通过产学研深度融合等方式加强技术研发投入，尽快实现核心配件的自主规模化生产，以缓解规模不经济困境；③制造商可联合零售商根据市场需求共同设计开发多种经济实用车型，针对市内、远程等多种交通场景用途，提供更多高性价比且多样化的车型，以满足消费者的需求；④新能源车企可加入中国汽车产业链碳公示平台（carbon publicity platform，CPP），主动公布新能源车碳足迹等认证信息，为消费者提供保障，进一步扩大绿色消费市场；⑤地方管理部门可优化区域性新能源车管理政策，可通过逐步减免新能源车补贴等方式避免“一刀切”的执行方案，也可通过降低购车税、放松限购出行约束等条例实施城乡差异化管理；⑥加强新能源汽车的配套设施建设，有助于降低新能源汽车的购置和使用成本，增强市场活跃度，例如，增加路面充电桩数量以提升便利性、小区内公共充换电设施用电采用居民电价以降低充电成本、改造城市公交场站的充换电设备以提高利用率等方式都有助于构建高质量充电基础设施体系，进而鼓励消费者购买使用新能源车，激励供给方的生产积极性，实现经济效益与社会福利的共同提升。

本文也存在一些局限性，例如，仅研究了新能源车供应链中垄断情形下的单一制造商与零售商，未来可构建寡头竞争背景下的博弈模型研究相关问题。

参考文献

[1] Khalili S M，Jolai F，Ali Torabi S. Integrated production-distribution planning in two-echelon systems：a resilience view[J]. International Journal of Production Research，2017，55（4）：1040-1064.

[2] 陈晓红，李杨扬，宋丽洁，等. 数字经济理论体系与研究展望[J]. 管理世界，2022，38（2）：208-224，13-16.

[3] Mollick A V. Production smoothing in the Japanese vehicle industry[J]. International Journal of Production Economics，2004，91（1）：63-74.

[4] Lee K H. Integrating carbon footprint into supply chain management：the case of Hyundai Motor Company（HMC）in the automobile industry[J]. Journal of Cleaner Production，2011，19（11）：1216-1223.

[5] Lim M K，Mak H Y，Rong Y. Toward mass adoption of electric vehicles：impact of the range and resale anxieties[J]. Manufacturing & Service Operations Management，2015，17（1）：101-119.

[6] Shao L L，Yang J，Zhang M. Subsidy scheme or price discount scheme? Mass adoption of electric vehicles under different market structures[J]. European Journal of Operational Research，2017，262（3）：1181-1195.

[7] Gu X Y，Ieromonachou P，Zhou L. Subsidising an electric vehicle supply chain with imperfect information[J]. International Journal of Production Economics，2019，211：82-97.

[8] Loch C H，Wu Y Z. Social preferences and supply chain performance：an experimental study[J]. Management Science，2008，54（11）：1835-1849.

[9] Katok E，Pavlov V. Fairness in supply chain contracts：a laboratory study[J]. Journal of Operations Management，2013，31（3）：129-137.

[10] 林志炳，郭耿，陈蕾雯. 考虑需求扰动及零售商公平关切行为的服务供应链决策[J/OL]. 中国管理科学：1-12[2024-01-24]. http://www.zgglkx.com/CN/article/advancedSearchResult.do.

[11] 赵燕飞，王勇. 消费者渠道偏好下考虑实体零售商公平关切的平台供应链服务水平决策研究[J]. 管理工程学报，2023，37（5）：116-129.

[12] 潘小军. 基于消费者显著性偏好的双边平台转换成本和定价策略研究[J]. 中国管理科学，2021，29（11）：45-54.

[13] 孙立成，应梦煌，张济建. 碳转移与消费者低碳偏好双重影响下供应链异质性产品定价与协调研究[J]. 运筹与管理，2022，31（2）：155-161.

[14] Gao F，Souza G C. Carbon offsetting with eco-conscious consumers[J]. Management Science，2022，68（11）：7879-7897.

[15] 金亮，吴应甲. 基于消费者异质性偏好的制造商策略性合同设计[J]. 管理工程学报，2022，36（3）：158-169.

[16] Ha A Y，Tong S L，Zhang H T. Sharing demand information in competing supply chains with production diseconomies[J]. Management Science，2011，57（3）：566-581.

[17] 聂佳佳，石纯来. 规模不经济对制造商开通直销渠道的影响[J]. 运筹与管理，2017，26（2）：68-75.

[18] 代建生，刘悦. 公平偏好和销售努力下供应链期权契约协调[J]. 中国管理科学，2022，30（7）：20-30.

[19] 朱庆华，窦一杰. 基于政府补贴分析的绿色供应链管理博弈模型[J]. 管理科学学报，2011，14（6）：86-95.

[20] 令狐大智，武新丽，李怡娜，等. 低碳划分标准对异质企业碳排放决策的影响机理研究[J]. 中国管理科学，2023，31（4）：46-55.

[21] 石松，颜波，石平. 考虑公平关切的自主减排低碳供应链决策研究[J]. 系统工程理论与实践，2016，36（12）：3079-3091.

[22] Du S F，Nie T F，Chu C B，et al. Newsvendor model for a dyadic supply chain with Nash bargaining fairness

concerns[J]. International Journal of Production Research，2014，52（17）：5070-5085.

[23] 杨德艳，余云龙，冯章伟. 消费者质疑行为下环境责任型制造商生态标签选择策略[J]. 中国管理科学，2023，31（9）：73-82.

[24] Fan T J，Song Y，Cao H，et al. Optimal eco-labeling strategy with imperfectly informed consumers[J]. Industrial Management & Data Systems，2019，119（6）：1166-1188.

[25] 杜少甫，朱贾昂，高冬，等. Nash 讨价还价公平参考下的供应链优化决策[J]. 管理科学学报，2013，16（3）：68-72，81.

[26] 石纯来，聂佳佳. 规模不经济下奖惩机制对闭环供应链制造商合作策略影响[J]. 中国管理科学，2019，27（3）：85-95.

[27] Long Q Q，Tao X Y，Shi Y，et al. Evolutionary game analysis among three green-sensitive parties in green supply chains[J]. IEEE Transactions on Evolutionary Computation，2021，25（3）：508-523.

[28] 伍星华，艾兴政. 生产商规模不经济下低碳供应链的决策与协调[J]. 科技管理研究，2022，42（10）：186-193.

[29] 郭金森，杨萍，周永务，等. 规模不经济下基于一致定价和促销努力的双渠道供应链协调策略[J]. 运筹与管理，2021，30（8）：99-107.

厚培数字经济“人才底座”*

党的二十大报告指出，加快发展数字经济，促进数字经济和实体经济深度融合，打造具有国际竞争力的数字产业集群。当今世界，以新一代信息技术为核心的数字经济已经成为重组全球要素资源、重塑全球经济结构、改变全球竞争格局的关键力量。最近火遍全球的 ChatGPT 正在引发一场剧烈的革命，或将对科技产业进步和人类经济生活产生深刻影响。未来已来，将至已至。先进计算与人工智能已经成为世界科技竞争与产业革命的主战场，是重大科技创新领域的必争之地。

一、创新之道，唯在得人

数字人才是数字经济发展的核心动力，数字人才质量、存量与储备量之争已成为综合国力竞争的关键变量。我国已将发展数字经济定位为国家战略，但数字人才缺口大、人才素质与数字产业岗位需求不匹配、企业数字化转型缺乏专业对口人才等问题正制约着数字经济、数字产业向纵深发展。数据显示，2021 年我国网络安全人才缺口达 140 万人，目前我国高校每年培养的网络安全专业毕业生规模仅 2 万余人，预计到 2027 年这一缺口将扩大到 300 万人；现阶段我国虚拟现实领域的人才数量仅占全球的 2%，但对此领域人才的需求占到全球的 18%。数字人才刚需时代已加快到来，数字人才的建设培养等不起、慢不起。要谋划数字人才建设大局，加快培养引进数字人才，形成数字人才雁阵格局，夯实数字经济发展的“人才底座”，引领推动数字强国建设。

二、加强顶层规划设计，引领数字人才

紧密结合发展数字经济国家战略，根据数字人才需求发展趋势，加紧制定数字人才发展规划，显著增加数字人才资源总量，优化人才资源结构和发展环境，加快建立以需求为导向的人才引进培养机制，定期开展数字人才队伍建设阶段性评估，推动数字人才工作优先谋划、优先布局、优先发展，数字人才缺口优先填补。要深化体制机制改革，提升数字人才政策体系整体效能，形成数字人才高质量发展新生态。数字领域的人才，不少是怪才、奇才，他们往往不走寻常路，有

---

* 陈晓红. 厚培数字经济“人才底座”[N]. 中国组织人事报，2023-02-20（06）.

很多奇思妙想。对待特殊人才要有特殊政策，不要求全责备，不要论资排辈，不要都用一把尺子衡量。

三、优化布局和模式，培养数字人才

数字经济飞速发展，对人才的数字化素养、技能和知识结构提出了全新要求。要创新数字经济人才培养模式，形成多元化、多层次的培养体系。发挥高校培养人才的主阵地作用，鼓励高校在专业设置、师资培养、招生规模等方面向数字人才倾斜，持续加强高校人工智能、数据科学、计算机科学、电子工程、软件工程、信息工程等数字经济基础学科建设，涵养数字人才源头活水。加强“双师型”教师队伍建设，加强数字人才培养目标设计和教育模式转型，促进人才培养供给和数字经济发展的全方位融合，促进教育链、人才链与产业链、创新链有效衔接，培育跨领域、跨学科、跨专业的复合型人才。充分发挥企业对综合型数字人才培养的主体作用，鼓励企业从战略定位和长远发展出发，建立综合型数字人才内部选拔培养体系和人才开发投入体系。在高校、科研机构和龙头企业的数字人才中，选拔有潜力的人才作为培养对象，通过产学研紧密合作、联合攻关、协同培养等方式，实现拔尖数字人才的自主培养，打造数字经济“最强大脑”。

四、打造高能级创新平台，集聚数字人才

高能级创新平台是承担关键核心技术攻关任务的重要载体，也是集聚战略科技人才力量的关键支撑。要加快建设集大数据生产、科研、应用于一体的产业基地，支持数字信息技术相关实验室建设，重点支持有实力的科研机构争创国家级科研平台，提升颠覆性数字创新能力。湘江实验室是湖南省强化算力支撑的重大创新平台，建设算力、算法、算据、算网四大中心，汇聚一批院士领衔的高水平创新团队，集聚国内外科技创新资源，打造国家先进计算与人工智能原创理论研究中心、关键技术创新高地和现代产业赋能基地，在先进计算与人工智领域形成完备的人才链、创新链、产业链。要持续引进全球数字领域领军企业，加强云计算中心、大数据平台等的部署和应用，加快打造创新型数字经济优势集群，聚集更多高层次优秀人才。加快建设数字经济人才“双创”孵化平台，促进数字经济科技、人才、资本、产业深度融合。

五、构建培训竞赛体系，赋能数字人才

数字技术技能深刻改变着人类的思维、生活、生产、学习方式，催生新职业，

推动就业形态变革，数字技能与职业素养日益成为新业态就业的关键。要强化就业导向，着眼于企业发展需要，开展大规模职业技能培训，构建系统完备的技术技能人才培养体系，做到职业发展到哪里，培训就跟进到哪里。构建基于数字人才画像的培养体系，针对不同层级的数字人才制定“学习地图”，进行不同层级的能力培养。建立数字职业动态更新机制，瞄准技术变革和产业优化升级的方向，加快推进数字工程师培育项目，加快编制数字职业技术技能标准，大力开发培训教材及数字课程资源，贯通专业技术职务评审及职业技能等级认定工作，优化完善数字人才评价体系，积极举办数字技能类职业竞赛，增设与数字技能相关的比赛项目，全面推动数字技能提升，让数字人才活力竞相迸发。

推进现代化产业体系建设*

党的十八大以来，我国产业结构不断调整优化，产业体系更加健全完备，核心竞争力不断增强，自主可控能力进一步提升，在全球产业链、供应链中的地位持续攀升，为加快建设现代化经济体系和推动高质量发展提供了有力支撑。接下来，需在重点领域提前布局，构建系统完备、绿色智能、安全可靠的现代化产业体系，为全面建成社会主义现代化强国、实现第二个百年奋斗目标奠定坚实基础。

一、促进产业链、供应链协同安全发展

建设自主可控、可持续的现代化产业体系，关键是促进产业链、供应链协同安全发展。第一，着力突破产业链、供应链高质量发展的瓶颈；第二，着力提升对重点产业链、供应链关键链路的自主可控水平，推进全产业链协同创新能力建设，构建产业链上中下游互融共生创新模式；第三，打通数据孤岛，实现全供应链知识关联，加强建设国家产业链、供应链知识图谱，鼓励企业在整个供应链中分享知识信息，推动知识在供应链上中下游行业内高效、畅通流动；第四，提高产供分析与预警能力，构建产业链、供应链网络风险动态预警机制和安全控制平台，持续增强产业链、供应链韧性。

二、加快产业数字化、网络化、智能化发展步伐

数字化、网络化、智能化是现代化产业体系建设的必然趋势。第一，着力构建以多样性算力和数据为核心的新型信息技术设施体系，优化算力、存力、运力的统筹调度，推动算力设施更好地服务于构建新发展格局。第二，把握生成式人工智能技术正重塑甚至颠覆数字内容生产方式和消费模式的趋势，加快合成数据产业发展，创立数据要素市场新赛道。第三，构建行业数据安全制度体系，健全完善行业数据分类分级、重要数据保护、风险通报、申诉受理、应急管理、检测评估等基础制度，促进数据安全产业发展，为产业现代化提供安全保障。第四，推动人工智能与实体经济深度融合，以人工智能技术推动产业变革，加快产业对接，聚焦重点领域，形成以场景应用为导向的发展模式。

---

* 陈晓红．推进现代化产业体系建设[N]．学习时报，2023-03-13（A4）．

三、大力推动产业绿色低碳发展

进一步统筹发展与安全，多管齐下，推动我国产业实现绿色低碳转型。第一，做好顶层设计，制定产业绿色化中长期发展规划、行业准入标准和绿色产品监管标准，引领绿色产业尽快实现结构优化、转型升级，走上行业发展快车道。第二，充分发挥数字技术在产业绿色化中的赋值赋能作用，有效提高资源能源利用效益和环境社会效益。第三，大力发展绿色金融，降低绿色企业融资门槛，鼓励金融机构将用能权、排污权、合同能源管理等未来收益纳入贷款质押担保范围，保障产业绿色转型升级。同时，以财政补贴为纽带优化资金链，重点加大初创环节补贴力度，培育扶持一批具有创新前景和商业潜力的绿色低碳企业。

推进“五链融合” 科学实施“人工智能+”行动*

李强总理代表国务院在十四届全国人大二次会议上作的《政府工作报告》提出：“深化大数据、人工智能等研发应用，开展‘人工智能+’行动，打造具有国际竞争力的数字产业集群。”[①]人工智能是新质生产力的重要驱动力和新引擎，加快发展新一代人工智能，对于深入推动高质量发展具有重要意义。当前，人工智能存在着数据基础还不够全、技术实力还不够硬、产业发展还不够强、人才支撑还不够牢、治理体系还不够优的问题，急需推进数据链、技术链、产业链、人才链、机制链“五链融合”，以助推“人工智能+”行动的科学实施，更好赋能新质生产力发展。

一、延伸实施“人工智能+”行动的数据链

数据作为劳动对象，是新质生产力的关键生产要素。这就需要从数据链整合视角，夯实数据采集、数据存储、数据处理加工、数据流通、数据分析、数据应用、数据生态保障等数据基础，走出一条数据支撑业务贯通、数据推动数智决策、数据流通对外赋能的人工智能优化发展之路。引导大规模数据中心适度集聚，培育壮大自主数据中心产业链，高标准构建数据要素交易前沿技术生态群，开发数据要素技术标准体系。发展高性能数据存储，提升数据融合分析能力，实现海量数据的多源、异地、异构融合分析，打破数据孤岛，推进“上云用数赋智”行动。完善数据资产市场定价机制，建设数据资产管理统一平台，搭建数据资产管理门户，培育数据质量评估、资产评估、分级分类、安全服务等数据服务商。

二、强化实施“人工智能+”行动的技术链

科技创新尤其是人工智能等技术创新是新质生产力的核心驱动力，应当全面

---

* 陈晓红，谢志远. 推进“五链融合” 科学实施“人工智能 +”行动[N]. 湖南日报（理论版），2024-04-18（14）.

① 中国政府网. 政府工作报告——2024 年 3 月 5 日在第十四届全国人民代表大会第二次会议上[EB/OL].（2024-03-05）[2024-11-25]. https://www.gov.cn/gongbao/2024/issue_11246/202403/content_6941846.html.

加强人工智能技术创新，以科技自立自强支撑新质生产力形成，更好推动“人工智能 +”行动的落地实施。加大对相关实验室的支持力度，主攻关键核心技术，加快建立新一代人工智能关键共性技术体系，建立健全重点科研机构和大型科技企业优势互补的合作研究机制，完善产学研用结合的系统创新体系，建设具有国际影响力的科技创新中心。鼓励研发自主可控大模型技术，加强在大模型核心环节和相关技术上的知识产权布局，强化大模型原始技术创新和大模型软硬件生态建设。大力发展国产算力，破解大模型训练过程中算力紧缺问题，推动分布式计算技术创新，推进云计算平台等建设，构建一体化算力调度服务平台，提高算力的可扩展性和效率，加强安全技术攻关，构建内生安全底座，让算力应用尽早像用水和用电一样方便。

三、拉长实施“人工智能 +”行动的产业链

近年来，我国大力推进科技创新与产业创新深度融合，在生产过程中不断优化生产要素，引领产业转型升级，进而实现生产力的跃迁。人工智能等新技术的产业化应用是新质生产力的重要特征，要密切围绕新需求，着眼于发挥我国独特优势，大力培育人工智能新产品和新服务。发挥企业的科技创新主体地位，加快人工智能科技成果转化和产业技术创新，谋划和布局一大批人工智能产业落地。坚持科技赋能文化产业发展，加快多模态大模型与文本、图像和视频等的融合应用步伐。加快推进人工智能与实体经济融合，推动实体经济高质量发展，发挥人工智能在产业升级、产品开发、服务创新等方面的技术优势，促进人工智能同第一、二、三产业深度融合，以人工智能技术推动各产业变革，赋能新质生产力发展。

四、优化实施“人工智能 +”行动的人才链

人才是发展的第一资源，创新驱动的高质量发展迫切需要人才红利的注入，打造能够创造新质生产力的战略人才和熟练掌握新质生产资料的应用型人才队伍，全链条培养创新型、复合型人工智能技术与管理人才。鼓励高校围绕人工智能等未来产业开展前瞻性学科专业布局，构建交叉融合育人格局，提升青年数智素养，着力培养造就大批一流科技领军人才、卓越工程师、大国工匠和创新团队，形成与新质生产力发展需求相适应的人才结构。针对人工智能前沿技术领域的高层次人才和紧缺人才，搭建对外交流平台、畅通引进渠道、完善人才引进相关服务。深化政产学研用融通，鼓励人工智能企业、用户单位与高校、科研院所等合作，共建人才实习实训基地，塑造发展新动能、新优势。

五、创新实施“人工智能+”行动的机制链

当前，人工智能大模型存在生成不当内容、产生隐私泄露风险、引发技术攻击等问题，热门应用领域存在出现“灰犀牛”事件的可能性，推进实施“人工智能+”行动，离不开对人工智能的有效治理。应积极谋划“人工智能+”行动的实施方案，把高水平实施“人工智能+”行动作为加快数字经济高质量发展的头等大事，积极培育“高算力+强算法+大数据”的产业新生态。秉承“在发展中治理”的理念，健全人工智能治理体系，确保人工智能技术造福人类。围绕解决人工智能领域通用性和基础性问题，加快推进我国人工智能立法，构建系统化的人工智能法律法规体系，出台相关司法解释，制定人工智能行业标准，重点解决监管制度的稳定性和前瞻性问题，实行包容审慎和分类分级监管机制。加强人工智能技术应用伦理相关的制度建设，把人文伦理观念融入智能化产品和服务中。积极参与人工智能治理领域国际合作。

社会治理篇

我国算力发展的需求、电力能耗及绿色低碳转型对策*

摘要： 算力作为释放数据价值、激活数据潜能的关键驱动力，已经成为数字经济的核心生产力与支撑经济增长的新引擎。算力基础设施（如计算中心或数据中心）在支撑经济高速增长的同时消耗了大量的电力能源。当前，我国经济正处于由高速增长向高质量发展的转型阶段，如何统筹算力发展与绿色低碳目标成为亟待研究的关键问题。本文在梳理我国算力发展现状的基础上，预测了未来我国算力的发展需求，并通过分析未来我国算力的增长趋势和电力能耗的关系，从顶层设计、区域布局、平台建设和市场机制等方面提出了加快算力绿色低碳转型的对策建议，为我国算力绿色低碳转型及赋能数字经济高质量发展提供支撑。

关键词： 算力；电力能耗；数据中心；绿色转型

随着新一轮科技革命的兴起和发展，产业变革加速演进，全球经济发展呈复苏之态，数字基础设施以关键底座之力支撑、引领经济发展的新方向[1]。习近平总书记指出，“加快新型基础设施建设。要加强战略布局，加快建设以 5G 网络、全国一体化数据中心体系、国家产业互联网等为抓手的高速泛在、天地一体、云网融合、智能敏捷、绿色低碳、安全可控的智能化综合性数字信息基础设施，打通经济社会发展的信息‘大动脉’”①。党的二十大报告进一步强调，“加快发展数字经济，促进数字经济和实体经济深度融合，打造具有国际竞争力的数字产业集群”。

从智能驾驶、智慧城市、元宇宙，再到以 ChatGPT 为代表的生成式人工智能，算力正成为赋能各行各业数字化转型的基础技术要素②。算力是大数据储存分析的计算资源[2]，随着数字经济的蓬勃发展，算力逐渐由互联网行业向交通、

---

* 陈晓红，曹廖滢，陈姣龙，等. 我国算力发展的需求、电力能耗及绿色低碳转型对策[J]. 中国科学院院刊，2024，39（3）：528-539.

① 习近平. 不断做强做优做大我国数字经济[EB/OL].（2022-01-15）[2024-02-22]. http://www.qstheory.cn/dukan/qs/2022-01/15/c_1128261632.htm.

② ChatGPT 是一种基于人工智能技术驱动的自然语言处理工具。它通过在预训练阶段学习到的模式和统计规律，能够生成回答，并且可以根据聊天的上下文进行互动，实现像人类一样的聊天交流。此外，ChatGPT 还可以根据给出的指令完成多种任务。

工业、金融、政务等行业渗透，各行业对算力资源的需求持续高涨[3]。在此背景下，充足稳定的算力资源供给量不仅是数字技术进一步迭代的前提条件[4]，而且成为支撑数字经济发展的关键动力。然而，随着各行业算力需求大幅增加，算力引发的能源消耗问题和间接温室气体排放问题受到各界学者的广泛关注。研究显示，2022 年我国数据中心耗电量已达 2700 亿 kW·h，约占我国耗电总量的 3.13%①。电力驱动的算力基础设施因产生大量碳排放，对我国实现“双碳”目标造成了挑战[5]。

近年来，科学家对算力引发的能耗问题的关注度持续增加。Schwartz 等[6]指出，随着人们对更大计算量和更精准训练结果的需求呈现迅猛增长的态势，人工智能应用需要的更多电力能耗与其“绿色人工智能”的发展理念背道而驰。Dhar[7]认为人工智能本身也是重要的碳排放源，呼吁增强对人工智能部署过程中基础设施碳排放影响的研究。Jiang 等[8]对以比特币为代表的区块链技术的能耗与碳排放进行了详尽的测算评估，相关研究结论指出，在没有政策干预的情况下，2024 年区块链技术将消耗 296.59TW·h 电力，相应地产生 13050 万 t 碳排放。上述研究为理解算力发展与能源消耗之间的关系提供了丰富的文献支撑，但在特定的中国国情下，分析二者关系及其应对策略的针对性文章较少。本文在梳理我国算力发展现状的基础上预测了我国未来算力发展的需求，通过分析未来算力增长和电力能耗之间的关系及可能存在的问题，针对性地提出了我国算力绿色低碳转型的对策建议。

一、典型应用领域算力需求与预测分析

（一）算力发展现状

根据计算机处理能力，算力一般可以划分为基础算力、智能算力和超算算力[9]。①基础算力，通常由 CPU 组成，一般而言，基础算力能够满足日常基础数据计算需求，如办公应用、网页浏览、媒体播放。②智能算力，主要由 GPU、专用集成电路等异构计算芯片组成，常用于处理大规模数据和复杂算法模型，如图像识别、语音识别、自然语言处理。③超算算力，具备极高计算性能和超大规模并行处理能力，通常由多处理器、大内存和高速互联网络组成，常用于天气预报、风洞试验、能源开发等科学领域，协助开展复杂的计算研究。

作为算力的主要载体，我国算力基础设施发展迅速，梯次优化的算力供给体

---

① 本文将算力中心、超算中心等统称为数据中心，其包括为实现大规模计算和数据处理提供可靠的电力供应、冷却系统、网络连接和物理安全等的基础设施。

系初步构建。2016～2021 年，我国算力规模的平均年增长率为 46%，对我国经济社会和产业能级发展的动力支撑作用不断增强[1]。2021 年，我国智能算力规模达 104EFLOPS，基础算力规模达 95EFLOPS，超算算力规模约为 3EFLOPS[1]。

从应用领域来看，我国的算力应用领域由早期的互联网行业逐渐扩展，尤其扩展到工业、教育、医学研究等领域（图 1）[10]，成为各传统产业智能化改造和数字化转型的重要支撑。算力正全面赋能生产、运营、管理、融资等各个领域的创新发展。

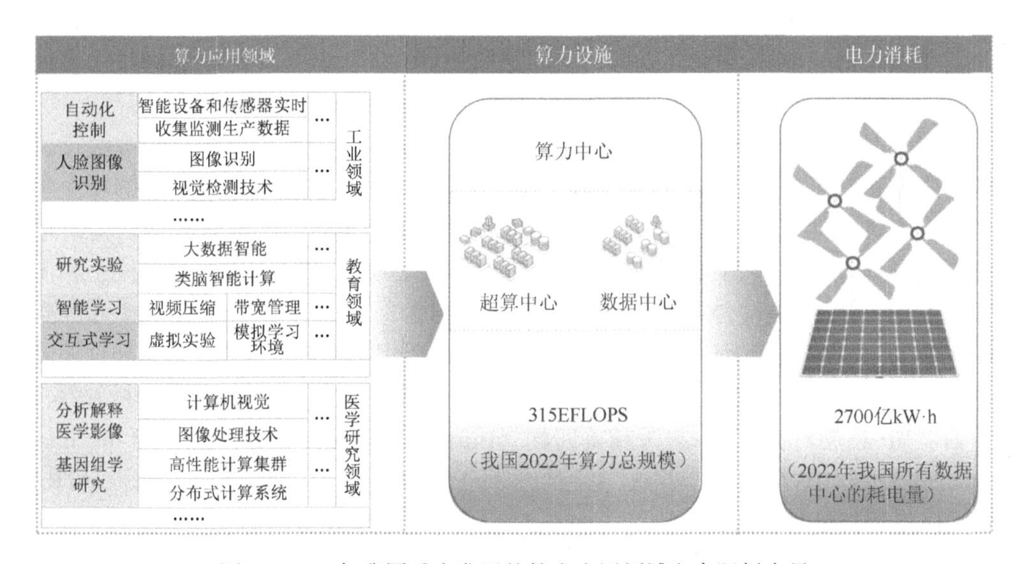

图 1　2022 年我国重点发展的算力应用领域和实际耗电量

（1）算力大规模应用在工业领域。伴随人工智能技术在工业领域的应用逐渐深入，工业智能制造已实现制造过程的智能化和自动化[11]。据统计，我国工业制造的算力支出占全球工业制造算力总支出的 12%，机器人领域的算力支出已超全球机器人领域算力总支出的 60%[12]。在工业生产过程中，智能设备和传感器能够实时收集和监测生产数据，为设备状态监测、故障预测和生产参数调整等自动化控制提供了基础[11]，实现了对生产过程的实时调整和优化。这种实时控制和优化需要大量的算力来处理和分析庞大的数据集，确保生产过程更具精确性和高效性。因此，足够的算力支持是实现工业生产过程中自动化控制的关键要素之一[13]。据统计，一台特斯拉汽车需要装备 20 个传感器，按 2022 年的特斯拉 131 万台的全球交付量计算，特斯拉汽车 1 年的算力总需求量约 94EFLOPS[14]。在工业领域，图像识别和视觉检测技术被广泛应用于生产管理及生产线的自动化和质量控制过程中，机器视觉系统通过深度学习等算法对庞大数据量进行训练，从而能够精准识别目标对象。例如，识别 500 万张人脸图像需 0.04EFLOPS 算力[15]。

（2）教育是算力发挥作用的另一潜在领域。综合来看，教育领域对算力需求主要分布在研究实验、智能学习、交互式学习等方面[16]。①在研究实验领域，大数据智能、类脑智能计算和量子智能计算等基础理论研究对算力资源提出巨大需求[17]。其中，维持类脑智能计算在超算平台运行需要 1EFLOPS，相当于 1.6 万片 CPU 的计算能力[18]。②在智能学习领域，MOOC 等智能化教育云平台涉及视频压缩、解压缩算法、带宽管理和网络传输优化等多项技术的融合应用，这些技术手段均需要稳定且庞大的算力支撑，确保学生和教师之间的实时交流。③在交互式学习领域，算力具有强大的计算机系统，可以支持构建虚拟实验并模拟学习环境[19]。华为发布的《智能世界 2030》指出，三维建模的算力需求较以往传统建模技术增加 100 倍，仅华为云技术运行一次三维建模就需约 0.011EFLOPS 的算力[20]。

（3）医学成为算力应用的又一潜在领域。当前，人工智能技术已经被医疗机构和生命科学组织广泛接受。计算机视觉和图像处理技术被用于分析和解释医学影像，如 X 光照射、电子计算机断层扫描和基因组分析[21]。医学影像通常需要进行图像预处理以改善图像质量并减少噪声，涉及去噪、伪影去除、几何校正和图像增强等步骤。通过 X 光照射无创成像需要使用 24576 个 GPU，算力达到 0.065EFLOPS[22]。在基因组分析研究中，大规模基因组数据的处理和分析需要使用高性能计算集群或分布式计算系统。这些复杂任务多基于 GPU 的基因组学分析软件，如伯罗斯-惠勒对齐工具-最大精确匹配（Burrows-Wheeler alignment tool-maximal exact matches，BWA-MEM）算法、基因组分析工具包（genome analysis toolkit，GATK）和测序序列与参考序列比对软件（spliced transcripts alignment to a reference，STAR）等的支持，运行 1 万次基因组学分析软件需约 0.01EFLOPS 的算力[23]。

（二）我国未来算力需求预测

随着数字经济发展，人工智能和产业数字化等多样化的算力需求场景不断涌现。预计到 2030 年，全球由人工智能发展带来的算力需求将在 2020 年的人工智能算力需求的基础上增长 500 倍，超过 1.05×10^5EFLOPS[20]。为进一步探究未来我国算力发展规模，本文基于各类型算力规模数据，建立自回归差分移动平均（autoregressive integrated moving average，ARIMA）模型（见附录）。在此基础上，本文根据我国 2016～2021 年的算力需求历史数据[18]，通过对其特征序列进行训练，捕捉了时间序列数据中的长期依赖关系，进而预测我国未来的算力需求。

图 2 展示了算力预测模型的基本框架。在算力预测模型开发成功的基础上，本文利用平稳性检验、白噪声检验等策略，进一步优化了算力预测模型。根据本文建立的算力预测模型，得到了我国未来算力发展规模和结构变化的主要预测结果（图 3 和图 4），相关结论如下。

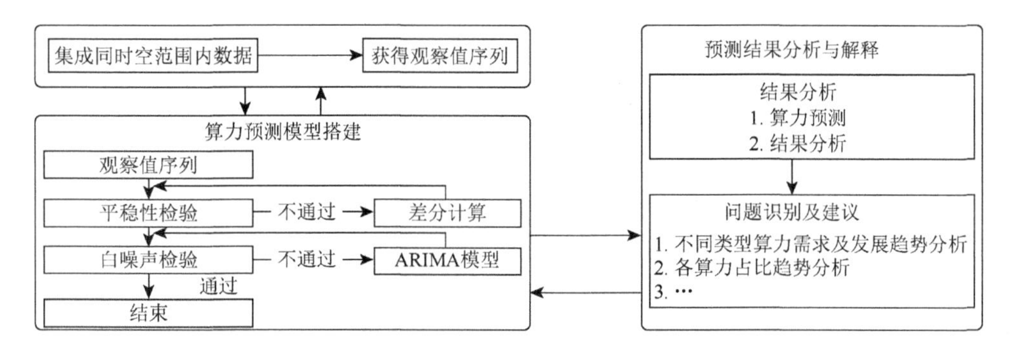

图 2　算力预测模型的基本框架

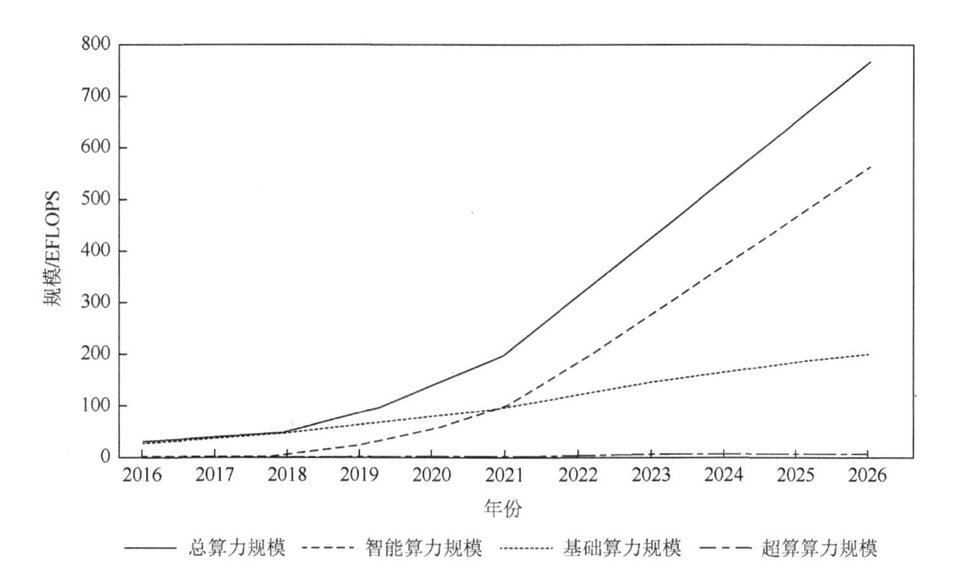

图 3　我国算力发展规模预测

2016～2021 年数据为历史实际统计值，2022～2026 年数据为基于当前趋势与研究分析所得出的预测值；根据相关统计数据，2022 年总算力规模为 302.4EFLOPS、智能算力规模为 178.5EFLOPS、基础算力规模为 120EFLOPS、超算算力规模为 3.9EFLOPS，与本文预测的结果相近

（1）我国算力发展规模持续增长。根据预测结果，2026 年我国总算力规模将进入每秒 10 万亿亿次浮点运算时代，达到 767EFLOPS。

（2）基础算力、智能算力、超算算力分别呈现稳定增长、迅速增长、持续增长的态势，2016～2026 年的平均年增长率分别达 18.99%、78.97%、23.45%。在大数据、人工智能、云计算等新一代信息技术的驱动下，智能算力发展迅猛，预计到 2026 年我国智能算力规模将达到 561EFLOPS。此增长趋势主要得益于各领域的智能化升级步伐不断加快，各领域对智能算力的需求与日俱增，不断推动智能算力规模的持续高速增长。

图 4　我国算力发展结构变化

2016～2021 年为历史实际数据记录，2022～2026 年为基于算力规模预测结果进行推算得出的预期数据；根据相关统计数据，2022 年实际数据为智能算力占比 59.03%、基础算力占比 39.68%、超算算力占比 1.29%，与本文预测结果（智能算力占比 59.2%、基础算力占比 39.7%、超算算力占比 1.1%）相近

（3）我国算力结构持续优化。随着各领域对智能算力需求不断增长，我国算力结构也在不断演变（图 4），尽管基础算力呈现稳定增长态势，但预计基础算力占总算力规模的比例将从 2016 年的 95%下降至 2026 年的 26%，智能算力占总算力规模的比例则从 2016 年的 3%攀升至 2026 年的 73%，同期超算算力在总算力规模中的占比呈现出稳定的趋势。

二、我国算力的电力能耗预测及低碳转型挑战

（一）我国算力能耗分析

本文从两个角度测算我国算力的电力能耗。

1. 对承载算力的基础设施（如数据中心）能耗的预测

数据中心的电力能耗主要来源于信息技术设备、制冷设备、供配电系统和照明等其他设备的能源消耗，其电力成本占运营总成本的 60%～70%[1]。相关数据显示，2022 年，我国所有数据中心的耗电量约 2700 亿 kW·h，超过 2 座三峡水电站的年发电量[10]。通过对我国 2016～2021 年的算力规模和数据中心用电量数据展开分析，推测每使用 1EFLOPS 算力所需的年耗电量为 8 亿～12 亿 kW·h，并且这个数值随时间的推移呈现下降趋势。这种下降趋势可以部分归因于广泛应用的

节能环保创新技术和相关节能政策的推动作用，新兴技术的替换和节能方案的采用有效提高了数据中心的能源利用效率，使得单位算力所需的电力消耗逐渐减少。2022 年，我国数据中心的总算力规模达 315EFLOPS，数据中心数量达 8.5 万个；每个数据中心平均算力为 3.7×10^{-3}EFLOPS，每年至少需要耗电 317.7 万 kW·h。结合上述预测的 2026 年我国总算力规模和 1EFLOPS 算力所需的年耗电量，预计到 2026 年，我国所有数据中心所需的年耗电量至少达到 6000 亿 kW·h，数据中心耗电量占我国用电量比例将从 2016 年的 1.86%增长至 2026 年的 6.06%（图 5）[24]。

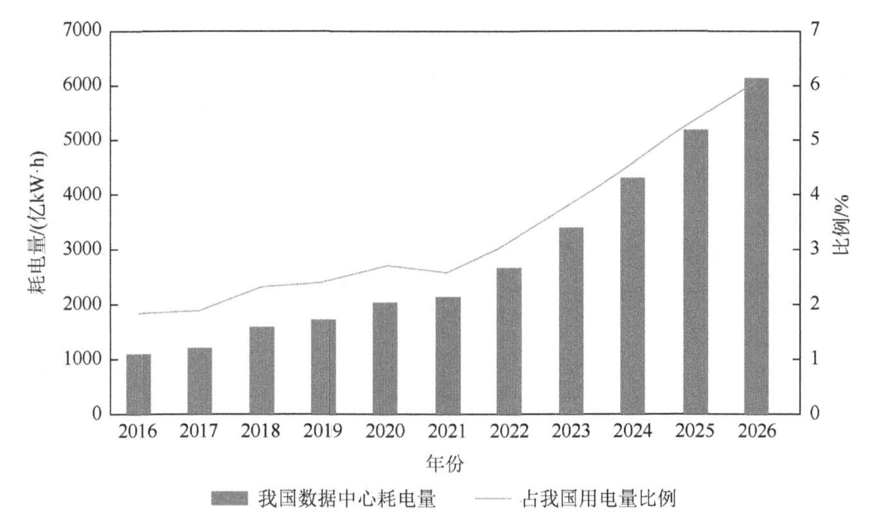

图 5　2016～2026 年我国数据中心耗电量及其占我国用电量比例

2016～2022 年数据为实际统计值，2023～2026 年数据则为基于当前趋势与研究分析得出的预测值

2. 对算力应用实例的能耗分析

算力在人工智能领域扮演着重要的角色，其可以执行复杂计算并能为训练深度学习模型提供必要的计算能力支持。

（1）ChatGPT 的实例。ChatGPT 作为一种基于人工智能技术的自然语言处理模型，是在稳定且充足的算力支撑下使用的。ChatGPT 是大型企业与科研机构应用人工智能技术协同创新的典型范例之一。本文以 ChatGPT 为例，探究其背后的算力资源使用和电力消耗情况，推算未来我国大模型应用的算力资源需求和电力消耗。以美国人工智能研究公司 OpenAI 训练一次 13 亿个参数的 GPT-3XL 模型①为例，其需要的算力约 0.0275EFLOPS。ChatGPT 训练所用的模型基于 13 亿个参

① GPT-3 模型采用了基于 Transformer 架构。GPT-3XL 模型相较于 GPT-3 模型参数规模增大，其对文本的理解能力和生成能力相应提升，但同时也伴随着算力资源消耗的增加。

数的 GPT-3.5 模型①微调而来，参数规模与 GPT-3XL 模型接近[25]。因此，本文设定 ChatGPT 训练一次所需算力约 0.0275EFLOPS。假设 ChatGPT 每年至少需要训练 50 次，则预计每年需 1.375EFLOPS 算力，年耗电量至少需要 11.83 亿 kW·h。综合考虑输入文本长度、模型维度和模型层数等因素，本文估算每次访问 ChatGPT 查询一个问题约需要 2.92×10^{-10}EFLOPS 算力，耗电量约 0.00396kW·h。假设 ChatGPT 每日有 2 亿次咨询量，预计每日至少需要 0.0584EFLOPS 算力，需要耗电 79.2 万 kW·h。

（2）我国大模型的实例。截至 2023 年 5 月，我国已发布了 79 个 10 亿个级参数规模以上的大模型。假设各模型每年至少需要训练 50 次，每次计算所需要的算力资源和电力消耗与 ChatGPT 模型接近，预计每年需 109EFLOPS 算力，年耗电量至少 934.6 亿 kW·h。需要注意的是，该结果仅仅反映了应用在人工智能领域的算力能耗需求，如果考虑在所有垂直应用场景下，我国对算力资源和电力能源的需求将会激增。

总体而言，无论是从数据中心的基础能耗还是新兴领域的未来发展来看，算力资源的需求量和电力消耗量都将持续攀升，这可能进一步增加我国用能负担和碳排放总量。

（二）我国算力发展绿色低碳转型面临的挑战

我国算力需求总体呈爆炸式增长趋势，高能耗问题较为突出。不仅如此，我国算力发展还面临资源供需失衡、协同使用效率不足等方面问题，这些都制约了算力的绿色低碳转型。算力发展面临的问题具体包括三个方面。

（1）整体布局较分散，集约化水平不高。尽管各行业数据中心不断涌现，算力规模爆发式增长，但各单位间缺乏有效联通，导致数据中心孤岛、云孤岛等现象频频出现[26]，算力资源利用率低。此外，单体数据中心整体规模偏小，规模受限，后期扩容难，面临利用率低（例如，数据中心平均利用率不足 60%，算力利用率仅 30%）、能耗高（平均 PUE＞1.5②）、迁移成本增加等问题[27, 28]。

（2）资源分配不均衡，供需两端不匹配。当前，我国算力资源整体呈现“东部不足、西部过剩”的不均衡局面。数据中心规模通常通过标准机架数量来衡量，一般情况下，机架数量越多，数据中心的算力规模越大。尽管东西部地区在用机

① 由于 GPT-3 模型无法理解不属于其范式语言指令，GPT-3.5 模型得以延伸。ChatGPT 正是基于 GPT-3.5 模型进行了改进和优化。

② PUE 即电能使用效率（power usage effectiveness），是指数据中心总设备能耗与信息技术设备能耗之比，用于衡量数据中心能耗效率。PUE 接近 1，表明数据中心的电大部分被服务器、网络设备、存储设备消耗，能耗效率高。

架数量的比例约为7∶3，东部地区的算力资源远比西部地区丰富，但是由于算力需求多集中在创新能力强的东部地区，东部地区仍面临算力资源紧张的问题。例如，北京、上海、广州和深圳等一线城市面临算力资源短缺压力，平均缺口率达25%。中西部地区能源充裕但算力资源产能过剩，西部地区算力资源产能过剩现象尤为突出，供给量超出需求量15%以上[29]。

（3）缺乏算力设施协同共享机制。“东数西算”工程全面启动后，各算力枢纽节点、数据中心集群加大投资建设力度，有效提升了数字基础设施的整体水平，进一步优化了数据处理和存储的效率。但缺少任务协同和资源共享机制，导致算力节点通过网络灵活高效调配算力资源的能力不足，算力设施“忙闲不均”，极大地制约了能源效率的提升。中国数据中心产业发展联盟统计数据显示，我国西部地区的数据中心资源整体空置率超过50%，部分地区机房上架率不足10%[30]。算力基础设施多采用电力供能，即使算力资源未被充分利用，为确保数据安全和设备稳定，算力基础设施仍需持续运转，产生无效的能源消耗。

三、我国算力绿色低碳转型的对策

算力已成为支撑数字经济发展的关键动力，其绿色低碳转型需兼顾发展和安全两个方面。针对我国算力发展的巨大需求及面临的问题，应在保障算力基础设施用电充足稳定的前提下实现绿色低碳转型。本文针对我国算力绿色低碳转型提出以下方面的对策与建议。

（1）加强算力顶层设计，推进算-网融合发展。①转变算力资源建设理念，加强算力资源的统筹发展。实现算力资源建设由无序发展向统筹推进转变，解决算力供需失衡的矛盾。根据政策导向和各地具体情况，信息产业部门应成立专门的算力规划与管理部门，主要负责算力资源整体规划、能耗管理、标准制定等工作，该部门的成立有助于优化算力资源的综合效益和可持续发展能力，推动绿色低碳转型，促进行业规范化和协同发展。②优化多层级算力基础设施体系。该体系的顶层是高性能计算中心（如国家超算中心），中层是区域级或行业计算中心，底层是企业级算力资源（如私有云算力、边缘算力）。相关部门应实施统一的管理并制定统一的调度措施，实现各层级算力资源互联互通，有效提高资源利用效率，促进算力资源节能降耗发展。③统筹布局，打造区域算力调度指挥平台。联通各区域间的分散算力，实现区域级算力资源一体化调度管理，按需调度算力资源，盘活社会算力价值，提升算力利用效率，降低单位能耗。

（2）优化算力资源布局，降低算力利用能耗。①多层面、多维度优化算力基础设施区域布局。综合用户分布、经济与技术可行性等数据优化新型数据中心布局。通过分布式设计，将高频计算设备迁移至温度较低、水电资源丰富的地区，进一步解决散热难题、降低能耗成本。②进一步优化算力对能耗指标的分配。地方政府部门应强化审批，对于区域内数据中心机房总体上架率不足 50%的地区，不支持规划新的数据中心项目。科学评估并提高数据中心建设规模与区域数字经济发展需求的匹配度，将有限能耗指标更多地分配于更绿色高效的项目。③加速改造升级“老旧小散”数据中心。推动存量“老旧小散”数据中心融合、迁移和改造升级，融入、迁移至新型数据中心，提高“老旧小散”数据中心能源利用效率和算力供给能力。

（3）加大绿色研发创新，健全算力生态体系。①加大绿色算力基础设施关键技术研发。数据中心应联合高校及科研机构大力开展液冷、高压直流电、模块化 UPS[①]等绿色高效技术，推动可再生能源、碳捕集与封存技术等领域“绿电”创新技术研发。②着重推广现有绿色节能先进成果。行业龙头及其联合体应加快已有绿色低碳技术、绿色产品转化应用，为解决数据中心高能耗问题提供新思路。例如，深圳海兰云数据中心科技有限公司构建的全球首例商用海底数据中心为制冷降耗提供了解决方案，传统的数据中心用于制冷的耗电量占总耗电量的 1/3，而同等体量的海底数据中心耗电量仅占约 10%[31]。③建设绿色数据中心供电系统。数据中心应采用节能、环保的硬件设备和运维方式，结合可再生能源和能源存储技术，实现数据中心的绿色清洁供电。④制定统一的算力接入标准和接口规范。信息产业部门应积极推动行业标准化、产品通用化，促进产品兼容性测试规范和标准的制定，实现不同算力产品的良好互操作性和兼容性。

（4）完善能耗监管机制，夯实算力监管体系。①建立健全算力基础设施全生命周期评价体系。各地方政府部门应强化算力基础设施和智能运营维护建设，将算力设备接入能耗监测平台，实时采集用电数据，实现对全系统算力设备的实时监控，有效调度算力资源和计算任务，错峰使用算力资源，提升能效。②完善数据中心绿色监管与评价体系。以电能利用效率、水资源利用效率、碳利用效率等关键指标作为切入点，加快完善算力基础设施的绿色低碳管理体系，包括对引入节能产品和节能系统、利用可再生能源等手段的使用管理。形成计算/数据中心规模、上架率、能耗水平等底数清单，健全包括基础用电、用能及算力效率指标的绿色数据中心评价体系。

（5）完善算力租赁制度，创新算力商业模式。①构建面向用户开放的算力统一运营平台，实现算力服务的“一键式订购”和“弹性调节”。政府应鼓励企业联合高校、科研院所利用区块链等前沿技术完善改进多方算力供给交易平台，以应对多方交易过程中存在的信任缺失难题。②建立和完善算力租赁制度。实现算力

① UPS 即不间断电源（uninterruptible power supply），是将蓄电池与主机相连接，通过主机逆变器等模块电路将直流电转换成市电（交流电）的系统设备。模块化 UPS 相较于传统 UPS 采用模块化结构，可以方便地安装和扩容。功率部分由许多模块并联在一起，不分主从、互不依赖、均分负载。所有模块均采用热插拔，只要有备用模块，用户就可以自行维护。

交易的智能化、公平化、泛在化、可溯化和可信化，减少无效算力资源的浪费。③构建动态收费策略。各地发展和改革委员会需分时段对算力资源进行定价和管理，通过价格机制倒逼算力资源绿色、高效利用。

（6）用好算力余热资源，实现绿色集约发展。①探索扩大数据中心能源的回收利用体系。建立有效的余热利用系统，将数据中心产出的高温余热转化为电能或供热能源，并将此部分能源用于建筑供暖和工业供热，实现资源循环利用。②强化对数据中心余热回收利用技术的政策支持。提高余热回收利用技术在《国家绿色数据中心评价指标体系》中的考核权重，对投资建设余热回收设备的计算/数据中心给予相应的资金补贴支持等，推动实现算力绿色、集约式发展。

附　录

ARIMA 模型是一种经典的自回归时间序列预测模型，该模型既可以捕捉数据的趋势变化，又能处理突变和噪声较大的数据，常用于预测不同事物的发展趋势。

由于收集到的我国算力需求原始数据呈持续上升呈非平稳特征，需要对其进行差分处理，以 p 为自回归阶数，d 为差分阶数，q 为移动平均阶数，对我国未来算力需求发展的预测可以表示为 ARIMA(p,d,q)，其表达式如下：

$$y_t = \mu + \sum_{t=1}^{p} \gamma_i y_{t-1} + \sum_{i=1}^{q} \theta_i \varepsilon_{t-1} + \varepsilon_t \tag{1}$$

其中，y_t 为当前值；μ 为常数；γ_i 为自相关系数；ε_t 为误差项。

建立 ARIMA 模型的前提如下。

（1）我国未来算力需求数据在某种程度上是稳定的。若数据存在明显的趋势变化，那么 ARIMA 模型可能无法准确地捕捉这些特征，导致预测结果出现偏差。

（2）所使用的算力需求历史数据可靠且准确，没有数据质量上的偏差或错误。若历史数据存在缺失、异常值或其他质量问题，将会影响 ARIMA 模型的准确性和可靠性。

（3）外部因素对需求模式和趋势的影响可以在一定程度上被忽略或简化。若外部因素对算力需求产生了显著影响，而这些影响未被考虑在内，ARIMA 模型就无法全面准确地进行预测。

参 考 文 献

[1] 中国信息通信研究院. 全球数字经济白皮书（2022 年）[R/OL].（2022-12-02）[2023-07-13]. http://www.caict.ac.cn/kxyj/qwfb/bps/202212/P020221207397428021671.pdf.

[2] 石勇. 数字经济的发展与未来[J]. 中国科学院院刊，2022，37（1）：78-87.

[3] 莫益军. 算力网络场景需求及算网融合调度机制探讨[J]. 信息通信技术，2022，16（2）：34-39，84.

[4] 郑纬民. 算力和数据是元宇宙和数字经济发展的关键要素[J]. 民主与科学，2022（1）：62-63.

[5] 冯永晟，周亚敏. “双碳” 目标下的碳市场与电力市场建设[J]. 财经智库，2021，6（4）：102-123，143-144.

[6] Schwartz R，Dodge J，Smith N A，et al. Green AI[R/OL].（2019-07-22）[2023-07-13]. https://arxiv.org/abs/1907.10597.

[7] Dhar P. The carbon impact of artificial intelligence[J]. Nature Machine Intelligence，2020，2：423-425.

[8] Jiang S R，Li Y Z，Lu Q Y，et al. Policy assessments for the carbon emission flows and sustainability of Bitcoin blockchain operation in China[J]. Nature Communications，2021，12（1）：1-10.

[9] 郭亮. 数据中心发展综述[J]. 信息通信技术与政策，2023（5）：2-8.

[10] 董梓童. “数电”协同　绿色发展[N]. 中国能源报，2023-10-16（09）.

[11] Moyne J，Iskandar J. Big data analytics for smart manufacturing：case studies in semiconductor manufacturing[J]. Processes，2017，5（3）：39.

[12] IDC，浪潮信息，清华大学全球产业研究院. 2021—2022 全球计算力指数评估报告[R/OL].（2022-03-17）[2023-07-13]. https://www.inspur.com/lcjtww/resource/cms/article/2734773/2734784/2022122613493315670.pdf.

[13] Li J R，Tao F，Cheng Y，et al. Big data in product lifecycle management[J]. International Journal of Advanced Manufacturing Technology，2015，81（1）：667-684.

[14] 亿欧智库. 软件定义，数据驱动——2021 中国智能驾驶核心软件产业研究报告[R/OL].（2021-07-14）[2023-07-13]. https://pdf.dfcfw.com/pdf/H3_AP202108051508251386_1.pdf?1628203953000.pdf.

[15] Qiu T，Chi J C，Zhou X B，et al. Edge computing in industrial internet of things：architecture，advances and challenges[J]. IEEE Communications Surveys & Tutorials，2020，22（4）：2462-2488.

[16] 杨宗凯，吴砥，郑旭东. 教育信息化 2.0：新时代信息技术变革教育的关键历史跃迁[J]. 教育研究，2018，39（4）：16-22.

[17] Mehonic A，Kenyon A J. Brain-inspired computing needs a master plan[J]. Nature，2022，604（7905）：255-260.

[18] 人民网. 类脑：人工智能的终极目标？[EB/OL].（2023-02-07）[2023-07-13]. http://it.people.com.cn/n/2015/0716/c1009-27312146.html.

[19] Barker M，Olabarriaga S D，Wilkins-Diehr N，et al. The global impact of science gateways，virtual research environments and virtual laboratories[J]. Future Generation Computer Systems，2019，95：240-248.

[20] 华为. 智能世界 2030[EB/OL].（2021-09-22）[2023-07-13]. https://www.huawei.com/cn/giv.

[21] Ozaki S，Haga A，Chao E，et al. Fast statistical iterative reconstruction for mega-voltage computed tomography[J]. Journal of Medical Investigation，2020，67（1-2）：30-39.

[22] Hidayetoglu M，Bicer T，de Gonzalo S G，et al. Petascale XCT：3D image reconstruction with hierarchical communications on multi-GPU nodes[C]. SC20：International Conference for High Performance Computing，Networking，Storage and Analysis. Atlanta：IEEE，2020：1-13.

[23] Zhang Q，Liu H，Bu F. High Performance of a GPU-accelerated Variant Calling Tool in Genome Data Analysis[R/OL].（2021-12-12）[2023-05-15]. https://www.biorxiv.org/content/10.1101/2021.12.12.472266v1.

[24] 陈心拓，周黎旸，张程宾，等. 绿色高能效数据中心散热冷却技术研究现状及发展趋势[J]. 中国工程科学，2022，24（4）：94-104.

[25] Brown T B，Mann B，Ryder N，et al. Language models are few-shot learners[J]. Advances in neural information processing systems，2020，33：1877-1901.

[26] 吴双. 联接数据孤岛 需要算力生态链各方通力协作：访北京邮电大学集成电路学院执行院长张杰教授、北

京航空航天大学计算机系主任肖利民教授[N]. 人民邮电报，2022-07-29（04）.
[27] 科智咨询. 2022—2023 年中国 IDC 行业发展研究报告[R/OL].（2023-03-17)[2023-07-13]. http://www.idcquan.com/Special/2023quanguoBG/.
[28] 蒲晓磊. 全国数据中心完成顶层布局[N]. 法治日报，2022-10-11（05）.
[29] 中华人民共和国工业和信息化部. 全国数据中心应用发展指引（2018）[EB/OL].（2019-05-10）[2023-07-13]. https://wap.miit.gov.cn/xwdt/gxdt/sjdt/art/2020/art_489cabc8a4484148bbb9ad74d389cc81.html.
[30] 史卫燕，朱涵，夏天，等. 能耗问题显现　实现绿色新基建要过几道关？[N]. 经济参考报，2022-03-24（08）.
[31] 房琳琳. 数据中心海底开建，科技兴海再添利器[J]. 中国科技财富，2022（10）：89-92.

电力企业数字化减污降碳的路径与策略研究*

摘要：随着数字技术在能源领域的广泛应用和创新，数字技术对电力行业实现减污降碳目标的重要性日益凸显，数字技术如何赋能电力企业实现减污降碳目标备受关注。本文首先梳理分析了电力企业减污降碳中数字技术应用进展；其次揭示了现有数字技术应用于电力行业减污降碳存在的问题；最后探究了物联网和大数据、人工智能、区块链、数字孪生等新兴数字技术赋能电力企业减污降碳的方法路径及相应的实现策略。

关键词：数字化；减污降碳；电力行业；路径与策略

一、引言

随着“双碳”目标的提出，减污降碳已成为全球范围内关注的焦点。2022 年，中国近 90%的温室气体排放源自能源体系，其中，电力行业作为二氧化碳排放的最大单一来源（48%）[1]，已经成为“双碳”目标下的重点改革对象。我国正处于“十四五”期间生态文明建设的关键阶段，该时期的主要战略方向是以降低碳排放为重点，推动减少污染和碳排放的协同增效，同时促进经济社会发展全面绿色转型[2]。

传统电力行业“源-网-荷-储”各环节都面临巨大的减污降碳压力。第一，传统发电企业依赖煤炭和天然气等高碳燃料导致大量温室气体排放和环境污染物释放。第二，输电侧主要涉及电网的建设和运营，其中，输电设备器材的制造和土建工程（尤其是特高压工程）本身会产生相当多的碳排放。第三，用电侧在能源选择、能源效率、负荷管理及设备选择等方面直接或间接地影响着电力行业的减污降碳成效。第四，储电侧面临着储能材料的能源密度低和成本高、废弃物污染与资源压力大、不可再生材料依赖性强、新兴技术商业化和规模化难，以及储能系统与电网匹配难度大等多重挑战。

随着数字技术在能源领域的广泛应用和创新，数字技术对电力企业实现减污降

---

* 陈晓红，唐润成，胡东滨，等. 电力企业数字化减污降碳的路径与策略研究[J]. 中国科学院院刊，2024，39（2）：298-310.

碳目标的作用日益凸显，电力企业可以通过数字技术的深度融合，实现碳污足迹的精准监测和计量；利用智能传感和大数据准确评估各个环节的碳污排放情况，进而有针对性地减污降碳；利用实时的数据监控和反馈机制，实现能源高效调度；推动能源消费理念转变和能源商业模式重构；运用可靠的数据支持和智能化决策系统，帮助电力企业进行碳中和的精准规划和实施。鉴于我国能源体制中发电、输配变电、用电三方相对独立，目前尚未形成较为成熟的系统解决技术。但随着能源互联网建设和电力市场化改革的推进，输配电网建设将进一步挖掘虚拟电厂技术潜力[3]。通过降低分布式能源增长带来的调度难度，有望确保电力供应的安全、可靠、优质和高效，满足经济社会发展对电力多样化需求的总体目标和基本要求[4]。

综上所述，数字化赋能是电力企业减污降碳的重要手段和途径，但电力企业数字化减污降碳面临数字技术应用发展不均衡、数据安全防护存在较大风险、缺乏统一的技术标准及数字技术投入成本与收益不匹配等一系列问题，制约着电力企业利用数字技术推进减污降碳。本文针对这一问题开展研究，通过系统分析数字技术在电力企业减污降碳中应用的现况和遇到的难题，提出物联网和大数据、人工智能、数字孪生、区块链等新兴数字技术赋能电力企业减污降碳的方法路径及相应的实现策略，以期能够在“双碳”目标的引导下，为电力行业减污降碳和数字化转型发展提供科学理论参考。

二、数字技术在电力企业减污降碳中的运用进展

数字技术在推动电力企业减污降碳的进程中扮演着重要角色，为电力企业绿色发展提供网络化、数字化、智能化的技术手段，赋能电力企业转型升级和机构优化，优化企业资源配置、提升管理决策水平[5]。以下简述大数据、人工智能、区块链、云计算等数字技术在电力企业减污降碳领域的运用进展（图 1）。

（一）大数据应用

在数字经济时代，电力企业信息量呈现出爆发式增长的特点。如何利用大数据为企业减污降碳已成为产业界共同关注的话题。大数据在国内外电力企业减污降碳中的应用主要集中于以下两个方面。

（1）大数据技术可通过收集和分析电力企业的能源数据，实现能源的有效管理和优化，提高发电效率，从而降低碳排放[6]。例如，现阶段国内火力发电设备和技术潜力有限，火电机组全面改造进程缓慢。基于数据挖掘和人工智能算法等数字化管理技术，构建优化决策模型，指导火电机组进行灵活性深度改造，提高2%的发电效率，带来的直接碳减排量达到 2.5 万亿 t。

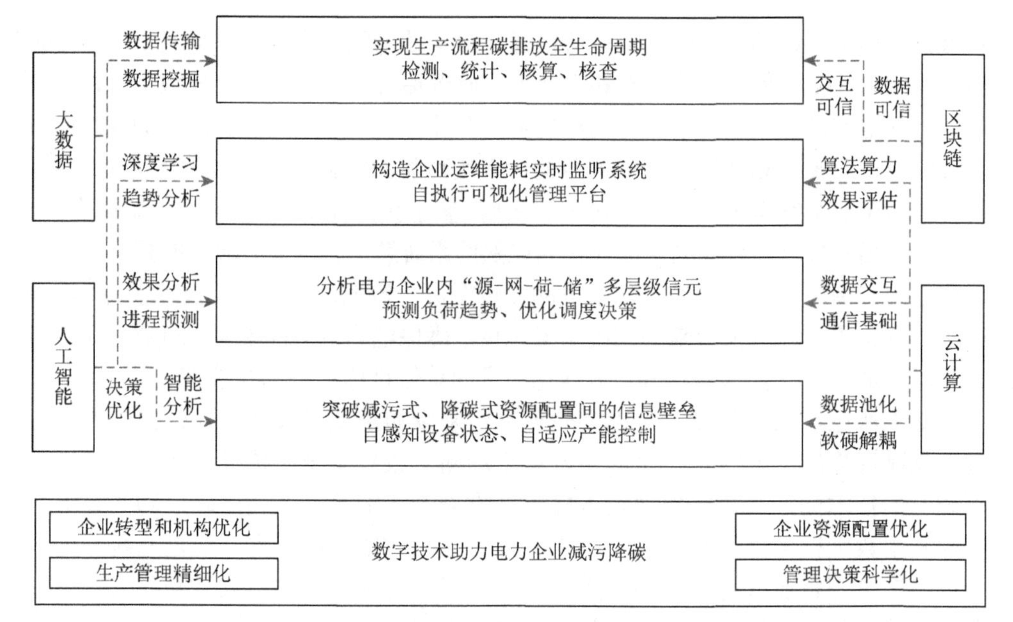

图 1　数字技术在电力企业减污降碳中的运用进展

（2）大数据技术可实时监测电力设备的运行状态和能耗情况，通过数据分析和算法模型，转换为可视化图表形式，并预估未来能耗，为电力企业管理者提供节能建议和控制策略[7]。例如，国网湖南省电力有限公司联合百度智能云打造智慧能源新基建项目，充分利用百度地图大数据，以及电力用户数据、线路数据和设备数据等多维大数据的融合和可视化，形成“电网一张图”，提高电能利用效率，减少电力资源损失。

（二）人工智能技术应用

人工智能技术是有效应对复杂系统控制和决策问题的关键手段[8]，在电力企业的数字化转型过程中广泛运用于生产、消费、传输、运营、管理、交易等环节。该技术能为破除传统生产的落后工艺流程，革新以可再生能源为主的新一代综合能源接口，降低电力企业三废处理量，提升绿色能源占比。人工智能技术助力电力企业减污降碳主要归纳为“预测—挖掘、调度—优化、管理—增效”三个方面。

（1）应用人工智能技术高效精准化预测。电力企业用能规模庞大、结构复杂，实行减污降碳措施亟须对多维数据进行精准预测及高效管理，如能源设备图像识别、极端气候下能源网络损毁预测、企业用能行为的用户侧负荷预测、能源系统稳定性预测。引导企业构建循环用能范式、提升用能系统整体的碳排放质量。从

“源-网-荷-储”全周期减少对传统能源的依赖，实现减污降碳。

（2）应用人工智能技术智能柔性化调度。电力企业采用人工智能技术，开展用能多元化协同柔性调度，在精准化预测数据分析中实现减污降碳的智能化决策。例如，人工智能预测与优化技术能够帮助电力企业在多种能源相互耦合供给的场景下进行综合能效分析和能源系统多环节协调优化管控，从而以最高效的方式实现最清洁的能源消费[9]。建立基于大数据平台的燃料智能掺配系统，指导入炉燃烧煤种的选配，在机组深度调峰前设定合理的燃烧煤种，保证锅炉运行的安全性和经济性。

（3）应用人工智能技术自主学习化管理。利用人工智能技术，可以实现电力企业内部综合能源系统的自适应控制和状态自感知，基于机器学习算法或强化学习算法，依据采集或预测的数据构建多物理量、多尺度、多概率的数字孪生环境，并对模型参数化自适应更新[10]。例如，国家能源集团、国家电投等旗下火电厂通过孪生场景自主学习，并借助孪生场景执行人工智能优化调度，形成“煤质数据在线监测—三维智能监控—智能运行优化”智慧决策体系，实现企业生产流程自主优化，落实减污降碳决策。

（三）区块链技术应用

当前电力企业低碳转型过程逐步向多能异构常态化、产能消纳一体化、电力及碳排放交易市场化的方向发展。区块链技术为电力企业低碳转型、减污降碳提供有力支撑，主要体现在以下方面。

（1）区块链技术赋能电力企业转型优化生产流程，促进碳排放，提升能源效率。将能源供应链结合区块链技术，电力企业可以实现对能源生产、储存、输配电和消费等环节的高效管理[11]。例如，基于区块链技术的去中心化特点，可实现智慧能源中多主体的对等互联，借助智能合约实现智慧能源中各相关主体对各类信息的广泛交互，提高电力企业系统运行质量和减污降碳效益。

（2）区块链技术赋能电力企业实现碳监测管理，为企业实现低碳发展提供量化决策依据及管理措施。例如，正泰物联网传感器产业园基于区块链的碳排放监测平台汇聚产线生产制造全流程碳排放数据，通过智能合约实时准确监测碳排放，自动完成各项数据申报，打通碳交易闭环，构建监管新模式，助力实现企业碳中和。

（四）云计算应用

构建云计算平台是当前解决能源行业等传统领域算力、算法问题的关键支撑性技术。在电力企业减污降碳流程中，云计算平台利用技术突破来推动计算和其他信息技术资源的可持续发展，以实现可能的环境优势来匹配电力企业运行过程中各种减污降碳需求场景，主要体现在以下方面。

（1）云计算助力电力企业数据资源池化，纵横向结合助力减排降碳。通过对电力企业生产、供应过程中边缘和端设备的大规模部署及大数据技术的应用，实现数据的收集和分析处理，从而实现更广泛的数据交流和协作。例如，国网江苏省电力有限公司通过 PaaS 平台实现对各类资源和应用的统一管理。同时，这个平台更有效地管理和分析供电消耗、发电效率等数据，从而支持减碳决策和优化供电管理。

（2）云计算平台实现企业软硬件解耦，以满足电力企业对电网能耗监管需求。云计算能够提供强大的计算能力，用于电力系统的模拟和建模[12]。通过在云端进行电力系统的仿真和优化，可以帮助电力企业分析和优化电网的运行方式。例如，国网浙江电力有限公司应用阿里云平台获取秒级故障原因和智能分析及处理信息，加快故障定位并提高修复效率。

三、数字技术在电力企业减污降碳中的关键问题

大数据、人工智能、区块链等数字技术为电力企业数字化转型和减污降碳提供了重大契机。然而，电力企业在利用数字技术进行减污降碳协同增效过程中尚面临着众多难题，极大地制约了电力企业低碳化转型步伐。这些关键问题具体如下。

（一）数字技术在电力企业减污降碳中的应用存在薄弱环节

数字技术在电力企业减污降碳应用中的薄弱环节主要体现在两个维度：第一，电力行业全产业链维度。从“源-网-荷-储”的全过程角度，目前发电企业、电网企业、储能企业和综合能源服务企业利用数字技术在减污降碳过程中取得了一些成效，但还可以更进一步发挥数字技术的重要作用。例如，在发电设备的智能监测和管理方面，缺乏高效的人工智能算法对设备各操作环节的关键参数进行智能分析和优化，寻找不同负荷下最优的设备操作参数，最大限度地优化能耗。电网企业的电力输送过程中通过 5G、人工智能、数字孪生和智能微电网等技术实现“源-网-荷-储”的协调与平衡也需要加强统筹和布局。第二，电力企业减污降碳过程维度。“双碳”目标的实现对电力企业碳排放的监测、碳排放的精准测算、减污降碳目标实现进程的预测、减污降碳方案的制订，以及减污降碳方案实施的智能管理与效果评估等提出了更高的要求，传统的碳排放监测技术短期内难以对

大量排放源实现广泛监测，电力企业采用的排放因子法难以精准测算碳排放。物联网、大数据、云计算、人工智能、区块链等数字技术在碳排放监测、碳排放测算等方面发挥着重要的作用，但由于电力大数据、能耗大数据、产能大数据等来源分散且广泛，并且数据归属部门多，阻碍了数字技术的高效利用，无法及时掌握电力企业在生产过程和运行过程中碳排放的实时动态。此外，在电力企业管理模式和生产方式等的转型升级中，难以找到有效的场景推动以能源技术、污染治理技术及环境监测技术等为代表的绿色技术与数字技术的深度融合创新，也造成数字技术在电力企业减污降碳中缺乏高效的利用。

（二）数据安全防护尚需进一步加强

电力数据主要来自发电、输电、变电、配电、用电和调度等环节，这些数据具有类型繁多、体量巨大且增速快等特点。随着电力数据的开放共享和电力企业的数字化转型，电力企业面临着数据安全缺乏监管、数据流通安全防护薄弱等问题。电力企业的相关数据类型庞大、种类众多，如电力生产数据、企业排放数据、用户消费数据，这些数据一旦泄露，电力企业的关键核心业务、用户隐私等都将面临在网络中暴露的潜在风险[13]。此外，这些数据涉及公民与资源的敏感数据，对电力网络安全提出了较高的要求，构筑安全的电力数据防护体系也成为关键。

（三）数字技术在电力企业减污降碳中缺乏统一的技术标准

电力数据覆盖“发—输—配—售”全环节及企业管理等方面，电力数据具有规模大、种类多、价值高的特点，电力数据的保护重点涵盖了数据采集与传输、存储、使用等全生命周期，目前还没有统一的分级分类、安全保护等的管理办法，主要由各电力企业自行制定数据安全定级办法，造成电力数据的共享公开、安全防护等缺乏统一的标准。

同时，大数据、人工智能、物联网、数字孪生等数字技术已逐渐在电力企业的碳排放监测、智能电网管理等方面开展了初步的应用。由于数字技术在电力企业减污降碳方面的应用尚处于初级阶段，对数据采集、数据处理流程，以及电力数据挖掘、智慧分析和算法持续迭代能力欠缺，难以形成数据采集、分析、处理等的标准。

（四）数字技术的投入成本和收益难以高效匹配

在实现“双碳”目标的过程中，电力企业被视为主要推动者和引领者，其在构建以新能源为主体的新型电力系统中具有至关重要的地位。构筑新型电力系统旨在满足日益增长的清洁能源需求，此目标的实现必须依赖先进电子材料与设备技术的支撑。高端半导体材料的研制将为能源电力系统的数字化转型提供强有力的硬件支持，以实现清洁能源的高效整合；高性能电力芯片的应用将为能源电力系统设备状态的实时精准感知与高效控制提供关键保障；数字化与智能化电力设备的发展将有效促进能源电力系统的安全高效运行[14]。此外，数字技术（包括 5G、大数据、云计算、物联网、人工智能及数字孪生等）正深刻地影响着电力系统的各个环节。这些数字技术在电力企业持续健康发展的过程中发挥着至关重要的技术支持作用[15]。此外，多灵活性、高可靠性、强韧性等新型电力系统的构建对电力信息系统的信息安全也提出了更严格的要求。新型电力系统的稳健运行需要高效的访问控制、数据加密等技术提供全方位的安全保障体系。这些数字技术在电力企业数字化转型中的投入需要大量的资金支持，并且数字技术投入对电力企业数字化减污降碳可能不会带来立竿见影的效果。因此，电力企业在进行数字技术的投入时，需要综合考量数字技术投入成本和收益，这也是数字技术在电力企业减污降碳应用中需要考虑的另一个关键问题。

（五）电碳协同发展不均衡

电力企业在减污降碳中既要推进新型电力系统建设，又要充分利用电力大数据的优势助力碳减排。但是目前电力企业在电碳协同发展中仍存在一些问题，具体表现在：第一，碳减排策略与电力发展规划缺乏更深层次的融合。电力企业的低碳发电、电网的高效运行、电力企业的储能规划等环节与碳减排需求缺乏更加高效的有机协同。第二，电、碳部分数据未能打通，尚未建立完善的电碳数据库。电力大数据可以高频进行采集，而碳排放数据的采集频次较低，两类数据之间可能会因时间上的差异而难以深度融合。此外，由于对碳排放主要区域、重点行业等的碳排放数据的高频采集不够，目前尚未形成覆盖重点区域、高耗能企业等的电碳数据库。第三，电碳协同优化调度技术尚不成熟。发电机组设备的碳排放与优化是电力企业减污降碳的重要环节，不仅需要对发电机组设备碳排放进行实时监测，而且需要综合考虑设备的运行状态和运行参数，急需开发既能准确掌握机组动态碳排放强度，又能合理优化发电机组的调度侧电碳协同优化技术。由于碳市场价格难以精准测算，以及碳排放强度的动态衡量不精准等，目前仍缺少综合考虑碳排放强度和碳市场价格的协同优化技术。

四、数字技术赋能电力企业减污降碳的方法路径

基于前述研究，本文将聚焦电力企业在减污降碳过程中所面临的痛点和难点，着眼于发电企业的清洁能源投入、企业电力耗能的数据监测和电力系统全环节碳排放的精准计量、减污降碳的智能化管理路径及实施等工作，实现发电企业的源端降碳、用电企业的终端脱碳，以及相应政策的及时优化。探究利用物联网、大数据、人工智能、数字孪生、区块链等数字化前沿技术来助力电力企业实现减污降碳的总体路径，如图 2 所示。

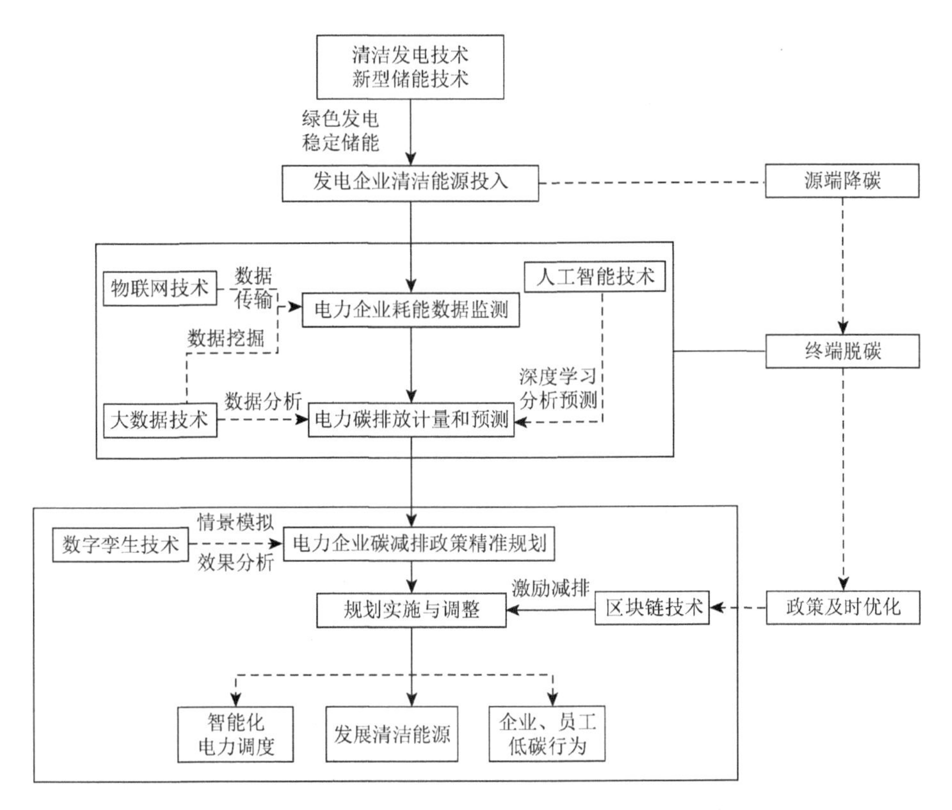

图 2 数字技术赋能电力企业减污降碳的总体路径

（一）数字技术赋能清洁能源发电实现供电企业源端降碳

根据《新时代的中国能源发展》，自 2005 年以来，我国在推动非化石能源发展和减少供电能耗、线损率等方面采取了一系列节能减排措施，实现了能源生产

和利用模式的重大革新。在这一过程中，清洁能源消耗占总能耗的比例达到23.4%。2019年，我国碳排放强度相比2005年降低了48.1%。由此可见，能源的绿色发展在我国碳排放强度下降方面扮演了至关重要的角色。尽管煤电装机比例和火电发电量持续下降，当前及未来一段时间内，煤电仍然是我国电力和电量的主体来源，电力体系依然呈现巨大的高碳结构。

"十四五"期间，我国将致力于开发和采用更加高效、低碳的能源生产技术，以提高能源资源的利用效率，同时，加大清洁能源的投入和使用，以提高清洁能源消耗占总能耗的比例，推动能源产业向更加环保、可持续的方向转型。预计清洁能源的消费比例到2030年将达到约25%[16]。因此，为实现"双碳"目标，需要从根本上减少化石能源消费，大幅增加非化石能源消费，转化为电力企业的电力使用；同时，利用清洁能源发电技术降低源端发电产生的碳污染，改造供电企业的发电结构特征。

（1）大数据技术实现清洁能源的高效利用。对于供电企业，清洁能源发电技术在源端直接减少碳排放方面发挥着重要作用。在清洁能源使用方面，存在利用率不高、不稳定等问题，利用大数据技术可以实现发电功率的精准预测，突破低成本高效率的清洁能源发电。在风电方面，大数据技术可以通过收集和分析气象数据、风速、风向等参数，预测未来的风能资源情况；通过对历史数据和实时数据的分析，可以建立精确的风能预测模型，提前进行发电计划和调度安排，从而提高发电效率。在光伏发电方面，大数据技术可以通过对光照强度、气温、云量等因素的实时监测和分析，预测光伏发电的潜力和发电效率；可以对光伏电池组件进行监测和管理，提高光伏发电系统的运行效率和可靠性；可以优化光伏发电系统的设计和运营，使其在低成本和高效率方面取得突破。

（2）数字储能技术助力清洁能源的稳定存储。首先，清洁能源（如太阳能和风能）具有间歇性和不可控性的特点，依赖天气条件和自然资源的可用性，导致供需不平衡；其次，目前使用较为广泛的储能技术是电池储能系统（如锂离子电池、钠离子电池），新型储能技术（如氢能、压缩空气储能）等较为昂贵，企业投入成本过高；最后，长距离传输清洁能源可能导致能量损失，需要有效的输电和分配系统来解决这个问题。

数字技术的出现和发展为解决清洁能源存储问题提供了全新的机遇。通过智能化储能管理，数字技术使储能设备能够智能地感知和响应能源需求。通过实时监测清洁能源产量和电网负荷，智能化储能系统可以优化能量的储存和释放，以平衡能源供求。此外，通过大数据预测分析可提前规划储能行为，确保在清洁能源充足时进行储存，在用电高峰时进行释放，从而实现能源供应的稳定性。

（二）物联网、大数据技术实现电力企业全环节精准碳计量

精准的碳排放计量体系是实现电力企业减污降碳的基石，具有关键性的政策引领作用。电力企业的碳排放来源主要可分为发电企业的直接碳排放及用电企业行为不同导致的间接碳排放，需要跨足多个环节进行计量，全环节碳计量是一项复杂的工程[17]。物联网、大数据技术可用于解决碳计量中精确度不高及实时性不强的问题，助力实现电力企业全环节精准碳计量和企业碳责任分摊。

（1）物联网技术实现电力企业耗能的实时监测。利用物联网技术可以将传感器和智能设备连接到企业的各个设备上，实现对电力数据的准确监测；这些传感器可以收集电流、电压、功率等关键参数，并将数据通过物联网传输到大数据中心或云计算平台；通过实时监测和采集数据，对企业用电习惯进行统计分析，了解电力使用的细节和模式，以支持电力管理和优化决策。

（2）大数据技术实现发电企业的多类型电源碳计量。基于联合国政府间气候变化专门委员会（Intergovernmental Panel on Climate Change，IPCC）“三可原则”，需研究发电企业中多类型发电源的碳排放计量方法[18]。目前，发电企业的发电源主要分为传统的化石能源和可再生能源（如风能、太阳能），对于传统的化石能源，可采用燃烧排放因子法（排放因子是单位活动碳排放系数），依据燃料消耗量和相应的排放因子即可计算出直接碳排放[19]；对于可再生能源，需要考虑其消纳所需的备用、调频等辅助工作引起的碳排放，可通过大数据技术进行等效碳排放建模，实现可再生能源的碳计量[18]；部分电力企业可能存在氢能等新能源，也可通过建模的方式进行模拟计算，实现发电企业的多类型电源碳计量。

（3）大数据技术实现对用电企业的实时精准碳计量。计算用电企业各部门的碳排放时，需研究用电行为的精准碳计量方法[20]。利用大数据技术建立电碳模型，分析和处理大量的电力消耗数据，结合电碳模型的碳排放因子，可以实现对电力碳排放的精确计算；通过电碳模型，对企业用电行为模式进行分析，识别高耗能设备、高峰用电时段等；将电力碳排放的结果以大数据可视化的形式呈现出来，从而直观地了解碳排放的情况，为企业提供基于数据的能源管理决策支持，帮助实现碳减排的目标。在实现实时精准碳计量后，用电企业可以准确分摊不同部门的碳排放，推动内部能源管理和减排措施的实施。

（三）人工智能实现电能的高效利用

人工智能技术是解决复杂系统控制与决策问题的有效措施，其在能源行业的

深入应用有助于推动清洁能源生产、降低碳排放[8]。因此，应用人工智能技术实现电能高效调度和利用成为我国电力企业碳减排的重要实践。

（1）人工智能实现负荷预测和调度优化。人工智能技术可以通过分析电力企业历史负荷数据、天气、温度等信息建立深度学习模型，预测电力需求的变化趋势，并制定最佳的负荷调度策略。人工智能可以实时监测电力系统的运行状况，根据需求和供应情况进行智能调度，以最大限度地利用可再生能源和优化使用传统能源，提高电能的利用效率。

（2）人工智能实现企业电力系统智能管理。人工智能技术可以结合物联网技术，实现对电力设备和能源系统的智能管理。通过连接传感器和智能设备，人工智能可以实时监测能源消耗、设备状态和环境参数，利用机器学习和数据分析技术，优化能源系统的运行和控制策略，实现能源的高效利用和节能减排。

（四）区块链技术实现电力企业低碳行为的激励

（1）区块链技术保护企业数据的隐私性。在对电力企业的数字赋能中，数据的隐私性是一个重要的考虑因素。电力企业在监测和记录能源消耗、碳排放等关键数据时，需要确保这些数据不被篡改或泄露。区块链技术作为一种去中心化和不可篡改的分布式账本技术，可以实现数据的安全存储和传输。通过将电力企业的数据以加密形式存储在区块链上，可以确保数据的保密性和完整性。此外，区块链技术还可以为企业提供数据访问权限控制机制，只有授权的参与方才能查看和验证数据，保护企业的商业隐私和敏感信息。

（2）区块链技术激励电力企业的可持续低碳行为。区块链技术不仅可以保护企业数据的隐私性，而且可以通过智能合约机制激励电力企业采取可持续的低碳行为。智能合约是在区块链上执行的自动化合约，其中设定了特定的条件和激励机制。通过设定合约规则，电力企业可以获得奖励或优惠政策，鼓励其采取低碳发电、减少碳排放、提高能源效率等行为。区块链技术确保智能合约的执行结果被记录在区块链上，实现公开透明和不可篡改的激励机制，提高电力企业参与低碳行动的积极性。

（五）数字孪生技术助力电力企业碳减排和精准规划

数字孪生技术是指通过数字模型和现实世界的实时数据进行交互，实现对物理实体的仿真和监控的技术。在电力企业中，数字孪生技术可以为碳减排和精准规划提供有力支持，如图 3 所示。

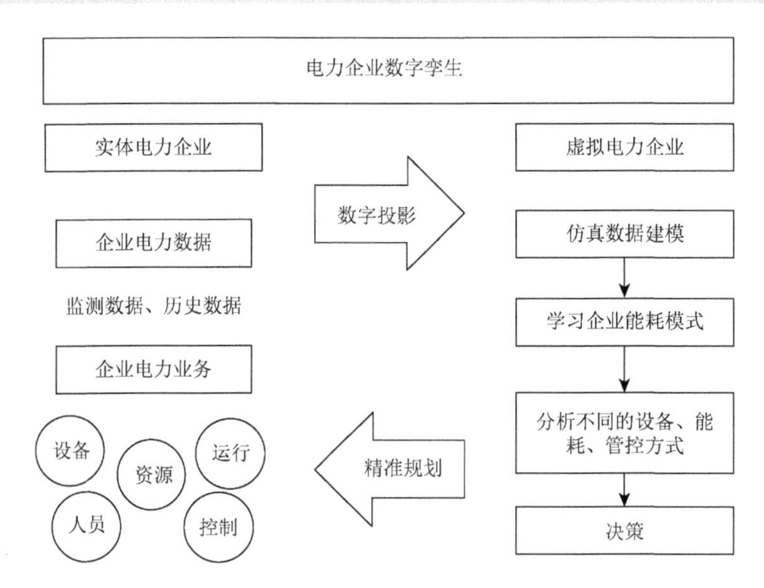

图3 电力企业数字孪生技术架构

五、数字技术赋能电力企业减污降碳的策略

针对上述数字技术赋能电力企业源端降碳、能耗监测、高效用能、低碳行为激励、减排精准规划等减污降碳路径，本文提出电力企业数字化减污降碳的实施策略，保障数字技术赋能电力企业减污降碳路径的实效，进而促进电力企业的数智化绿色低碳转型。

（一）着力推进电力数据安全治理和风险防控

数字技术在为电力企业的低碳化及智能化发展开辟了新途径的同时，电力数据作为企业的核心，面临着更加严格的安全考验。在深入分析电力企业现状的基础上，结合大数据时代的要求与行业发展的需要，提出以下思路。

（1）建立关键数据安全基础设施，健全安全管理机制。能源电力企业作为关键基础设施行业，对数据安全的管理非常重要。建立权责明晰、分工合理、协同高效的数据安全管理组织体系可以帮助企业更好地保护数据，并有效应对潜在的安全威胁。确保数据安全的关键步骤包括规范数据分类分级、推进安全管理制度建设、加强评估和责任追究，以及确立安全职责和权利。同时，对于需要外发数据的情况，建立备案制度，确保外发数据的安全性。建立灵活高效的数据安全应急响应机制，及时应对各类安全事件和威胁。定期对数据处理、使用、外发等环节进行安全评估，发现潜在风险后采取相应措施进行改进并加强责任追究，以提升数据安全管理水平，降低数据泄露风险。此外，还需持续关注数据安全领域的最新技术和法规要求，不断完善和提升数据安全管理水平。

（2）牢固树立法律红线意识和底线思维，推进安全合规机制建设。紧跟国家法律法规要求，加强数据安全法律意识宣传、深入分析数据安全案例，并依法依规落实个人信息安全保护要求；确保企业在数据处理和管理过程中遵守法律法规，提高组织和个人对数据安全法律要求的认知，推进数据安全管理的合规化和标准化，有效防范数据泄露和滥用风险，保护客户的个人隐私和数据安全，在数据业务发展中树立法律红线意识；依法依规落实个人信息安全保护要求，合法合规获取、使用个人信息，对于违反安全规定的行为，及时采取纠正和惩处措施，形成严明的制度和规范，制定并推广适用于企业的数据安全和合规政策；明确数据收集、存储、处理、传输和共享等各个环节的安全要求，避免侵犯客户个人隐私或违规获取客户个人信息。

（3）提升数据安全技术服务的专业能力，统一服务流程和操作规范。制定适用于数据安全技术服务的标准和规范，明确各项要求和指导原则，定期进行数据安全技术服务审查和评估，发现问题并及时改进，保持服务质量和安全水平；加快应用数据脱敏、水印溯源、大数据态势感知等技术，并探索匿名化、数据标签、多方安全计算等应用场景。加强安全服务能力的开放调用、策略统一管理、风险统一研判。通过提升数据安全监测和攻防验证能力，有效降低数据泄露和滥用风险。

（4）培育数据安全人才队伍，巩固安全防线。加强数据安全人才培养，构筑稳固的数据安全防护架构。对电网企业而言，亟须加速引进熟悉数据安全领域的专家，并专注培育具备法规合规及产业攻防专业技能的人才。同时，建构数据安全专业团队，强化从业人员的职责履行能力和职业操守。促进数据安全管理机构与业务部门之间的交互融合，协同开展数据安全相关工作，以确保数据安全责任的落地与实践，并培养具有扎实业务素养及高度安全意识的专业人才。此外，强化公司各部门在数据安全领域的交流与合作，建立常态化沟通协作机制，以塑造优良的数据安全专业人才培育、技术创新与产业发展新生态[21]。

（二）发挥数字化优势提升碳市场运营水平

电力市场与碳市场之间存在着极强的关联性，发电企业的生产、消费产生碳排放，碳价影响着发电企业成本，电力行业同时也是首批纳入碳市场的对象。要充分发挥电力企业数字化转型的优势，建立以电碳关系为基础的碳排放监测、计量标准和核算体系，有效提升碳核查数据质量。第一，发挥电力数据覆盖面广、实时性强、可靠性强、数字化程度高等优势，强化基于电力流的碳排放监测技术和电力大数据辅助核查技术，提升企业报送碳排放数据过程的精准管控能力。第二，电力企业在保障信息安全的前提下打造电碳数据库，利用电力市场数据和数字技术手段增强市场主体的碳足迹追踪、碳排放配额核准能力。第三，充分利用数字技术，加强绿色电力市场和碳市场的数据共享，推动碳市场与绿色电力市场有机衔接。电力企业可利用国际互认的绿色电力交易凭证，将富余的碳排放配额在碳市场中出售并获得额外的经济收益，这有助于增加碳市场的参与主体数量并扩大交易规模。

（三）利用数字技术应对欧盟碳税的不利影响

第一，推动碳排放数据的监测、报送与核查（monitoring，reporting and verification，MRV）与区块链技术相结合，以此保障数据监测的真实性，同时也为企业应对欧盟碳边境调节机制（carbon border adjustment mechanism，CBAM）中可能出现的碳排放数据争议提供可靠支持。第二，推动受 CBAM 影响的企业同时参与碳市场和绿色电力市场，并允许其所购绿色电力交易凭证转化为国家核证自愿减排量（China certified emission reduction，CCER）抵消碳排放配额，以降低其间接电力消耗的碳排放，同时发挥两个市场的协同减排作用。第三，推动电力企业全链条碳减排与碳足迹报告实施追溯，依靠数字化碳管理平台开展供应链碳足迹核算工作及减排实施方案规划，从数据源头开始，利用物联网服务实时采集数据，并基于区块链技术解决数据可追溯不可篡改的问题，实现多场景/技术路线的可一键编制全生命周期碳足迹报告，支持企业提前应对 CBAM、产品碳足迹披露要求等绿色贸易壁垒。

（四）建立支撑智慧电力系统的数字标准体系

在建立完善智慧电力系统时，首先应制定完善的数字标准体系，为人工智能的日常检查提供依据，以此来获得更为准确合理的数据结果。当前，该标准体系包含三类技术标准。

第一，在发电侧方面，需要统筹煤炭等化石能源和水、风、光等清洁能源与多能互补技术标准，对其数据交换方式、信息传递需求等进行深入研究和分析，了解各种数字标准的应用场景和影响因素；加强煤电灵活性改造、抽水蓄能，以及燃气发电等传统调峰电源技术标准建设，充分发挥其灵活调节和协调运行能力，为电力系统持续运行提供必要的支撑。

第二，在电网侧方面，需要完善输电网络与变电技术的相关标准体系，同时，加快配电网络的优化升级，推动分布式电源和微电网相关标准的建设，确保分布式新能源的高效就地消纳，并以此促进微电网的深层次发展。新能源的规模性发展仍存在不足之处，例如，电力系统面临灵活性资源紧缺、新能源消纳能力薄弱、系统可靠性下降及配网侧运行与维护管理难度增加等一系列挑战。因此，新型电力系统技术标准体系仍需多方面发展和针对性完善。

第三，在储能侧方面，需要不断加强多种储能技术与电力系统备用技术的标准体系建设，参考相关行业标准，如储能设备的通信接口标准、数据格式标准，了解行业内已有的数字标准，并结合自身需求进行适应性调整；根据储能侧的数据交换需求，定义相应的数据模型和接口规范，确保数据的一致性和可交互性，为特殊情况下电力系统的安全稳定运行提供保障。

（五）助力电力企业提质降本增效

电力企业降本增效的重要内容在于能源和信息交换，在充分理解电力行业数字化转型需求的基础上，结合自身数字化转型及服务电力行业数字化的实践经验，为不同发展阶段和规模的企业提供数字化转型“贴身伴跑”服务。同时，从算力、网络、平台、安全等多方面发力，全面推动“广泛连接＋智能高效＋安全可靠＋绿色低碳”的新型能源体系建设。将电力资产日常管理与数字化管理系统有效整合；现场操作人员扫描射频识别标签，自动获取设备在规划设计、采购建设、验收投运、运维检修、报废等阶段的海量信息数据，从而达到实物信息与系统信息的实时同步，可实现对输/变/配电网生产设备、计量资产、办公资产、信息通信资产、工器具等电网资产的实物管理，提高资产管理业务操作效率和资产全生命周期信息追溯与周期管理水平。

参考文献

[1] 国际能源署. 中国能源体系碳中和路线图[R/OL].（2021-09-29）[2024-10-16]. https://energy.pku.edu.cn/docs//2021-09/35ff13cb4f14409d806c7581b2b60bd5.pdf.

[2] 陈军，肖雨彤. 生态文明先行示范区建设如何助力实现“双碳”目标？：基于合成控制法的实证研究[J]. 中国地质大学学报（社会科学版），2023，23（1）：87-101.

[3] 艾瑞咨询集团. 2022 年中国电力产业数字化研究报告[R/OL].（2022-07-12）[2024-10-16]. https://www.idigital.com.cn/report/detail?id=4026.

[4] 卫志农，余爽，孙国强，等. 虚拟电厂的概念与发展[J]. 电力系统自动化，2013，37（13）：1-9.

[5] 沈于. 运用数字技术减排降碳[J]. 群众，2022（8）：37-38.

[6] 许才，张平，刘春晖，等. 基于大数据技术的多能互补能源体系优化管理[M]//《中国电力企业管理创新实践（2019 年）》编委会. 中国电力企业管理创新实践. 北京：中国标准出版社，2020：828-831.

[7] 祁文坤. 大数据及可视化平台在电力企业中的应用[J]. 电子世界，2016（24）：138，168.

[8] 陈晓红，胡东滨，曹文治，等. 数字技术助推我国能源行业碳中和目标实现的路径探析[J]. 中国科学院院刊，2021，36（9）：1019-1029.

[9] 李硕，张建国，白泉，等. AI赋能园区降碳潜力分析研究[J]. 中国能源，2022，44（6）：11-18.

[10] 孟明，商聪，马思源，等. 基于区块链的综合能源系统低碳优化调度研究[J]. 华北电力大学学报（自然科学版），2023，50（3）：67-80.

[11] 殷爽睿，艾芊，宋平，等. 虚拟电厂分层互动模式与可信交易框架研究与展望[J]. 电力系统自动化，2022，46（18）：118-128.

[12] 唐智星，何文武. 智能电网建设中云计算大数据处理技术的应用[J]. 现代工业经济和信息化，2023，13（4）：41-42.

[13] 王于鹤，王娟，邓良辰. “双碳” 目标下，能源行业数字化转型的思考与建议[J]. 中国能源，2021，43（10）：47-52.

[14] 李元丽. “双碳”目标驱动能源电力系统数字转型[N]. 人民政协报，2023-02-14（06）.

[15] 苗长胜. 我国电力企业数字化转型的探索与实践探析[J]. 四川文理学院学报，2022，32（1）：69-74.

[16] 中华人民共和国国务院新闻办公室. 新时代的中国能源发展[EB/OL].（2020-12-21）[2024-10-16].https://www.gov.cn/zhengce/2020-12/21/content_5571916.htm.

[17] 张宁，李姚旺，黄俊辉，等. 电力系统全环节碳计量方法与碳表系统[J]. 电力系统自动化，2023，47（9）：2-12.

[18] 康重庆，杜尔顺，李姚旺，等. 新型电力系统的“碳视角”：科学问题与研究框架[J]. 电网技术，2022，46（3）：821-833.

[19] 刘昱良，李姚旺，周春雷，等. 电力系统碳排放计量与分析方法综述[J]. 中国电机工程学报，44（6）：2220-2235.

[20] 康重庆，杜尔顺，郭鸿业，等. 新型电力系统的六要素分析[J]. 电网技术，2023，47（5）：1741-1750.

[21] 段凯，李竹，刘锋，等. 浅析电力营销数据开放与共享安全治理[J]. 中国新通信，2023，25（2）：125-127.

数字技术助推我国能源行业碳中和目标实现的路径探析*

摘要：数字经济时代下，数字技术是实现我国碳中和目标的最佳工具。能源行业是我国碳排放的最大来源部门，如何借助数字技术实现能源行业碳中和目标广受关注。本文首先阐释了数字技术在实现碳中和目标过程中的重要战略作用；其次就已有文献中数字技术与碳减排的相关理论研究与应用进展进行了梳理分析，揭示了现有数字技术应用于实现能源行业碳中和目标存在的问题；最后提出了数字技术推动我国碳中和进程的总体思路，以及大数据、数字孪生、人工智能、区块链等数字技术助力实现我国能源行业碳中和目标的主要路径。

关键词：数字技术；碳中和；能源行业；路径

一、引言

气候变化给人类生存和发展带来日益严峻的挑战，及早实现“双碳”目标成为保护地球家园的全球共识。《联合国气候变化框架公约》（*United Nations Framework Convention on Climate Change*，UNFCCC）报告，截至2019年9月，全球已有60个国家承诺到2050年实现净零碳排放；除美国、印度之外，世界主要经济体相继做出了减少碳排放的承诺[1]。从2014年的《中美气候变化联合声明》，到第七十五届联合国大会，再到2021年中央经济工作会议和《中华人民共和国国民经济和社会发展第十四个五年规划和2035年远景目标纲要》，党和国家领导人一直高度重视“双碳”工作并提出了明确要求。

随着数字技术在资源、能源和环境领域的深度融合与应用创新，数字技术在实现碳中和目标中的作用日益受到关注。数字技术是一项与计算机相伴相生的科学技术，将各种信息转化为计算机能识别的二进制数字后进行运算、加工、存储、传送、传播和还原，其本质在于提高整个社会的信息化、智慧化水平，提升资源

* 陈晓红，胡东滨，曹文治，等. 数字技术助推我国能源行业碳中和目标实现的路径探析[J]. 中国科学院院刊，2021，36（9）：1019-1029.

配置效率[2]。尽管气候变化威胁人类生存和发展，但生产和生活对能源和矿产资源的需求仍不断增加。2020 年，我国化石能源消费占一次能源消费的比例高达 84.1%，能源相关的碳排放约 98 亿 t，占全社会碳排放总量的近 90%[3]。数字技术正是解决能源和矿产资源利用与生产生活需求矛盾的核心所在。随着信息通信技术的快速发展，以智能传感、云计算、大数据和物联网等技术为代表的数字技术有望重塑能源系统。数字技术在碳足迹、碳汇等领域的深度融合可以促进能源行业的数字化监测、排放精准计量与预测、规划与实施效率提升，从而大幅提升能源使用效率，直接或间接减少能源行业碳排放[4]。此外，数字技术引领的新业态、新模式变革还可以助推能源消费理念转变，重构能源商业模式，助力我国“双碳”目标的实现。

因此，面向实现“双碳”目标的重大需求，本文意在探索数字技术支撑我国碳中和目标实现的作用，并特别聚焦大数据、人工智能、区块链、数字孪生等数字技术在碳排放精准计量、能源高效调度、能源市场运营、碳中和精准规划等方面助推实现我国能源行业碳中和目标的有效路径。

二、数字技术在碳中和中的战略作用

“双碳”面临的本质问题主要有两种不确定性：①经济活动影响的不确定性；②减排路径的不确定性。这两种不确定性的根源在于信息不对称、数据不充分和精准预测能力不足，而这正是数字技术可以破解的问题。因此，在国家持续推进能源领域数字化转型背景下，加强我国能源行业数字技术融合创新及应用对实现碳中和目标具有重要战略意义。

（1）数字技术有效促进能源供给侧和消费侧协调。在能源供给环节，物联网、云计算、大数据等数字技术可以提高能源采集效率与在线互联程度，实现能源供给环节的集约化、数据化、精细化，为能源生产运行提供安全可靠的技术支撑。在能源消费环节，人工智能等数字技术将颠覆传统的能源消费理念，催生新的能源消费方式，推动各行业的能源消费模式的转变，降低能源消耗量及消耗强度[5]。

（2）数字技术在能源行业的深入应用助推能源清洁生产。随着科技革命和产业变革的进程不断加快，数字经济逐渐成为价值创造的引领者。目前世界各国均积极布局数字化转型，将云计算、人工智能、物联网、分布式管理等数字技术运用到能源生产、输送、交易、消费和监管等各个环节[6]。

（3）数字技术创新能源新模式、新业态，推动能源绿色消费。长期以来，我国形成了以电力、石油、天然气等系统为核心的能源消费体系。该体系内部刚性关联日益增强，整体上又表现出较强的独立性，造成能源系统整体效率偏低，并成为能源产业转型升级和结构调整的障碍。数字技术的应用既能优化整合能源业务，打破“能源竖井”，又能实现多能融合，促进整个产业链效率提升。

综上所述，数字技术对我国实现“双碳”目标发挥着关键作用。亟须主动把握和引领新一代信息技术变革趋势，转变生产管理理念，从能源生产、供给、管理、服务等方面进行全方位的数字化转型，推进能源绿色转型，努力探索数字技术助推我国碳中和目标实现的有效路径。

三、数字技术对碳排放影响的研究进展与问题

数字技术对碳排放影响及相关应用的研究日益增多。以下简要从数字技术与碳足迹、数字技术与碳汇等领域简述现有研究及应用进展和存在的不足。

（一）数字技术对碳足迹的影响研究

数字技术对碳足迹的影响具有两面性。一方面，数字技术可以带来效率收益，促进能源资源和矿产资源安全绿色智能开采和清洁高效低碳利用，有利于实现能源消费供需平衡，减少碳足迹。另一方面，数字技术可能引致更多能源消耗，特别是对电力的大量需求。

（1）能源互联网的发展是数字技术在碳排放领域的一大尝试。通过将数字技术、分布式能源生产和利用技术、储能技术高效融合，使能源从供给侧的生产、传输到需求侧的消费、服务变得可计量、可控制和可预测，使能源互联网成为能源系统重要的战略资源和平台[7, 8]。借助能源互联网可以实现能源需求侧和供给端的双向互动，实现碳足迹的可定位和可溯源。国内外学者就能源互联网的核心概念和框架、能源互联网系统的设计和运行及其所涉及的信息技术支持和未来规划开展了相关研究，包括能源产消者、微电网、虚拟电厂、智能电网及能源网络安全框架等内容[9-14]。例如，智能电网结合数字化网络，以通信信息为平台，可以实现发电、输电、变电、配电、用电和调度等过程信息化、自动化和人机互动。通过削减能源采用成本、减少电力浪费、降低石油依赖度等直接或间接的作用机制，智能电网可将传统电网的碳足迹至少降低 12%[15]。

（2）煤炭行业是数字技术融合应用的另一个重要领域。煤炭作为我国能源结构中的主要消费能源，为我国经济发展和能源安全筑造了坚实基础，但也带来了较大规模的温室气体排放和环境污染。随着数字技术和现代化煤炭开发技术的应用，煤炭开采实现了综采装备、巷道掘进装备、运输装备等智能化变革，初步形成煤炭智能开采格局，有效降低了碳排放[16, 17]。例如，借助数字孪生技术和 5G

可实现无人化和可视化精准勘探、开采和全方位智能监控，不仅显著提高开采效率，而且降低对生态环境的破坏[18, 19]。此外，物联网技术在煤炭开采过程中已经实现实时数据收集、处理和分析，通过部署智能设备以减少运营过程中的安全和环境风险[20]。

（3）数字技术通过助力企业管理转型，可不断提高企业碳排放效率。《2019 年全球数字化转型收益报告》显示，在施耐德电气公司和全球 41 个国家的合作伙伴完成的 230 个客户项目中，部署数字技术平台的企业的节能降耗幅度最高达 85%，平均为 24%；节约能源成本最高达 80%，平均为 28%；碳足迹优化最高达 50%，平均为 20%[21]。由世界经济论坛和埃森哲咨询公司共同发布的《实现数字化投资回报最大化》（*Maximizing the Return on Digital Investments*）显示，当企业将先进的数字技术融入生产时，其生产效率提升幅度可达 70%，而数字化部署较为缓慢的企业的生产效率仅提高 30%[22]。由此可见，数字技术不仅能够带来效率收益，而且能助力低碳生产。

（4）以数据中心和比特币为代表的高能耗数字技术可能挤占一定的能源消费空间，产生额外的碳足迹，不利于能源的绿色可持续发展。研究表明，在智能设备方便生活的同时，大量数据传输和远程处理均需要数据中心的支持，而数据中心的运转消耗了大量能源[23, 24]。2014 年，美国数据中心耗电量约占用电总量的 2%，已然超过高耗能的造纸业用电量[25]。根据《中国数据中心能耗与可再生能源使用潜力研究》，2018 年，中国数据中心总耗电约 1600 亿 kW·h，相当于三峡水电站全年发电量[26]。此外，自 2008 年比特币诞生后，其高耗能的设计对能源发展构成了极大威胁[27]。在没有外部政策影响的情况下，中国比特币产业预计 2024 年将耗能 296.59TW·h，产生约 1.305 亿 t 碳排放，成为中国实现碳中和目标的一大障碍[28]。

（二）数字技术对碳汇的影响研究

对于已经排放的二氧化碳，需要借助农林碳汇，海洋碳汇，碳捕集、利用和封存（carbon capture utilization and storage，CCUS），生物质能碳捕集与封存（bio-energy with carbon capture and storage，BECCS），以及直接空气碳捕集（direct air capture，DAC）等负排放技术完成碳中和。对土壤、作物、森林等环境要素进行数字化采集、存储和分析，已成为数字技术在碳汇方面的一大应用。

（1）借助可视化模拟、物联网、智能决策等技术建立起的数字化森林资源监测系统，能够实现高实效、高精度森林资源动态监测。例如，利用卫星遥感和地面监测设备对草原信息进行精准收集，能够把握草原环境基本数据并将其运用到草原生态恢复和治理领域，助力草原碳汇功能提升[29]。

（2）海洋碳汇因固碳效率高和储存长久性等特点，在全世界范围内得到了政策支持和科学研究。例如，智慧海洋借助海洋实测数据、遥感数据、海洋经济数据等大数据技术，以海面、水体、海底等形成的云计算系统平台，以及射频识别、无线传感等物联网技术，实现了海洋生态保护、经济发展及灾害防控等目标[30]。但是利用智慧海洋相关技术向碳汇核算和计量方向发展尚处于初步探索阶段。

（3）CCUS 技术被认为是实现“双碳”目标的重要技术选择之一。CCUS 技术自 2000 年引入我国后，经 20 多年的发展，已初步建立起一定的技术体系。目前 CCUS 技术多聚焦物理、化学和地质理论及技术解决碳排放的捕集、利用与封存问题[31]，尚未开展与数字技术进行深入融合的研究。在 BECCS 技术应用领域，目前主要在生物质发电技术研发，以及与生物质气体、生物质燃料和生物液体等结合方面进行了初步探索[32]。

（三）数字技术应用于能源行业碳中和存在的问题

整体而言，如何借助快速发展的数字技术实现能源行业碳中和目标的路径机理研究尚处于初步探索阶段。从主要文献梳理来看，至少在四个方面有待进一步开展理论和应用探究。

（1）大数据、物联网、数字孪生等技术在碳足迹监测、碳汇测量等领域的研究与应用远远不足。碳排放监测尚未形成一体化模式，空间监测、地面监测和城市碳监测平台等并未整合，仍是割裂的数字化监测平台，未形成天地空一体化的整体研究模式[33]。

（2）能源网络数字化整合相对滞后，借助云计算和云存储等实现能量流供需平衡与高效运转的研究有待强化。由于信息不对称，庞大的能源互联网系统在适应及协调整体网络时仍存在信息融合不协调、高负荷运行下不能及时筛选及处理有用信息等问题[34]。高效计算、模型化简、辅助求解等数字化计算方法仍是解决和支撑能源互联网高效运转的关键技术和研究方向。

（3）与碳足迹相比，数字技术在碳汇方面的研究有很大的提升空间。已有不少文献研究了农林和海洋在碳汇方面所起的作用，但尚未形成可衡量、可报告、可核查的数字化智能观测和评估体系[35]，亟待借助大数据、人工智能等技术对碳汇的存量、形成机理和功能建立更加具象的监测机制，并有效纳入能源碳中和网络。

（4）面对“双碳”目标新要求，传统的碳排放与碳吸收计量和预测存在精准度不高、预测效果不佳等问题。一方面，碳排放因子体系有待优化。碳排放的影响因素复杂多样，简单采用人均国内生产总值、人口规模、城镇化率、技术水平、第二产业占比等指标作为碳排放因子[36]，无法有效实现对碳排放与碳吸收的全面精确计量；另一方面，预测效果有待进一步提升。受时间跨度长、未来政策变化等不确定因素影响，各部门各地区的经济活动之间存在复杂关系，对不同时期、不同情景下的碳达峰与碳中和进程难以实现有效预测。

四、数字技术助力能源行业碳中和目标实现路径

基于前述研究，本文聚焦碳中和进程中的数据监测、碳排放与碳吸收测算、碳达峰与碳中和进程预测、碳减排与碳中和路径与政策规划及规划实施与调整等工作，探索大数据、数字孪生、人工智能、区块链等技术实现能源行业碳中和目标的主要路径（图 1）。

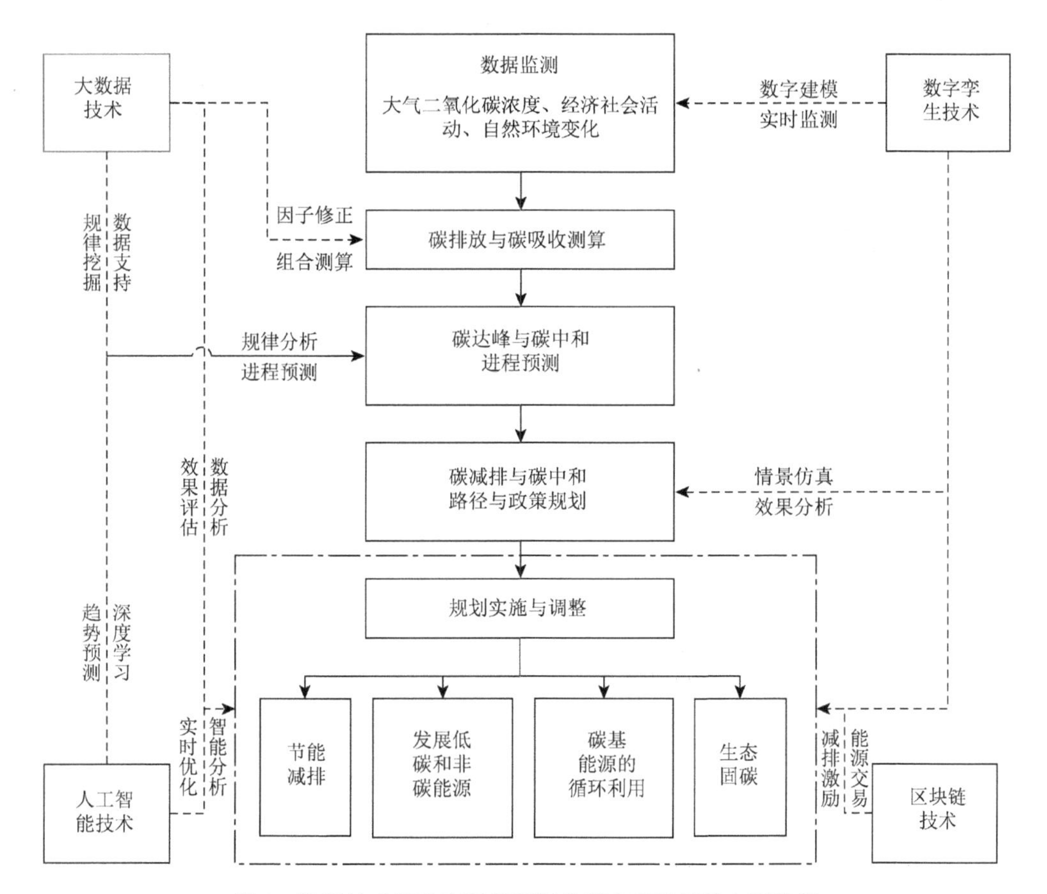

图 1　数字技术推动实现能源行业碳中和目标的主要路径

（一）大数据技术实现碳排放精准计量及预测

对能源行业碳中和目标进程进行计量和预测，并评估不同技术条件和政策情景下的差异是一项复杂的系统工程，涉及对能源行业各部门经济活动碳排放水平的测算、对自然环境碳吸收水平的估测，以及对社会经济发展的推演等一系列科学问题[37]。利用大数据技术和方法开展碳排放与碳吸收计量及预测，能够有效解决精准度不高和预测效果不佳的问题。

（1）大数据技术实现对排放因子的优化调整。对能源行业各部门经济活动的碳排放水平进行测算时，要对排放因子进行动态调整以避免不确定扰动因素的干扰。首先，采用大数据技术对大气二氧化碳浓度变化趋势和二氧化碳净排放量变化趋势进行分析，确定排放因子设定造成的趋势差异影响；其次，通过聚类分析和关联规则分析，确定因子之间内部关联性；最后，将具有相似特征的区域聚合成一类，构建能够消减差异的最优排放因子组合，使能源碳排放因子体系协同、高效地发挥作用。

（2）大数据技术实现碳排放与碳吸收的全面精确计量。运用大数据技术，可以实现日频度、月频度的能源碳排放动态监测核算，不仅缩短计量分析周期、提高计量精度，而且降低计量成本、提高计量效率[38]。通过对不同区域、不同主体的碳排放数据进行分析，动态跟踪碳排放变动趋势；对碳排放与碳捕集、碳封存联系结果进行分析，实现对二氧化碳全生命周期变动的监测追踪[39]；结合地理与生态环境的变化对碳排放与碳吸收水平的演化规律进行分析，反演大气中二氧化碳浓度及其变化趋势，实现对碳排放与碳吸收的全面精准计量。

（3）大数据技术实现多情景碳达峰、碳中和进程的精准预测。综合大数据优势，构建能源碳排放趋势预测模拟系统，实现对碳排放的追踪和长期预测；通过模拟不同技术条件和政策情景下各地区各行业经济活动能耗变化情况，追溯生产过程中能源消耗；通过分析经济活动发展变化规律，测算多种情景下人类活动和自然界净碳排放的逐年变化，实现对碳达峰与碳中和时间的精准预测[36]。

（二）人工智能技术实现能源高效调度利用

人工智能技术是解决复杂系统控制与决策问题的有效措施，其在能源行业的深入应用有助于推动清洁能源生产、降低碳排放以实现由高碳向低碳，再由低碳向碳中和的转变。在能源行业，降低能耗成本和减少污染物排放同等重要[40]。因此，在确保能源系统供能可靠性和高质性的同时，应用人工智能技术实现能源高效调度和利用成为世界各国的重要实践举措。

（1）碳中和对能源调度提出了智能化需求。现代能源系统规模庞大、结构复杂，碳中和下的智能调度在保障系统安全稳定运行的同时还要提高其经济性。人工智能技术的发展对能源调度提出了更高需求，例如，煤炭运输过程中实现传送带异常情况检测，电力传输过程中监测线路状况及灵活调配实现电力高效使用，油气储运实施安全监测，突发公共事件实现有效能源调度等。经济社会的发展、人民生活水平的提高、碳中和愿景的约束对能源调度提出了智能化、高效化需求。

（2）人工智能助力实现能源精准调度。人工智能技术的发展为实现能源高效智能调度提供了可能。正余弦算法（sine cosine algorithm，SCA）[41]、基于柔性行动器-评判器框架的深度强化学习方法（artificial learning flexible renewable energy system dispatch optimizer，ALFRED）[42]等基于机器学习的智能算法被广泛应用于求解能源调度的最优方案，提高了调度准确性和有效性。例如，在电力传输领域，利用机器视觉实现对输电通道安全状况的实时监控及全程评估；在煤炭运输领域，通过智能传输机实现对传输带上的异物、转载点堆煤等情况的识别；在油气储运领域，通过目标检测实现对石油管道焊缝缺陷检测，避免石油运输过程中产生的不必要浪费。

（3）人工智能助力实现能源高效利用。国内外能源企业的人工智能应用为实现能源高效利用带来启示。英国 Grid Edge 公司通过操作虚拟专用网络（virtual private network，VPN）连接、分析用户的能源消耗数据，实现能源节约并避免超载。日本关西电力株式会社基于机器学习对智能电表数据进行总结，利用高精度人工智能算法实现多种模式用电方式优化。中国大唐集团有限公司通过先进通信技术和软件架构构建三维虚拟电厂，实现空间地理位置分散的聚合和协调优化，其智能控制系统实时管控生产电力过程、完成能源储存与合理配置。中国南方电网广东电网公司中山供电局依托智能电网开展调控一体化精益管理，把大数据、机器学习、深度学习等技术与电网融合，打造调控一体化智能技术应用示范区。华南理工大学正致力于新一代能源电力系统的研究，构建新一代电力系统和能源互联网融合的智慧能源机器人，关注能源服务体系数字化转型，实现能源调度的自动化[43]。

（三）区块链技术实现能源市场高效运营和低碳行为激励

未来能源交易市场具有多主体、多模式、多规则的特点，对能源市场交易透明性、实时性、数据安全性提出了需求与挑战。面向“放开两端”能源交易市场主体对等、智能互信、交易透明、信息共享的服务要求，结合区块链技术的去中心化、透明安全、不可篡改、信息可溯四大技术特征，形成新型分布式能源交易市场，可以为实现我国碳中和目标提供具体实施手段。

（1）区块链技术是实现分布式能源市场的创新方式。①区块链实现能源交易市场的安全可信交易与高效结算。利用区块链技术构建分布式能源账本，对能源市场的供电前端交易数据、营销数据、用户用电数据上链，实现分布式记账存储；利用区块链技术不可篡改的记录保管方式，精简数据输入存储的过程，规避人为错误和恶意篡改；通过智能合约将交易、清算等业务自动化，实现交易即结算，减少清算过程中的错误和摩擦。②区块链实现能源交易市场的自动化业务处理。通过智能合约自动执行能源市场的交易过程及其他能源业务，根据能源实时供需关系生成实时能源价格，交易完成后自动触发能源传输和控制，实现全网能源调度平衡。③区块链实现能源交易市场的资源优化配置。通过链上代码、智能合约确定能源交易及调度规则，统筹交易市场利益主体，聚合不同类型的分布式供电端，实现整体协调优化运行；通过个性化能源价格和综合能源优化调度提高清洁能源在市场交易中的消费占比，促进能源合理消纳。

（2）区块链技术优化能源市场架构及交易流程。①区块链技术优化分布式能源市场基本系统架构。基于区块链的能源市场能够实现分布式能源交易过程中的异构设备互联、交易信息互联，使不同主体、硬件设备与交易系统之间高效交互。总体架构划分为基础层、引擎层、业务层和应用层4个层次（图2）。其中，基础层提供交易平台基础架构支撑，封装了底层数据区块及数据加密和时间戳等技术，实现链下数据存储。引擎层封装了网络节点的共识算法，支撑智能合约的构建，实现能源交易合约、能源定价合约、能源调度合约，以满足基于区块链的分布式

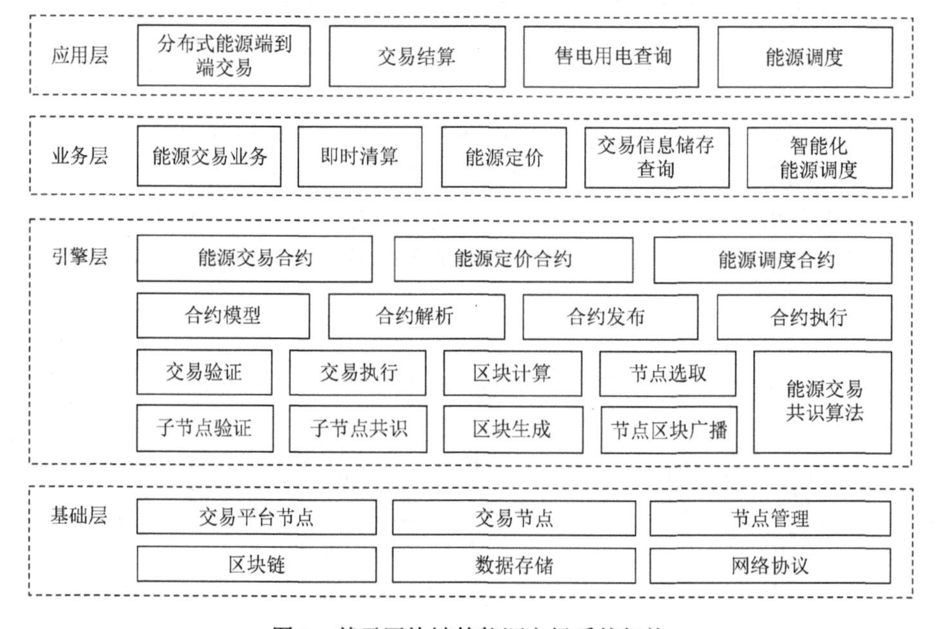

图2　基于区块链的能源市场系统架构

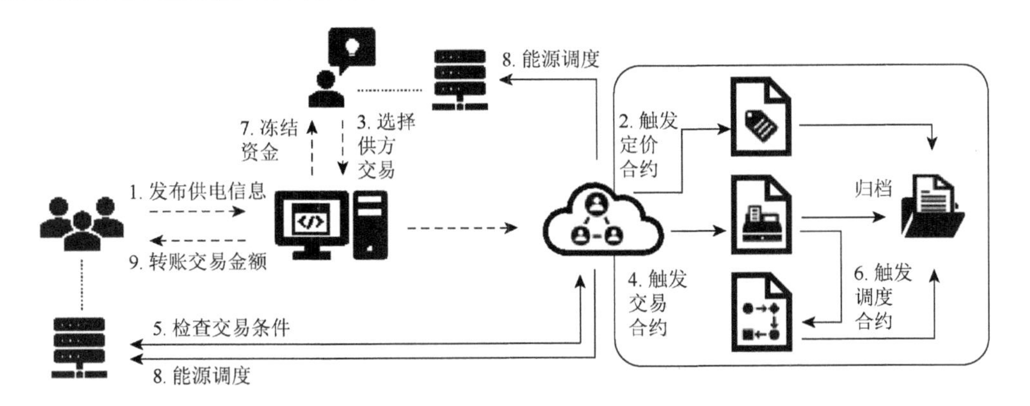

图 3　区块链技术完善能源市场交易流程

能源市场业务需求。业务层通过智能合约实现能源市场业务。应用层则封装了各种场景和案例。②区块链技术完善能源市场交易流程（图 3）。首先，源端用户（卖方）发布供电信息并触发定价合约，平台定价合约根据源端用户和供电情况进行价格设定并上链。其次，消费端用户（买方）发布需求信息并由平台进行撮合，或者由用户查询源端供电信息直接交易，交易触发平台交易合同。在检查交易双方资格和条件允许后，触发交易合约。系统后台将验证合约，若失败则通知用户。验证通过的合约将存储至区块链系统并触发调度合约，合约冻结买方账户金额，开始进行能源调度和传输。最后，完成交易金额的转账。在交易各个阶段，政府可参与制定碳中和政策以影响交易市场运行。在整个交易过程中，除源端和消费端之外，还涉及电网输送、政府等能源传输与调控参与方。

（3）区块链技术实现碳中和低碳行为激励。采用区块链构建能源交易市场，并建立激励体系能有效激励低碳行为。一般采用区块链通证实现能源市场的通证经济，提升对低碳行为的附加经济效益。另外，采用智能合约按照激励规则与模式对低碳行为进行能源优先调度，也可激励低碳行为。具体措施包括：①节能电力调度。摒弃平均调度原则，减免可再生能源和具有更高能源效率和更少污染物排放的供电方能源传输的费用，或对这些能源优先调度。②用电需求侧低碳激励。通过激励降低消费者总体能源需求，控制需求在高峰和低谷间转换；通过激励促进消费者使用更有效率的高耗能电器，以此实现碳中和。③低碳通证交易。类似排污权交易，通过市场机制激励低碳行为，解决碳排放的环境外部性问题。

（四）数字孪生技术助力碳减排与碳中和精准规划

数字孪生是一种实现真实物理环境向信息空间数字化模型映射的关键技术，通过数字化方式创建物理实体的虚拟实体，实现模拟、验证、预测和控制物理实体全生命周期过程，充分利用布置在物理系统各部分的传感器，对物理实体进行数据分析与建模，将物理实体在不同真实场景中的全生命周期过程反映出来[44]。

在能源行业碳中和目标的实现过程中，如何建立实时碳足迹追踪与全生命周期的评估体系是一大现实难题。需要健全从碳排放数据采集、监测到碳中和精准规划的全生命周期数字化管理。因此，可建立基于数字孪生技术的二维或三维可视化碳地图模型，实现排放因子追踪、减排动态模拟推演、能耗告警监测分析等能力，从而建立清晰的碳排放监测、管控、规划和策略实施路径。

（1）数字孪生技术实现社会及企业的碳排放精准监测和计量。数字孪生技术作为推动实现企业及城市治理全面数字化转型、促进碳减排的重要抓手，可在绿色产品设计、绿色制造、绿色智慧城市、绿色工程建设等领域起重要的推动作用。在实现社会碳排放精准监测和计量方面，美国、欧盟等国家和地区的研究相对成熟。美国国家环境保护局采用排放连续监测系统（continuous emissions monitoring system，CEMS）数据及数字孪生技术对 2015 年美国 73.9%的火电机组应用连续监测，模拟和仿真全流程运行状态，实时开展碳排放数据监测；在欧盟碳交易体系下，德国、法国、捷克等国家利用数字孪生技术研发了新型碳监测系统，实现碳排放核算的实时化、精准化和自动化。从国内碳市场的发展来看，行业内工艺流程的不断更新会使得监管部门管理难度明显提升、监管标准不断升级，对碳排放监测灵活性、精准性及实时性提出更高要求。因此，我国采用数字孪生等技术开展碳排放在线监测的实践逐步落地。中国南方电网有限责任公司采用通过二氧化碳排放监测系统（carbon dioxide emissions monitoring system，CDEMS）及数字孪生可视化监测项目，综合考虑性能指标、安装要求、数据采集处理方法及质量保证，建立了“指令-标准-运行保障”数字化运行管控体系，实现对温室气体排放监测管理。

（2）数字孪生技术助力碳减排与碳中和精准规划实施。在碳减排与碳中和精准规划实施方面，数字孪生技术依然可以发挥巨大作用。①通过数字孪生建模模拟构建经营过程中的碳排放情况，包括企业自身机构的碳排放、企业所生产的产品和服务的碳足迹、上下游价值链碳排放，以及企业通过自身的产品服务所带来的碳减排潜力，夯实碳管理的基础。②通过数字孪生统计和分析碳中和路径，设定与碳中和目标相一致的规划目标。通过全过程数字链条的构建及数字画像把碳减排与企业核心业务密切结合，将规划和行动精准匹配，推动低碳转型和技术创新，从而为制定和优化减排行动规划提供直接参考。例如，在工业生产中，采用数字孪生技术，实现对生产全过程的实时动态跟踪与回溯，全面分析人员、机器、材料、方法、环境、测量等生产过程关键影响因素，挖掘碳排放过程中隐藏的“改善源”及解决方案。③数字孪生技术能够在碳排放源锁定、碳排放数据分析、碳排放监管和预测预警等方面发挥重要作用。实时全景模拟仿真能源的生产、供给、交易、消费流程，监测能源供给端和能源消费端的碳排放全过程，支撑监管机构构建完整的碳排放监控体系，实现能源生产过程的精细化、在线化、智能化。

参考文献

[1] 刘振亚. 实现碳达峰、碳中和的根本途径[J]. 电力设备管理，2021（3）：20-23.

[2] 吴张建. 面向碳中和的未来能源发展数字化转型思考[J]. 能源，2021（2）：54-57.

[3] 洪竞科，李沅潮，蔡伟光. 多情景视角下的中国碳达峰路径模拟：基于 RICE-LEAP 模型[J]. 资源科学，2021，43（4）：639-651.

[4] 巢清尘. “碳达峰和碳中和” 的科学内涵及我国的政策措施[J]. 环境与可持续发展，2021，46（2）：14-19.

[5] 童光毅. 基于双碳目标的智慧能源体系构建[J]. 智慧电力，2021，49（5）：1-6.

[6] 于明，张恩铭. “十四五”我国综合能源行业发展面临形势与趋势研判：深化新能源革命，力促碳达峰、碳中和[J]. 中国科技投资，2021（10）：6-8，10.

[7] 王继业，孟坤，曹军威，等. 能源互联网信息技术研究综述[J]. 计算机研究与发展，2015，52（5）：1109-1126.

[8] Zhou K L，Yang S L，Shao Z. Energy internet：the business perspective[J]. Applied Energy，2016，178：212-222.

[9] Rezaee Jordehi A. Allocation of distributed generation units in electric power systems：a review[J]. Renewable and Sustainable Energy Reviews，2016，56：893-905.

[10] Kaur A，Kaushal J，Basak P. A review on microgrid central controller[J]. Renewable and Sustainable Energy Reviews，2016，55：338-345.

[11] Asmus P. Microgrids，virtual power plants and our distributed energy future[J]. Electricity Journal，2010，23（10）：72-82.

[12] Tuballa M L，Abundo M L. A review of the development of smart grid technologies[J]. Renewable and Sustainable Energy Reviews，2016，59：710-725.

[13] Sani A S，Yuan D，Jin J，et al. Cyber security framework for internet of things-based energy Internet[J]. Future Generation Computer Systems，2019，93：849-859.

[14] 别朝红，王旭，胡源. 能源互联网规划研究综述及展望[J]. 中国电机工程学报，2017，37（22）：6445-6462，6757.

[15] Pratt R G，Balducci P J，Gerkensmeyer C，et al. The Smart Grid：An Estimation of the Energy and CO_2 Benefits[R]. Washington，D.C.：Pacific Northwest National Lab，2010.

[16] Wang J H，Huang Z H. The recent technological development of intelligent mining in China[J]. Engineering，2017，3（4）：439-444.

[17] 刘峰，曹文君，张建明，等. 我国煤炭工业科技创新进展及“十四五”发展方向[J]. 煤炭学报，2021，46（1）：1-15.

[18] Dong L J，Sun D Y，Han G J，et al. Velocity-free localization of autonomous driverless vehicles in underground intelligent mines[J]. IEEE Transactions on Vehicular Technology，2020，69（9）：9292-9303.

[19] 张帆，葛世荣，李闯. 智慧矿山数字孪生技术研究综述[J]. 煤炭科学技术，2020，48（7）：168-176.

[20] 梁文福. 油田开发智能应用系统建设成果及展望[J]. 大庆石油地质与开发，2019，38（5）：283-289.

[21] 施耐德电气公司. 2019 年全球数字化转型收益报告[R/OL].（2019-08）[2024-10-16]. https://www.schneider-electric.cn/zh/work/campaign/roi-report/.

[22] World Economic Forum. Maximizing the Return on Digital Investments[R/OL].（2018-05）[2024-10-16]. https://www3.weforum.org/docs/DTI_Maximizing_Return_Digital_WP.pdf.

[23] Williams E. Environmental effects of information and communications technologies[J]. Nature，2011，479（7373）：354-358.

[24] Hittinger E，Jaramillo P. Internet of things：energy boon or bane?[J]. Science，2019，364（6438）：326-328.

[25] Sun K Y，Luo N，Luo X，et al. Prototype energy models for data centers[J]. Energy and Buildings，2021，231：110603.

[26] 绿色和平. 点亮绿色云端：中国数据中心能耗与可再生能源使用潜力研究[R/OL].（2019-09）[2024-10-16]. http://www.greenpeace.org.cn/wp-content/uploads/2019/09/点亮绿色云端：中国数据中心能耗与可再生能源使用潜力研究.pdf.

[27] de Vries A. Bitcoin's growing energy problem[J]. Joule，2018，2（5）：801-805.

[28] Jiang S R，Li Y Z，Lu Q Y，et al. Policy assessments for the carbon emission flows and sustainability of Bitcoin blockchain operation in China[J]. Nature Communications，2021，12（1）：1938.

[29] 于海达，杨秀春，徐斌，等. 草原植被长势遥感监测研究进展[J]. 地理科学进展，2012，31（7）：885-894.

[30] 张雪薇，韩震，周玮辰，等. 智慧海洋技术研究综述[J]. 遥感信息，2020，35（4）：1-7.

[31] 荣佳，彭勃，刘琦，等. 碳市场对碳捕集、利用与封存产业化发展的影响[J]. 热力发电，2021，50（1）：43-46.

[32] 樊静丽，李佳，晏水平，等. 我国生物质能-碳捕集与封存技术应用潜力分析[J]. 热力发电，2021，50（1）：7-17.

[33] 蔡兆男，成里京，李婷婷，等. 碳中和目标下的若干地球系统科学和技术问题分析[J]. 中国科学院院刊，2021，36（5）：602-613.

[34] Wang Z H，Xue M T，Wang Y T，et al. Big data：new tend to sustainable consumption research[J]. Journal of Cleaner Production，2019，236：117499.

[35] 方精云，郭兆迪，朴世龙，等. 1981—2000 年中国陆地植被碳汇的估算[J]. 中国科学（D 辑：地球科学），2007，37（6）：804-812.

[36] 张军莉，刘丽萍. 国内区域碳排放预测模型应用综述[J]. 环境科学导刊，2019，38（4）：15-21.

[37] 谢高地，李士美，肖玉，等. 碳汇价值的形成和评价[J]. 自然资源学报，2011，26（1）：1-10.

[38] 吴振信，石佳. 基于 STIRPAT 和 GM（1，1）模型的北京能源碳排放影响因素分析及趋势预测[J]. 中国管理科学，2012，20（S2）：803-809.

[39] Hu Y C，Jiang P，Tsai J F，et al. An optimized fractional grey prediction model for carbon dioxide emissions forecasting[J]. International Journal of Environmental Research and Public Health，2021，18（2）：587.

[40] Fu C，Zhang S Q，Chao K H. Energy management of a power system for economic load dispatch using the artificial intelligent algorithm[J]. Electronics，2020，9（1）：108.

[41] El-Sehiemy R A，Rizk-Allah R M，Attia A F. Assessment of hurricane versus sine-cosine optimization algorithms for economic/ecological emissions load dispatch problem[J]. International Transactions on Electrical Energy Systems，2019，29（2）：e2716.

[42] do Amaral Burghi A C，Hirsch T，Pitz-Paal R. Artificial learning dispatch planning for flexible renewable-energy systems[J]. Energies，2020，13（6）：1517.

[43] 程乐峰，余涛，张孝顺，等. 信息-物理-社会融合的智慧能源调度机器人及其知识自动化：框架、技术与挑战[J]. 中国电机工程学报，2018，38（1）：25-40，340.

[44] 杨林瑶，陈思远，王晓，等. 数字孪生与平行系统：发展现状、对比及展望[J]. 自动化学报，2019，45（11）：2001-2031.

面向环境司法智能审判场景的人工智能大模型应用探讨*

摘要：环境司法审判是生态环境治理体系的重要组成部分，基于生成式人工智能技术的突破而形成的人工智能（artificial intelligence，AI）大语言模型（简称AI大模型）为环境司法审判工作转向更高水平的现代化智能审判体系提供了重大机遇。本文围绕推进AI大模型技术与环境司法审判工作的融合，实现环境司法审判工作智能化、智慧化发展的主旨，探讨了AI大模型在环境司法智能审判中的赋能作用和应用实践，凝练了当前环境司法AI大模型存在的数据质量低劣、"算法黑箱"引发偏见、深度应用能力不足等突出问题；以生态环保类案件应用为例，构建了基于AI大模型的环境司法智能审判系统，阐述了相应系统的架构设计及涉及的技术要素。进一步提出了注重顶层设计、建设环境司法高端智库，建设环境司法数据中台、健全司法数据标准及规范体系，构建算法治理机制、促进环境司法审判公平正义，完善环境司法多元问责机制、筑牢司法监督管理体系等发展建议，以期丰富环境司法审判工作的前沿技术认知，加快环境司法的智能化、智慧化、现代化转型进程。

关键词：环境司法；智能审判体系；AI大模型；生成式人工智能

一、引言

自第一次工业革命以来，世界各国不断推进工业化和城市化进程，虽然经济社会得到快速发展，但是气候变化、生物多样性丧失、荒漠化加剧等生态环境破坏事件逐步增多，具有全球性影响的环境问题更为突出，已经威胁到人类的生存和发展。当前，环境保护已成为国际社会的共同关注点，各国持续发布环境法律规章以加强环境治理：瑞典形成了以"法典—条例—规章"为主线的环境法律体系；日本制定了一系列环保条例和限制性措施，约束企业污染物排放，对高水平实施环保的企业给予经济性奖励；美国以科学数据作为立法支撑，发布了一系列

---

* 陈晓红，陈姣龙，胡东滨，等. 面向环境司法智能审判场景的人工智能大模型应用探讨[J]. 中国工程科学，2024，26（1）：190-201.

有关环境保护的法律，支持民间环保公益组织参与环境立法；英国、荷兰设立了环境检察官职务，以加强环境执法。

在我国，环境司法作为坚决制止和惩处破坏生态环境行为的突破口，是保障良好生态环境的重要依托、推进生态文明和美丽中国建设的重要力量[1-3]；在快速推进工业化和城市化的进程中，尽管生态环境问题不断显现[4-7]，但相比其他国家，我国及时且深刻地意识到了生态文明建设的重要性。近年来，我国强调走生态优先、绿色低碳的发展道路，坚持用严格制度、严密法治来保护生态环境。司法系统坚持环境资源司法体制改革、司法信息化建设“双轮”驱动，积极推动 AI 技术与环境司法审判工作的融合，以充分发挥环境司法审判的职能作用，持续提高案件受理、审判、执行、监督等环节的信息化水平。我国各级法院依法惩治环境违法行为，加快推进生态环境治理建设，使全国重污染天气、生态环境明显改善，也让蓝天、碧水、净土的“生态颜值”，城乡居民生活的“幸福指数”显著提升[8-12]。

进入新发展阶段，我国环境司法建设工作成效显著。①高水平推进环境司法智能审判体系建设，初步建成中国环境资源审判信息平台、环境司法保护一体化数字平台、法院在线服务平台，极大地增强了生态环保类案件的审判质效和审判管理水平。②高水平推进环境司法审判专业化建设，基本形成“高级法院普遍设立、中基层法院按需设立”的四级法院专业化审判组织架构格局，相应环境资源审判机构建设趋于常态化。③高标准完善环境司法适用规范，发布了全面加强长江、黄河等重点区域生态文明建设和司法保护的相关意见和规划，以及一系列环境资源领域的司法解释和指导性案例。④高质量发挥环境司法审判职能作用，环境资源案件审判特色鲜明，案件类型分布呈现平稳趋势；2014 年 1 月～2023 年 9 月，各级法院依法受理各类生态环保类案件约 203.7 万起，其中，审结案件约 200.4 万起。⑤深化环境司法国际交流合作，为建立公平合理、合作共赢的全球环境治理体系贡献中国司法智慧。2019 年起，联合国环境规划署数据库特设中国环境司法版块，截至 2024 年，已收录 40 余件中国环境资源审判典型案例、数量众多的环境司法年度报告及发展建议。我国积极参与相关国际会议，向世界持续分享环境司法案例和方案，有利于凝聚环境司法国际共识，共同推进全球生态环境治理[13-19]。此外，也要注意到，我国生态环保类案件具有涉及影响面广、量大事杂、责任主体界定难、证据认定难、专业性强等特点，传统 AI 技术赋能的环境司法智能审判体系尚处于起步建设阶段，环境司法专业技术人才匮乏、司法实践经验不足、司法审判智能化程度低、司法监督不到位等仍是环境司法智能审判高水平发展的薄弱环节，对高质量推进环境司法审判工作构成了较大阻力[20-24]。

当前，以 AI 大模型为代表的生成式人工智能技术正在获得重大突破并快速演进，为我国环境司法审判工作的智能化、智慧化发展带来了新的变革机遇。为此，本文深入分析 AI 大模型对环境司法智能审判工作的赋能作用，尝试从数据治理、

“算法黑箱”、模型异构等角度厘清AI大模型在环境司法审判实践工作中面临的难点和挑战；以生态环保类案件的司法审判应用为案例，提出基于AI大模型的环境司法智能审判系统设计方案；进一步形成AI大模型赋能环境司法智能审判的发展建议，以期为环境司法智能审判高质量发展研究、生态文明建设等提供基础参考。

二、AI大模型对环境司法智能审判的赋能作用

2022年，美国OpenAI发布了ChatGPT，引起了世界各国对生成式人工智能技术的广泛关注。以ChatGPT为代表的AI大模型正在推动人类进入生成式人工智能时代[25-29]。作为ChatGPT的基座模型，AI大模型经历了四个主要发展历程：统计语言模型、神经网络语言模型、预训练语言模型、大规模预训练语言模型[30]。AI大模型拥有百亿个级或更大规模参数的预训练语言模型，通过强大的语言建模能力，学习并分析海量数据中更多的潜在信息，在各种复杂任务中展现出强大的应用潜力。AI大模型能够深入挖掘海量数据中的潜在关联规则和语义信息，显著提高具体任务的执行能力及效率，为环境司法审判工作带来了新技术变革的机遇。因此，推进AI大模型和环境司法审判工作的深度融合，实现环境司法审判工作智能化、智慧化发展，是当前环境司法审判极富潜力的研究方向。

（一）司法AI大模型赋能环境司法辅助审判

司法AI大模型以海量的生态环保类裁判文书、相关法律法规为数据支撑，可深入挖掘海量裁判文书之间的潜在关联规则和案件详情语义信息，进而利用大模型微调技术不断提高对规则和语义信息的挖掘精准性，高效辅助法官、检察官进行司法判决，促进环境司法决策的公平正义。第一，面向环境司法工作人员：①智能辅助服务可以为法官在立案、庭审、判决等生态环保类案件审理过程中进行案件分析、证据链梳理、类案推荐、法条推送等方面提供更为精准的智能辅助决策支持；②相关数据服务亦可支持信息化管理人员、高层级管理人员及时发现生态环保类案件中存在的共性问题及司法监督管理问题，从全局态势、案件审判/执行评价、生态治理现状等方面进行相关地区生态环境治理及修复的态势分析，从而深度反映当地生态治理存在的潜在风险、实时预测未来生态环境的演变趋势，更好地推进重点生态的保护修复、安全维护、“双碳”治理，提升生态系统碳汇能力，服务国家治理体系和治理能力现代化。第二，面向社会公众：当事人可以针对系列案件疑虑向AI大模型提问，法律咨询服务将依据当事人的需求提供交流互动；若当事人对结果不满意，可将相关意见提交反馈给AI大模型；当事人还可通过证据指引服务，引导自己提供具有价值的案件证据，保证案件证据链的完备性。

1. 赋能证据辅助指引，提高证据审查效能

司法 AI 大模型可充分梳理同一罪名下所有案件的证据链，构建知识图谱模型，制定证据规则链指引；协助办案人员收集相关证据并提供规范化、清单式的证据指南，进一步辅助法官和律师更加快速、准确地审查案件中的证据。生态环保类案件具有量大事杂、证据关联复杂的特点。例如，在某化工厂非法排放废水污染环境案件的立案及审理过程中，当事人在提供举证材料的过程中可能存在监测数据造假、关键证据隐瞒、间接证据误当直接证据进行提交等不规范行为，给法官及相关工作人员的案件事实认定、司法判决带来很大阻力。司法 AI 大模型通过对大量历史类似案件进行证据链、关键数据的深度挖掘，借助知识图谱系统，能够自动识别生态环保类案件中的关键证据和证据链；实现案件证据及时录入、证据同步校验、证据瑕疵及时提示，确保案件证据的真实性与合理性，规范办案程序并提高事实认定效率。司法 AI 大模型既可以提示当事人补充提交与案件密切相关且真实有效的关键证据材料，又能够协助法官发现其中可能存在的证据缺陷或争议焦点，显著节省司法工作人员在案件证据收集和梳理过程中耗费的时间与精力，不断提升相关证据审查的效能及准确性。

2. 赋能法条精准推送，保障司法决策公正

根据待办案件的案情描述，利用司法 AI 大模型深入解析案件中的关键证据链和关联法律问题，与大量的相关案例数据和相关法律数据库相结合，可以发现类似案件中的判决结果和相关法律依据并进行智能化分析与司法匹配；智能地推送与案件密切相关的法律条款和司法解释，支持法官或律师及时、准确地掌握法律指引和司法依据。例如，针对某化工厂非法排放废水污染环境的案例，司法 AI 大模型通过分析案情描述、环境监测数据和相关法律数据库，并与大量的废水污染环境案例进行深度匹配，自动识别该案件涉及的法律问题，如排污许可、责任划分、监测数据是否达标等，智能推送相关的法律条款和司法解释。

3. 赋能类案精准检索，促成类案同判机制

司法 AI 大模型根据用户的需求，对输入文本进行语义分析和关键要素提取，依托犯罪类型、争议焦点、案由等关键信息，从证据链、案件详情、犯罪事实等多个角度对过往案件文书进行相似性匹配；采取大模型微调策略，从大量的候选类似案件中自主过滤不相关的历史案例，形成类案检索报告并推送给用户，从而帮助法官简化烦琐工作，提高案件审理质量及效率，实现类案精准检索，着力破解类案不同判问题。例如，针对某化工厂非法排放废水污染环境的案例，法官在司法 AI 大模型平台中通过关键词、案件文书、文档提交等方式输入与待

办案件相关的关键信息，由AI大模型从海量的生态环保类案件中匹配一批与待办案件密切相关的类似案件，再进一步梳理这些案件的证据链、案件详情、犯罪事实、案件争议焦点等关键案件信息。司法AI大模型对比和分析类似案件与待办案件的异同，自动生成相关的类案检索报告并推送给法官，协助法官更好地理解和区分类似案件的细节和判决方式，有助于法官在审理过程中做出更为准确和公正的判断。

（二）司法AI大模型赋能生态环保法律服务

1. 赋能法律咨询服务，环境司法更显温度

基于司法AI大模型，构建面向环境司法的在线咨询服务平台，实现生态环保法律咨询服务的线上线下渠道融合互补，让居民通过网络渠道便捷、高效地获得相关服务。司法AI大模型对算据中心数据资源进行深度文本理解和知识学习，智能理解用户输入的问题，根据用户需求和意图并利用深度推理规则、人类反馈强化学习及模型微调技术，实现与用户的交流互动。司法AI大模型不仅可以向居民解答相关法律问询服务，而且可以根据居民的提问行为推荐其可能感兴趣的内容或服务（如立案指南、类案推荐、寻求法援）；将极大地减轻司法机构的负担，释放司法工作人员的时间及精力以使他们专注于极为复杂的生态环保类案件和重大的司法决策问题。司法AI大模型赋能生态环保法律咨询服务，充分实现居民与司法机构的高效互动，增进全社会的环保法律实践和可持续发展。

2. 赋能司法专家推荐，智慧司法更显深度

环境司法鉴定涉及复杂的环境科学、生态治理、法律及技术问题，需要具备较强的专业领域知识、掌握环境司法相关法律规章的资深专家来对具体案件进行评估和鉴定，以为法官和律师提供科学的判决依据。司法AI大模型可以收集全国范围内环境资源领域的司法鉴定专家信息，并建立专家数据库。司法AI大模型可充分学习每个专家的基本信息，综合考虑专家的学术背景、研究成果、专业经验、客户评价等指标，构建司法专家画像仓库；利用知识图谱构建专家网络，整合并管理系列专家的知识和经验；分析专家之间的关系和合作网络，获取更为广泛的专业资源，确保环境司法审判工作的科学性和公正性。例如，在某化工厂非法排放废水污染环境的案例中，因当地没有合适且权威的环境司法鉴定专家和机构，涉事案件处理进展缓慢，故涉事人员向司法AI大模型平台寻求援助；司法AI大模型根据用户的实际需求，结合鉴定领域、区域、鉴定水平等因素，为用户推荐合适的鉴定专家和机构，以此推进环境司法鉴定工作。

（三）司法AI大模型赋能环境司法监督管理

1. 赋能环境监测服务，生态保护更显力度

通过司法AI大模型，构建生态环境态势预警分析平台，结合传感器网络、时空遥感等技术，实现对特定流域或地区的环境破坏、生态修复情况的动态感知和风险监测。掌握生态系统的演变趋势、环境污染情况、生态修复进展，对环境污染严重地区进行保护优先级调整，及时发现环境治理过程中的潜在问题和治理风险，辅助相关部门合理制定环境治理策略，从而优化资源配置，精准提高生态环境保护的效率及力度。

2. 赋能环境司法监督，生态治理更显成效

法律监督是国家治理体系和治理能力的重要依托[31]。一段时期以来，生态环保类案件频发，这与行政执法不严、以罚代刑、监管力度不到位等情况相关。AI大模型赋能环境司法监督，能够充分发挥司法监督职能作用，从源头规范办案，保障居民的生态环境权益、环境资源司法制度的公信力，提升环境资源领域的执法和司法质效。通过司法AI大模型，对生态环保类案件进行自动分析和评估，可以实时监察相关部门在环境资源案件的立案、调查取证、审议、申辩、判决、执行等环节中的职能履行情况，发现多个类似案件之间的司法监督共性问题，辅助检察机关及时发现相关部门在证据收集、环境鉴定、生态修复等方面可能存在的偏差或不公正现象，实现由个案监督向类案监督的跨越；深入挖掘类似案件背后涉及的环境问题，支持建立环境治理长效机制，促进社会治理的可持续发展。

三、AI大模型赋能环境司法智能审判的技术与应用难点

AI大模型为环境司法审判提供了高效且智能的辅助工具，支持生态环境司法体制改革和创新，有利于推进美丽中国建设。但是，也要清醒地认识到，AI大模型在环境司法智能审判工作中的应用尚处于积极探索阶段，由于自身技术尚不完善，其在赋能环境司法审判现代化建设过程中面临诸多难点。

（一）数据问题制约司法AI大模型的应用效能

环境司法数据是我国环境司法体系建设的核心要素，也是司法AI大模型应用于环境司法领域的关键基础和“数据能源”。我国司法大数据建设与管理虽已

取得显著成效，为 AI 大模型的司法垂直应用提供了重要支撑，但存在一系列数据问题[31, 32]，制约着 AI 技术在环境司法领域的推广应用。

1. 数据质量低劣影响大模型性能

目前我国环境司法数据的采集和入库尚无统一的规范格式、标准、管理主体，环境司法数据质量及数量仍有较大的提升空间。各级法院仅将适用于司法数据服务平台的文书数据录入平台，对罪名、案由的裁判标准存在一定差异，导致大量的裁判文书存在内容形式简单、结构不统一、案情描述不清晰、部分关键信息缺失等问题。杂乱无章、质量偏低的司法数据严重制约了司法 AI 大模型的应用效能。另外，不同机构或企业往往采用不同格式的司法大数据进行 AI 大模型的训练和微调，案件类型、数据覆盖范围等因素同样影响着司法 AI 大模型的应用效能。

2. 模型安全性不足加大数据泄露风险

AI 大模型通过不同的基座模型封装而成，基座模型的安全性不足将影响下游模型的可靠性，且模型结构越复杂，潜在的安全风险越高。AI 大模型的训练和部署涉及数据收集、数据预处理、模型训练、模型部署等环节，其中，用户个人信息、与案件相关的音/视频等举证材料可能面临数据被非法获取的风险，存在侵犯个人隐私、泄露商业秘密甚至国家秘密的威胁。

3. 深度伪造数据引发司法不公

根据生态环境部等部门的通报数据，2022 年我国查办涉嫌篡改、伪造环境监测数据的造假案件 1533 起，采用先进技术手段伪造监测数据的案件层出不穷。基于生成式人工智能的 AI 大模型在内容生成方面具有极强的深度伪造能力，随着 AI 大模型的快速发展与应用，深度伪造数据的查办难度也将增加[33]。环境司法案件具有证据链错综复杂、事实认定难、潜伏时间长、违法行为多样等特点，一些利益相关者可能试图利用案件审查过程中的间隙或者漏洞，借助 AI 大模型对相关证据材料进行深度伪造（生成极具迷惑性的虚假证据），以逃避法律的制裁、获得不公正的利益、扭曲真相，从而侵害他人的合法权益、影响环境司法审判的公正性。

（二）“算法黑箱”易引发环境智慧司法审判的公正性问题

1. “算法黑箱”易导致“算法暴政”

司法 AI 大模型建立在弱 AI 技术的基础上，内部运行逻辑的可解释性、可理解性不强，仍然存在严重的“算法黑箱”问题。无论是司法工作人员还是案件当事人，都可能不太了解司法 AI 大模型的运行机理、证据审查流程、推理规则、决策过程，只能被动接受司法辅助审判结果。算法运行机理的不公开、审判结果的不可解释在一定程度上影响了法官中立、当事人双方之间平等对抗的正当程序原则，算法权力难以被制衡，错误的审判结果在侵害当事人知情权的同时，背离环境司法的公平正义原则，导致“算法暴政”的泛滥[34]。

2. “算法黑箱”引发环境司法偏见

司法AI大模型的设计人员可以通过“算法黑箱”机制生成一些有偏向性的辅助审判结果。对环境司法了解不深的当事人往往会盲目相信司法AI大模型的决策结果。有偏向性的辅助审判结果也会误导法官或检察官做出有偏见的司法判决，不利于环境司法公平正义。

3. “算法黑箱”可能模糊司法权责归属

司法AI大模型的“算法黑箱”问题导致人们难以理解相关算法的决策过程和判决依据。如果一些审判结果存在错误，将造成司法责任主体不明确，也使司法问责机制流于形式，造成环境司法公平正义失衡。明确责任主体亦是当前及今后司法AI大模型应用的关键难题。

（三）模型异构性阻碍司法AI大模型的深度应用

目前面向环境司法领域的AI大模型研发国家标准尚未发布，不同机构或企业研发的司法AI大模型存在明显的模型异构性，导致推广应用的难度较大。

1. 司法AI大模型功能不一，辅助审判结果可信度不佳

目前司法AI大模型的应用产品数量较多，缺乏统一的大模型应用产品研发标准，行业机构或企业基于不同的司法大数据、AI基座模型、深度算法、数据处理技术，设计了多样化的业务功能，导致各类司法AI大模型的应用功能差异较大，兼容性和可比性不佳。针对同一种任务需求，不同的司法AI大模型产品可能产生不一致的决策结果，使得法官或者决策者难以确定结果的可靠性和准确性，易出现同案不同判现象，一定程度上影响了司法判决的公正性和一致性，不利于高质量建设面向环境司法领域的智慧法院。

2. “环境+法律”复合型人才数量不足

环境司法审判涉及多个学科交叉，而目前面向环境司法领域的复合型技术人才培养条件不充分、培育力度不强，使AI技术赋能司法业务应用存在局限性。一

方面，司法专家不了解 AI 大模型，不能准确表述司法业务需求；另一方面，AI 技术开发人员不了解环境司法领域及相关业务，难以准确把握 AI 大模型在司法应用中的核心关键问题。这种情况导致 AI 技术与司法业务难以开展深度融合，司法 AI 大模型的应用广度和深度仍然有限；不一致的技术标准和产品性能进一步增加了司法 AI 大模型在环境司法审判中应用的复杂性和资源成本。

3. 环境司法鉴定机构分布不均，司法审判资源供需失衡

根据司法部的公开数据，截至 2023 年 11 月，我国共有 2941 家经国家认定的司法鉴定机构，其中，环境司法鉴定机构仅有 215 家。各省（区市）的环境司法鉴定机构数量存在分布不均衡的情况，尤其是主要河流流域所在省（区市）的司法鉴定机构相对匮乏。以水资源为例，流域面积为 50km^2 及以上的河流数量超过 1000 条的省（区市）共有 18 个；但西藏、新疆、青海等河流上游省（区市）的环境司法鉴定机构仅在 3 家左右，湖北、湖南、广东、四川等河流中游省（区市）的环境司法鉴定机构在 5 家左右。这表明水资源丰富的省（区市）面临着环境司法鉴定机构数量不足的问题，不利于环境司法审判工作的高效实施。环境司法鉴定机构分布不均衡导致省际司法审判资源供需失衡，导致司法审判工作滞后、效率低，一些迫切需要权威环境司法鉴定服务的地区无法得到充分的司法支持。加快推进司法 AI 大模型的应用和发展、实现更均衡的司法资源配置是解决司法审判资源供需失衡问题的重要举措。

四、基于 AI 大模型的环境司法智能审判系统构建——以生态环保类案件应用为例

（一）系统架构

现有司法 AI 大模型产品多以 ChatGPT、LLaMA、Baichuan 等大模型为基座模型，聚焦案件文书要素提取、法律知识问答、合同起草、知识索引等功能，在庭审笔录、合同纠纷、文书管家、司法咨询等通用业务中取得了阶段性应用成果。然而，对于逻辑相对复杂的司法案件，现有司法 AI 大模型整体性能表现不佳，面向环境司法审判的 AI 大模型尚处于积极探索阶段。持续更新的法律法规、更为复杂的生态环保类案件使现有 AI 大模型产品在环境司法审判实践过程中难免存在司法审判不精准、智能化程度低、法律咨询不清晰等功能缺陷，无法满足环境司法审判工作的高质量发展要求。

本文结合当前的算力资源、环境司法数据资源，构建了基于 AI 大模型的生态环保类案件智慧司法系统（图 1）。以海量的生态环保类案件裁判文书、300 余件

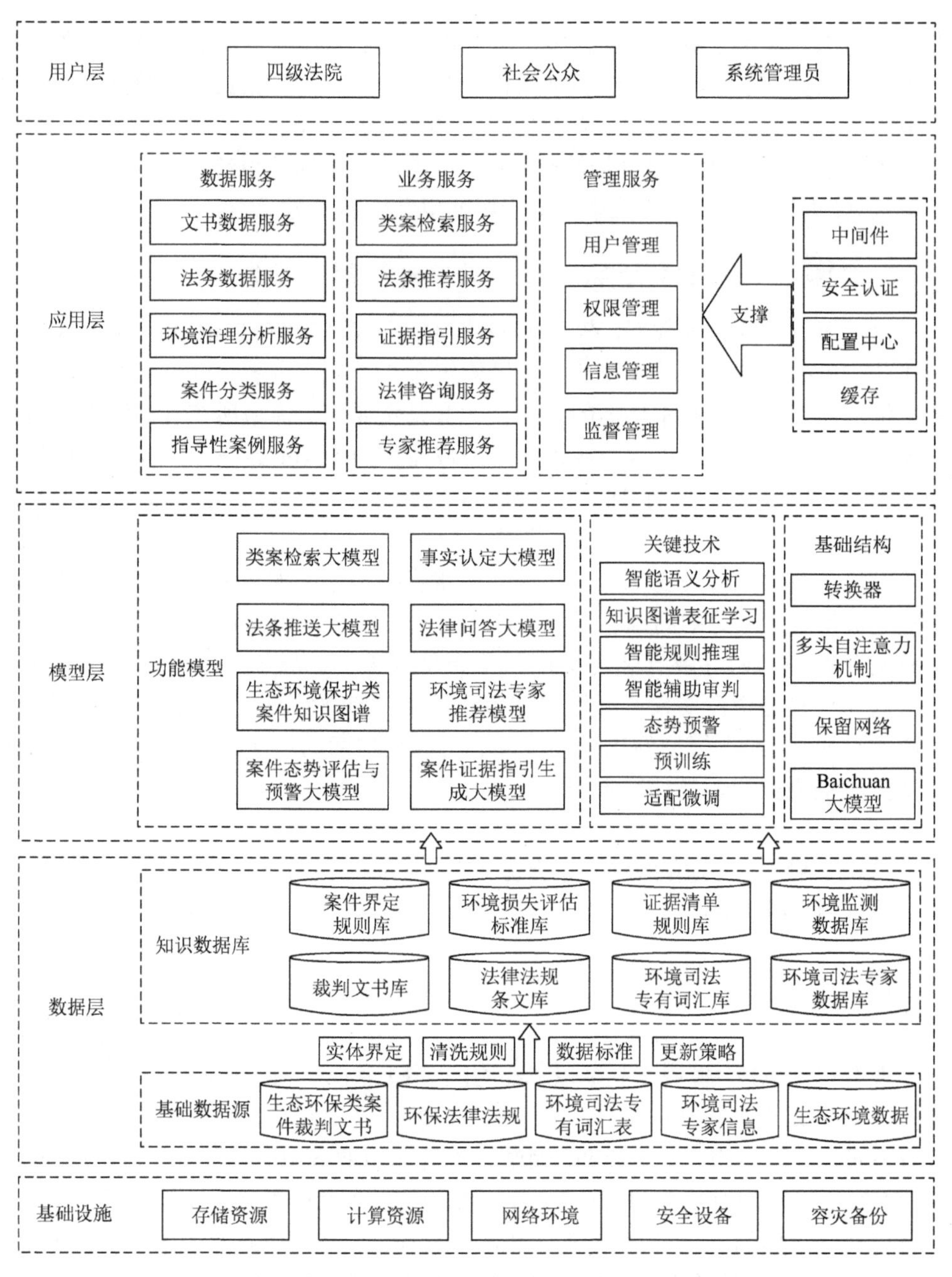

图 1　基于 AI 大模型的生态环保类案件智慧司法系统架构

环保法律法规、各地环境司法领域的专家信息等数据资源作为 AI 大模型的预训练司法大数据，利用一系列要素提取技术、案件分类技术、智能标注模型等自然语言处理技术，生成结构化的裁判文书库、法律法规条文库、环境司法专有词汇库、环境司法专家数据库等知识数据库。基于所构建的知识数据库，以 Baichuan 大模型为基座模型，结合智能语义分析、智能规则推理、智能辅助审判、态势预警等技术，开展 AI 大规模的迭代训练和模型更新，持续分析历史案件中的案件事实、争议焦点、法律条文等内容，充分提取基于深度语义分析的生态环保类案件中的关键案件信息。进一步，应用知识图谱技术构建基于案件知识体系，由多个类案主体、证据链条、法律逻辑推理等构成的知识图谱。基于关键案件信息、知识图谱等案件知识体系，针对类案检索、法条推送、法律咨询等特定任务进行 AI 大模型的专项预训练，生成面向特定环境司法任务的类案检索大模型、法条推送大模型、法律问答大模型等专用预训练 AI 大模型。

在 AI 大模型训练过程中融入适配微调技术，提高 AI 大模型在特定任务中的泛化性能，增强 AI 大模型在环境司法领域具体任务中的应用效能。①通过 AI 大模型自动生成面向生态环保类案件的微调指令数据，辅以领域专家抽样矫正的人类反馈强化学习方式，将领域专家知识纳入模型微调过程，生成面向环境司法领域的微调指令数据集。②采取指令对齐策略，使 AI 大模型尽量与人类指令价值对齐适配，确保 AI 大模型在环境司法特定任务中的输出符合人类的预期。

针对各类用户，该系统提供司法文书管理、智能辅助审判、法律咨询服务、司法专家推荐、司法监督管理、态势预警分析等服务功能，有利于推动 AI 大模型与环境司法审判工作的融合，为法官及相关工作人员提供强大的辅助工具，高质量服务环境司法智能审判工作。

（二）技术要素

基于 AI 大模型的生态环保类案件智慧司法系统依托智能语义分析、智能规则推理、智能辅助审判、态势预警等关键技术，实现面向环境司法领域的案件智能审判、环境态势预警等垂直应用。其中，智能语义分析通过自然语言处理、机器学习等技术，对生态环保类案件裁判文书、环保法律法规等基础数据进行语义理解，进而提取案件关键要素信息（如案件实体、证据、相关法条）和复杂关联关系。

知识图谱表征学习依托智能语义分析技术，提取相关案件的关键要素信息及要素之间的关联关系，挖掘并分析案件之间及案件与相应法律法规的关联性，从而构建面向生态环保类案件的知识图谱模型。

智能规则推理结合构建的知识图谱模型、案件证据，分析证据之间及证据与相应法律规范的关系，明确民事、刑事生态环保类案件的责任界定范围及规则；发现证据之间有用的联结点、引发案件的关键因素，分析同类型案件的基本环节，如线索来源、犯罪事实、证据的充分性、量刑情节、涉嫌罪名；采用深度强化学习、演绎推理、类比推理等方法，对案件中的事实和法律规则进行推理及分析，提取案件事实。

智能辅助审判应用知识推理并结合AI技术，针对文书和案件信息进一步开展智能研判，实现对同类型案件的智能辅助审判，着重关注相似的事实场景和争议焦点，相同的法律要素、法律法规、司法解释等。

态势预警结合大数据分析、传感器网络、时空遥感等技术，对特定流域或地区的环境状况进行实时监测，开展与历史数据的比较分析；构建生态环境态势预警模型，预测生态修复的演变趋势和影响范围，发现并识别环境治理过程中的潜在问题和治理风险。

预训练旨在从海量数据中找到规律、发现模式，使模型具备适应特定数据的通用语言理解能力，进而生成通用的AI大模型。在预训练过程中，通过自监督学习，从海量的生态环保类案件数据中充分理解案件关键文本在不同上下文中的语义表示，持续补充不同案件类型的监督信息。设计高效严格的优化目标，追求以较低的成本开展AI大模型的预训练，融入基于自注意力机制的转换架构，对接收的预训练司法大数据进行持续学习和迭代优化；在训练过程中持续调整模型参数，最小化预测值与实际值间的误差，形成满足环境司法领域特定任务需求的学习能力。

适配微调是AI大模型服务于具体任务的重要基础技术，对初步训练得到的AI大模型进行模型参数、任务适配性等方面的个性化微调，使衍生的AI大模型更好地满足特定任务的实际需求，持续提升面向特定下游任务的鲁棒性和适应能力。

五、AI大模型赋能环境司法智能审判的发展建议

（一）注重顶层设计，建设环境司法高端智库

第一，建设环境司法AI大模型研发与应用高端智库，促进环境司法AI大模型的标准化、规范化、法规化发展。人民法院信息中心可联合最高人民法院环境资源审判庭成立环境司法AI大模型标准化专题组，鼓励技术专家、司法专家积极参与标准化制定工作。针对AI大模型的研发技术规范、业务服务需求、模型测评方法等，编制面向环境司法领域、要素一致的标准体系与评估机制，明确AI大模型赋能环境司法审判的基本要求和指导原则，切实提高环境资源智能审判辅助技术产品的质量和实用性。

第二，统筹推进环境司法“一张网”布局，建设环境司法AI大模型一体化应用平台。最高人民法院可牵头建立跨业务、跨地域、跨部门的信息共享和业务协

作机制，鼓励企业和高校共享技术研发成果、数据资源和最佳实践经验，促进政府、企业、学术界、社会公众之间的沟通和合作，共建环境司法 AI 大模型一体化应用平台；避免市场上同类产品的过度竞争，促进数据与技术资源的合理配置和利用。

第三，健全多元化的专项委托项目机制，加快环境司法 AI 大模型核心技术的协同研发。依托国家重点研发计划渠道、最高人民法院联合相关部门发布"揭榜挂帅"专项委托项目，合理加大对环境司法智能审判辅助技术的投入力度，促进信息技术与司法应用的交叉和融合；鼓励高校、企业联合申报专项课题，集中优势力量共同攻克环境司法智能审判"卡脖子"技术难题，推动环境司法 AI 大模型应用由多头无序发展转向统筹协调应用，解决应用产品低水平和重复建设的问题。

第四，加强"环境司法＋智能技术"的复合型人才培养。面向环境资源审判工作人员、技术研发人员，开展岗前人才定制化培养、在岗人员专项能力培训；由最高人民法院牵头并联合相关部门，发布面向环境司法智能审判的人才培养政策和梯队人才培养模式。高质量培育一批以环境司法专业人员、技术人员为核心的环境司法专门队伍，为环境司法智能审判工作输送专项人才，显著提升环境司法业务能力，筑牢审判能力现代化的人才基础。

第五，优化司法鉴定资源布局并健全司法鉴定组织专业化建设。最高人民法院可督促生态资源丰富、环境污染负担重的省（区市）优化司法鉴定机构的数量和类型分布，因地制宜地设立环境司法审判庭和司法鉴定机构。适时建立司法鉴定专家智库、司法鉴定协作机制，应用远程视频鉴定、虚拟实境、信息共享等技术手段，形成跨地区的鉴定机构合作网络，全面提供远程鉴定、专家协作和必要的技术支持。

（二）建设环境司法数据中台，健全司法数据标准及规范体系

第一，丰富和完善环境司法数据采集汇聚标准。人民法院信息中心可制定环境司法大数据的标准化采集清单，规范各级法院生态环保类案件的信息采集项，细化数据采集粒度，提高环境司法大数据的完整性、准确性、时效性、一致性，增强环境司法 AI 大模型的应用效能。

第二，完善生态环保类案件的证据清单，提升证据审查质效。建议依据《环境资源案件类型与统计规范（试行）》，由最高人民法院环境资源审判庭明确不同类型生态环保类案件的证据要素，制定个性化的证据清单格式，指导当事人提供科学准确的证据材料，提高庭审质效和环境司法数据的完整性。

第三，最高人民法院可联合生态环境部、自然资源部及地方政府，打通数据

壁垒，实现环境司法案件数据、环境监测数据的共享与协同。将环境监测数据与司法 AI 大模型相结合，实现生态环境风险的实时评估和预警分析，为环境治理决策提供科学依据，协同推进重点生态流域的环境保护修复、生态安全维护、环境质量改善。

（三）构建算法治理机制，促进环境司法审判公平正义

第一，坚持以人为中心的主体责任制、智能算法为辅助性定位的司法审判制，设计面向环境司法辅助应用的人机交互决策机制，充分发挥法官作为司法决策主体的主导性与能动性。

第二，构建司法 AI 大模型核心算法解释机制，促成“算法黑箱”的适度透明，积极研发具备可解释性的司法 AI 大模型，矫正以人为主体的审判结果、智能辅助审判结果之间的信息不对称现象，增强智能司法判决的可信度。最高人民法院可建立司法 AI 大模型的算法解释权制度，将相关算法的可解释性纳入环境法律框架，全面加强可解释性 AI 技术的深度研发；提高司法 AI 大模型算法的透明度和可解释性，确保司法决策过程的可追溯和可解释。

第三，建立有效的司法 AI 大模型算法审计机制，在司法 AI 大模型的设计、开发、应用过程中落实全流程、全方位、全周期的溯源审计，提高司法 AI 大模型的公正性。最高人民法院可聘请领域技术专家，组建专门的司法审计机构，定期开展司法 AI 大模型算法的审计和评估，及时发现并纠正算法的潜在问题及风险。

（四）完善环境司法多元问责机制，筑牢司法监督管理体系

第一，完善环境司法大数据质量监管问责机制，保障司法大数据的合规可靠。规范数据质量问题的处理流程，拓宽数据纠错的反馈渠道，切实提高数据质量，为高质量构建司法 AI 大模型提供坚实基础。各级法院可成立数据质量追溯问责工作小组，负责问题查证、责任认定和处理工作。

第二，建立司法 AI 大模型算法问责机制，以制度创新增强环境司法的公平正义。最高人民法院可建立权责一致、责罚分明的司法 AI 大模型算法问责制度，负责对司法 AI 大模型赋能司法审判的全过程进行监督和问责，明确责任追究规则，保障司法审判的公平公正。

第三，健全司法 AI 大模型应用产品的评估与认证机制，提升产品应用质效。最高人民法院可建立统一的平台评估与认证机制，联合第三方权威机构，开展司法 AI 大模型应用产品的功能评估和技术认证。评估标准需包括技术性能、数据安全、隐私保护、用户体验等，确保司法 AI 大模型产品质效的一致性。

六、结语

AI 大模型在汇聚人类社会知识和现实数据的基础上，形成了强大的自然语言生成能力。在此背景下，本文立足环境司法审判工作的新发展形势和迫切需求，深入探讨了 AI 大模型在环境司法智能审判中的应用潜力及相关系统架构设计，进一步提出了 AI 大模型赋能环境司法智能审判工作的系列发展建议。相关内容有助于丰富环境司法审判工作的前沿技术认知，加快环境司法的智能化、智慧化、现代化转型进程。

着眼未来发展，还需加强以环境司法为主体的跨学科合作，推进“环境司法＋智能技术”的深度融合，深入研究 AI 大模型在环境司法审判中的科学性和可解释性机制，尽快建立透明且可信的环境司法智能审判机制，充分发挥 AI 大模型在环境司法智能审判中的应用潜能；注重数据治理和隐私保护，及时制定法规和政策，确保数据合法使用和隐私保护，推动环境司法智能审判的高质量和可持续发展。

参考文献

[1] 孙金龙. 深入学习贯彻习近平生态文明思想 努力建设人与自然和谐共生的现代化[J]. 中国环保产业，2022（12）：5-7.

[2] 张忠民，王雅琪，冀鹏飞. “双碳”目标的法治回应论纲：以环境司法为中心[J]. 中国人口・资源与环境，2022，32（4）：44-56.

[3] 陈晓红，蔡思佳，汪阳洁. 我国生态环境监管体系的制度变迁逻辑与启示[J]. 管理世界，2020，36（11）：160-172.

[4] 姜渊，陈子琦. 强化个体规制必然能减少污染总排放吗?：来自《环境保护法》的经验证据[J]. 中国人口・资源与环境，2023，33（2）：19-29.

[5] 徐力刚，谢永宏，王晓龙. 长江中游通江湖泊洪泛湿地生态环境问题与研究展望[J]. 中国科学基金，2022，36（3）：406-411.

[6] 胡东滨，林媚，陈晓红. 流域横向生态补偿政策的水环境效益评估[J]. 中国环境科学，2022，42（11）：5447-5456.

[7] 任静，李娟，席北斗，等. 我国地下水污染防治现状与对策研究[J]. 中国工程科学，2022，24（5）：161-168.

[8] 吴剑，许嘉钰，郝吉明. 京津冀环境综合治理措施评价研究[J]. 中国工程科学，2019，21（5）：99-105.

[9] 张甘霖，谷孝鸿，赵涛，等. 中国湖泊生态环境变化与保护对策[J]. 中国科学院院刊，2023，38（3）：358-364.

[10] 霍守亮，张含笑，金小伟，等. 我国水生态环境安全保障对策研究[J]. 中国工程科学，2022，24（5）：1-7.

[11] 王金南，蒋洪强，吴文俊，等. 珠江三角洲地区生态文明建设提升战略研究[J]. 中国工程科学，2022，24（6）：154-163.

[12] 姜雅婷，杜焱强. 中央生态环保督察如何生成地方生态环境治理成效?：基于岱海湖治理的长时段过程追踪[J]. 管理世界，2023，39（11）：133-152.

[13] 吕忠梅. 中国环境司法发展报告（2015—2017）[R]. 北京：人民法院出版社，2018.

[14] 吕忠梅. 中国环境司法发展报告（2017—2018）[R]. 北京：人民法院出版社，2019.

[15] 吕忠梅. 中国环境司法发展报告（2019）[R]. 北京：法律出版社，2020.

[16] 吕忠梅. 中国环境司法发展报告（2020）[R]. 北京：法律出版社，2021.

[17] 吕忠梅. 中国环境司法发展报告（2021）[R]. 北京：法律出版社，2022.

[18] 吕忠梅. 中国环境司法发展报告（2022）[R]. 北京：法律出版社，2023.

[19] 张军. 最高人民法院关于人民法院环境资源审判工作情况的报告[R/OL].（2023-10-24）[2023-12-25]. https://www.chinacourt.org/article/detail/2023/10/id/7593613.shtml.

[20] 焦艳鹏. 基于司法大数据的生态环境犯罪刑法惩治分析[J]. 重庆大学学报（社会科学版），2022，28（5）：173-191.

[21] 张怡然，曹明德. 人工智能赋能气候治理的法治挑战及应对[J]. 环境保护，2023，51（S3）：19-23.

[22] 魏斌. 司法人工智能融入司法改革的难题与路径[J]. 现代法学，2021，43（3）：3-23.

[23] 王腾. 黄河流域环境资源犯罪的空间分异与司法应对[J]. 湖北社会科学，2023（3）：130-138.

[24] 徐祖信. 长江水环境治理关键要素分析[J/OL]. 水利发展研究 [2024-01-13]. http://kns.cnki.net/kcms/detail/11.4655.TV.20231201.1603.018.html.

[25] 陈晓红. 以新一代信息技术为引擎加快形成新质生产力[N]. 人民政协报，2023-11-30（07）.

[26] 陈晓红. 打造 AI 大模型创新应用高地[EB/OL].（2023-12-04）[2023-12-25]. https://lw.news.cn/2023-12/04/c_1310753536.htm.

[27] 车万翔，窦志成，冯岩松，等. 大模型时代的自然语言处理：挑战、机遇与发展[J]. 中国科学：信息科学，2023，53（9）：1645-1687.

[28] 陶建华，聂帅，车飞虎. 语言大模型的演进与启示[J]. 中国科学基金，2023，37（5）：767-775.

[29] 张熙，杨小汕，徐常胜. ChatGPT 及生成式人工智能现状及未来发展方向[J]. 中国科学基金，2023，37（5）：743-750.

[30] 王昀，胡珉，塔娜，等. 大语言模型及其在政务领域的应用[J]. 清华大学学报（自然科学版），2024，64（4）：649-658.

[31] 刘庆杰，刘朔，吴一戎，等. 大数据技术赋能法律监督[J]. 中国科学院院刊，2022，37（12）：1695-1704.

[32] 王运涛，王国强，王桥，等. 我国生态环境大数据发展现状与展望[J]. 中国工程科学，2022，24（5）：56-62.

[33] 姚志伟，李卓霖. 生成式人工智能内容风险的法律规制[J]. 西安交通大学学报（社会科学版），2023，43（5）：147-160.

[34] 刘国华，沈杨. 人工智能辅助司法裁判的实践困境及其应对策略[J]. 学术交流，2021（9）：42-52，191-192.

新冠疫情下我国公共卫生安全应急情报区块链共享体系研究*

摘要：新冠疫情已经造成严重的人员伤亡和经济损失，加强突发性公共卫生安全应急情报协同机制研究，构建更加高效可信的情报共享体系，已经成为完善和优化我国公共卫生安全应急情报管理的核心问题。本文分析了新冠疫情下公共卫生安全应急情报结构特征和内涵，提出了我国突发疫情应急情报组织管理的新架构。结合区块链分布式信任机制，构建了分层级的应急部门情报共享区块链模型，深入阐述了应急情报联盟区块链、区块结构及侧链交互机制，给出了应急情报的上传、共享、下载与回溯流程。以南京市疫情发展为实证，通过情景模拟来验证模型的有效性，并提出应对疫情的政策建议，为我国构建一个满足重大疫情防控需求且有力支撑平战结合、平疫结合应急管理的新型公共卫生安全应急情报共享体系提供了决策参考及可行路径。

关键词：新冠疫情；公共卫生安全；应急情报；共享；联盟链

一、引言

2020 年全球暴发新冠疫情，给各国造成了严重的人员伤亡和经济冲击，已经上升为全球性的公共卫生安全事件。新冠疫情公共卫生事件具有成因多样、快速传播、差异化分布、危害难以预测等复杂性特点[1]，且危机发生时往往存在信息沟通不及时、真实性难以保障，各级部门之间协调联动机制不完善，物资供应难以保障，危机应对不及时，责任主体不明确等多重困难[2]。因此，加强突发性公共卫生安全应急情报共享机制的研究，构建更加高效、安全可信的应急情报共享模型，已经成为完善我国公共卫生安全应急情报管理工作的核心问题[3, 4]。

应急情报管理研究始于 20 世纪 60 年代，主要研究如何通过信息技术的应用以提升应急信息管理水平[4]。美国地方政府通过国家突发事件管理系统（national incident management system，NIMS）发布和处置各类突发事件[5]，采用信息化手

* 陈晓红，徐雪松，邵红燕，等. 新冠疫情下我国公共卫生安全应急情报区块链共享体系研究[J]. 中国工程科学，2021，23（5）：41-50.

段提升应急管理能力。加拿大公共安全与应急部于 2008 年制定了政府应急管理框架[6]，以提升城市应急管理水平。进入 21 世纪，各类突发公共卫生安全事件发生的频率急剧增加，尤其是国际关注的重大传染病，如严重急性呼吸综合征（severe acute respiratory syndrome，SARS）病毒、甲型 H1N1 流感病毒、埃博拉病毒、新型冠状病毒等。Ali 和 Keil[7]分析了全球化进程对 SARS 病毒传播的影响及防控响应，并特别强调重大传染病疫情与政治、经济和社会的关系；Keogh-Brown 和 Smith[8]研究表明，SARS 疫情对 GDP 及国内投资都会产生显著的抑制作用。公共卫生安全事件给卫生环境、经济、社会的发展带来了巨大的压力。因此，学术界开始关注公共卫生安全相关的研究议题，构建跨区域、跨部门的应急处置机制，共建人类命运共同体[9]。公共卫生安全事件应急决策的失误和延迟往往是由信息不对称引起的，应急情报的协同共享在事件的应对和处理过程中发挥着重要的作用[10-13]。情报是疫情管控工作展开的有力支撑，通过对疫情暴发三个阶段应急情报的管理，能够实现公共卫生安全事件的智能管控，应急情报对突发事件的快速响应和应急决策十分重要[14]，应急情报的搜集、加工和传递对突发事件的影响力超过 50%[15]。由此可见，应急情报的共享在公共卫生安全事件的管理中起到了至关重要的作用。但是在实际操作过程中，由于各个部门之间条块化分割、程序约束及时序约束没有行之有效的共享协作机制，难以应对形势复杂多变的公共卫生事件[16, 17]。

当前，我国公共卫生安全应急情报管理的核心要求是安全、高效、实时的信息共享与情报交流[18]。大数据技术的应用和普及为灾害事件的应急管理提供了新的思路[19]，通过数字化、智能化技术，可以提升应急情报的协作共享能力。区块链具有去中心化、智能合约、信息共享和点对点传输等基本特征[20]，与应急情报管理具有良好的协同作用。其共识机制不仅可以构建出一条安全可靠的信息共享通道，而且能凭借不可篡改的特性确保信息的真实性[21]。此外，区块链中的跨链技术可以实现分层级的公共卫生安全管理，提高公共卫生安全管理的韧性。通过构建联盟链，可以解决组织内部的共享障碍和数据缺失问题[22]，实现数据交互共享。

综上，建立跨组织部门的情报共享体系可以很好地解决情报信息沟通困难、效率低等问题，构建以应急情报管理为主的信息管理系统，完善应急情报的协同共享机制，是应急情报工作研究的一个重点。但是目前缺少对突发性疫情在常态、应急态不同时期的情报内容、边界及危害等级进行系统分类的研究，现有公共卫生安全应急机制并不能完全适应应急情报的高速流通和快速响应，也不能适应重大疫情防控中层出不穷的突发事件。同时，公共卫生安全应急情报体系的建设采用分层级的管理形式，虽然可通过区块链跨域信息共享技术来跨越不同层级之间的壁垒，建立跨主体、全过程的信息联动共享机制，提高应急情报的管理能力，但是跨部门、跨区域的协作如何有效应对和处置复杂环境下的情报信息真实性确权、信息冗余及效率低等问题成为情报管理体系面临的现实难题。

本文首先分析新冠疫情下我国公共卫生安全应急情报特征、内涵、组织管理模式及痛点问题；其次提出基于联盟链的公共卫生安全应急情报共享模型，采用分层侧链技术解决联盟链主链信息存储量过大的问题；利用区块链防篡改特性实现信息溯源和事件的追责，在降低联盟链数据冗余、保障共享情报数据安全的同时，提高公共卫生安全管理系统的韧性；最后给出公共卫生安全应急情报共享流程，以南京市疫情为例，通过情景模拟来验证模型的有效性，并提出应对疫情的政策建议，为我国公共卫生安全应急情报共享体系建设提供决策参考。

二、公共卫生安全应急情报结构及特点

（一）我国现有公共卫生安全应急情报管理模式

现阶段，我国公共卫生安全应急情报的组织结构呈现扁平化的特点，分为国家、省、市、县、乡五个层面，公共卫生安全应急管理呈现“自上而下、纵向树形”结构。纵向来看，消息的传递仅限于部门内部；横向来看，部门之间协调困难，不利于公共卫生安全事件的预警与协调。公共卫生安全应急情报主要采用县（区）级机构—市级机构—省级机构—国家机构垂直单向的信息传递模式。公共卫生安全应急情报共享体系是一个复杂的工程，涉及多个部门，但信息往往在部门内部传递，应急情报传递时间长、传递渠道单一，不同地区、部门之间的机构缺乏信息交流，很难保证应急情报信息的实时性和一致性，信息孤岛现象严重。应急情报信息的沟通不畅是应急决策失误或者受阻的主要原因，公共卫生安全事件发生时，部门之间往往很难实现信息互通，可能导致事件的影响范围进一步扩大。此外，公共卫生安全事件从发生到上报需要多级人工审批，对上报数据的完整性和准确性有非常高的要求，审批成功与否受人为因素干扰较大。上报时需要逐级审核汇总，缺乏透明性，应对公共卫生安全事件缺乏横向的信息共享，手段单一。

总的来说，“纵向树形”的应急处理模式很难应对突发公共卫生安全事件，不能满足事件的快速响应需求，也很难实现部门之间应急情报的共享。因此，需要改变传统的公共卫生安全应急情报传递模式，构建更加高效、安全可信的应急情报共享体系，实现跨部门、跨层级的应急情报交流与协作，消除部门之间的信息壁垒。

（二）新冠疫情下公共卫生安全应急情报结构

以新冠疫情为例的公共卫生安全事件具有不可预测、传染性强、难以判断疫情对下一次大流行产生的影响等特点，也难以保障应急情报的真实性和安全

性。同时，该类情报信息是一种多领域和多部门的相关信息集合体，主要包含疫情、医情、政情、民情及舆情（简称“五情”）五个信息维度。疫情发展是此次突发公共卫生事件的核心，有关新型冠状病毒的传染和蔓延情况是疫情的关键；针对疫情发生和发展，医疗机构的临床救治和疾控机构的公共卫生干预是及时有效遏制疫情蔓延的两大重要专业举措；面对此次突发公共卫生安全事件，政府作为公共服务的提供者、公共政策的制定者、公共事务的管理者和公共权力的行使者，是此次疫情危机的核心；应对主体民众对疫情的感知和应对是疫情防控和化解危机的社会基础；同时，作为信息传递的桥梁和风险沟通的平台，媒体也在此次疫情防控中发挥着不可替代的作用。综合来看，公共卫生安全事件中的应急情报来源于不同领域、不同部门与不同载体形式，需要针对性地加强多领域、多部门之间的应急情报协同共享。图 1 定义了新冠疫情下公共卫生安全应急情报的结构及内涵。

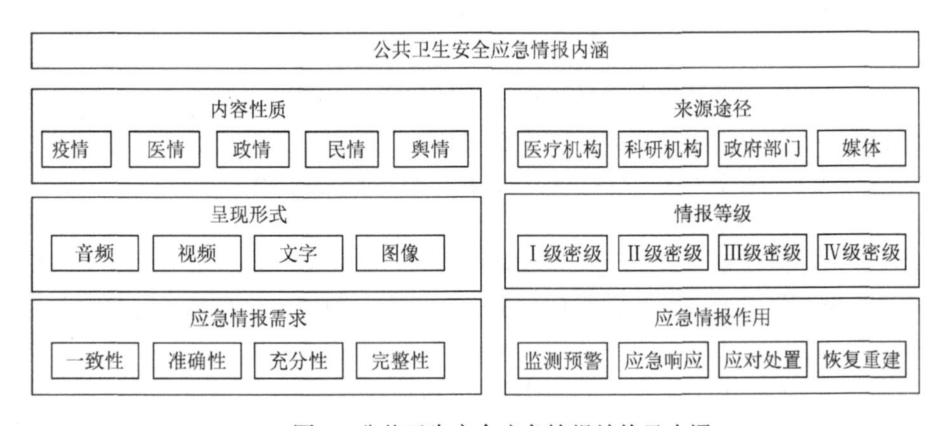

图 1　公共卫生安全应急情报结构及内涵

疫情应急情报作为公共卫生安全事件应对和处置过程中的一种非常规情报，具有不同于常规情报且更需要重视的特点。应急情报的一致性、准确性、充分性和完整性对公共卫生安全事件的决策和行动至关重要。有效的应急情报信息应该准确、简单、清晰和权威，官方的应急情报应该由较权威的机构统一传递和发布。

如图 2 所示，在新冠疫情暴发期间，由国家卫生健康委牵头成立了包含 32 个单位部门的联防联控组织架构。在此架构下，疫情防控、医疗救治、科研攻关、物资保障等工作职责明确，形成了应对疫情的有效支撑。新冠疫情防控的组织架构打破了传统行政体系的约束，转向以事件为导向的高效运作，一方面可以提高应急情报的准确度和公信度，另一方面可以遏制防疫工作的信息瞒报、漏报、缓报。横向沟通不再通过行政上级，确保了应急情报信息传递的效率。

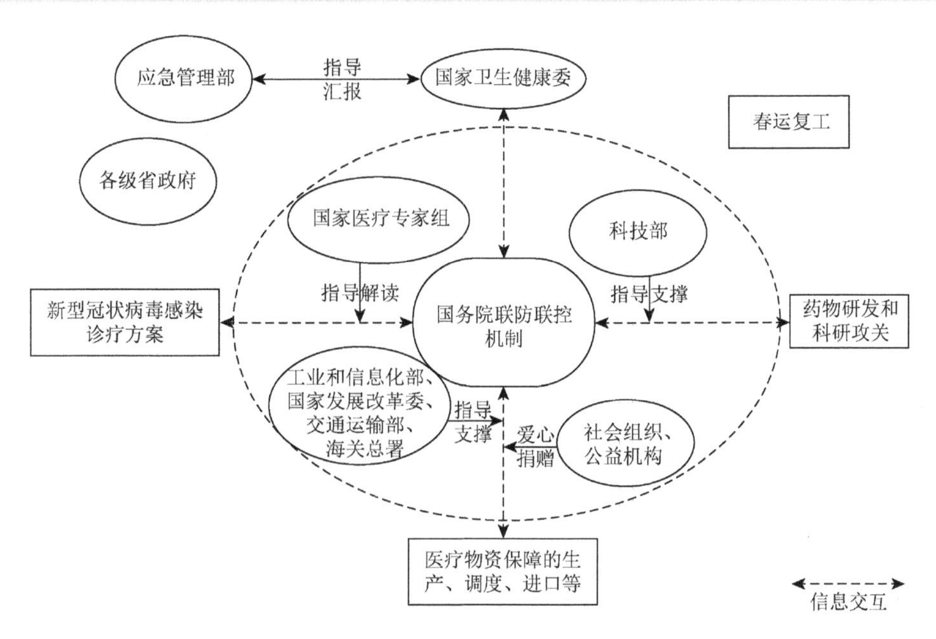

图 2　新冠疫情暴发时期公共卫生安全应急情报组织架构

三、基于联盟链的公共卫生安全应急情报共享模型

针对现阶段公共卫生安全应急情报管理中不同区域部门之间共享困难、效率低的问题，本文设计基于联盟链的公共卫生安全应急情报共享模型。如图 3 所示，通过建立分层级的侧链共享模型，降低主链的数据传输量，提高应急情报共享效率。对突发事件而言，应急情报的数据规模、范围和时效是公共卫生安全应急管理的核心。因此，本文考虑将主要的情报流存储在事件发生的省市侧链上，而跨省市的情报流传递以事件摘要为主要情报流进行。

各省市侧链根据自身的应急情报机构进行节点设置，如 A 省 P 市的侧链由市卫生健康委、公益机构、交通运输部门、社会调查机构等部门组成。通过每一层级的数据交换，完成应急情报从各个机构至联盟主链的上传。在各省市侧链上，可以查询实时情报数据及各项风险症状数据，所有数据都会在初次上传的侧链上进行复核，在层层上传经过主链确认后，就会向全网广播，成为链上的离线情报数据。

在市级侧链中，设置有普通节点（N_3）和管理节点（N_2）。普通节点如交通运输部门、海关等部门可以提供最新人员流动信息，负责应急情报的搜集、上传和共享。安全部门、卫生健康委等部门作为管理节点，负责对市级侧链中上传的信息进行验证与背书，并兼容普通节点的功能。市级节点上传的应急情报信息在市级侧链中储存，仅向省级侧链上传摘要信息。

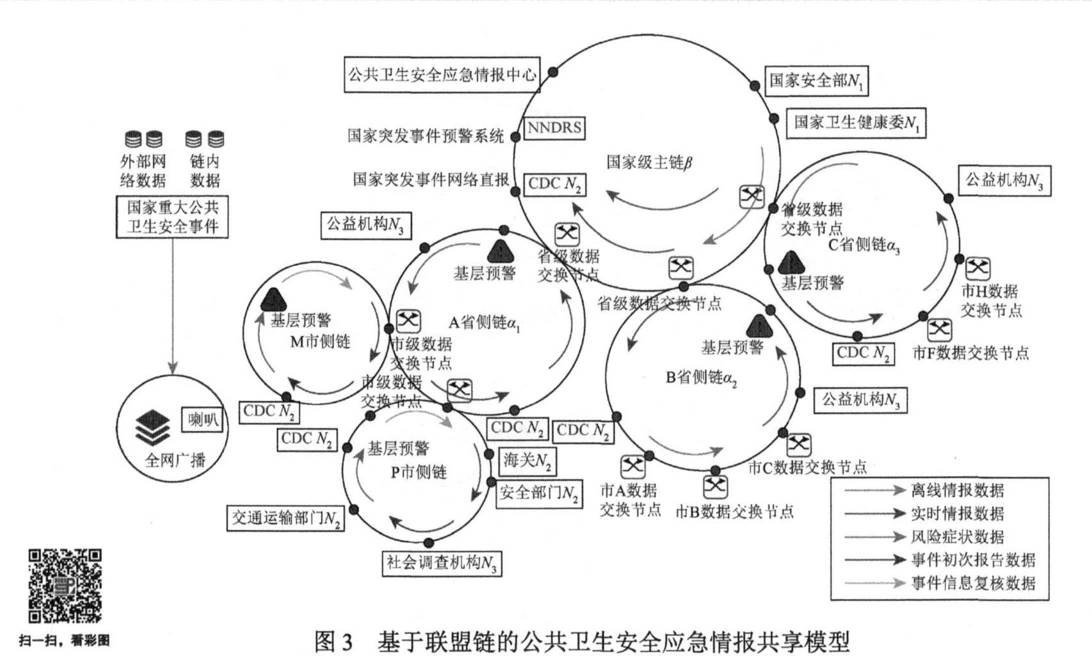

图 3　基于联盟链的公共卫生安全应急情报共享模型

CDC 指疾病预防控制中心（centers for disease control），隶属卫生健康委；NNDRS 指国家传染病信息报告系统（national notifiable diseases reporting system）

在省级侧链中，设置有普通节点（N_3）和管理节点（N_2）。省内不同县市上传的应急情报信息都汇集到省级侧链中。省级侧链中管理节点可以搜索查阅省内应急情报信息，同时通过省级数据交换节点，申请查验其他省市相关应急情报信息。

在国家级主链中，设置有管理节点（N_2）和主管理节点（N_1）。不同省市的应急情报信息摘要通过侧链数据交换节点上传至主链。主链中主管理节点负责对侧链中管理节点的身份进行验证、审核和授权，通过智能合约设定各个侧链中节点的应急管理权限。验证通过的节点可以在主链搜索、下载及分析相关公共卫生安全应急情报信息。除管理节点具有的功能以外，主链中的管理节点还要负责整个联盟主链的日常维护工作。

（一）公共卫生安全应急情报共享联盟链

如图 3 所示，本文设计的公共卫生安全应急情报共享联盟链由应急情报共享平台、应急情报共享侧链 α_i 和应急情报主链 β 三个部分构成。数据层汇集各级公共卫生安全应急情报机构的业务平台和其他政府部门基础数据平台中心共享的应急情报数据。各个业务数据平台通过应用程序接口（application program interface,

API）对接的方式向应急情报共享平台提供共享所需的应急情报原始数据。各地区的信息通过应急情报共享平台上传至侧链 α_i，每个地区单独的侧链 α_i 上传的信息共同构成数据共享平台，这些地区的侧链信息摘要打包后上传至主链 β，$\beta=(\alpha_1, \alpha_2, \alpha_3, \cdots)$。

交易节点在数据共享平台上发起交易后，由对应地区的节点向侧链网络发起请求，经过背书节点背书、排序节点排序后生成对应的区块进行记账。公共卫生安全应急情报共享侧链结构如图 4 所示。应急情报共享平台的信息上传至侧链之后，由交易节点提交交易请求，背书节点在获取交易节点的交易请求之后，验证请求信息，包括验证请求的格式、交易签名是否有效、请求的提交者是否写入权限、是否重复提交等。验证通过后，背书节点执行交易中提交的智能合约，生成读写集，并对生成的读写集进行签名，将执行的结果返回交易节点。交易节点在请求发出后会一直处于等待状态，在获得背书节点的背书响应后，交易节点会对背书消息进行签名验证，验证通过后生成正式交易，广播给排序节点进行排序，随后生成相应的区块，并向主节点进行广播。账本节点在得到背书节点发送来的应急情报消息之后，对区块的有效性进行验证，并提交到本地账本，完成存储功能，每条侧链又将主要信息上传至主链，完成应急情报信息的共享过程。

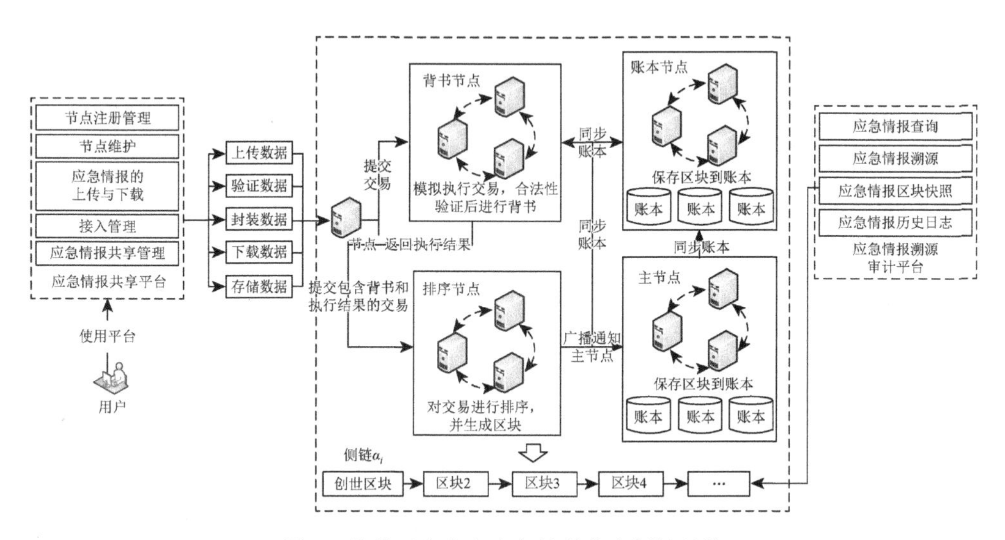

图 4　公共卫生安全应急情报共享侧链结构

（二）公共卫生安全应急情报区块结构

公共卫生安全应急情报联盟区块链的区块主要由两部分构成：区块头和区块体。一条区块链由一个个区块构成，每个区块记录着上一个区块的标识码（identity document，ID），每个区块体又包含了若干应急情报信息，这些区块是实际存储区块链数据的载体。公共卫生安全应急情报区块结构包括事件信息（a）、舆情信息（i）、信息时效（t）、信息密级（s）、信息应急响应等级（c）等不同属性的信息。消息体$\delta=\{a,i,t,s,c\}$。其中，事件信息主要用于记录公共卫生安全事件发生时一些具体事件信息，包括事件发生的时间、地点、涉及的人群、事件传播范围、主要信息等；舆情信息主要用于记录公共卫生安全事件发生前后社会公众所在意和讨论的关于事件的热点信息、公众及受害人群的情感倾向和情感强度；信息时效对发生与传播迅速的公共卫生安全事件的应急响应是极为重要的，一般应急情报信息选取事件的最新信息；信息密级是确保信息安全和合理共享的关键属性，按照应急情报信息内容的重要性和敏感性进行等级划分，决定了哪些人员或系统可以访问特定的应急情报信息；根据具体的事件态势，即公共卫生安全事件的影响力和影响范围，设置不同的信息应急响应等级。此外，消息体中的全部信息都会上传至侧链保存，其中，事件发生的时间、地点等主要信息会上传至主链，在保留主要信息的同时，减轻主链存储压力。

四、公共卫生安全应急情报共享流程

综上所述，本文基于联盟链的应急情报协同共享过程主要有三类参与者，主管理节点（N_1）、管理节点（N_2）和普通节点（N_3），每个地区的共享侧链中包含管理节点和普通节点这两类节点。图 5 为应急情报在联盟链的流转过程，为实现不同时期、不同应急状态下应急情报协同共享，将情报信息共享分为应急准备、应急响应及应急恢复三个阶段。

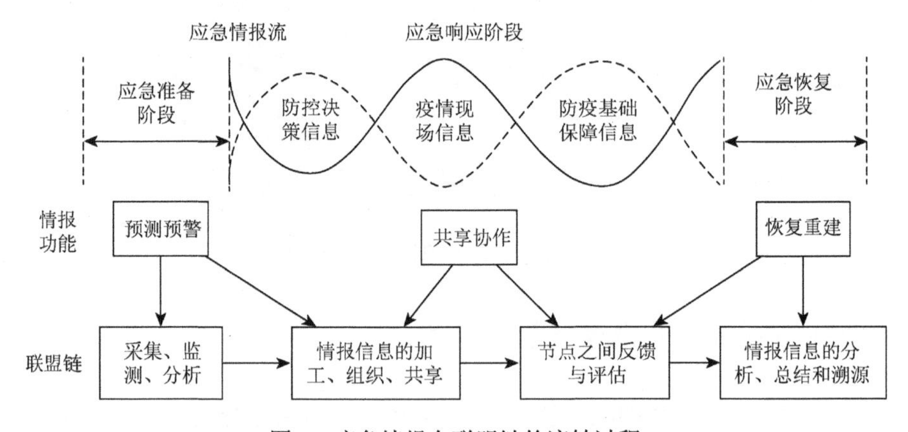

图 5　应急情报在联盟链的流转过程

在应急准备阶段，主要为疫情潜伏期和初发期。依靠政府部门、网络平台、卫生部门等监测可能引发疫情的各项风险，包括个人行为数据、媒体舆论、数据库等各种各样的情报源，每个情报源都可以作为一个联盟链节点。在应急准备阶段，根据各类上传至联盟链的信息，各类节点各司其职，实时监测、搜集、分析疫情情报，从而高效预测疫情发生的概率并有效控制其影响范围。

在应急响应阶段，疫情迅速暴发，防控由预测预警向多方位防控转变。联盟链上的各个参与节点共同服务疫情防控，通过平台系统的链接，可以进行大规模、多方位的协同合作，为医疗救助、疫苗研发、物资调配、舆情引导提供有效支撑。

在应急恢复阶段，疫情的影响范围得到了较好的控制，可以根据联盟链上实时共享的应急情报数据，分析疫情的扩散原因和途径、有效的防范措施，总结提炼社会治理层面的信息，为今后的疫情防控工作提供有效支撑。

由此，应急情报联盟链在情报共享中的主要作用如下。

（1）应急情报信息上传和验证。交易节点（N_e）是侧链应急情报信息的源头，通过应急情报共享平台，将情报事件的环境、时间等信息采集并上传至侧链 α_i，对应地区的管理节点（N_2）对消息的真实性和有效性进行验证与背书，已验证的信息上传至侧链，主要事件信息上传至主链。

（2）应急情报共享。主链存储上传后的主要事件信息，并划分情报信息的获取权限，再向有权限的节点进行广播，有权限的节点可以查询事件的摘要信息。

（3）应急情报信息权限管理与下载。上传至侧链的应急情报信息根据权限等级向对应节点公开并提供查询功能。N_f 为任意想要查询和下载详细信息的节点，例如，A 省节点（N_f）想要查询 B 省侧链（α_j）上的应急情报信息，则 N_f 要先向主链发出请求，权限验证通过后，可调用并下载 α_j 的信息。

（4）应急情报信息溯源。各个节点上传至侧链的应急情报信息与 MerkleTree（一种高效的数据结构）绑定，同步到主链后，即可作为该项信息的溯源验证码，用于验证应急情报信息是否被篡改，在出现问题后也可以对应急情报信息的来源进行追责。

五、以南京疫情为例的情景模拟

本文以南京市 2021 年 7 月 20 日～2021 年 8 月 21 日的疫情发展全过程为基础，分析疫情发展期内“五情”走势，采用本文建立的模型进行应急情报管理的情景模拟并验证模型效率。

7 月 20 日，禄口国际机场工作人员在定期核酸检测过程中发现 9 例阳性样本。在上传阶段，普通节点禄口国际机场防疫专班立即将信息上传至南京市侧链，南京市卫生健康委作为市级管理节点组织专家对疫情情报（包括确诊人数、地点、时间、行程轨迹等）进行验证与背书，在储存信息的同时，将摘要信息上传至江苏省侧链，江苏省卫生健康委作为管理节点确认后上传至主链，国家卫生健康委对上传疫情情报的管理节点（南京市卫生健康委）验证后全网广播该情报。此时，所有地市卫生健康委均得知该消息，通过储存并查询国家卫生健康委全网广播的情报，实时得知疫情扩散地域、时间等信息，在禄口国际机场工作人员活动轨迹扩大之前及时采取措施控制人口流动，对相关区域展开隔离管控、核酸检测、医疗救治、环境消毒等工作，各地市民自觉采取对应举措，群防群控，情景模拟结果显示，及时的应急情报管理和有效的措施显著缩小了疫情传播范围。图 6 为此次疫情应急情报在本文所建模型中的情景模拟流程图。

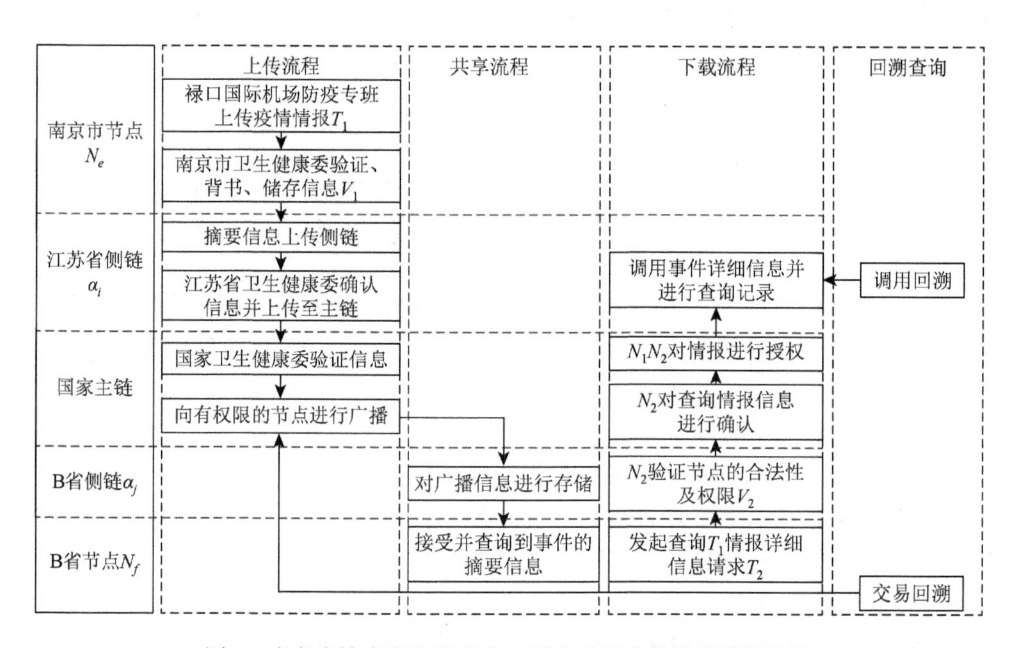

图 6　南京疫情应急情报在本文所建模型中的情景模拟流程

图 7 为研究时段内“五情”（通过文本挖掘研究时段内“五情”的关键词在微博、微信、豆瓣中的出现比例）随疫情发展的走势。由于政府部门（政情）、卫生部门（医情）、网络平台（民情和舆情）在疫情初发期和暴发期极度关注疫情；疫情在应急恢复阶段得到较好控制，民众及媒体的关注相应减少，因此“五情”呈现出阶段性增长并迅速消退的趋势。

为了验证本文所建模型的效率，本文对联盟链系统进行了吞吐量和信息延迟测试。如图 8（a）所示，设计时长为 0～500s 内的信息确认数量（又称交易量），

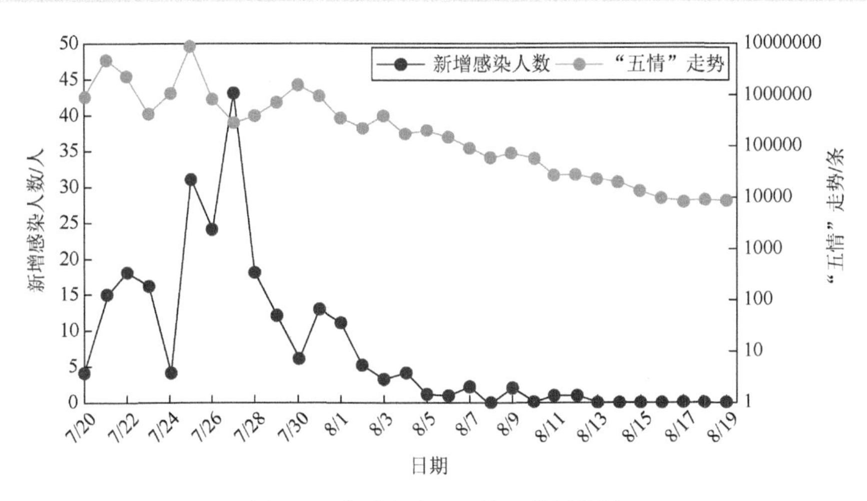

图 7 研究时段内"五情"数据分析

根据信息确认数量算出吞吐量[单位为每秒交易量(transaction per second，TPS)]。根据实验测试，该模型的吞吐量可以稳定在 200TPS 以上，能够高效地传输公共卫生安全应急情报，符合公共卫生安全应急情报协同共享的要求。本文所建模型处理一笔交易合约需要 30ms，对于从普通节点发送到主链的信息，即使在网络带宽良好的情况下，其平均延迟也达到了 232ms。此外，分布式网络中各个节点之间的连通性及连接的稳定性亦会影响信息的延迟，在区块链中，Gas Price 通常被表述为手续费，在本文所建模型中则是某条情报信息的紧急程度，Gas Price 越高，其紧急程度越高，确认时间越短。但 Gas Price 并不是越高越好。本文所建模型的 Gas Price 对确认时间测试图如图 8（b）所示，当其到达顶点后，确认时间非但不会缩短，还会延长。

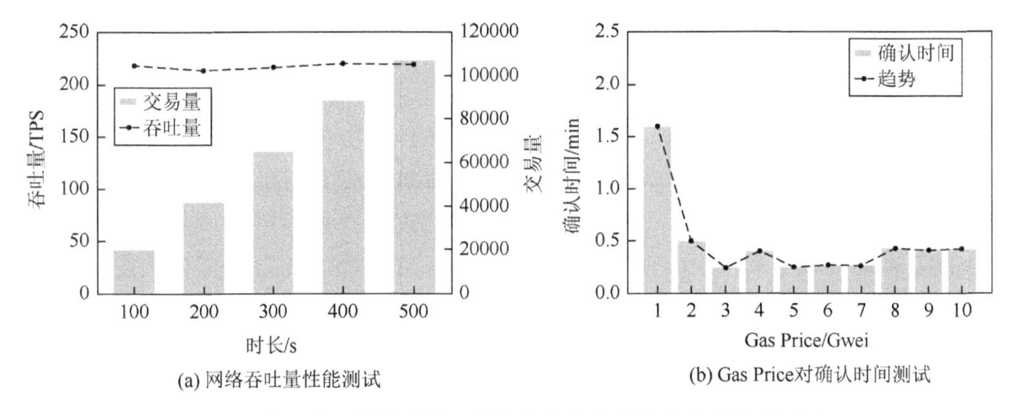

图 8 基于联盟链的公共卫生安全应急情报共享模型性能测试

Gas Price 通常以 Gwei 计价，Gwei 即 Gigawei，表示 10 亿个 Wei 单位，是以太币的一种计量单位

结合本文的研究内容，为进一步完善我国公共卫生安全应急情报共享体系，提出如下政策建议。

第一，优化应急情报体系去中心、扁平化、网格化结构。构建情报体系的精准度辨识、可信存证、真伪性溯源的技术机制，提升情报响应及信息协同速度，真正形成情报与决策响应协同体。

第二，打造涵盖风险预测、实时监控与信息整合功能的公共卫生风险防范机制，实现常态化监测与预测。使潜在感染人群信息能够及时上链，保证应急情报的实时性。

第三，针对新冠疫情等早期不明原因的传染病建立应急情报共享模型，健全政府部门之间、层级之间、区域之间的数据开放共享机制，建立自下而上的响应机制。呼吁市民及时上链境外旅居、14 天内途经中高风险区域等疫情相关信息，做到疫情情报可溯源，使市民通过应急情报共享模型即可看到相关信息，自觉采取相关防范措施。

第四，将情报体系融入公共卫生突发事件的应急响应全程，构建以“五情”为主的“多情”情报分析框架，打造信息共享平台，全面提升新冠疫情等重大传染病的公共安全风险监测预警水平。

六、结论

以新冠疫情为例的突发性公共卫生安全应急情报存在信息多元、动态变化、快速传播、差异化分布、危害难以预测等复杂性特点，情报的真实性、有效性及实时性是支撑应急决策体系建设的关键因素。本文分析了新冠疫情下公共卫生安全应急情报结构特征，结合区块链技术优化了传统的公共卫生安全应急情报传递模式，提出了基于联盟链的公共卫生安全应急情报共享模型。打破应急情报共享机制中的条块分割壁垒，利用侧链降低主链数据吞吐量，保证主链的高效性；设计了应急情报的上传、共享、下载与回溯流程，通过节点权限控制实现信息的溯源和追责。最后，结合南京市疫情发展的情报共享流程的情景模拟，很好地验证了本文所建模型的高效性和时效性，为我国新型公共卫生情报体系的构建提供了一个切实可行的方案。未来更需要发挥以政府力量为主导、多方力量相结合的应急管理联合体作用，加强情报信息的智慧化管理能力，在公共危机中寻求化险为夷的机遇。

参考文献

[1] 黄晓燕，陈颖，何智纯. 城市突发公共卫生事件应急处置核心能力快速评估方法的研究和应用[J]. 中国卫生资源，2019，22（3）：236-241.

[2] 胡卿汉，何娟，董青. 区块链架构下医用防疫紧急物资供应信息管理研究：以我国新型冠状病毒肺炎防疫物资定向捐赠为例[J]. 卫生经济研究，2020，37（4）：10-14.

[3] 张伟东，高智杰，王超贤. 应急管理体系数字化转型的技术框架和政策路径[J]. 中国工程科学，2021，23（4）：107-116.

[4] 曾子明，黄城莺. 面向疫情管控的公共卫生突发事件情报体系研究[J]. 情报杂志，2017，36（10）：79-84.

[5] 游志斌. 美国第三代全国突发事件管理系统的变革重点：统一行动[J]. 中国行政管理，2019（2）：135-139.

[6] 朱正威，刘泽照，张小明. 国际风险治理：理论、模态与趋势[J]. 中国行政管理，2014（4）：95-101.

[7] Ali S H，Keil R. Global cities and the spread of infectious disease：the case of severe acute respiratory syndrome（SARS）in Toronto，Canada[J]. Urban Studies，2006，43（3）：491-509.

[8] Keogh-Brown M R，Smith R D. The economic impact of SARS：how does the reality match the predictions?[J]. Health Policy，2008，88（1）：110-120.

[9] 李秋霞. 城市突发公共卫生事件经济影响与应急处置机制研究[D]. 北京：中国社会科学院研究生院，2021.

[10] 刘奕，张宇栋，张辉，等. 面向 2035 年的灾害事故智慧应急科技发展战略研究[J]. 中国工程科学，2021，23（4）：117-125.

[11] Tang Z H，Peng S R，Zhou X Y. Research on the construction of smart city emergency management system under digital twin technology：taking the practice of new coronary pneumonia joint prevention and control as an example [J]. Social Sciences，Education and Humanities Research，2020，446：146-151.

[12] Chartrand R L. Information Technology for Emergency Management：Report[R]. Washington，D.C.：USGPO，1984.

[13] 姚乐野，胡康林. 2000—2016 年国外突发事件的应急信息管理研究进展[J]. 图书情报工作，2016，60（23）：6-15.

[14] 徐绪堪，蒋勋，苏新宁. 突发事件驱动的应急情报分析框架构建[J]. 情报学报，2017，36（10）：981-988.

[15] 郭勇，张海涛. 新冠疫情与情报智慧：突发公共卫生事件疾控应急工作情报能力评价[J]. 情报科学，2020，38（3）：129-136.

[16] 樊博，刘若玄. 应急情报联动的协同管理理论研究[J]. 信息资源管理学报，2019，9（4）：10-17.

[17] 曹振祥，储节旺，郭春侠. 面向重大疫情防控的应急情报保障体系理论框架构建——以 2019 新型冠状病毒肺炎疫情防控为例[J]. 图书情报工作，2020，64（15）：72-81.

[18] 李旭光，朱学坤，刘子杰. 多方参与的高效快速应急开放获取机制构建研究[J]. 图书情报工作，2020，64（15）：40-48.

[19] 吕欣. 大数据技术在应急救援领域的应用及展望[J]. 中国计算机学会通讯，2018，14（9）：56-62.

[20] 何蒲，于戈，张岩峰，等. 区块链技术与应用前瞻综述[J]. 计算机科学，2017，44（4）：1-7，15.

[21] 袁勇，王飞跃. 区块链技术发展现状与展望[J]. 自动化学报，2016，42（4）：481-494.

[22] 郝世博，徐文哲，唐正韵. 科学数据共享区块链模型及实现机理研究[J]. 情报理论与实践，2018，41（11）：57-62.

城市空气质量目标约束下冬季污染减排最优控制策略研究*

摘要：本文提出城市空气质量达标约束的污染减排最优控制系统，以天气研究和预报-社区多尺度空气质量（weather research and forecasting-community multiscale air quality，WRF-CMAQ）模型为基础，搭建"本地化"空气质量模拟平台，构建空气质量达标评估模型和减排成本优化模型，并通过遗传算法求解某城市冬季拟定空气质量目标约束下污染减排最优控制策略。结果表明，在保持臭氧浓度不变的情形下，当 $PM_{2.5}$ 浓度目标值分别拟定为 55μg/m^3、60μg/m^3、65μg/m^3 时，可得到相应的污染减排最优控制方案。$PM_{2.5}$ 浓度目标值分别改进 30.4%、24.1%、17.8%，对应减排总成本分别为 16.66×10^6 元、6.36×10^6 元、1.46×10^6 元。本文构建的城市空气质量达标约束的污染减排最优控制系统及其模型求解方法不仅可为制订城市冬季重污染天气应对方案提供有效科技支撑，而且可为城市制定"一市一策"空气质量达标战略规划提供理论指导与决策方法。

关键词：冬季；空气质量目标；遗传算法；污染减排；最优控制策略

一、引言

近年来，随着我国城市经济的不断发展和车辆保有量的持续增加，城市空气质量问题引人担忧。虽然相关政策措施实施之后环境空气质量有较大改善[1]，但 2020 年全国城市环境空气质量达标率仍只有 59.9%，$PM_{2.5}$ 为首要污染物的天数占重度污染天数的 77.7%[2]，且在特定季节如冬季超标更严重[3-7]。同时，我国城市的臭氧问题也日益凸显，影响程度逐渐扩大，形成了以 $PM_{2.5}$ 和臭氧为主的复合型污染问题，决定了我国大气污染防治仍然存在复杂性和长期性[8-12]。

2017 年以来，长株潭城市群作为国家大气污染防控重点区域之一，不断推进冬季大气污染防治工作[13]，虽然 2020 年 1 月 $PM_{2.5}$ 平均浓度较 2019 年下降 42.9%～45.3%[14]，但是 2021 年 1 月 $PM_{2.5}$ 平均浓度较 2020 年同期上升 38.6%，环境空气

---

* 陈晓红，周明辉，唐湘博. 城市空气质量目标约束下冬季污染减排最优控制策略研究[J]. 中国管理科学，2023，31（3）：1-9.

质量优良天数比例下降 22.6%[15]，冬季大气污染防治形势依然严峻。其中，湘潭市能源消费比例大，且大型电厂、钢厂等位于城区，如遇冬季气象条件不利因素影响，空气质量容易出现重污染状况，2020 年环境空气质量优良天数比例居湖南省倒数第四位[16]，亟待提升空气质量水平。

城市空气质量达标战略规划是各地政府为改善空气质量而制定的方针和政策，然而目前该战略规划的制定大多是运用情景分析法以空气质量模型（WRF-CMAQ 模型）进行达标情景的筛选，并没有实现达标情景的优化。Tong 等[17]以京津冀为研究区域，分别建立两个能源控排情景和两个末端治理情景，通过 WRF-CMAQ 模型评估能否于 2030 年实现 $PM_{2.5}$ 浓度达标；Zhang 等[18]依据国家一系列大气污染控制政策设置了四种减排情景，采用 WRF-CMAQ 模型定量评估了珠三角地区 $PM_{2.5}$ 浓度的改善效果；Wang 等[19]采用 CMAQ 模型评估了珠三角地区新冠疫情封锁前后三个时期空气质量，并建议开发和实施更有效的污染控制策略，以改善区域空气质量。国外虽有一些关于区域空气质量达标管理最优控制方面的研究，如用系统工程方法构建空气质量达标管理模型[20-22]，但这些模型并不开源且不适用于我国。以往的研究较少提出最优控制系统和量化手段探究城市空气质量目标约束下污染减排最优控制方法，难以实现科学治污、精准治污及污染减排成本最小化。

本文提出城市空气质量达标约束的污染减排最优控制系统，在 WRF-CMAQ 模型的基础上搭建"本地化"空气质量模拟平台，并构建空气质量达标评估模型和减排成本优化模型，进行城市空气质量目标约束下冬季污染减排最优控制策略研究，以期为城市冬季重污染天气应对方案的优化，乃至"一市一策"空气质量达标战略规划的科学制定提供决策参考。

二、研究方法及模型

污染减排最优控制策略是指空气质量达到拟定目标且减排成本最小的污染控制方案。由于空气质量（$PM_{2.5}$ 和臭氧）与污染物排放关系复杂、非线性，对一个城市进行污染减排的精准控制以实现拟定的环境空气质量目标就成了一个复杂的最优控制问题。针对该问题，本文提出城市空气质量达标约束的污染减排最优控制系统（图 1），以 WRF-CMAQ 模型[23, 24]为基础，分别构建该系统空气质量达标评估模型和减排成本优化模型，并通过遗传算法实现污染减排最优控制策略的求解，具体包括以下步骤。

1. 搭建"本地化"空气质量模拟平台

根据城市基准排放清单、城市空气质量监测数据、本地气象参数等，基于 WRF-CMAQ 模型[25, 26]搭建多个排放源-多种污染物的排放量与城市 $PM_{2.5}$ 和臭氧空气质量模拟平台（即“本地化”空气质量模拟平台），并使用实际环境质量监测数据进行验证。

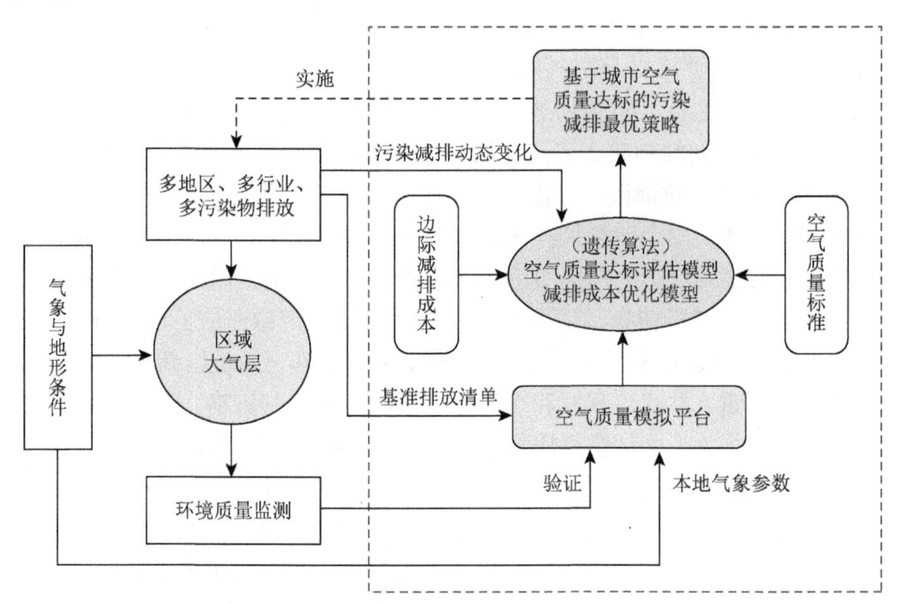

图 1 城市空气质量达标约束的污染减排最优控制系统

2. 构建空气质量达标评估模型

以控排因子 $r_{(\Omega)}$（$r_{(\Omega)} = Q_t/Q_0$，其中，Q_t 为规划年污染物排放量，Q_0 为基准年污染物排放量）为矩阵元素，通过随机抽样[27, 28][LHS 方法或哈默斯利序列采样（Hammersley sequence sampling，HSS）方法]建立污染控制系统状态矩阵，并以拟定的空气质量目标为约束条件，构建空气质量达标评估模型：

$$\begin{cases} A_{(\Omega),ij} = \begin{bmatrix} a_{(\Omega),11} & a_{(\Omega),12} & \cdots & a_{(\Omega),1k} \\ a_{(\Omega),21} & a_{(\Omega),22} & \cdots & a_{(\Omega),2k} \\ \vdots & \vdots & & \vdots \\ a_{(\Omega),n1} & a_{(\Omega),n2} & \cdots & a_{(\Omega),nk} \end{bmatrix} \\ \mathrm{Conc}_{\mathrm{obj}}(i) = \mathrm{RSM}^{\mathrm{obj}} \cdot \left\{ a_{(\Omega),i1} a_{(\Omega),i2} \cdots a_{(\Omega),ik} \right\} \quad (i = 1,2,\cdots,n) \\ \text{s.t. } \mathrm{Conc}_{\mathrm{obj}}(i) \leqslant \mathrm{GB}_{\mathrm{obj}} \end{cases} \tag{1}$$

其中，$A_{(\Omega),ij}$ 为控制系统状态矩阵（$n \times k$），其中的每一个元素 $a_{(\Omega),ik}$ 代表某地区-某部门（行业）-某污染物的某控排因子 $r(\Omega)$，每一行代表一种组合控排情景，它由某地区-某部门（行业）-某污染物-某控排因子随机采样组合而成，$\left\{ a_{(\Omega),i1}\, a_{(\Omega),i2} \cdots a_{(\Omega),ik} \right\}$ 为某组合控排情景的输入变量；$\mathrm{Conc}_{\mathrm{obj}}(i)$ 为在控制系统状态矩阵某组合控排情景输入时所获取的空气质量模拟响应值，其中，i 为情景数量，

$i=1,2,\cdots,n$；$\mathrm{RSM}^{\mathrm{obj}}$ 为模型参数[29]；$r(\Omega)$ 分别设定为 10%、20%、30%、40%、50%、60%、70%、80%、90%，间隔为等距离 10%。Ω 具有四种属性，$\Omega \equiv (w,\Phi,\Psi,r)$，其中，$w$ 代表地区，Φ 代表部门（行业），Ψ 代表污染物，r 代表控排因子；$\mathrm{GB}_{\mathrm{obj}}$ 为空气质量目标值，将控制系统状态矩阵中每一行组合控排情景的空气质量模拟响应值（$\mathrm{Conc}_{\mathrm{obj}}(i)$）与空气质量目标值（$\mathrm{GB}_{\mathrm{obj}}$）进行对比，从而获得空气质量达标约束下所有可行的组合控排情景，即全部可行减排控制方案。

3. 构建减排成本优化模型

基于最优控制理论，以控制系统状态矩阵相对应的边际减排成本[30, 31]为元素，建立污染减排成本矩阵，并以成本最小为目标函数构建减排成本优化模型：

$$\begin{cases} F_{\{a(\Omega)\},ij} = \begin{bmatrix} F_{\{a(\Omega)\},11} & F_{\{a(\Omega)\},12} & \cdots & F_{\{a(\Omega)\},1k} \\ F_{\{a(\Omega)\},21} & F_{\{a(\Omega)\},22} & \cdots & F_{\{a(\Omega)\},2k} \\ \vdots & \vdots & & \vdots \\ F_{\{a(\Omega)\},n1} & F_{\{a(\Omega)\},n2} & \cdots & F_{\{a(\Omega)\},nk} \end{bmatrix} \\ \min B(i) \\ B(i) = \sum_{j=1}^{k} F_{\{a(\Omega)\},i1} F_{\{a(\Omega)\},i2} \cdots F_{\{a(\Omega)\},ik} \quad (i=1,2,\cdots,n) \end{cases} \tag{2}$$

其中，$F_{\{a(\Omega)\},ij}$ 为城市污染减排成本矩阵，其任一行的加和值即该行组合控排情景的减排成本，$i=1,2,\cdots,n$；$B(i)$ 为城市空气质量达标约束下的污染减排成本值；$\min B(i)$ 为减排成本最小目标函数。

4. 分析模型敏感性

模型敏感性分析的目的是考察当任一组合控排情景输入时，模拟结果是否具有稳定性和可靠性。在上述模型构建过程中，控制系统状态矩阵是最基础也是最核心的模型，因此，以实际环境质量监测数据对该模型进行检验，检验方法分别如下。

（1）采用平均偏差（mean bias，MB）、平均误差（mean error，ME）、平均标准偏差（mean normalized bias，MNB）、平均标准误差（mean normalized error，MNE）、平均相对偏差（mean fractional bias，MFB）、平均相对误差（mean fractional error，MFE）、标准平均偏差（normalized mean bias，NMB）、标准平均误差（normalized mean error，NME）和相关系数（Pearson correlation coefficient，R）等统计学方法，以区域实际环境质量监测值对模拟结果进行验证，一般以满足 NMB 小于 20%来判别系统的准确性。

（2）采用交叉验证方法（参与建模样本情景）与外部验证方法（模拟样本以外情景）评估模型的整体可靠性。

5. 求解最优控制策略

基于“本地化”空气质量模拟平台，采用遗传算法对空气质量达标评估模型和减排成本优化模型进行求解，得到城市空气质量达标且减排成本最小的组合控排情景（即最优控制策略），研究技术路线如图 2 所示。当遗传算法迭代完成之后，可得到空气质量达标方案及对应的污染减排成本，对所有空气质量达标方案进行污染减排成本的排序，即可得到空气质量达标约束的污染减排最优控制策略。

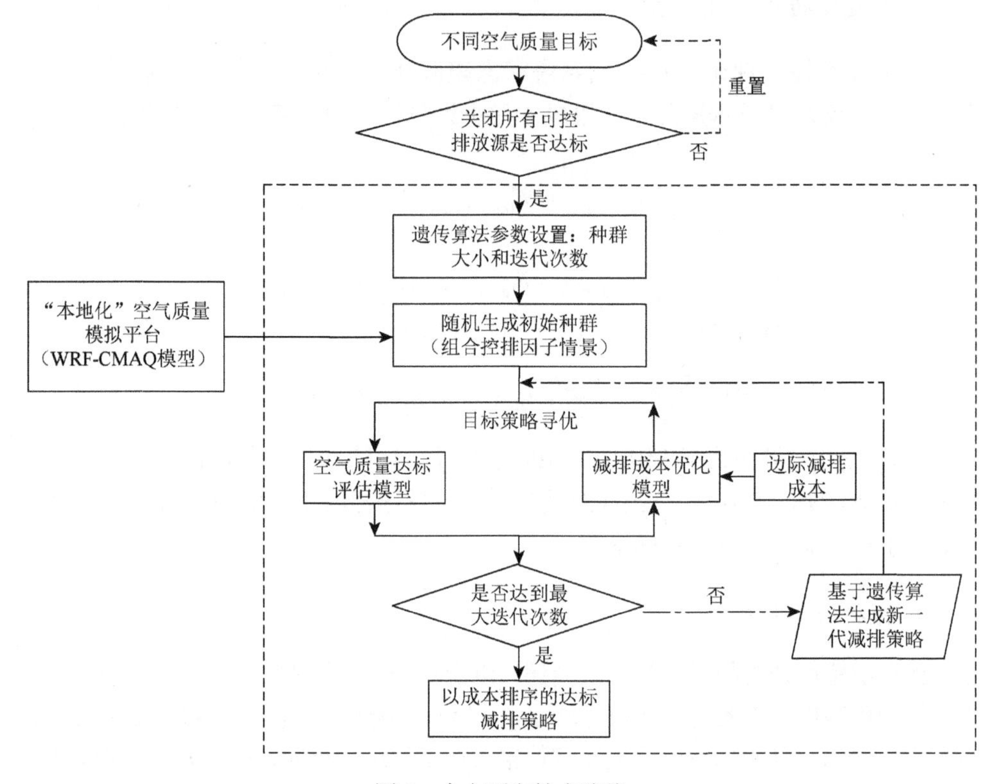

图 2 本文研究技术路线

三、案例应用

（一）拟定空气质量目标

2021 年 1 月，湘潭市 $PM_{2.5}$ 平均浓度实际值为 79μg/m³，高于国家二级标准限值（35μg/m³），臭氧平均浓度实际值为 88μg/m³，低于国家二级标准限值（160μg/m³）[32]。因此，本文在该市臭氧平均浓度保持不变情况下，拟定 $PM_{2.5}$ 平均浓度目标值分别降至 50μg/m³、55μg/m³、60μg/m³、65μg/m³。

（二）数据来源

（1）空气质量模型模拟所需的排放清单数据来源于湘潭市生态环境局，气象数据来源于 https://rda.ucar.edu/（本课题组已申请使用权限）和当地气象局。WRF-CMAQ 模型选择中尺度气象模式 WRF3.9.1 和多尺度空气质量模式 CMAQv5.2，模拟时间为 2021 年 1 月，采用三层嵌套，网格分辨率从外到内分别为 27km、9km、3km，考虑区域传输的影响，第一层模拟域为中国区域，第二层模拟域为中国中部地区，第三层模拟域主要为湘潭市、长沙市、株洲市及其周边区域（包括湖北省和江西省的部分城市）。

（2）空气质量达标评估模型的验证数据为城市环境质量各自动监测站点实际环境质量监测数据的平均值，来源于城市生态环境局；减排成本优化模型使用的边际减排成本是指对不同污染物（在不同行业、不同种类污染物、不同控排因子的微观层面）进行技术减排措施的投资运营总成本，其参数参考已有研究数据[33-35]并结合重点污染源的各重点污染物-不同控排因子的主要控制措施实际调研结果而定。湘潭市各重点污染物的边际减排成本曲线如图 3 所示。

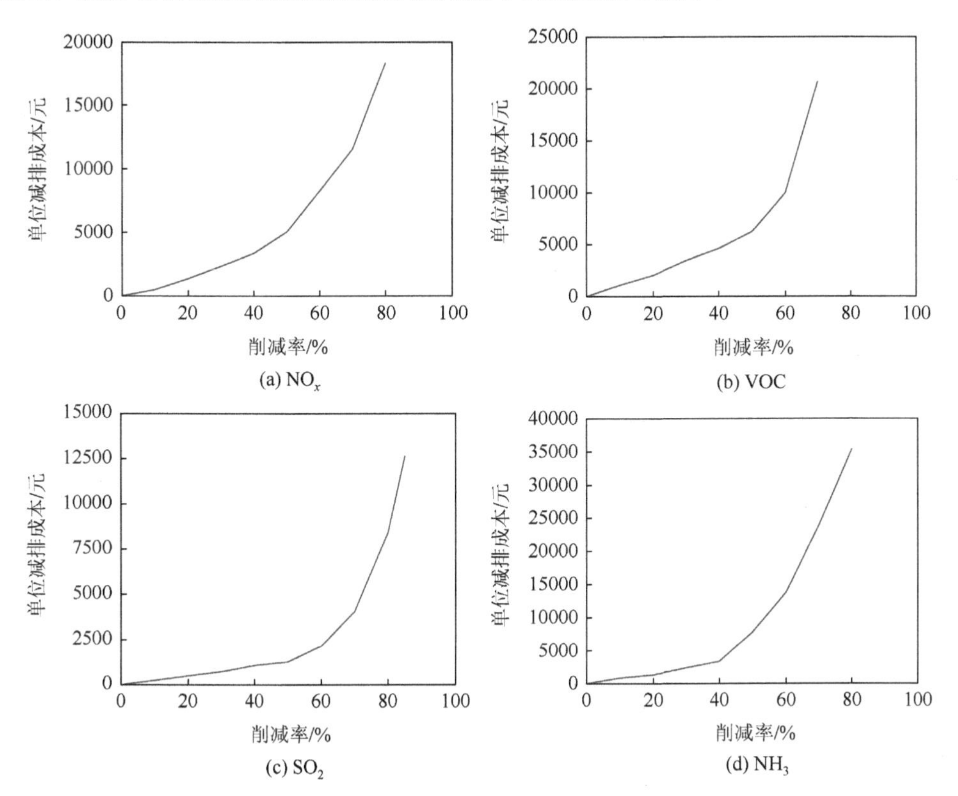

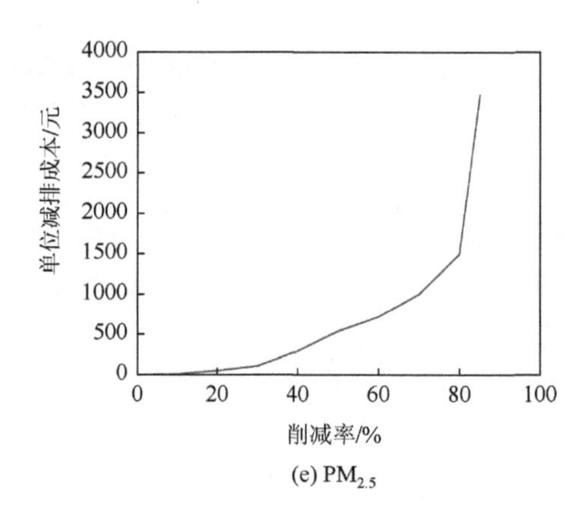

(e) $PM_{2.5}$

图 3　污染物边际减排成本曲线

（三）结果与讨论

1.“本地化”空气质量模拟平台的验证

选取湘潭市 6 个国控点的 2021 年 1 月 $PM_{2.5}$ 和臭氧平均浓度数据与模拟结果进行可靠性验证，并使用可满足模拟精度要求的 NMB 和 R 定量表征误差，求得 NMB 为 0.1%，R 为 0.66。虽然气象场的输入、排放清单及模型本身的不确定性可能导致空气质量模型模拟结果存在一定的误差，但是总体满足可靠性要求，可用于后续的实时响应建模[36]。

2. 空气质量模拟响应结果的验证

控制系统状态矩阵的每一行代表一种组合控排情景，当任一组合控排情景输入时，便可得到该控制系统环境空气质量模拟响应值，利用外部验证方法对 $PM_{2.5}$ 和臭氧响应曲面模型的外部情景进行验证，如表 1 所示。

表 1　$PM_{2.5}$ 与臭氧模拟响应值的外部验证结果

验证指标	$PM_{2.5}$			臭氧		
	平均值	最小值	最大值	平均值	最小值	最大值
MB/（$\mu g/m^3$）	−0.04	−1.18	1.19	0.16	−0.49	0.59
ME/（$\mu g/m^3$）	0.45	0.01	1.19	1.65	1.06	2.64
MNB/%	−0.06	−2.14	2.10	0.16	−0.42	0.61
MNE/%	0.82	0.02	2.14	1.42	0.94	2.20
MFB/%	−0.07	−2.18	2.05	0.14	−0.45	0.57

续表

验证指标	$PM_{2.5}$			臭氧		
	平均值	最小值	最大值	平均值	最小值	最大值
MFE/%	0.82	0.02	2.19	1.41	0.94	2.18
NMB/%	−0.07	−2.26	2.22	0.13	−0.42	0.52
NME/%	0.86	0.02	2.26	1.40	0.92	2.20

为了进一步验证“本地化”空气质量模拟平台的可靠性（控制系统状态矩阵的性能），分别选取 $PM_{2.5}$ 和臭氧 NMB 较高的各两个组合控排情景的模拟响应值与 WRF-CMAQ 模型模拟值进行对比，结果分别如图 4（a）和（b）所示，R 大于等于 0.98，结果能较好地反映 $PM_{2.5}$ 和臭氧及其前体物的浓度实时响应关系。

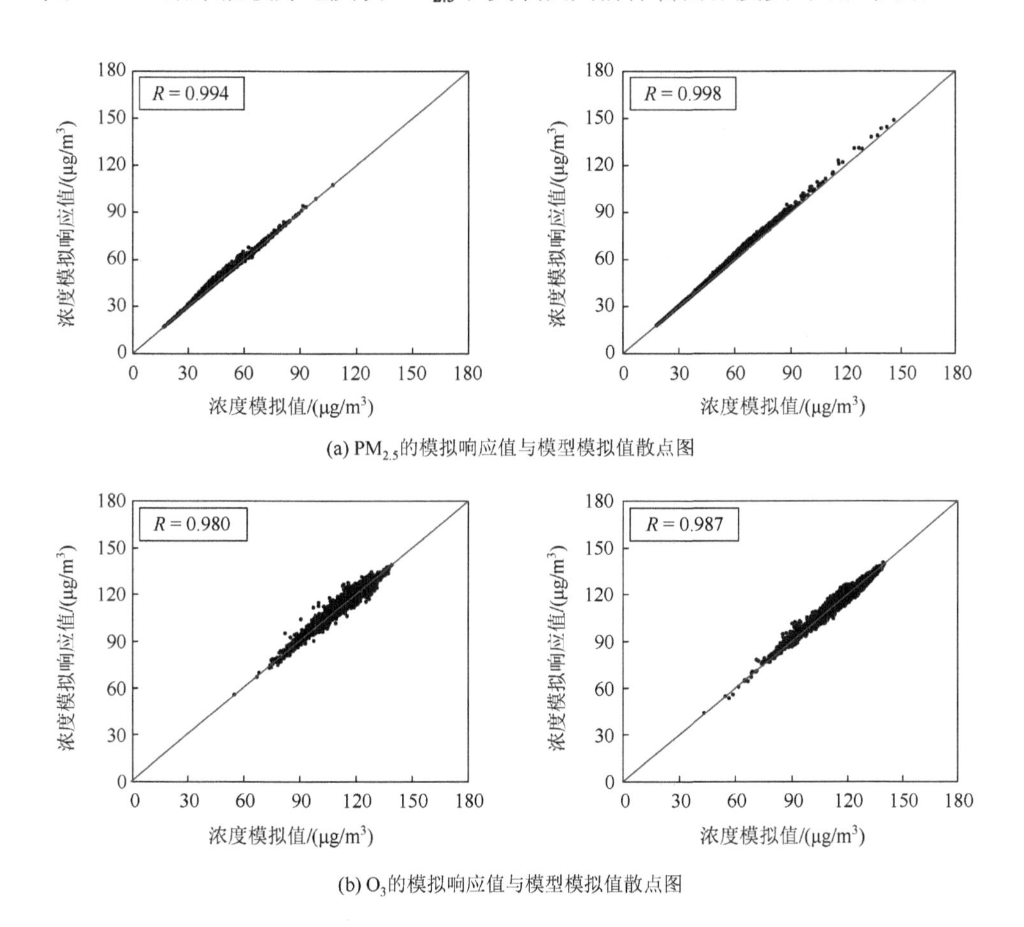

(a) $PM_{2.5}$的模拟响应值与模型模拟值散点图

(b) O_3的模拟响应值与模型模拟值散点图

图 4 模拟平台模拟响应值与 WRF-CMAQ 模型模拟值散点图

3. 空气质量目标约束下污染减排最优控制策略求解

针对拟定的环境空气质量目标值（$PM_{2.5}$平均浓度分别为50μg/m^3、55μg/m^3、60μg/m^3、65μg/m^3，臭氧平均浓度为88μg/m^{3}保持不变），利用遗传算法求解得到相应的污染减排最优控制策略。结果表明，当$PM_{2.5}$浓度目标值为50μg/m^{3}时，一次$PM_{2.5}$将减排超过90%，超过技术减排最大潜力（在现有减排技术措施中，若一次$PM_{2.5}$的减排率超过85%，则边际减排成本将直线上升，如图3（e）所示，因而该目标值的方案舍弃，需要重置$PM_{2.5}$浓度目标值。在保持臭氧浓度不变的前提下，当$PM_{2.5}$浓度目标值分别为55μg/m^3、60μg/m^{3}和65μg/m^{3}时，遗传算法迭代得到的可行减排情景如表2～表4所示，一次$PM_{2.5}$、SO_2、NO_x、VOC、NH_3的减排率分别为40%～80%、0～16%、1%～8%、13%～53%、0～27%，所有情景的不同前体物减排率均在其可行范围内，且控制范围相差不大，其中，一次$PM_{2.5}$减排率最大，不同的$PM_{2.5}$浓度目标值改善较基准年可分别降低30.4%、24.1%、17.8%。

表2 $PM_{2.5}$浓度目标值为55μg/m^{3}的减排方案与成本

浓度目标值/（μg/m^3）	编号	减排率/%					成本/×10^{6}元
		SO_2	NO_x	VOC	一次$PM_{2.5}$	NH_3	
$PM_{2.5}$：55 臭氧：88	1	6	3	46	78	26	16.66
	2	6	4	46	78	27	16.70
	3	7	2	44	79	26	17.33
	4	4	3	48	79	26	17.35
	5	6	2	46	79	26	17.35
	6	6	6	46	79	26	17.38
	7	9	2	46	79	26	17.40
	8	5	6	47	79	26	17.41
	9	8	4	53	79	27	17.58
	10	8	1	41	80	25	17.97

表3 $PM_{2.5}$浓度目标值为60μg/m^{3}的减排方案与成本

浓度目标值/（μg/m^3）	编号	减排率/%					成本/×10^{6}元
		SO_2	NO_x	VOC	一次$PM_{2.5}$	NH_3	
$PM_{2.5}$：60 臭氧：88	1	14	4	43	60	4	6.36
	2	15	5	45	61	5	6.58
	3	15	5	45	61	5	6.58

续表

浓度目标值/（μg/m³）	编号	减排率/%					成本/×10⁶元
		SO_2	NO_x	VOC	一次 $PM_{2.5}$	NH_3	
$PM_{2.5}$：60 臭氧：88	4	15	5	45	61	8	6.62
	5	15	5	45	61	8	6.62
	6	16	6	46	61	6	6.63
	7	16	8	47	61	5	6.65
	8	16	8	47	61	5	6.65
	9	16	8	47	61	5	6.65
	10	13	5	46	62	6	6.81

表 4　$PM_{2.5}$ 浓度目标值为 65μg/m³ 的减排方案与成本

浓度目标值/（μg/m³）	编号	减排率/%					成本/×10⁶元
		SO_2	NO_x	VOC	一次 $PM_{2.5}$	NH_3	
$PM_{2.5}$：65 臭氧：88	1	0	2	13	40	0	1.46
	2	0	5	14	40	0	1.47
	3	0	6	18	41	0	1.48
	4	0	6	15	41	0	1.56
	5	0	6	15	41	0	1.56
	6	0	6	18	41	0	1.57
	7	0	6	18	41	0	1.57
	8	0	6	18	41	0	1.57
	9	0	4	16	40	0	1.57
	10	0	7	18	41	0	1.57

本文采用遗传算法对控制模型进行求解，相比于传统的网格搜索算法和穷举法在计算效率和时间消耗方面具有明显优势，并且这种优势会随着区域污染源数量和污染物种类规模的扩大而成倍增加[37]。经多次试验，本文遗传算法的种群规模为 200 个，迭代次数为 200 次，交叉概率为 1，突变概率为 0.05，求解时间一般为 4～8h（与计算机性能有关），具有较强的现实可行性。研究发现，最优控制策略的求解效率受控制系统状态矩阵和污染减排成本矩阵规模（包含污染源数量、污染物种类、污染因子选取等因素）的影响较大，规模越

大，需设置越大的种群规模和迭代次数，而交叉概率和突变概率则具有一般共性特征。

4. 结果分析与应用

不同空气质量目标约束下的污染减排最优控制方案比较如图 5 所示。当臭氧浓度目标值保持不变，$PM_{2.5}$ 浓度目标值分别拟定为 55μg/m^3、60μg/m^3、65μg/m^3 时，对应的最优控制方案减排成本分别为 16.66×10^6 元、6.36×10^6 元、1.46×10^6 元。显然，随着空气质量目标的不断严格，各污染物的减排率将越来越大，随之而来的减排成本也越来越高。各城市可结合当地空气质量要求和经济承受能力合理选择相应空气质量目标约束下的污染减排最优控制策略。

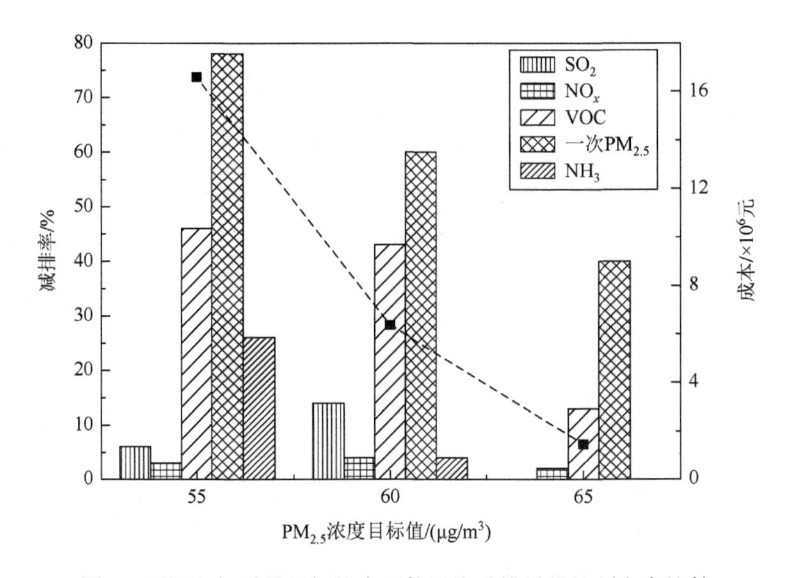

图 5 不同空气质量目标约束下的污染减排最优控制方案比较

图 6 是利用源解析方法[38]对 2021 年 1 月长株潭地区 $PM_{2.5}$ 浓度进行排放源贡献分析的结果。其中，湘潭市、长沙市、株洲市及周边区域 4 个区域一次 $PM_{2.5}$ 排放对湘潭市的总贡献量达到 28.1μg/m^3，占比超过 83%，湘潭市一次 $PM_{2.5}$ 排放对湘潭市的贡献量最多（占比为 38.3%），且由于一次 $PM_{2.5}$ 的边际减排成本最低，可初步推测重点削减湘潭市一次 $PM_{2.5}$ 排放可有效降低 $PM_{2.5}$ 浓度，这与本文得到的最优污染减排策略较为一致。在不同空气质量目标约束下的所有污染减排最优控制策略中，减排率最高的污染物均为一次 $PM_{2.5}$，与湘潭市 $PM_{2.5}$ 的源贡献分析结果密切相关。

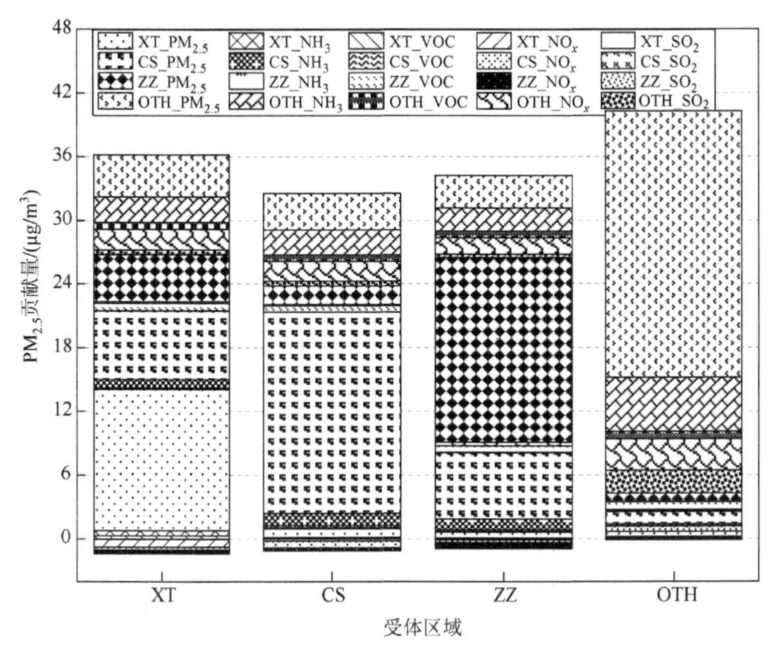

图 6 2021 年 1 月长株潭地区 $PM_{2.5}$ 源贡献分析结果

XT、CS、ZZ、OTH 分别代表湘潭市、长沙市、株洲市及周边区域

四、结语

本文基于最优控制原理构建污染减排最优控制系统及其模型，并采用遗传算法求解，进行城市空气质量目标约束下污染减排最优控制方案探究，得到以下结论与启示。

（1）本文构建的城市污染减排最优控制系统、空气质量达标评估模型和减排成本优化模型，以及模型求解方法，是实现复合型大气污染定量控制优化管理的有效方法，不仅可为城市开展重污染过程研判与应对城市重污染天气工作提供有效科技支撑，而且可为城市制定“一市一策”空气质量达标战略规划提供理论指导与决策方法。

（2）本文采用遗传算法求解，相比于传统的网格搜索算法和穷举法在计算效率和时间消耗方面具有明显优势。研究发现，求解效率受控制系统状态矩阵和污染减排成本矩阵规模（包含污染源数量、污染物种类、污染因子选取等因素）的影响较大，规模越大，种群规模和迭代次数设置得越大，交叉概率和突变概率参数则具有一般共性特征。

（3）本文结果表明，如果单从大气污染治理技术减排维度优化城市空气质量目标约束下冬季污染减排控制方案，因受污染减排潜力的限制，其浓度目标值存在一定限度。如果在现实中突破这一限度，则需在进行技术减排优化的同时进行结构减排（调整产业结构或能源结构）或规模减排（淘汰或减少高污染产业的产能与产量）的优化，这也是未来值得深入研究的问题。

（4）本文主要研究了城市空气质量目标约束下大气污染物减排控制方案优化，新时期，我国提出了“减污降碳协同增效”生态环境保护的更高要求。为实现“双碳”目标，深入打好大气污染防治攻坚战，建议未来研究不仅要考虑环境空气质量目标的优化，而且要系统研究“减污降碳协同增效”多目标的优化，从源头控制、过程控制和末端控制的综合减排措施着手，寻求大气污染物和碳协同减排的最优路径与最优控制策略。

参考文献

[1] 杨斯悦，王凤，刘娜.《大气污染防治行动计划》实施效果评估：双重差分法[J]. 中国人口·资源与环境，2020，30（5）：110-117.

[2] 中华人民共和国生态环境部. 2020 中国生态环境状况公报[R]. 北京：中华人民共和国生态环境部，2021.

[3] Yu M F，Zhu Y，Lin C J，et al. Effects of air pollution control measures on air quality improvement in Guangzhou，China[J]. Journal of Environmental Management，2019，244：127-137.

[4] Fontes T，Li P L，Barros N，et al. Trends of $PM_{2.5}$ concentrations in China：a long term approach[J]. Journal of Environmental Management，2017，196：719-732.

[5] 高文康，唐贵谦，吉东生，等. 2013—2014 年《大气污染防治行动计划》实施效果及对策建议[J]. 环境科学研究，2016，29（11）：1567-1574.

[6] 中华人民共和国中央人民政府. 中共中央 国务院关于深入打好污染防治攻坚战的意见[EB/OL].（2021-11-07）[2024-10-16]. https://www.gov.cn/zhengce/2021-11/07/content_5649656.htm.

[7] 湖南省人民政府办公厅.湖南省“十四五”生态环境保护规划[EB/OL].（2021-09-30）[2024-10-16]. https://www.hunan.gov.cn/hnszf/xxgk/wjk/szfbgt/202110/t20211022_20838349.html.

[8] 李红，彭良，毕方，等. 我国 $PM_{2.5}$ 与臭氧污染协同控制策略研究[J]. 环境科学研究，2019，32（10）：1763-1778.

[9] Cheng N L，Chen Z Y，Sun F，et al. Ground ozone concentrations over Beijing from 2004 to 2015：variation patterns，indicative precursors and effects of emission-reduction[J]. Environmental Pollution，2018，237：262-274.

[10] Maji K J，Ye W F，Arora M，et al. Ozone pollution in Chinese Cities：assessment of seasonal variation，health effects and economic burden[J]. Environmental Pollution，2019，247：792-801.

[11] 张新民，范西彩，赵文娟，等. 关于 O_3 和 $PM_{2.5}$ 协同控制的一些思考[J]. 环境影响评价，2021，43（2）：25-29.

[12] Dai H B，Zhu J，Liao H，et al. Co-occurrence of ozone and $PM_{2.5}$ pollution in the Yangtze River Delta over 2013-2019：spatiotemporal distribution and meteorological conditions[J]. Atmospheric Research，2021，249：105363.

[13] 赵肖肖，唐湘博. 区域大气污染防治特护期实施方案效果评估[J]. 环境科学与技术，2020，43（3）：221-227.

[14] 湖南省生态环境厅. 2020 年 1 月全省 14 个市州城市环境空气质量状况及排名[EB/OL].（2020-02-21）[2024-10-16]. http://sthjt.hunan.gov.cn/xxgk/zdly/hjjc/hjzl/dqzlzk/202002/t20200221_11187666.html.

[15] 湖南省生态环境厅. 2021 年 1 月全省 14 个市州城市环境空气质量状况及排名[EB/OL].（2021-02-26）[2024-10-16]. http://sthjt.hunan.gov.cn/sthjt/xxgk/zdly/hjjc/hjzl/dqzlzk/202103/t20210308_14759245.html.

[16] 湖南省生态环境厅. 2020 年湖南省生态环境状况公报[R/OL].（2020-06-05）[2024-10-16]. https://www.baidu.com/link?url=Hti10sZe0phdSzAH2Y4OlRkX3JDAomgXyouRoINvgIEsXZpp29AGZ073wl5RRJ-FlSb8lmHYZ_BqW8d6q_Y8fF1_laMphY4rc0IwzXv7bFdVAvcRphFMUU72_cdtB0l_&wd=&eqid=eedb9a260000e44000000003670f7205.

[17] Tong D，Geng G N，Jiang K J，et al. Energy and emission pathways towards $PM_{2.5}$ air quality attainment in the Beijing-Tianjin-Hebei region by 2030[J]. Science of the Total Environment，2019，692：361-370.

[18] Zhang X G，Fung J C H，Zhang Y M，et al. Assessing $PM_{2.5}$ emissions in 2020：the impacts of integrated emission control policies in China[J]. Environmental Pollution，2020，263：114575.

[19] Wang S Y，Zhang Y L，Ma J L，et al. Responses of decline in air pollution and recovery associated with COVID-19 lockdown in the Pearl River Delta[J]. Science of the Total Environment，2021，756：143868.

[20] Klimont Z，Winiwarter W. Integrated Ammonia Abatement–Modelling of Emission Control Potentials and Costs in GAINS[R]. Laxenburg：International Institute for Applied Systems Analysis，2011.

[21] Oshiro K，Kainuma M，Masui T. Implications of Japan's 2030 target for long-term low emission pathways[J]. Energy Policy，2017，110：581-587.

[22] Loughlin D H，MacPherson A J，Kaufman K R，et al. Marginal abatement cost curve for nitrogen oxides incorporating controls，renewable electricity，energy efficiency，and fuel switching[J]. Journal of the Air & Waste Management Association（1995），2017，67（10）：1115-1125.

[23] NCAR，2016：ARW Version 3 Modeling System User's Guide[R/OL]. [2024-11-07]. http://www2.mmm.ucar.edu/wrf/users/docs/user guide V3.7/ARWUsersGuideV3.7.pdf.

[24] Wyat Appel K，Napelenok S，Hogrefe C，et al. Overview and evaluation of the community multiscale air quality（CMAQ）modeling system version 5.2[C]. Air Pollution Modeling and its Application XXV 35. Cham：Springer International Publishing，2018：69-73.

[25] 秦思达，惠秀娟，夏广锋，等. 基于 Model-3/CMAQ 模式的本溪市大气细颗粒物数值模拟[J]. 环境科学研究，2018，31（1）：53-60.

[26] Zhang Q，Xue D，Liu X H，et al. Process analysis of $PM_{2.5}$ pollution events in a coastal city of China using CMAQ[J]. Journal of Environmental Sciences（China），2019，79：225-238.

[27] Wang S X，Xing J，Jang C，et al. Impact assessment of ammonia emissions on inorganic aerosols in East China using response surface modeling technique[J]. Environmental Science & Technology，2011，45（21）：9293-9300.

[28] Jin J B，Zhu Y，Jang J C，et al. Enhancement of the polynomial functions response surface model for real-time analyzing ozone sensitivity[J]. Frontiers of Environmental Science & Engineering，2021，15（2）：155-168.

[29] Xing J，Wang S X，Zhao B，et al. Quantifying nonlinear multiregional contributions to ozone and fine particles using an updated response surface modeling technique[J]. Environmental Science & Technology，2017，51（20）：11788-11798.

[30] 张云，杨来科. 边际减排成本与限排影子成本、能源价格关系[J]. 华东经济管理，2012，26（11）：148-151.

[31] Xing J，Zhang F F，Zhou Y，et al. Least-cost control strategy optimization for air quality attainment of Beijing-Tianjin-Hebei region in China[J]. Journal of Environmental Management，2019，245（1）：95-104.

[32] 环境保护部，国家质量监督检验检疫总局. 环境空气质量标准：GB 3095—2012[S]. 北京：中国环境科学出版社，2012.

[33] Zhang F F，Xing J，Zhou Y，et al. Estimation of abatement potentials and costs of air pollution emissions in China[J]. Journal of Environmental Management，2020，260：110069.

[34] Amann M，Kejun J，Jiming H，et al. GAINS Asia. Scenarios for Cost-effective Control of Air Pollution and

Greenhouse Gases in China[R]. Laxenburg：International Institute for Applied Systems Analysis，2008.

[35] Xing J，Wang S X，Jang C，et al. ABaCAS An overview of the air pollution control cost-benefit and attainment assessment system and its application in China[J]. Magazine for Environmental Managers，2017（4）：29-36.

[36] Emery C，Liu Z，Russell A G，et al. Recommendations on statistics and benchmarks to assess photochemical model performance[J]. Journal of the Air & Waste Management Association，2017，67（5）：582-598.

[37] Huang J Y，Zhu Y，Kelly J T，et al. Large-scale optimization of multi-pollutant control strategies in the Pearl River Delta Region of China using a genetic algorithm in machine learning[J]. Science of the Total Environment，2020，722：137701.

[38] Pan Y Z，Zhu Y，Jang J，et al. Source and sectoral contribution analysis of $PM_{2.5}$ based on efficient response surface modeling technique over Pearl River Delta Region of China[J]. Science of the Total Environment，2020，737：139655.

中国工业减污降碳协同效应及其影响机制*

摘要：工业是大气污染物和碳排放的主要部门，也是国家推行减污降碳协同增效的主力军。本文基于2011～2019年中国省级工业面板数据，运用固定效应模型、并行多重调节模型分析工业减污降碳协同效应及其影响机制。结果表明：①中国工业存在明显的减污降碳协同效应，即在大气污染物排放当量减少的同时会显著促使碳排放量的减少；②能源效率、能源消费结构、产业结构和投资规模是影响减污降碳协同效应的重要调节变量，其中，能源效率对减污降碳协同效应呈正向调节效应，而能源消费结构、产业结构和投资规模对减污降碳协同效应呈负向调节效应；③东部、中部和西部地区工业减污降碳协同效应及影响机制差异明显，不同调节因素对减污降碳协同效应的影响程度也存在明显的区域异质性，而产业结构因素对各地区减污降碳协同效应均产生较强的调节效果。最后，本文从能源结构调整、产业结构优化、能源效率提升和区域差异化策略等方面提出工业减污降碳协同增效建议。

关键词：工业；大气污染物排放当量；碳排放量；减污降碳；协同效应；影响机制

一、引言

党的二十大报告指出，“协同推进降碳、减污、扩绿、增长，推进生态优先、节约集约、绿色低碳发展”；十九届中央财经委员会第九次会议更是明确提出，要实施重点行业领域减污降碳行动，这充分显示了党中央对减污降碳的高度重视。工业是CO_2和大气污染物排放的主要部门，2019年工业碳排放量占全国碳排放总量的63.06%[1]，2020年工业源SO_2、NO_x和颗粒物排放量分别占全国排放总量的79.6%、40.9%和65.6%[2]。因此，工业既承担大气污染物减排的重任，又面临CO_2减排的压力，协调两者的相互关系，并明晰两者协同关系的影响机制，是实施重点领域重要部门减污降碳协同增效行动的迫切需求。基于大气污染物和CO_2等温

---

* 陈晓红，张嘉敏，唐湘博. 中国工业减污降碳协同效应及其影响机制[J]. 资源科学，2022，44（12）：2387-2398.

室气体排放具有同根、同源、同过程的特点[3]，本文着眼于工业大气污染物排放变动对碳排放的协同影响，探究中国工业减污降碳协同效应及其影响机制，对协同推进工业大气污染控制和碳减排具有重要意义。

协同效应的定义产生于物理学领域，即两个或以上组分调配在一起产生的作用大于各自单独作用的总和（即 1 + 1>2）[4]。在应用于大气污染物与碳减排协同效应（即减污降碳协同效应）时，许多研究对其赋予了新的定义[5, 6]，归纳起来可表述为在进行大气污染物减排的同时对 CO_2 产生协同减排，或者控制温室气体排放的同时协同减排大气污染物。已有关于减污降碳协同效应的研究大多针对某一政策或措施的效果进行评估和测算，例如，Jiang 等[7]运用可计算的一般均衡（computable general equilibrium，CGE）模型分别对单一实施硫税、氮税政策的协同减排效果进行测算；Pan 等[8]基于低排放分析平台（low emissions analysis platform，LEAP），将能源消费结构和需求与北京市长远发展规划相结合，预测主要大气污染物和温室气体的减排效果；宋鹏等[9]以重庆市为案例构建本地化 LEAP 模型，结果显示控制工业能耗和调整产业结构之后的协同减排效果良好；俞珊等[10]构建了一种协同控制效应分级评估方法，对不同情景下大气污染物和 CO_2 协同控制效应进行量化评估。此外，也有部分学者针对减污降碳协同体系构建耦合协调模型进行研究[11]，例如，王涵等[12]构建“政府-科研机构-市场-社会组织”多元减污降碳协同共治体系耦合协调模型，通过命令控制与非命令控制的协同实现治理方式转变，提高协同治理水平；狄乾斌等[13]、唐湘博等[14]分别从城市和省域层面构建减污降碳协同效应模型及其评价指标体系，并对其影响路径进行分析。

然而，以往研究大多只针对某一政策的减污降碳协同效果进行评估，或通过耦合协调模型等方法构建减污降碳评价指标体系，从理论层面对减污降碳协同效应及其影响因素进行分析，较少涉及减污降碳协同效应影响机制及其量化研究；此外，以往研究大多关注区域或城市的减污降碳协同效应，较少涉及重点领域或行业减污降碳协同效应影响机制研究。因此，本文基于工业大气污染物与碳排放的影响关系视角，构建固定效应模型和并行多重调节模型，量化分析工业减污降碳协同效应，并进一步运用调节效应模型分别探究全国工业和分区工业减污降碳协同效应的影响机制及其影响程度。

二、研究方法和数据来源

（一）计量模型的构建

考虑大气污染物与碳排放同根同源的特性及工业行业的特点，同时结合已有研究，一般把影响环境的直接因素归纳为三类，即结构因素、技术因素和规模因素[15]。本文选取相关变量并基于固定效应模型进行工业减污降碳协同效应基准回归分析，模型构建如下：

$$C_{it}=\beta_0+\beta_1\mathrm{AP}_{it}+\beta_2\mathrm{ES}_{it}+\beta_3\mathrm{EE}_{it}+\beta_4\mathrm{IS}_{it}+\beta_5 I_{it}+\sum_n\gamma_n Z_{nit}+\eta_i+\mu_t+\varepsilon_{it}\quad(1)$$

其中，C_{it}、AP_{it}分别为i地区在t时期的工业碳排放量和大气污染物排放当量；ES_{it}、EE_{it}、IS_{it}和I_{it}分别为工业能源消费结构、工业能源效率、工业产业结构和工业投资规模；Z_{nit}为控制变量；n为控制变量的个数；η_i、μ_t和ε_{it}分别为个体固定效应、时间固定效应和随机误差项。

在工业减污降碳协同效应基准回归分析的基础上，本文引入调节效应进行协同效应影响机制分析。式（1）中，大气污染物排放当量AP_{it}对碳排放量C_{it}的影响关系称为主效应，即减污降碳协同效应。调节效应是指调节变量对主效应的影响方向和程度会因个体特征或环境条件而异，这种特征或条件称为调节变量[16]，由此，式（1）中能源消费结构ES_{it}、能源效率EE_{it}、产业结构IS_{it}和投资规模I_{it}均为对减污降碳协同效应的调节变量。中国工业减污降碳协同效应的并行多重调节效应示意如图1所示。

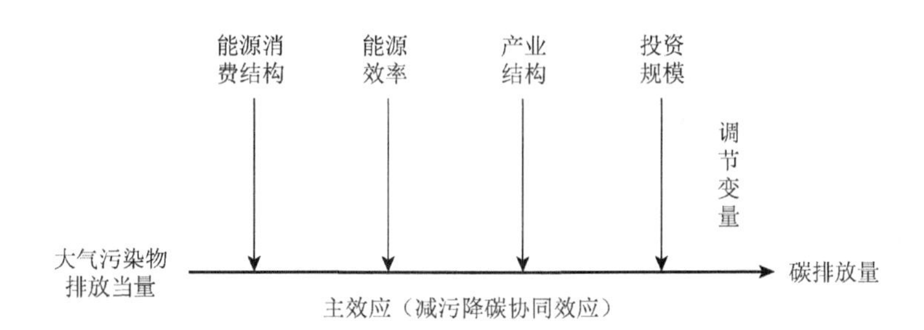

图1 中国工业减污降碳协同效应的并行多重调节效应示意图

交互项模型是对调节效应进行建模的主要方式，构建上述四个调节变量与工业大气污染物排放当量的交叉项，在式（1）的基础上构建并行多重调节模型，如式（2）所示：

$$\begin{aligned}C_{it}=&\beta_0+\beta_1\mathrm{AP}_{it}+\beta_2\mathrm{ES}_{it}+\beta_3\mathrm{EE}_{it}+\beta_4\mathrm{IS}_{it}+\beta_5 I_{it}\\&+\xi_1\mathrm{AP}_{it}\times\mathrm{ES}_{it}+\xi_2\mathrm{AP}_{it}\times\mathrm{EE}_{it}+\xi_3\mathrm{AP}_{it}\times\mathrm{IS}_{it}+\xi_4\mathrm{AP}_{it}\times I_{it}\\&+\sum_n\gamma_n Z_{nit}+\eta_i+\mu_t+\varepsilon_{it}\end{aligned}\quad(2)$$

其中，交互项变量为$\mathrm{AP}_{it}\times\mathrm{ES}_{it}$、$\mathrm{AP}_{it}\times\mathrm{EE}_{it}$、$\mathrm{AP}_{it}\times\mathrm{IS}_{it}$和$\mathrm{AP}_{it}\times I_{it}$，分别表示工业大气污染物排放当量与能源消费结构、能源效率、产业结构和投资规模的交互项。

此外，在构建交互项之前对解释变量与调节变量进行中心化处理，减少因构造交互项而与原变量产生的多重线性问题[17]。在实证研究中，调节作用具体表现为调节变量对解释变量与被解释变量两者关系的强化与削弱，即正向调节效应和负向调节效应。一般来说，调节作用的探讨基于主效应的影响关系，并且建立在交叉项通过显著性检验的基础上。总结前人的研究经验[18-22]，结合主效应影响和调节效应影响两者的符号，可将调节效应对主效应的影响关系归纳为八种类型，如图 2 所示。

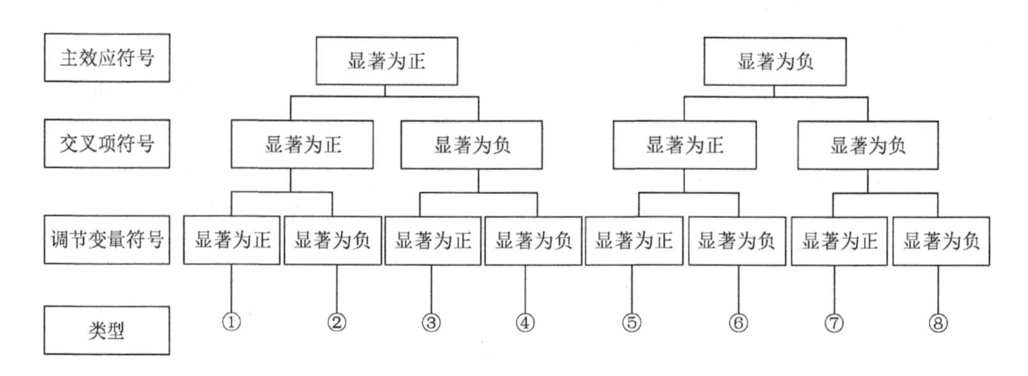

图 2　调节效应对主效应的影响关系

（二）变量选择与数据说明

基于上述模型研究，本文主要变量具体说明如下。

（1）工业碳排放量（C）。根据《中国统计年鉴》中的工业行业列表，从中国碳排放核算数据库（Carbon Emission Accounts and Datasets，CEADs）获取各省级分部门碳排放核算清单[23-26]，对各工业子行业进行加总，得出各省级年度工业碳排放量数据。

（2）工业大气污染物排放当量（AP）。工业主要的大气污染物排放源数据为 SO_2、NO_x 和烟（粉）尘，对三种大气污染物排放量进行折算，得出综合大气污染物排放当量。计算方法参考《中华人民共和国环境保护税法》中对大气污染物排放当量的定义，以及毛显强等[27]对局地大气污染物排放当量的计算方法，计算公式如下：

$$\mathrm{AP} = \alpha D_{\mathrm{SO_2}} + \lambda D_{\mathrm{NO}_x} + \psi D_{\mathrm{Dust}} \tag{3}$$

其中，AP 为大气污染物排放当量；$D_{\mathrm{SO_2}}$ 为 SO_2 排放量；D_{NO_x} 为 NO_x 排放量；D_{Dust} 为烟尘排放量；α、λ、ψ 分别为不同大气污染物的污染当量系数，如表 1 所示。

表 1　大气污染物的污染当量系数

大气污染物	污染当量系数/kg
SO_2	0.95
NO_x	0.95
烟尘	2.18

注：大气污染物的污染当量系数来自《中华人民共和国环境保护税法》

（3）能源消费结构（ES）。用工业终端煤消费量占能源消费总量的比例表示能源消费结构。煤炭能源消耗是大气污染物和碳排放的主要来源，因此能源消费结构变动对碳和大气污染物排放会产生影响。

（4）能源效率（EE）。用单位能源消耗量的工业增加值表示能源效率。能源效率提升一定程度代表能源技术进步，单位能源消耗量减少对碳和大气污染物的减排具有促进作用。

（5）产业结构（IS）。用高耗能产业的资产总值占工业行业的资产总值的比例表示产业结构。高耗能产业是中国重工业的典型代表，是工业大气污染物和碳排放的主要部门，地区重工业比例提高，大气污染物和碳排放也会增加[28]。

（6）投资规模（I）。用工业固定资产与流动资产总额的比值表示投资规模[29]。工业投资规模的增加代表着工业生产规模的扩大，在一定程度加剧工业大气污染物和碳排放的扩张效应。

考虑部分变量对工业碳排放的影响复杂，在不同情况下具有较大的差异性，因此选择技术创新（RD）和人均工业产出（PG）作为控制变量，具体解释如下。

（1）技术创新（RD）。用规模以上工业企业 R&D 经费支出占主营业务收入的比例表示技术创新。研发强度提高会促进技术进步，从而对碳排放产生影响，但不同种类技术创新对工业碳排放的影响效果存在显著差异[30]。

（2）人均工业产出（PG）。用人均工业增加值表示人均工业产出。以往研究中环境污染与经济增长大多呈非线性关系[31]，因此引入人均工业产出的一次项（PG）和平方项（PG^2）。

本文所使用数据为 2011～2019 年 30 个省区市的工业相关面板数据，基于数据的连续性和可获得性，并未包含中国港澳台地区和西藏自治区，相关数据主要来源于中国碳排放核算数据库、《中国环境统计年鉴》、《中国能源统计年鉴》、《中国统计年鉴》、《中国工业统计年鉴》及各省统计年鉴。对于个别缺失数据采用插值法进行补齐，为了消除不同量纲之间的差距，对其中部分数据进行取对数处理，同时为了消除价格变动的影响，分别对工业增加值、固定资产与流动资产总额等数据进行平减处理。

三、结果与分析

（一）基准回归结果及内生性与稳健性检验

1. 基准回归分析

在进行回归之前，需要对面板数据进行组间异方差、组间同期相关和组内自相关检验。在进行伍尔德里奇（Wooldridg）检验、瓦尔德（Wald）检验、弗雷斯（Frees）检验等一系列检验后，发现减污降碳协同面板数据中普遍存在组间异方差、组内自相关和组间同期相关问题，因此一般的固定效应模型不再适用。为了解决上述问题，本文选择考虑异方差和序列相关因素德里斯科尔-克雷（Driscoll-Kraay）标准误固定效应模型（简称DK模型）进行回归，并利用广义矩估计（generalized method of moments，GMM）对内生性进行检验，结果如表2中序列（1）所示。

表2 基准回归及相关检验结果

项目	DK模型	稳健性检验				内生性检验
	（1）	（2）	（3）	（4）	（5）	GMM
AP	0.099***	0.061***				0.053**
	（0.000）	（0.006）				（0.014）
SO_2			0.069***			
			（0.000）			
NO_x				0.075**		
				（0.018）		
Dust					0.024*	
					（0.058）	
EE	−0.038***	−0.030**	−0.040***	−0.043***	−0.047**	−0.040***
	（0.009）	（0.028）	（0.007）	（0.008）	（0.010）	（0.000）
ES	0.001***	0.001***	0.002***	0.002***	0.002***	0.001
	（0.000）	（0.000）	（0.000）	（0.000）	（0.000）	（0.155）
IS	0.106***	0.103***	0.116***	0.108***	0.113**	0.135**
	（0.007）	（0.009）	（0.008）	（0.009）	（0.013）	（0.014）
I	0.113**	0.143***	0.024	0.039	0.077	−0.219***
	（0.047）	（0.038）	（0.733）	（0.508）	（0.188）	（0.000）

续表

项目	DK 模型	稳健性检验				内生性检验
	（1）	（2）	（3）	（4）	（5）	GMM
PG	–1.505***	–1.696***	–1.775***	–1.748***	–1.624***	–1.236*
	（0.000）	（0.000）	（0.000）	（0.000）	（0.000）	（0.091）
PG^2	0.176***	0.198***	0.212***	0.210***	0.195***	0.158*
	（0.000）	（0.000）	（0.000）	（0.000）	（0.000）	（0.062）
RD	–0.019	–0.031	–0.033*	–0.024	–0.018	0.019
	（0.356）	（0.122）	（0.099）	（0.290）	（0.436）	（0.302）
常数项	4.817***	5.230***	5.752***	5.606***	5.297***	5.207***
	（0.000）	（0.000）	（0.000）	（0.000）	（0.000）	（0.001）
N	270	234	270	270	270	240

*10%水平显著

**5%水平显著

***1%水平显著，下同

注：括号中为 *t* 值，*N* 为样本量

由基准回归结果可以发现，工业大气污染物排放当量（AP）显著正向影响碳排放量（*C*）的变动，表明工业大气污染物排放减少的同时会显著影响碳减排，即同增同减。由于大气污染物与碳排放具有同根同源的特点，大气污染治理的过程中，除针对大气污染物的末端治理外，许多措施同样对碳排放产生效果，例如，《大气污染防治行动计划》中明确提出的产业结构升级、能源消费结构调整等措施在减少 SO_2、NO_x、烟尘排放的同时也会降低碳排放[32]。

其他解释变量中，能源消费结构（ES）、产业结构（IS）对碳排放的影响系数均显著为正，表明随着高耗能行业比例的降低及工业能源消费结构中煤占比的减少，碳排放下降；能源效率（EE）对碳排放的影响系数为–0.038，且在 1%的水平下显著，说明随着能源效率的提升，在工业规模和总产值一定的情况下，包括化石能源在内的能源消耗总量下降，所产生的碳排放也会降低，该结论与 Liu[33]的结果一致。投资规模（*I*）对碳排放的影响系数显著为正，说明随着工业投资规模扩大，碳排放增加。这可能从两方面起作用，一方面，如果投资更多的绿色生产设备更新改造或投资于绿色低碳行业，则投资所带来的绿色要素配置率提升及低碳行业发展将有助于碳减排；另一方面，如果主要用于生产规模的提升，则会加大能源消耗，从而增加碳排放[34]。中国工业整体上已向集约型增长方式转变，对于低碳经济发展而言，工业资本流向是有效的，但资本流入高技术行业的增速相对较小，大量资本流入高耗能行业[35]，因此，伴随着投资规模的增加，碳排放增加。

2. 稳健性与内生性检验

考虑本文控制变量选取有限，模型在变量选取的过程中可能有变量被遗漏，同时因为大气污染物和碳排放具有同根同源性，可能相互影响，从而导致内生性问题。本文采用工具变量法对内生性问题进行缓解，结果如表 2 所示。由于滞后一阶的工业大气污染物排放当量并不能直接对当期的碳排放量产生影响，本文选取滞后一阶的工业大气污染物排放当量（L.AP）作为工具变量。在 GMM 方法下 AP 的影响系数显著为正，在考虑内生性之后，实证结果依然稳健。

为了进一步验证结论的可靠性，本文使用两种方法进行稳健性检验：改变样本容量和替换解释变量。首先，北京、上海等地具有特殊的政治和经济地位，环境管控可能存在其特殊性，因此剔除北京、上海、重庆、天津四大直辖市数据再次进行回归。其次，相对于工业综合大气污染物排放当量，SO_2、NO_x和烟尘排放对碳排放的协同效果也存在差异，因此分别用三种主要工业大气污染物排放量替代工业大气污染物排放当量进行回归，探究不同大气污染物和碳排放之间的敏感程度。稳健性检验结果如表 2 中序列（2）～（5）所示，无论是剔除特殊样本还是替换核心解释变量，协同效应都存在，同时其他变量的影响系数也未产生大幅度变化，进一步说明回归结果是稳健的。

（二）基于全国工业总体减污降碳协同效应的影响机制分析

基于并行多重调节模型进行回归，通过分析工业大气污染物排放当量（AP）与能源效率（EE）、能源消费结构（ES）、产业结构（IS）和投资规模（I）的交互项，探究全国工业总体减污降碳协同效应的影响机制，结果如表 3 所示。

表 3　协同效应影响机制回归结果

项目	（1）	（2）	（3）	（4）	（5）
AP	0.077***	0.053**	0.088***	0.092***	0.039**
	（0.001）	（0.018）	（0.000）	（0.000）	（0.034）
EE	−0.031***	−0.031**	−0.038**	−0.034***	−0.026**
	（0.004）	（0.015）	（0.011）	（0.009）	（0.013）
ES	0.001***	0.002***	0.001***	0.002***	0.001***
	（0.000）	（0.000）	（0.000）	（0.000）	（0.000）
IS	0.118***	0.126***	0.125***	0.104***	0.148***
	（0.005）	（0.002）	（0.007）	（0.006）	（0.003）

续表

项目	(1)	(2)	(3)	(4)	(5)
I	0.108*	0.097*	0.103	0.147***	0.120**
	(0.054)	(0.058)	(0.102)	(0.003)	(0.017)
PG	−1.553***	−1.559***	−1.520***	−1.218***	−1.300***
	(0.000)	(0.000)	(0.000)	(0.000)	(0.000)
PG^2	0.182***	0.181***	0.180***	0.140***	0.151***
	(0.000)	(0.000)	(0.000)	(0.000)	(0.001)
RD	−0.022	−0.041**	−0.013	−0.035	−0.043**
	(0.229)	(0.011)	(0.496)	(0.107)	(0.020)
AP×EE	0.022***				0.011*
	(0.001)				(0.059)
AP×ES		−0.002***			−0.001***
		(0.000)			(0.000)
AP×IS			−0.135**		−0.180***
			(0.040)		(0.004)
AP×I				−0.100***	−0.098***
				(0.000)	(0.000)
常数项	4.982***	5.117***	4.877***	4.149***	4.504***
	(0.000)	(0.000)	(0.000)	(0.000)	(0.000)
N	270	270	270	270	270

从结构层面（包括能源消费结构和产业结构）来看，AP×ES 和 AP×IS 的影响系数均显著为负，表明能源消费结构和产业结构对减污降碳协同效应呈负向调节效应，即煤炭消费占比和高耗能行业比例的提高会弱化大气污染物减排过程中对碳的协同减排效应。对比产业结构和能源消费结构的调节效应大小可以发现，产业结构的调节系数远大于能源消费结构，这说明在工业行业的减污降碳过程中，相对于能源消费结构优化，产业结构调整（以钢铁、电力等为代表的高耗能行业比例降低）的作用更大。这可能是因为相对工业产业结构调整，能源消费结构优化的过程更为艰难，工业现有大量生产技术及设备依赖煤炭消耗，对现有情况改变所产生的巨大的经济和机会成本限制了能源消费结构的优化调整[36]。

从技术层面（能源效率）看，AP×EE 的影响系数显著为正，这表明能源效率正向调节了减污降碳协同效应，能源效率的提升会促进大气污染物与碳的协同减排。不管是以 CO_2 为代表的温室气体，还是以 NO_x 等为代表的大气污染物，其主要来源均为化石能源燃料[37]。能源效率提高则是在能源消耗规模不变的情况下获取更大的经济效益，从根本上减少化石能源消耗，促进减污降碳。

从规模层面（投资规模）看，$AP\times I$ 的影响系数显著为负，即投资规模对减污降碳协同效应呈负向调节效应。这是由于在工业行业中，以高耗能行业为主的传统制造业在消耗大量化石能源的同时，也会排放大量的大气污染物和碳，随着投资规模迅速扩大，工业资本大量流向重工业[38]，从而导致化石能源消费量和相应的大气污染物和碳排放量激增。

表 3 中序列（5）考虑了多种调节因素并行情况对减污降碳协同效应的影响，对协同效应起正向调节效应的主要因素为能源效率，起负向调节效应的主要因素为能源消费结构、产业结构和投资规模。在多种调节因素共同作用下，产业结构的调节作用得到了大幅提升。这是由于我国工业整体以传统制造业为主，高耗能行业作为最主要的能源消耗部门，同时也是吸纳投资的主要部门，在工业整体的能源结构调整和能源效率提升中发挥着重要作用，当多种调节作用共同对减污降碳协同效应产生影响时，进一步强化了产业结构对减污降碳协同效应的调节作用。因此，未来工业减污降碳协同增效的过程中产业结构优化应当是重点之一。

（三）基于分区工业减污降碳协同效应的影响机制分析

为进一步揭示不同区域工业减污降碳协同效应的影响机制及其程度，本文按东部、中部和西部①的地区划分，分别进行减污降碳协同效应及其影响机制分析，结果如表 4 所示。

表 4　分区工业减污降碳协同效应及其影响机制回归结果

项目	东部地区		中部地区		西部地区	
	（1）	（2）	（3）	（4）	（5）	（6）
AP	0.112***	0.040*	0.215***	0.143**	–0.182**	–0.182***
	（0.000）	（0.080）	（0.001）	（0.041）	（0.034）	（0.000）
EE	–0.025*	–0.007	–0.037**	–0.024	–0.250***	–0.183***
	（0.057）	（0.189）	（0.050）	（0.249）	（0.001）	（0.000）

① 东部地区：北京、天津、河北、辽宁、上海、浙江、山东、江苏、广东、广西、海南、福建；中部地区：黑龙江、吉林、山西、内蒙古、河南、湖北、湖南、安徽、江西；西部地区：陕西、甘肃、宁夏、青海、新疆、四川、贵州、云南、重庆。

续表

项目	东部地区		中部地区		西部地区	
	（1）	（2）	（3）	（4）	（5）	（6）
ES	0.000	−0.000	0.001***	0.001**	−0.001	0.001
	（0.601）	（0.878）	（0.005）	（0.010）	（0.616）	（0.395）
I	0.046	0.061	0.004	0.054*	0.338*	0.694***
	（0.596）	（0.290）	（0.770）	（0.086）	（0.055）	（0.000）
IS	0.091	0.056	0.182	0.274*	−0.158	−0.199
	（0.388）	（0.554）	（0.351）	（0.089）	（0.451）	（0.104）
AP×EE		0.023***		0.042		0.397***
		（0.006）		（0.375）		（0.000）
AP×ES		−0.002		−0.004**		−0.013***
		（0.136）		（0.012）		（0.000）
AP×IS		−0.174**		−0.391**		1.803***
		（0.024）		（0.024）		（0.000）
AP×*I*		−0.056		−0.135		0.176***
		（0.159）		（0.158）		（0.003）

由表 4 可知，东部地区工业大气污染物排放当量对碳排放的影响系数在 1%的水平下显著为正，工业大气污染物与碳之间存在协同减排效应。在影响机制方面，东部地区的能源效率与工业大气污染物排放当量的交互项系数（AP×EE）显著为正，表明能源效率通过与大气污染物排放交互作用对碳排放产生影响，从而强化了大气污染物与碳的协同减排效应；产业结构对减污降碳协同效应呈负向调节效应，随着高耗能产业占工业比例的上升，会削弱大气污染物与碳的协同减排效应。

中部地区工业大气污染物排放当量对碳排放的影响系数为0.215且在1%的水平下显著，表明中部地区同样存在减污降碳协同效应。在影响机制方面，仅有结构因素（能源消费结构、产业结构）与工业大气污染物排放当量的交互项系数显著，且均对减污降碳协同效应呈负向调节效应；相比东部地区，中部地区结构因素对减污降碳协同效应的调节作用更加明显，这是因为中部地区能源消费中的煤炭占比在各区域中是最高的[39]，对煤炭等化石能源的依赖远高于东部地区，《中国能源统计年鉴》数据测算，2019 年中部地区各省区市工业终端能源消费中煤的平均占比超过 40%，远高于东部地区。

与其他地区不同的是，西部地区大气污染物与碳的协同减排效应不明显，工业大气污染物排放当量对碳排放的影响系数为−0.182，表明随着大气污染物排放量的减少，碳排放量反而增加。其原因在于，西部地区经济和技术基础较弱，能源利用效率低，技术减排效应弱；同时，高污染高排放产业的发展与环境规制的矛盾进一步降低了工业大气污染物和碳的协同减排效应；此外，由于主要实行命令型环境规制，工业企业更倾向采用末端治理的方式来减少大气污染物排放，而非进行清洁生产技术创新[40]，导致即便工业大气污染物排放量减少，高耗能产业状况也没有根本改善，碳排放依旧较高。从影响机制来看，能源消费结构对减污降碳协同效应呈负向调节效应；能源效率正向调节了减污降碳协同效应且其调节作用大于中部和东部地区，说明能源利用效率的提升可以大幅改善西部地区“减污不降碳”的情况，其相比东部和中部地区更大的能源技术创新效益也进一步说明了西部地区能源利用效率提升对促进减污降碳的重要性。投资规模与产业结构均正向调节减污降碳协同效应，表明投资规模的扩大和高耗能产业占比的提升促进了减污降碳协同效应。与东部地区能源消耗大但能源资源匮乏不同，西部地区人口相对稀少且能源资源丰富，大量的电力能源输送到东部地区，同时大量高耗能产业从东往西迁移，工业投资规模快速扩张，直接导致煤炭消耗量的快速增加，2013～2019 年，东部地区煤炭消耗量有所下降，西部地区煤炭使用量却大幅增加，增幅高达 40.7%[41]。因此，当西部地区工业大气污染物与碳排放集中于少部分高耗能产业时，大气污染物与碳排放治理的目标更加单一，对两者的治理措施均主要作用于同一部门，反而一定程度促进了减污降碳协同效应。

综合以上研究结果，本文总结归纳中国工业总体和分区（东部地区、中部地区和西部地区）减污降碳协同效应的影响机制，如图 3 所示。

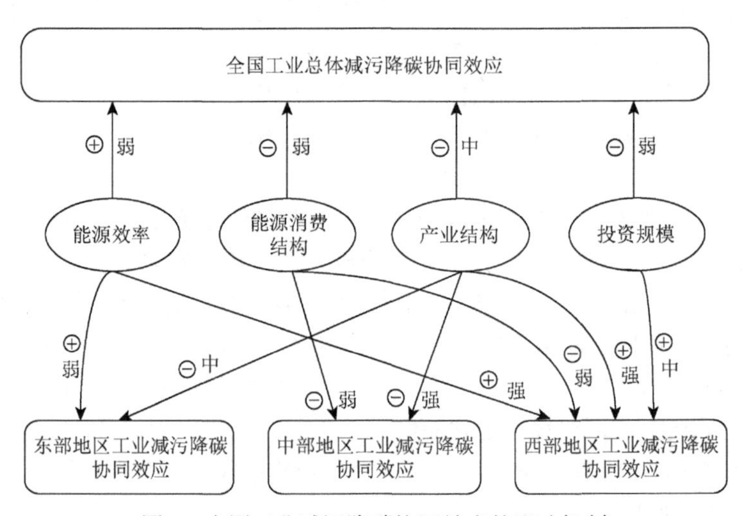

图 3 中国工业减污降碳协同效应的影响机制

⊕表示正向调节效应，强、中、弱表示影响程度，分别对应交互项系数为[0.2, +∞)、[0.1, 0.2)、[0, 0.1)；
⊖表示负向调节效应，强、中、弱表示影响程度，分别对应交互项系数为（-∞, -0.2)、[-0.2, -0.1)、[-0.1, 0)

四、结论与政策建议

（一）结论

本文基于2011～2019年省级工业面板数据对减污降碳协同效应进行研究，并分别分析了全国工业总体和分区减污降碳协同效应影响机制，主要结论如下。

（1）中国工业大气污染物与碳排放之间存在明显的协同效应，即在大气污染物排放当量减少的同时，碳排放量也显著减少，内生性检验和稳健性检验的结果均验证了该结论。

（2）基于全国工业总体减污降碳协同效应的影响机制研究发现，能源效率对减污降碳协同效应呈正向调节效应，投资规模、能源消费结构、产业结构对减污降碳协同效应呈负向调节效应；各调节变量对减污降碳协同效应的影响程度由强到弱依次为产业结构、投资规模、能源效率、能源消费结构，即能源效率的提升、煤炭消耗占比的降低、重工业投资规模的缩小、高耗能产业占比的降低有利于强化减污降碳协同效应。此外，当多个变量的调节效应并行时，产业结构对减污降碳协同效应的调节效果大幅增强。

（3）基于分区工业减污降碳协同效应的影响机制研究发现，东部和中部地区工业存在明显的减污降碳协同效应，而西部地区减污降碳协同效应不明显且呈现出"减污不降碳"现象；从影响机制的差异性来看，东部地区的能源效率对减污降碳协同效应呈正向调节效应，产业结构对减污降碳协同效应呈负向调节效应且效果较强；中部地区仅有能源消费结构和产业结构对减污降碳协同效应调节效果明显且均呈负向调节效应，产业结构的调节效果明显强于东部地区；西部地区的能源消费结构对减污降碳协同效应呈负向调节效应，投资规模、能源效率和产业结构则对减污降碳协同效应呈正向调节效应，其影响程度均强于东部和中部地区；产业结构因素的变化对东部、中部和西部地区减污降碳协同效应的影响程度均较强。

（二）政策建议

基于本文得出的结论，提出以下政策建议。

（1）调整能源消费结构，推进清洁能源的工业应用。加强煤炭安全绿色开发和清洁高效利用，鼓励工业行业（尤其是高耗能行业）使用可再生能源、天然气、电力等清洁能源替代燃煤；加快高效发电技术研发与应用，提高发电用煤利用效率；在具备条件的工业企业、工业园区，加快发展分布式光伏发电、分散式风电等新能源应用，支持工业绿色微电网和“源-网-荷-储”一体化项目建设，建立多能互补的新型能源供应网络。

（2）优化工业产业结构，推动战略性新兴产业发展。以新型工业化为发展方向，进行传统制造业的绿色升级改造，淘汰高能耗落后产能，严格控制高污染行业发展；立足各区域战略性新兴产业基础，促进生产要素合理流动和创新资源优化配置，构建战略性新兴产业协同发展格局；合理引导更多工业资本流向绿色低碳和高新技术产业。

（3）提升能源利用效率，促进工业绿色技术创新。促进工艺流程技术与全产业链的绿色创新，从源头减少大气污染物和碳排放；聚焦重点用能行业、用能领域和用能设备，持续推进节能技术装备创新应用；加强全链条、全维度、全过程用能管理，强化标准引领和节能服务，协同提升大中小企业、工业园区能效水平；分业施策、分类推进，系统化提升工业能效水平。

（4）结合地区工业发展特征，实施差异化的协同治理策略。按照东部、中部、西部地区的要素禀赋、产业特征和经济社会发展水平，实施差异化的减污降碳协同治理政策，对东部和中部地区，加快产业结构优化升级，同时优化投资结构，鼓励绿色工业产业投资；对西部地区，注重能源效率提升与新能源技术开发利用；从制度设计上避免各地区减污降碳“不平衡、不协调、不可持续”，从整体上促进我国工业领域减污降碳协同增效。

参考文献

[1] 张悦，王晶晶，程钰. 中国工业碳排放绩效时空特征及技术创新影响机制[J]. 资源科学，2022，44（7）：1435-1448.

[2] 生态环境部. 2020 年中国生态环境统计年报[R/OL].（2022-02-18）[2022-12-17]. https://www.mee.gov.cn/hjzl/sthjzk/sthjtjnb/202202/t20220218_969391.shtml.

[3] 易兰，赵万里，杨历. 大气污染与气候变化协同治理机制创新[J]. 科研管理，2020，41（10）：134-144.

[4] Haken H. Synergetics：An Introduction：Nonequilibrium Phase Transitions and Self-organization in Physics，Chemistry，and Biology[M]. Berlin：Springer-Verlag，1977.

[5] 周丽，夏玉辉，陈文颖. 中国低碳发展目标及协同效益研究综述[J]. 中国人口·资源与环境，2020，30（7）：10-17.

[6] 郑佳佳，孙星，张牧吟，等. 温室气体减排与大气污染控制的协同效应：国内外研究综述[J]. 生态经济，2015，31（11）：133-137.

[7] Jiang H D，Liu L J，Deng H M. Co-benefit comparison of carbon tax，sulfur tax and nitrogen tax：the case of China[J]. Sustainable Production and Consumption，2022，29：239-248.

[8] Pan L J，Xie Y B，Li W. An analysis of emission reduction of chief air pollutants and greenhouse gases in Beijing based on the LEAP model[J]. Procedia Environmental Sciences，2013，18：347-352.

[9] 宋鹏，张慧敏，毛显强. 面向碳达峰目标的重庆市碳减排路径[J]. 中国环境科学，2022，42（3）：1446-1455.

[10] 俞珊，张双，张增杰，等. 北京市减污降碳协同控制情景模拟和效应评估[J]. 环境科学，2023，44（4）：1998-2008.

[11] 刘华军，乔列成，郭立祥. 减污降碳协同推进与中国 3E 绩效[J]. 财经研究，2022，48（9）：4-17，78.

[12] 王涵，马军，陈民，等. 减污降碳协同多元共治体系需求及构建探析[J]. 环境科学研究，2022，35（4）：936-944.

[13] 狄乾斌，陈小龙，侯智文. “双碳”目标下中国三大城市群减污降碳协同治理区域差异及关键路径识别[J]. 资源科学，2022，44（6）：1155-1167.

[14] 唐湘博，张野，曹利珍，等. 中国减污降碳协同效应的时空特征及其影响机制分析[J]. 环境科学研究，2022，35（10）：2252-2263.

[15] 刘满芝，杨继贤，马丁，等. 基于 LMDI 模型的中国主要大气污染物的空间差异及其影响因素分析[J]. 资源科学，2015，37（2）：333-341.

[16] 江艇. 因果推断经验研究中的中介效应与调节效应[J]. 中国工业经济，2022（5）：100-120.

[17] 方杰，温忠麟，梁东梅，等. 基于多元回归的调节效应分析[J]. 心理科学，2015，38（3）：715-720.

[18] 王丽萍，姚子婷，李创. 环境战略对环境绩效和经济绩效的影响：基于企业成长性和市场竞争性的调节效应[J]. 资源科学，2021，43（1）：23-39.

[19] 焦豪，杨季枫，金宇珂. 企业消极反馈对战略变革的影响机制研究：基于动态能力和冗余资源的调节效应[J]. 管理科学学报，2022，25（8）：22-44.

[20] 李真，李茂林. 减税降费对企业创新的激励机制与调节效应[J]. 上海经济研究，2021，33（6）：105-117.

[21] 朱于珂，高红贵，丁奇男，等. 地方环境目标约束强度对企业绿色创新质量的影响：基于数字经济的调节效应[J]. 中国人口·资源与环境，2022，32（5）：106-119.

[22] 黄送钦，吕鹏，范晓光. 疫情如何影响企业发展预期?：基于压力传导机制的实证研究[J]. 财政研究，2020（4）：44-57，65.

[23] Guan Y R，Shan Y L，Huang Q，et al. Assessment to China's recent emission pattern shifts[J]. Earth's Future，2021，9（11）：1-13.

[24] Shan Y L，Huang Q，Guan D B，et al. China CO_2 emission accounts 2016-2017[J]. Scientific Data，2020，7：54.

[25] Shan Y L，Guan D B，Zheng H R，et al. China CO_2 emission accounts 1997-2015[J]. Scientific Data，2018，5：170201.

[26] Shan Y L，Liu J H，Liu Z，et al. New provincial CO_2 emission inventories in China based on apparent energy consumption data and updated emission factors[J]. Applied Energy，2016，184：742-750.

[27] 毛显强，邢有凯，高玉冰，等. 温室气体与大气污染物协同控制效应评估与规划[J]. 中国环境科学，2021，41（7）：3390-3398.

[28] 邓慧慧，杨露鑫. 雾霾治理、地方竞争与工业绿色转型[J]. 中国工业经济，2019（10）：118-136.

[29] 何小钢，张耀辉. 中国工业碳排放影响因素与 CKC 重组效应：基于 STIRPAT 模型的分行业动态面板数据实证研究[J]. 中国工业经济，2012（1）：26-35.

[30] You J M，Zhang W. How heterogeneous technological progress promotes industrial structure upgrading and industrial carbon efficiency? Evidence from China's industries[J]. Energy，2022，247：123386.

[31] 李竞，侯丽朋，唐立娜. 基于环境库兹涅茨曲线的我国大气污染防治重点区域环境空气质量与经济增长关系研究[J]. 生态学报，2021，41（22）：8845-8859.

[32] 李少林，王齐齐. “大气十条” 政策的节能降碳效果评估与创新中介效应[J]. 环境科学，2023，44（4）：1985-1997.

[33] Liu D D. Convergence of energy carbon emission efficiency：evidence from manufacturing sub-sectors in China[J].

Environmental Science and Pollution Research International，2022，29（21）：31133-31147.

[34] 胡东兰，申颢，刘自敏. 中国城市能源回弹效应的时空演变与形成机制研究[J]. 中国软科学，2019（11）：96-108.

[35] 岳书敬. 基于低碳经济视角的资本配置效率研究：来自中国工业的分析与检验[J]. 数量经济技术经济研究，2011，28（4）：110-123.

[36] Yang Z B，Shao S，Yang L L，et al. Improvement pathway of energy consumption structure in China's industrial sector：from the perspective of directed technical change[J]. Energy Economics，2018，72：166-176.

[37] Song C Z，Yin G W，Lu Z L，et al. Industrial ecological efficiency of cities in the Yellow River Basin in the background of China's economic transformation：spatial-temporal characteristics and influencing factors[J]. Environmental Science and Pollution Research International，2022，29（3）：4334-4349.

[38] 黄志钢，郭冠清. 重工业优先发展战略形成历程及其对构建新发展格局的启示[J]. 上海经济研究，2022，34（10）：99-114.

[39] 刘华军，石印，郭立祥，等. 新时代的中国能源革命：历程、成就与展望[J]. 管理世界，2022，38（7）：6-24.

[40] 王丽霞，陈新国，姚西龙，等. 环境规制对工业企业绿色经济绩效的影响研究[J]. 华东经济管理，2018，32（5）：91-96.

[41] 唐贵谦，刘钰婷，高文康，等. 警惕大气污染和碳排放向西北迁移[J]. 中国科学院院刊，2022，37(2)：230-237.

科学打好净土保卫战*

2019年底召开的中央经济工作会议指出，要打好污染防治攻坚战，坚持方向不变、力度不减，突出精准治污、科学治污、依法治污，推动生态环境质量持续好转。要重点打好蓝天、碧水、净土保卫战，完善相关治理机制，抓好源头防控。相对于大气和水污染，土壤污染更为隐蔽、更难治理。应增强问题意识和责任意识，按照中央经济工作会议要求，多管齐下、综合施策，科学打好净土保卫战。

一、建立健全土壤污染监管体制

加大对污染地块的管理力度，建立协调联动机制和定期会晤沟通机制，完善工作流程与标准规范，强化部门协同管理。治理区域相关部门应加强组织领导，明确职责分工，强化协调联动。根据耕地污染程度，以风险防控和确保农产品安全为目标，调整农用地利用方式和农作物种植结构，并进一步加大农用地分类管理力度。加强科研院所合作，进一步深化对土壤污染和农产品污染物超标对应关系问题的研究。构建土壤治理责任追究机制，对未达标准的污染场地进行风险防控和治理修复责任追溯。在企业变更土地使用权、改变土地用途、破产、倒闭、搬迁或开发建设前，应进行土壤环境质量调查和风险评估工作。建立健全区域生态补偿机制，对未污染耕地给予适当的生态保护补偿。

二、加强土壤污染风险防控机制建设

坚持风险防控原则，因地制宜采取源头防控、治理修复等措施。对于轻度污染耕地，通过秸秆还田、生态修复等措施推动土地安全利用，保障农产品质量。对于工矿用地，按照开发程度制订相应修复计划，进行基本修复或直接转化为绿地，控制污染扩散风险。对于建设用地，重点关注学校、养老机构等公共服务用地，通过污染状况调查、风险评估等途径实现污染风险的有效防控。实施土壤环境状况定期调查制度，摸清污染面积、分布及污染程度等关键信息，以重金属污染防控区、工业园区等为重点，动态更新重点监管工矿企业名单及土壤环境监测结果。进一步

---

* 陈晓红. 科学打好净土保卫战[N]. 人民日报（理论版），2020-01-16（09）.

优化农业土壤环境质量监测网络布局，推进监测点位县市区层面全覆盖。通过调查入户、督查入村（社区）等方式，推进生活垃圾减量化、资源化、无害化。

三、以科技创新推进土壤修复

加强政策引导，加大5G、大数据、云计算、物联网、人工智能等新技术的推广和应用，出台土壤污染治理技术清单，强化技术培训和规范制定，为新技术运用配套新政策，使之充分发挥效能。建立土壤环境基础数据库，构建基于大数据的分类、分级、分区的信息化管理平台。构建相关部门土壤环境数据采集与共享机制，实现数据动态更新、分析与预警。通过多技术联用处理复合污染，开发靶向高效处理材料及技术，发展多技术联用修复过程的关键性衔接和配套设备、技术。发展深层污染土壤协同修复技术，切断污染源向地下水的迁移途径，实现水土共治。针对不同地层污染物、污染程度差异，推进多技术集成耦合，实施分层分区处理。

四、多渠道破除土壤污染治理资金约束

坚持多元化融资思路，分类解决土壤污染治理修复融资问题。对于地处人口聚集区、未来有较大开发利用价值的地块，应兼顾环境效益和经济效益，通过土壤污染防治基金等市场化融资方式推动治理修复。进一步优化直接融资和间接融资体系，完善融资结构和效益。通过财政拨款或注入土地、股权等方式，统筹建立土壤污染防治基金，设立具有土壤污染治理融资功能的平台公司。建立科学合理的资源配置机制、偿债保障机制、资本金持续补充机制和“借-用-还”一体化循环机制，形成高效管理运作体系，为土壤污染治理提供充沛资金支持。